世界著名计算机教材精选

程序设计基础

（第5版）

Stewart Venit
Elizabeth Drake　著

远红亮　等译

U0286973

清华大学出版社

北　京

图书在版编目（CIP）数据

程序设计基础：第 5 版/（美）文尼特（Venit, S.），（美）德雷克（Drake, E.）著；远红亮等译. --北京：
清华大学出版社，2013.4（2017.7 重印）
世界著名计算机教材精选
ISBN 978-7-302-30482-1

Ⅰ. ①程…　Ⅱ. ①文…　②德…　③远…　Ⅲ. ①程序设计–教材　Ⅳ. ①TP311.1

中国版本图书馆 CIP 数据核字（2012）第 250853 号

责任编辑：龙启铭
封面设计：傅瑞学
责任校对：李建庄
责任印制：李红英

出版发行：清华大学出版社
　　　　网　　　址：http://www.tup.com.cn，http://www.wqbook.com
　　　　地　　　址：北京清华大学学研大厦 A 座　　　　邮　　编：100084
　　　　社 总 机：010-62770175　　　　　　　　　　邮　　购：010-62786544
　　　　投稿与读者服务：010-62776969，c-service@tup.tsinghua.edu.cn
　　　　质 量 反 馈：010-62772015，zhiliang@tup.tsinghua.edu.cn
印　刷　者：清华大学印刷厂
装　订　者：三河市溧源装订厂
经　　销：全国新华书店
开　　本：185mm×260mm　　　印　张：31.75　　　字　　数：794 千字
版　　次：2013 年 4 月第 1 版　　　　　　　　　印　　次：2017 年 7 月第 2 次印刷
印　　数：3001～4000
定　　价：59.00 元

产品编号：042415-01

译 者 序

程序设计课程是计算机学科的基础课程,而程序设计是信息技术领域的核心内容之一。应该说所有高校的信息技术类专业都会开设程序设计类的课程,它的重要性不言而喻;但是不同的高校采取的教学方法可能不尽相同,大多数高校可能会从具体的编程语言入手教授程序设计方面的知识,比如 C 语言程序设计、Java 语言程序设计等;另一方面,市面上关于程序设计的书籍绝大多数都是以具体的编程语言为蓝本进行介绍的。以上两种因素导致的问题是大多数学习者很容易在一开始接触程序设计的时候,就陷入到具体编程语言的语法细节当中,对于初学者来说,很难在一开始就分清楚哪些是这个具体编程语言的特性特点,哪些是程序设计的基础内容和概念,哪些是所有程序设计语言都会涉及的、共有的特性。

为了避免初学者遇到上述问题,让他们能够快速全面地了解、学习和掌握程序设计方面的知识和技能,避免一开始就陷入到某一门编程语言的具体语法细节当中,让学习者能够更好地从宏观方向上看待程序设计这门艺术、掌握程序设计的基础知识,因此学习程序设计课程更好的方式应该是首先学习程序设计的基础知识,这些知识要独立于具体的编程语言语法,而它们又是学习者在使用具体编程语言进行程序设计的时候会普遍遇到的一些问题;当学习者掌握了这些知识之后,他们将清楚地理解程序设计是做什么的,编程语言与程序设计的关系是什么,在面对需要用计算机程序解决问题的时候,能够从计算机程序的角度来思考,能够使用正确的解决方法来设计程序并最终用编程语言开发出完美的程序来。

本书正是提供这种知识的一本好教材,它独立于具体的编程语言,介绍了程序设计的基础概念,它包含的内容非常全面,在介绍各部分内容的过程中本书有很多特色栏目,这些栏目不但有引导读者思考和开阔视野的内容,也有与实际编程语言对比介绍的内容,另外书中各个章节更有大量的示例帮助读者理解并学习如何将书中介绍的程序设计概念和知识应用于具体的程序设计当中,而每章最后一节还包含一个综合性编程问题,这里按照程序开发的周期过程——问题描述、问题分析、程序设计、程序编码和程序测试几个步骤进行了详细地讲解和分析,通过这个过程可以很好地帮助读者学习整个程序设计过程并复习前面所学内容。全书共有 10 章和 4 个附录,非常全面地介绍了程序设计基础知识,认真阅读本书,你一定会收获颇丰。

本书由远红亮主译,远红玲、宋阳、张琳、李克新、王博、蔡玲玲、王雪、董瑜、张健、李天宇、王杰、张俊、李冬梅、魏丹、李蕾、张静、王宁、李华、吴晓菲、张珂、徐丹、李峰、何晨、张丽丽、程艳、郭璐、刘静、张源、吴剑、李涛、杨磊、张龙、王雯、赵婷等也参与了本书的部分翻译,在此对大家表示衷心感谢。

由于译者知识有限,书中的翻译错误和不妥之处在所难免,读者若发现翻译处理不当之处,欢迎批评指正。

前　言

本书是一本独立于编程语言的、介绍编程概念的入门书籍，它可以帮助学生学习以下内容：

- 一般性的编程知识，例如数据类型、控制结构、数组、文件、函数和子程序；
- 结构化编程原理，例如自顶向下的模块化设计、书写规范的程序文档和面向对象编程设计；
- 基本工具和算法，例如数据验证、防御性编程、求和与求平均值、搜索算法和排序算法；
- 通过有选择地使用基于流程图的编程环境 RAPTOR，锻炼实际编程经验；
- 整型和浮点型数值数据的表示。

学习本书不需要读者具有任何计算机知识或编程经验，也不需要提前掌握特殊的数学知识、财经知识或其他学科知识。

第 5 版的变化

本书第 5 版加强了对读者的编程概念学习和编程经验的培养。贯穿全书的思路是，从简单明了的概念介绍入手，然后讲解复杂的知识点，再讲解一些具有一定挑战性的例题，最后是复习题。本版的主要变化如下：

- RAPTOR 是一款免费的流程图应用程序软件，它可以使读者在不必关注于具体编程语言语法的情况下创建和运行程序。整本书中，可以使用 RAPTOR 的例题和自测题都用 RAPTOR 的图标进行了标注。
- 大多数复习题都经过了重新设计，可以使用 RAPTOR 来完成，这些题目也都用 RAPTOR 图标进行了标注。
- 所有的编程性题目也都进行了重新设计，都可以使用 RAPTOR 来完成编程练习。
- 新增的附录 D，完全是 RAPTOR 的使用指南，它帮助读者学习使用 RAPTOR 来完成本书介绍的所有概念。
- 每章末尾的复习题和每节结尾的自测题都进行了重新设计和补充。
- 第 4 章和第 5 章中新增加的练习题用于介绍更多的关于循环结构方面的知识，并帮助读者练习更高级的编程技术。
- 第 4 章介绍了 Do…While 循环结构、While 循环结构和 Repeat…Until 循环结构。
- 第 5 章中的随机数部分经过了重新设计，其中包含了 Java 语言和 C++语言中的随机函数。
- 增加介绍了一些新的内建函数，包括 ToUpper()，ToLower()，Floor()和 Ceiling()。
- 先介绍第 7 章的程序模块、子程序和函数内容，然后介绍第 8 章的顺序数据文件。

● 对第 7 章的子程序、函数、实参和形参部分内容进行了扩充。

本书组织结构

在内容覆盖方面，本书的编写和组织结构保持了足够的灵活性。知识点的介绍和组织方式适合于任何层次的入门级编程课程所使用。每个概念的讲解方式都是由浅入深，循序渐进的。是什么与为什么（What & Why）栏目帮助学生开阔思路，让学生的思考范围超越例题所讨论的内容本身，有利于课堂讨论和学生互动学习。例题、自测题和复习题的难度都是逐步增加的，从最基本的题目逐步过渡到非常有挑战性的题目。

第 0 章介绍计算机基本概念和知识。

第 1 章介绍最基本的问题解决策略和计算机程序的必要组成部分（数据输入、数据处理和数据输出）。本章内容还包括算术运算、计算机使用的运算优先级关系以及基本数据类型。另外，还介绍整型和浮点型数据的表示方式。

第 2 章介绍程序开发流程、自顶向下模块化程序设计基本原理、伪代码和流程图。另外还介绍程序文档、程序测试、程序语法和逻辑错误以及程序中使用的基本控制结构的总揽。

第 3 章介绍选择结构，包括单选择结构、双选择结构和多选一结构，关系和逻辑运算符、ASCII 编码方式、防御性编程技术以及菜单驱动式程序。

第 4 章和第 5 章对重复（循环）结构进行了全面的和补充式的介绍。第 4 章主要关注于基本循环结构：前置检测循环结构、后置检测循环结构，条件控制循环、计数控制循环，另外还介绍了循环数据输入、数据验证以及求和和求平均值计算。第 5 章在第 4 章介绍的基本内容基础之上，使用循环结构结合选择结构和内嵌循环以及随机数生成器来开发程序。该部分开发更长、更复杂的计算机程序。

第 6 章介绍一维数组和平行数组，还有一个简短的、关于二维数组的可选节。另外还介绍两种查找技术（串行查找法和二分查找法）和两种排序技术（冒泡排序法和选择排序法），还讨论使用数组来表示字符串的相关内容。

第 7 章介绍函数和模块，包括实参和形参的用法，值参数——数值传递，引用参数——引用传递，以及变量的作用域，另外还介绍内置函数和自定义函数。最后讨论一个高级主题——递归，该主题只介绍到一定的深度，读者可以跳过该节，继续阅读。

第 8 章讨论顺序数据文件，包括记录和域，以及如何创建、写入和读出顺序文件。另外还介绍如何删除、修改和插入记录，如何合并文件。在文件维护中，经常会用到数组来进行数据文件的合并。在本章较长的示例程序中，使用到了控制中断处理技术。

第 9 章深入介绍面向对象编程的概念，贯穿全章的示例程序有简单的，也有复杂的。另外还介绍建模语言，UML。面向对象程序设计包含的主题有类（父类和子类）、对象、继承、多态、公有和私有属性与方法以及构造函数的使用。

附录 A、B 和 C 对第 1 章讨论的相关内容进行了详细的介绍，可以在课程开始阶段介绍这部分内容，也可以同第 1 章一起介绍或作为独立的部分单独介绍。这几个附录中的内容独立于本书其余章节的内容。

附录 A 介绍如何将整数从十进制表示转换为二进制表示和十六进制表示。

附录 B 介绍整数表示的几种方法，包括无符号表示、符号数值表示法和二进制补码表示法。

附录 C 介绍数据的浮点表示，包括将带有小数位的十进制数据转换成二进制数据，以及使用 IEEE 符号-指数-尾数表示法表示浮点数据。

附录 D 是一个完全的、可自行安排学习进度的 RAPTOR 使用指南，它介绍了如何使用 RAPTOR 软件，该部分包含了详细的软件界面截屏和示例。

贯穿全书的许多个章节都讨论了比较高级的应用主题，这些内容是可选的。特别是，"问题求解"部分进行了相对复杂的程序设计练习，这部分内容对一些教师来说可能在讲解该章相关内容时是有用的，对另一些教师来说可以跳过以节省课时。

本书特色栏目

在日常生活中（In the Everyday World）

从第 1 章开始，往后每一章开篇都将介绍本章内容是如何同我们日常生活中熟悉的事务相关的（例如，"数组在日常世界中"）。本栏目是每章的一个前言，使用一般的、容易理解的主题进行介绍，作为每章的开篇基础。

具体编程实现（Making It Work）

具体编程实现（Making It Work）栏目介绍如何使用实际编程语言将相关概念编写成实际程序代码，如使用 C++、Java 或 Visual Basic 等高级编程语言。这些带有方块阴影的栏目贯穿全书，这部分内容是自包含的，可选读的部分。

是什么与为什么（What & Why）

通常在一个示例结尾部分，会有一个简短的讨论，关于如果程序运行，会发生什么、有什么结果，或者如果程序中有某些改变，将发生什么。是什么与为什么（What & Why）栏目引导读者对程序运行情况进行更深入的理解与思考，它能够帮助开展课堂小讨论。

RAPTOR

旁边带有 RAPTOR 图标表明该示例、自测题或复习题可以非常容易的使用 RAPTOR 来实现。读者可以使用 RAPTOR 工具来学习程序编写而不必关注于具体编程语言的语法细节。RAPTOR 程序运行情况同 C++或 Java 编程语言编写的程序一样。读者可以使用查看窗口逐步查看程序的运行情况，并按照指令运行顺序查看变量值是如何变化的。读者可以排查逻辑错误。使用 RAPTOR 工具可以更好地理解程序代码逻辑关系，它是一个非常重要的学习工具。

建议与代码风格建议（Pointer and Style Pointer）

第 2 章介绍程序编码风格和文档化相关概念，这些内容在后续章节中都会有所强调。另外其他建议也将在全书中定期给出。这些简短注解是对相关主题内容的深度解析或者是一些更加深化的知识点。

示例

本书总共包含 186 个示例，都按章节进行了编号。在本版中，新增示例贯穿全书，大部分包含流程图以方便解析伪代码。示例中的伪代码都标有行号以方便讨论，在小节中，每个示例的结尾部分是代码逐行讨论，该小节称为程序如何运行以及各行伪代码的意义（What Happened）。本书结尾部分的附录 A、B 和 C 包含了许多二进制和十六进制转换示例。

问题求解

问题求解栏目首先给出一个编程问题，分析该问题，然后设计程序来解决该问题，并讨论程序编写时应该注意的问题，指出如何测试程序。通过这个过程，读者不仅可以回顾本章所学内容，而且可以锻炼解决有一定难度的编程问题。该栏目内容对于具体编程语言课程教学是非常有帮助的。通过使用 C++、Java、Visual Basic 和 Python 编程语言进行编码实现可以学会如何将本书学习到的概念应用到实际编程工作中。所有程序代码，包括详细的文档将帮助读者理解代码每一部分的作用，并说明本书中伪代码和具体编程语言代码的一致性问题。另外还有一些可执行文件，这些程序可以运行，不过这些程序代码不用于教学目的。

练习题

本版本增加了超过 60 个新的复习题。大多数复习题都是非常简单明了的，可以使用 RAPTOR 工具进行实现。本书包含的练习题种类如下：

- 自测题（Self Check Questions） 每小节结尾部分都包含一些自测题目，可以测试读者对该小节内容的理解程度（自测题目的答案在学生 CD 光盘上面可以找到，大多数解决方案都以伪代码和 RAPTOR 方式给出）。
- 复习题（Review Questions） 每章的结尾部分包含有多种类别的题目，这些题目可以进一步回顾本章所学内容（奇数编号题目的答案可以在学生 CD 光盘上面找到，偶数编号题目的答案在教师辅助网站上面可以找到）。
- 动手试一试（Try It Yourself） 练习题和解决方案都在教师辅助网站上面可以找到，包括附录 A、B 和 C 的数据表示部分。
- 编程题目（Programming Problems） 每章结尾部分有一些程序设计题目，需要用到本章以及前面章节中的内容。所有的编程题目都可以在 RAPTOR 中进行实现，所有编程题目的解决方案都可以在教师辅助网站上面找到。

附录

附录 A、B 和 C 分别介绍数据表示的 3 个方面的内容。如果这 3 个附录全部在课堂上面讲授的话，可以作为单独的一章（数据表示）进行介绍。另外，这部分内容也可以跳过去不讲，不会对本书其他内容造成任何影响的。

附录 D 是本书第 5 版的新增内容。这是一个非常容易理解的 RAPTOR 使用指南,可以帮助读者在不需要课程指导的情况下,独立学习如何使用 RAPTOR 程序。

如下内容和众多示例都包含在附录中。

- 附录 A:十进制、二进制和十六进制表示　介绍基数和幂数、扩展计数法、二进制和十六进制系统、十进制到二进制或十六进制的转换(反过来转换)和二进制同十六进制转换。
- 附录 B:整数表示　介绍无符号整数格式、符号数值格式、1 的补码表示法和 2 的补码表示法。特别要注意零的表示。
- 附录 C:浮点数表示　介绍浮点数的二进制转换(整数部分和小数部分)、单精度浮点数、科学计数法、使用符号-指数-尾数格式范化二进制浮点数、Excess_127 系统和单精度浮点二进制数的十六进制表示。
- 附录 D:RAPTOR 使用指南　介绍如何使用 RAPTOR 完成本书介绍的内容,包括判断、循环、数组、子程序、函数和数据文件。另外使用指南还包括如何在面向对象模式下使用 RAPTOR。本部分包含大量详细步骤的屏幕截屏,读者完全可以参照这些步骤,进行独立学习。

其他补充材料

学生辅助网站

该网站提供了大量关于本书的辅助资料,读者可以从 www.aw.com/cssupport 上面下载。

教师辅助材料

对于满足一定条件的教师可以从 Addison-Wesley 教师资源中心获取到更多补充材料,包括如下:

- 各章及附录 A、B 和 C 的 PowerPoint 幻灯片文件;
- 所有自测题目的答案;
- 所有复习题的答案;
- RAPTOR 程序相关的 RAPTOR 示例与自测题;
- RAPTOR 程序相关的 RAPTOR 复习题;
- RAPTOR 程序相关的所有编程问题;
- 附录 A、B 和 C 的动手练习题及答案;
- 试题库。

想要访问这些材料请登录 www.pearsonhighered.com/irc 或联系 Pearson 教育公司学校销售代表。

致谢

正如没有唯一正确的方法来教授编程知识一样,也没有唯一正确的方法来写作关于编程内容的书籍。从创作本书初版到现在的第 5 版，我感到非常荣幸，有以下经验丰富的教师提供了各式各样的观点和许多有益的建议。

他们是：Colin Archibald，Heather K. Bloom，William Bowers，David W. Boyd，Xiomara Casado，Diane Cassidy，Ashraful Chowdhury，Lall Comar，Isabeth Cominsky，Ramona Coveny，Linda Denney，Elizabeth Dickson，Kathie Doole，Nicholas Duchon，Judy Dunn，Daniel L. Edwards，Jaime Espinosa，Terry Felke-Morris，Terry Foty，Tom Friday，James Fuller，Susan Fulton，David T. Green，Carol Grimm，Bill Hammerschlag，Ric Heishman，Patrick Hogan，John Humphrey，Michael Kelly，Chung Lee，Mike Matuszek，John W. Miller，Robert Molnar，David Morgan，Michael Passalacqua，Colleen R. Pepin，Diane Perreault，Carol M. Peterson，Betty Reiter，Patty Santoianni，Judy Scholl，Joe Sherrill，Philip Soward，Catherine D. Stoughton，Dave Swickheimer，Daniel R. Terrian，Peggy Watkins，Melinda White，Marilyn Wildman，Janice L. Williams，Julie Wright 和 Michael D. Wright。

"在日常生活中"短文段落，是本书的特色栏目，它是由 Brookhaven 学院的 Bill Hammerschlag 在本书的第二版时设想并起草的，本版中继续保留并进行了扩展和重新设计。

"问题求解"栏目的 C++、Visual Basic、Java 和 Python 编程实现部分由 Florida 大学的 Anton Drake 完成。

另外，我要致以特别的感谢给总编 Michael Hirsch，是他把大家集合到这个项目中来，并一直给予我们指导并鼓励大家，另外也要感谢助理编辑 Stephanie Sellinger，在整个项目进行过程中回答了我们所有的问题并在项目的各个方面都提供了非常有价值的帮助，同时我们也得到了 Addison-Wesley 整个教程团队的帮助，他们是 Marilyn Lloyd，Gillian Hall，Kathy Cantwell，Holly McLean-Aldis 和 Jack Lewis。

——Elizabeth Drake

Stewart Venit

我要感谢我的合作者 Stewart Venit，同他一起工作我感到非常快乐。Gillian Hall 和 Kathy Cantwell 对我特别有耐心并一直鼓励我，他们使我能够轻松面对交稿期限的压力。我同样要感谢 Anton Drake 提供的重要技术支持。也特别感谢 Martin Carlisle，是他开发了 RAPTOR 并将该软件共享给每一个人，感谢他的支持和帮助。另外也要感谢 Calhoun 社区大学的 George Marshall Jr.帮助我处理 RAPTOR 中 OOP 模式的内容以及在附录 D 中创建的生动示例。最后，我要感谢我的家人，Severia，Anton，Justito 和 Jacob，他们一直以来的鼓励和支持才能让我从事我喜欢的工作——写作。

——Elizabeth Drake

我要感谢我的妻子 Corinne 和我的女儿 Tamara，感谢她们的耐心和理解；当我写作本书时，我花费了无数小时伏案工作，就像是粘到计算机键盘上了一样，对此她们从没有抱怨过。

——Stewart Venit

目　　录

第 **0** 章

绪论

绪论部分介绍计算机的历史以及计算机硬件和软件——计算机赖以工作的设备和程序。
阅读完绪论部分之后，读者将清楚以下内容：

- 了解从古巴比伦时代到 21 世纪，计算设备的发展演变情况[第 0.1 节]；
- 了解典型计算机系统的组成：中央处理单元、内存、大容量存储设备，以及输入输出设备[第 0.2 节]；
- 知道内存的类型——RAM 和 ROM，并了解它们的功用[第 0.2 节]；
- 知道大容量存储设备的类型：磁存储、光存储和固态存储三种类型[第 0.2 节]；
- 知道现代计算机所使用的软件类型：应用软件和系统软件[第 0.3 节]；
- 知道程序设计语言可分为机器语言、汇编语言和高级语言[第 0.3 节]；
- 知道用于编写软件的多种程序设计语言[第 0.3 节]。

在日常生活中：计算机无处不在

60 年前，孩子们听到父母描述没有汽车、没有电力、没有电话的生活模样时，他们感到非常惊讶。今天，当孩子们听到父母描述没有视频游戏、没有移动电话、没有 GPS 系统、没有电脑的生活模样时，当今的孩子们同样感到惊讶。70 年前，电子计算机还不存在，而现在人们每天都在使用计算机。家里、学校、办公室、超市、快餐店、飞机上和航天器上都有使用计算机。在我们的手机中、计算器中和汽车自动门中都有使用计算机。我们可以把计算机放在背包里、口袋里和钱包里。无论是年轻人或者老人，无论是电影制作人还是农民，也可能是银行家或棒球经理都可能使用计算机。通过使用各种各样巧妙的软件（程序），我们可以在教育领域、通信领域、娱乐、财务管理、产品设计与制造、企业和机关事务等几乎所有领域中使用计算机。

0.1　计算机简史

很长时间以来，人们普遍使用计算器来提高数值计算的速度和精度。5000 多年前的古巴比伦时期，人们就用算盘通过一串串滑动的珠子来实现计算操作。而使用齿轮和拉杆的更现代化机械计算机，其历史接近 400 年。事实上，在 19 世纪末以前，使用这样或那样的计算器已经相当普遍。然而，这些机器都不是我们今天所说的真正意义上的计算机。

0.1.1　什么是计算机

计算机是一种机械的、或电子设备，它可以快速、精准并高效地存储、获取和操作大量的信息。而且，通过执行一系列指令（称为程序），它可以在没有人为干预的情况下，执行任务并自动处理中间结果。

尽管我们倾向于认为计算机是一项新生事物，但实际上在19世纪中期，英国人Charles Babbage就设计并部分地建造了一台真正的计算机，他将这台机器称为分析机。这台机器包含数百个轮轴和齿轮，能够存储并处理40位的数字。Babbage在工作中得到了诗人Lord Byron的女儿Ada Augusta Byron的帮助，Ada Byron知道这项发明的重要性，并帮助Babbage宣传这项工程。有一个重要的编程语言（Ada）就是以Ada Byron的名字命名的。遗憾的是，Babbage没能完成他的分析机，他的想法超越了当时的技术水平，而且无法获得足够的经济支持以完成他的工作。

直到Babbage去世的70年后，人们才再次努力尝试建造一台计算机。大约1940年，哈佛大学的Howard Aiken以及爱荷华州立大学的John Atanasoff和Clifford Berry分别建造了接近真正计算机的机器。不过，Aiken的机器Mark I并不能够独立处理它的中间结果，而Atanasoff和Berry的计算机在计算过程中需要操作员频繁地干预。

就在几年之后的1945年，由John Mauchly和J.Presper Eckert领导的宾夕法尼亚大学的一个团队完成了世界上第一台完全可操作的电子计算机。Mauchly和Eckert将其命名为ENIAC，ENIAC是电子数值积分器和计算器（Electronic Numerical Integrator and Computer）首字母的简写。ENIAC（见图0.1所示）是一个非常巨大的机器。它有80英尺长，8英尺高，重33吨，在它的整个电路中包含了超过17 000个真空管，消耗175 000瓦的电力。在当时，ENIAC实在是一台了不起的机器，它能以令人难以置信的精度进行每秒5000次的加法操作。不过，按照现在的标准来看，它的运算速度太慢了。现代普通的个人计算机每秒都可以进行1亿次以上的操作！

图0.1　ENIAC计算机

在接下来的10年左右，所有的电子计算机都使用真空管（见图0.2）进行运算中所需的内部转换。这种类型的机器我们称之为第一代计算机，按照现代标准来看，它的体积要大得多，不过没有 ENIAC 那么大。这样的机器需要放置在空调房间并需要精心的呵护，才能正常运转。到 1955 年，大约有 300 台计算机（主要由 IBM 公司和 Remington Rand 公司制造）在使用。使用机构主要是大公司、大学和政府机构。

到 20 世纪 50 年代末期，计算机的运算速度已经变得快多了，并且稳定多了。当时最显著的变化是体积相对较小的晶体管取代了体积较大的、发热的真空管。晶体管是 20 世纪最重要的发明之一，它由贝尔实验室的 William Shockley，John Bardeen 和 Walter Brattain 在 20 世纪 40 年代末开发出来，因为这个成就他们后来共同获得了诺贝尔奖（见图 0.3）。晶体管同真空管相比，体积更小、耗能也更少。因此，许多晶体管可以集成封装在一起。

图 0.2 真空管   图 0.3 早期的晶体管

在 20 世纪 60 年代早期，数字设备公司（Digital Equipment Corporation）DEC 利用体积小且高度封装的晶体管（称为集成电路）制造了四斗柜大小的小型机。由于比之前的计算机体积更小且更便宜，小型机很快取得了成功。尽管如此，大型计算机的效率（现在称为大型机）也迅速提高。计算机的时代显然已经到来，而此时的业界翘楚是 IBM 划时代的计算机 System 360。

0.1.2 个人计算机

尽管计算机越来越普及，但是直到 20 世纪 70 年代末，它才开始成为一种家用电器。这是由于 20 世纪 60 年代人们发明了微型芯片（见图 0.4）才导致这一可能。微型芯片是一块邮票大小的硅片，内部封装了数以千计的电子元件。微型芯片和比它更为先进的微处理器，促成了 1974 年世界上第一台个人计算机（personal computer）PC 的诞生。PC 同它的前辈相比，价格更便宜，体积也小到了可以放到办公桌上面。1975 年，Altair 8800 微型计算机出现在世人面前，成为一座里程碑。尽管 Altair 是一台原始的不太实用的机器，但它

图 0.4 微型芯片

鼓舞了包括爱好者和专家在内的无数人，使他们开始对 PC 感兴趣。这些先驱中就有 Bill Gates 和 Paul Allen，他们就是后来微软公司的创始人，微软公司现在是世界上最大的公司之一。

苹果机和 IBM PC

Altair 计算机还吸引了两个年轻的加利福尼亚人，Stephen Wozniak 和 Steven Jobs。他们下决心要制造出一台更好、更实用的计算机。他们创建了苹果计算机公司，并在 1977 年成功推出了苹果 II 计算机。伴随着这款机器和 Tandy 公司 TRS-80 计算机的巨大成功，那些生产体积较大的小型机和大型机的公司也开始关注 PC 了。1981 年 IBM 公司推出了广受欢迎的 IBM PC（见图 0.5），确立了 PC 的未来。

图 0.5　1981 年推出的 IBM PC，现在是古董了！

许多公司希望从 IBM PC 的成功中获利，推出了可以运行 IBM PC 上同样程序的计算机，这些 IBM 兼容机很快就占领了市场。1984 年苹果公司革命性地推出了容易使用的 Macintosh 计算机，但是仍然无法阻挡 IBM 兼容机的浪潮。今天 IBM 兼容机占据了大约 95% 的个人计算机市场份额。这些计算机几乎都使用 Microsoft 公司的 Windows 操作系统，并衍生出了大量以前大型机的生产厂商无法想象的软件（计算机程序）。这些软件包括文字处理软件、图像处理软件、Web 浏览器、电子表格软件、数据库软件、演示图形软件以及无尽的各式各样的计算机游戏。

今天的计算机

今天的计算机市场有多种类型的机器构成。个人计算机到处都是，价格从几百到几千美元不等。大部分计算机的生产厂商是拥有数十亿美元资产的公司，如 IBM、Dell、HP 和 Apple 公司。尽管 PC 体积小且价格便宜，但是它们拥有很强的计算能力。今天的手提电脑重量仅为 3 磅，可以放进一个手提袋里，但其计算能力却比 20 世纪 70 年代中期最高级的大型机还强得多（见图 0.6）。

图 0.6　今天的笔记本电脑和平板电脑

小型机也有自己的市场。与 PC 不同，小型机可以让很多人（通常 16 个或更多）在不同的远程终端上同时使用，每个终端仅有一个键盘和一个显示屏组成。小型机已经成为许多小企业和大学的主要设备，而大型机并没有就此消失，这些相对巨大且昂贵的机器提供给用户强大的信息处理能力。超级计算机（见图 0.7）比大型机的处理能力更强，每秒钟能够处理超过 10 亿条的指令。对于一些特殊的公司像 Industrial Light & Magic，或者政府机构像国税局，只有巨大的大型机或者超级计算机才能满足他们的特殊需求。

图 0.7 现代超级计算机——Jaguar/Cray XT5

0.1.3 因特网

尽管计算机技术近年来取得了长足的进步，但在最近 10 年中，最重大的发展莫过于因特网在全世界的迅速普及。因特网是全世界范围内众多网络的集合，而网络是由两台或多台计算机通过电缆或电话线连接在一起组成的，它们之间能够共享资源和数据。因特网的发展可以追溯到 20 世纪 60 年代晚期的美国国防部的一个小项目。因特网从那时的由大学和军方一些大型机组成的小网络逐渐发展成为连接数十亿台计算机组成的庞大网络，用户从学前儿童到十亿美元资产的大企业。因特网最具诱惑力的两项服务是 E-mail 和万维网（World Wide Web，WWW）。E-mail 是电子邮件的简称，它能让任何连接到因特网的人使用自己的计算机与世界上任何地方的因特网用户即时地交换信息，而且费用非常低甚至免费。万维网出现于 1989 年，它由大量的相互链接的文档（网页）组成，这些文档由因特网用户创建，并存储在连接到因特网的成千上万台计算机中。

今天的社交网络站点已经远远要比 E-mail 受大众所喜爱的多。这些站点属于 Web 2.0 的一部分，它是万维网的下一代技术。Web 2.0 由 Web 应用组成，这些 Web 应用可以实现信息共享、以用户为中心的设计以及交互。虽然这个术语表明它是 Web 的新版本，但实际上它不是技术规范的更新或改变，而是人们使用 Web 方式的一种变化。Web 2.0 通常指的是基于 Web 的社区（例如 Second Life）、Wikis、社交网络站点（例如 Facebook）、视频共享网站（例如 YouTube）、博客，等等。

0.1 节 自测题

0.1 计算机区别于以下物品的特点是什么？
　　a. 一个简单（不可编程）的计算器。
　　b. 一个可编程的计算器。

0.2 把下列句子补充完整。
　　a. _____是计算机执行的指令序列。
　　b. 第一台完全可操作的电子计算机称为_____。
　　c. 目前最快的计算机是_____。
　　d. _____是一种全球互联的网络。

0.3　判断下面的句子是正确还是错误。

　　a. T F 第一台个人计算机产生于 20 世纪 70 年代。

　　b. T F 晶体管发明于 20 世纪 40 年代，并最终取代了早期计算机中的真空管。

　　c. T F 小型机和大型机已经被淘汰了，现在已经不再使用。

　　d. T F Web 2.0 是万维网的新版本，包括更新的技术规范。

0.4　将第一列的人物和相应的第二列的计算机连接起来。

1. Charles Babbage 和 Ada Byron　　_____　　a. ENIAC

2. J.Presper Eckert 和 John Mauchly　_____　　b. Apple Ⅱ

3. Steven Jobs 和 Stephen Wozniak　_____　　c. Analytical Engine

0.2　计算机基础

在 0.1 节中我们将计算机定义为一种机械的或电子的设备，它可以快速、精准且高效地存储、获取和操作大量信息。正如该定义中描述的，计算机一定具有输入、存储、操作和输出数据的能力。这些功能是通过计算机系统的下列 5 种主要部件实现的：

- 中央处理器（CPU）；
- 内存（包括 RAM 和 ROM）；
- 大容量存储设备（磁存储、光存储和固态存储）；
- 输入设备（主要是键盘和鼠标）；
- 输出设备（主要是显示器和打印机）。

本节将介绍现代个人计算机中的这些部件。

在桌面 PC 中，CPU、内存以及大多数大容量存储设备都安装在系统模块中。输入和输出设备则分别封装并通过电缆连接到系统模块上，现在也可以通过无线发射装置来连接。这些用于计算机但是在系统模块之外的部分，有时也称为外围设备。而对于手提式电脑，它将 CPU、内存、大容量存储设备、显示器和键盘都封装到了一起。组成计算机系统的物理设备称为硬件。

0.2.1　中央处理器

中央处理器（The Central Processing Unit）（也称为处理器或 CPU）是计算机的大脑（见图 0.8）。它接收程序指令，通过执行必要的数学和逻辑运算来完成指令操作，并控制其他的计算机部件。在 PC 中，处理器包含上百万个晶体管，封装在一块邮票大小的微型芯片中，插在计算机的主电路板中——主板上。

与其他部件不同，CPU 可以用来区别不同类别的计算机。决定处理器处理能力的主要因素是它的速度，以吉赫兹（GHz）为单位来衡量。例如，在 PC 中使用的由 Intel 公司生产的微处理器

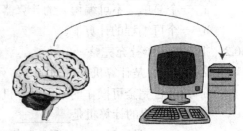

图 0.8　CPU

Pentium 4 是一系列芯片，截至本书发稿，运行速度为 1.6GHz 到 4GHz 不等，最快的数据处理速度比最慢的高两倍还多。不过，由于其他一些因素，有些处理器比同样速度的其他处理能力更强一些。

0.2.2 内部存储器

计算机使用内存来存储 CPU 处理需要的指令和数据。在 PC 中，内存驻留在一系列芯片中，这些芯片有些直接插在主板上，有些插在连接主板的数量不等的小电路板上面。内存分为两种类型：只读存储器（ROM read-only memory）和随机存储器（RAM random-access memory）。

ROM 中包含有一套不能修改的指令集，这些指令用于计算机启动和其他一些基本操作。而 RAM 可以执行读出和写入操作，被计算机用来保存程序指令和数据。可以把 ROM 想象成参考表，RAM 想象为便签本，一本非常大的便签本。ROM 是一块集成电路，当它出厂的时候就植入了一些特殊的数据。用户不能够修改这些数据，因此 ROM 是永久性的存储器，相反，在任何时候计算机都用 RAM 来存储当前操作的数据。例如，当你使用文字处理软件写一篇英文文章的时候，你通过显示器看到你写的文章，同时文章也被保存在 RAM 中。当你关闭文字处理软件或者关闭计算机后，所有保存在 RAM 中的数据都丢失了。这就是为什么将工作内容保存在永久性存储介质中是这么重要——对我们大多数人来说已经有过这种教训了。

存储器的最小存储单位是比特（b），一个比特能够存储两种值：0 或 1。在存储器中存储一个字符需要 8 个比特，存储一条指令通常需要 16 个或者更多的比特（一般来说，字符是能够从键盘键入的任何字符，比如一个字母、数字或者标点符号）。一个字节（B）包含 8 个比特，是存储一个字符所需要的存储量。由于一行文本可能占用到几百个比特，因此用比特来衡量文件的大小不合适，我们代之以使用字节作为存储器的基本存储单位。用千字节（KB），兆字节（MB）或者吉字节（GB）来表示存储器的大小。1KB 是 1024（$1024=2^{10}$）个字节，1MB 是 1024KB，1GB 是 1 073 741 824（1024^9 或 2^{30}）个字节。例如 128MB 的 RAM 可以一次存储 134 217 728 个字符信息，因为字符数同 RAM 所含的字节数相同，可以计算得到：

$$128M \times 1024KB/MB \times 1024B/KB = 134\ 217\ 728\ \text{字节}$$

0.2.3 大容量存储设备

除了 ROM 和 RAM 之外，计算机还需要另外一种形式的存储器——大容量存储器，它用来长时间存储程序和数据。大容量存储设备中的数据将始终保留着，直到你决定将其删除。不过，当需要使用大容量存储设备中的数据时，计算机必须先将其载入（复制）到 RAM 中。也就是说，在你打算写一篇英文文章的时候，计算机会先把文字处理程序载入到 RAM 中，当你输入文字的时候，这些文字也存储到 RAM 当中；当你完成或者想停下来休息的时候，你把文章保存到存储设备中并关闭文字处理程序。此时，你的文章和文字处理程序都在 RAM 中消失了，但是文字处理程序依然在你的硬盘中，而文章则保存在你所使用的存储设备当中。

大容量存储设备有很多种，但都属于以下 3 种类型之一。

- 磁存储：例如硬盘。
- 光存储：例如 CD 和 DVD。
- 固态存储：例如闪存。

在 PC 上，最主要的大容量存储设备是磁盘驱动器。大多数 PC 都配有硬盘驱动器和一些其他形式的存储器。现代移动存储设备有多种选择，某些闪存的存储容量可以达到 25GB。

磁存储

磁存储（Magnetic Storage）是最常见也是最持久的大容量存储技术。磁盘驱动器是装在计算机内部的磁存储设备，现在市场上销售的所有计算机都有硬盘。硬盘拥有巨大的存储容量，在撰写本书时，最大的硬盘驱动器的容量已经超过几太字节（1000 个 GB）。一 TB 是一个万亿字节或者 1000GB，1 个 GB 是 1024 个 MB。硬盘支持数据的高速读写，因此它成为主要的大容量存储设备。它存储了操作系统（见第 0.3 节）以及大部分计算机所需的应用程序和数据。另外，用户通常将购买的其他软件也存储在硬盘上，例如游戏，理财软件等等。

光存储

大多数人肯定都比较熟悉 CD 和 DVD。CD（compact discs）通常用来存储音乐文件，DVD（digital versatile discs）通常用来存储电影。这两种类型的磁盘都是计算机可能用到的存储介质。我们之所以将这种类型的存储称为**光存储**（Optical Storage）是因为读取它们中的数据时需要通过 CD 或 DVD 驱动器中的激光。CD 和 DVD 是大容量存储介质，适合于存储预包装的软件，以及上课或做演示用的演示文稿，不过，对于写到 CD-ROM 上面的内容来说，是不能修改的。现在有一种可擦写 CD（CD-RWs）能够实现重复擦写的功能。虽然这种磁盘比起普通的 CD/DVD 要贵一些，当相对来说还是比较划算的，因为它可以满足存储大容量的数据且可以修改上面存储的内容这些需求。DVD-ROM 的容量要比 CD 的容量大七倍还多。由于 DVD 驱动器也可以读取 CD，所以计算机中经常用 DVD 驱动器代替 CD-ROM 驱动器（见图 0.9）。

固态存储

闪存是一种**固态存储**（Solid-State Storage）技术，是一种小型的可移动存储设备，可用于数码相机和 PDA 中。由于固态设备中没有转动的部分，所以性能非常稳定。闪存可以在任何带有 USB 端口的计算机上面使用，因此它越来越受到计算机用户的喜爱。并不是所有的计算机都有 Zip 驱动器，但是所有的计算机都有 USB 端口，因此不管什么样的计算机，都能够通过闪存盘存取文件。闪存盘的存储容量从 8MB 到 256GB 不等，而且市面上总是不断地有新品推出（见图 0.9）。

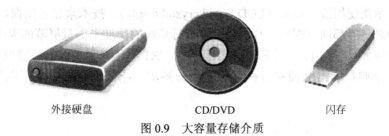

外接硬盘   CD/DVD   闪存

图 0.9 大容量存储介质

0.2.4 输入设备

计算机使用输入设备从外界接收数据，因此，每个计算机都带有键盘和鼠标，以使得能够向程序中输入信息。

键盘

计算机键盘上有字母键、数字键、标点符号键和特殊键。这些特殊键包括在不同程序中有不同功能的功能键，以及控制光标（指示当前输入位置）在屏幕上面移动的光标控制键，以及一些其他键。

鼠标

鼠标是另一种标准的手控输入设备，有一个、两个或三个按钮。鼠标与计算机连接的电缆组合起来有点像一只尾巴很长的老鼠，也许这就是鼠标这个名字的来历。当你在桌面上滚动鼠标时，屏幕上面有一个指针也相应地运动。实际上，用鼠标能完成的事情，用键盘也都可以做到。不过，很少人知道大部分鼠标动作与之对应的那些按键。鼠标可以使许多输入操作更快捷，但它不如键盘功能那么多。

键盘和鼠标并非向计算机输入数据的仅有设备，计算机还可以通过电话、电缆线和无线因特网连接来接收数据。当你在因特网上冲浪时，你的计算机就在接收数据。平板计算机可以让人们用一支数码笔直接在屏幕上面写字，这也是一种输入形式。科技正在飞速发展，所以我们无法预料到，当读者阅读本书时，世界上最新的输入设备是什么！

0.2.5 输出设备

输入设备能够让我们向计算机传递信息，而输出设备能够让计算机向我们传递信息，最常见的输出设备是显示器和打印机。

显示器

显示器将图像（文本和图形）显示在显示屏上，显示器有以下两种基本类别：
CRT（阴极射线管 cathode ray tube）显示器，看起来像一台普通的电视机。
平板显示器，比 CRT 显示器要薄得多。用于所有的便携式计算机，以及大多数台式机上面。平板显示器使用液晶显示（LCD liquid crystal display）技术来显示图像。

以上两种显示器都同电视机一样，是以屏幕对角线的长度来衡量屏幕的大小的。PC最常用的显示器屏幕尺寸是17英寸和19英寸，不过CRT显示器和平板显示器也有一些其他尺寸。此外，影响显示器品质和价格的因素是分辨率，它表示了屏幕显示图像时像素的数量。

打印机

屏幕上的输出是暂时性的，当显示新信息或关闭电源时，屏幕上面的原信息就消失了。如果希望获得一份纸质版的程序输出拷贝（硬拷贝），就需要用到打印机了。

所有打印机生成的文本和图像都是由很多墨水小点或者类似于墨水的小点组成的。这些小点的大小以及它们的间距决定了打印的品质。目前市场上主流的打印机有以下一些类型：

激光打印机已经成为商务应用的标准。它们能快速地打印出高品质的文字和图像，而且性能稳定。黑白激光打印机的购买、使用和维护的成本都很低，彩色激光打印机价格相对比较贵，而且照片的打印效果还不如喷墨打印机。

喷墨打印机在纸上喷射极小的墨水点，可以产生清晰令人吃惊的图像。大多数喷墨打印机的彩色打印效果也同样出色。一般来说，喷墨打印机同激光打印机相比价格便宜，但速度比较慢，使用成本比较高，所以更多的是家用而不作为办公用。

虽然一想到输出设备，我们立刻想到显示器和打印机，但是还有很多其他类型的输出设备。有些既是输入设备，又是输出设备。例如，在使用电话调制解调器连接因特网的时候，调制解调器既是输入设备，又是输出设备。当在浏览器地址栏中输入一个网址来浏览网页时，这时候调制解调器就变成了输出设备了，当网页返回来需要呈现到显示器上面时，调制解调器就扮演了输入设备的角色。当在计算机上收听广播电台时，扬声器就变成输出设备了。

0.2节 自测题

0.5   写出组成典型计算机系统的5个基本部件。

0.6   描述一下部件的功能：

    a. 中央处理器（CPU）；

    b. 大容量存储设备。

0.7   判断下列说法是正确还是错误。

    a. T F 通常以吉赫兹来衡量处理器的处理速度。

    b. T F 一个比特就是一个字节。

    c. T F 磁盘驱动器是一种大容量存储设备。

    d. T F 如果一台计算机拥有足够数量的输入设备，那么它就不需要输出设备了。

0.8   分别说出以下两种类型的设备：

    a. 输入设备；

    b. 输出设备。

0.9 列举出激光打印机相比于喷墨打印机的一个优点和一个缺点。

0.3 软件和程序设计语言

如果计算机只有硬件，不管功能多么强大，还是什么都做不了，计算机硬件需要软件带给它生命和活力。软件由计算机程序组成，程序中编排了 CPU 指令，通过执行程序，用户就可以发送电子邮件、计算借贷收支情况、编辑图片、玩游戏和执行其他无数的任务。本节将介绍几类软件，讨论开发软件的几种方法。

0.3.1 软件的种类

软件可分为两大类：应用软件和系统软件。

应用软件

应用软件是这样一些程序，它们能够提高工作效率、解决问题、提供信息和消遣娱乐。这也正是人们学习和使用计算机的目的。下面是一些非常常见的应用软件：

- 文字处理软件能够帮助创建、修改和打印文档，如信件、报告和备忘录。
- 数据库管理软件可以录入、管理和存取大批量的信息。读者可以使用数据库程序创建个人电话簿，公司可以使用数据库程序维护客户名单和职员记录。
- 电子表格软件简化了大量列表数据（电子表格）的操作和计算。这种软件常被公司用来预测账本底线下各种策略的实施效果。
- 照片编辑软件能够把数码相机中的照片下载到计算机中，并对其进行修改和打印。
- 网页浏览器和电子邮件软件能够让我们查看互联网上无限量的电子文档，并与世界各地的人进行交流。

应用程序由许多不同的公司开发和发布，通过零售店、邮件订购或互联网销售。一个软件包包括一张或多张存储了应用程序文件的 CD 或 DVD 光盘，这些文件中包括应用程序所需的程序、数据和文档。在使用应用程序之前，必须先将它们安装到计算机之中，也就是将 CD 光盘上的文件复制到计算机的硬盘上，同时为操作系统提供应用程序的一些必要信息。

系统软件

系统软件是计算机用来控制和维护硬件并与用户交互的程序。最重要的系统软件是操作系统（operating system，OS），它是计算机的主控程序。虽然用户可以选择不同的操作系统，但是一台具体的计算机必须使用一套专门为这类计算机设计的操作系统。举例来说，如果读者使用的是 IBM 兼容机，很可能使用的是某个版本的 Microsoft Windows 操作系统，但是也可能使用的是 Linux 操作系统，甚至是 IBM 计算机最初使用的 DOS 操作系统。

没有操作系统，计算机就毫无用处。操作系统有以下两项关键功能：

（1）它帮助应用程序与硬件进行交互。应用程序总是设计运行于特定的操作系统之上，它们访问计算机硬盘、内存和其他资源。由于有很多不同的操作系统，因此读者在购买应用程序的时候，先要检查并确定它可以在自己的计算机上那个特定种类和版本的操作系统上运行。

（2）它在用户和计算机之间提供了一个界面，使用户可以安装和启动应用程序、操作文件以及完成许多其他任务。

0.3.2　程序设计语言的种类

就像一本书可以使用像英语、西班牙语或法语这样的特定语言进行编写一样，程序也必须用特定的程序设计语言来编写。程序设计语言是一套符号和规则的集合，这些规则描述了如何使用这些符号以及如何构造程序。

程序设计语言有以下 3 种基本类型：
- 机器语言；
- 汇编语言；
- 高级语言。

机器语言

机器语言程序是由一系列的 0 和 1 组成的比特串，每种 0 和 1 的组合都表示某个计算机指令。机器语言是计算机能够直接理解的唯一语言。但是正如我们想象到的，机器语言程序对人类来说非常难读，也难以编写。正是这个原因，程序员通常使用汇编语言或高级语言来编写程序。

汇编语言

汇编语言是机器语言的一种符号化表示，通常两者之间有一一对应的关系，每一条汇编语言指令都可以翻译成一条机器语言指令。只不过，汇编语言采用了容易识别的代码，因此人们理解起来容易得多了。计算机在执行汇编语言之前，先必须将其翻译成机器语言。完成这项工作的是一个特殊的程序，叫做汇编程序。

具体编程实现（Making It Work）

比较机器语言和汇编语言

下面的指令是在某台小型机上进行两个数的加法。

机器语言指令：

0110110111110111 0000000100000000 0000000100000000

相应的汇编语言指令：

ADD A，B

当然计算机不会把字母 A 和 B 相加,对计算机来说,这条指令的真正含义是:将计算机内存中存储于 A 和 B 所表示的地址中的数值相加。

高级语言

高级语言通常包括英语单词和短语,它们的符号和结构与机器语言有很大的不同。与机器语言和汇编语言相比,高级语言有很多优势:易学易用,编写出的程序也容易阅读和修改。高级语言中的一条指令通常被翻译成机器语言中的多条指令。而且对于特定的高级语言来说,在不同类型的计算机上差别不大,在一种类型的计算机上编写的程序通常很容易地改一下就可以在另一类型的机器上使用。而高级语言的缺点是:同汇编语言程序相比,操控计算机的能力不强,同样功能的高级语言执行效率较为低一些。高级语言程序和汇编语言程序一样,都必须先被翻译成机器语言程序,才能被计算机理解执行。

FORTRAN(FORmula TRANslator)是第一个高级语言,产生于 20 世纪 50 年代中期,主要用于工程和科学应用。从那时起,许多高级语言应运而生,下面是其中一部分:

- C++是目前最流行的语言之一,使用它可有效地开发出多种不同类别的应用程序。
- COBOL(Common Business Oriented Language 通用的面向商业的语言)曾经是与商业相关的编程应用中最流行的语言。尽管现在很多人没有学习过这种语言,也很少有人用它来编写新的程序,但是很多旧的 COBOL 程序仍然在使用,人们还在以原来的方式使用这些程序。
- Java 是另一种非常流行的现代程序设计语言,尤其是在 Web 应用上面。
- Visual Basic 是 BASIC 的新版本,BASIC 是一种更早的时候非常流行的语言。Visual Basic 很适合于编写以图形用户界面(GUI)方式运行的程序,比如那些在 Windows 和 Macintosh 计算机上运行的软件。
- JavaScript 是一种面向对象的脚本语言,主要用于 Web 浏览器程序的一部分,能够增强用户节目和动态网站效果。

高级语言在不断的演变。例如,C++语言就是从一种名为 C 的语言发展而来。C++现在仍然是一种非常重要的高级语言,但是基于 C 的语言还有另外两种:.NET 和 C#。有这么多的程序设计语言,好像很难全部掌握。其实并不是这样,程序设计语言之间的差别并不像英语和汉语之间的差别那么大。基本程序设计逻辑适用于所有程序设计语言。一旦掌握了一种语言,再学习其他语言的规则和结构就相对容易多了。

编写程序

想要使用高级语言编写程序,首先必须在计算机上安装有特定软件,这种软件一般包含几个协同工作的程序来帮助创建最终的软件产品。这些程序包括输入和编辑(修改)程序语句(指令)的文本编辑器,帮助发现程序中错误的调试器,以及将高级语言编写的程序翻译成机器语言程序的编译器或解释器。这种软件对许多程序设计语言都是现成的,可以在大学校园书店、零售店或因特网上买到。

使用程序设计语言软件包时,需要先把它安装到计算机上,就像其他应用程序那样启动它，然后就可以输入程序语句并运行程序了。通过运行程序语句可以知道程序是否正常工作，如果不正常的话，就需要修改程序，直到它运行正常。

当然，为了写出适当的程序来解决特定问题，需要掌握许多程序设计的基本概念和特定程序设计语言的知识。本书的目的就是介绍这些普遍的程序设计概念，一旦掌握了程序设计的逻辑和结构，再学习某个具体的程序设计语言就相对容易多了。

0.3 节　自测题

0.10　用程序和系统软件的差异性是什么？

0.11　简述 3 种应用程序。

0.12　列举程序设计语言的 3 种基本类别。

0.13　高级语言更容易使用，为什么还有程序员想使用汇编语言写程序呢？

0.14　第一个高级语言是什么？它是什么时候推出的？

0.15　你知道为什么会有那么多程序设计语言吗？

0.4　本章复习与练习

本章小结

在本绪论介绍了以下内容：

1. 计算机的历史

包括：

- 早期的计算机，从 19 世纪中期的分析机到一个世纪后的 ENIAC；
- 用晶体管代替真空管的重要意义；
- 大型机、小型机和个人计算机的产生；
- 个人计算机的发展——Altair 8800、Apple II、IBM PC 和 Macintosh；
- 因特网的产生。

2. 典型的计算机系统的基本硬件部件

- 中央处理器——计算机的大脑；
- 内存——RAM 和 ROM；
- 三类大容量存储设备——磁存储、光存储和固态存储；
- 输入设备，如键盘和鼠标；
- 输出设备，如显示器或打印机。

3. 几类软件（计算机程序）

- 应用程序，例如文字处理软件、电子表格软件、数据库管理软件、照片编辑软件和网页浏览器；
- 系统软件，以及计算机主控程序——操作系统的作用；
- 创建应用程序的程序设计语言——机器语言、汇编语言和高级语言。

复习题

填空题

1. 19 世纪计算机的先驱是_____，他设计了名为分析机的计算机。

2. 第一台完全可操作的电子计算机名称为_____。

3. _____的发明代替了电路中又大又慢的真空管，使计算机变小了。

4. 在 20 世纪 60 年代中期出现_____之前，人们只能使用庞大的大型机。

5. _____使连接因特网的人能够与世界各地因特网的使用者交换信息。

6. 万维网上可访问的海量电子文档称为_____。

7. 计算机系统的物理部件称为_____。

8. 个人计算机中主要的电路板称为_____。

9. 1 个字节的存储量大小是_____比特。

10. 1 个千字节等于_____字节。

11. 硬盘是_____类型的大容量存储的一个具体例子。

12. 光存储类型的大容量存储有两种类型是 CD-ROM 和_____驱动器。

13. 固态存储设备如闪存，插在计算机的_____端口上。

14. 在众多类型的打印机中，打印效果最佳的是_____。

15. 软件可以分为两大类：_____和系统软件。

16. 监视计算机所有操作的主控程序称为计算机的_____。

17. 高级语言通过解释器或_____翻译成机器语言。

18. 第一种高级程序设计语言是_____，是公式翻译器的意思。

选择题

19. 下列哪一个组合是 Microsoft 公司的创始人？

    a. John Mauchly 和 J. Presper Eckert

    b. Steve Jobs 和 Stephen Wozniak

    c. Bill Gates 和 Paul Allen

    d. Richard Rodgers 和 Oscar Hammerstein

20. 哪一种操作系统是现在几乎所有的 IBM 兼容机都使用的操作系统？

    a. DOS

    b. Microsoft Windows

    c. Linux

    d. Macintosh OS

21. 下列哪个部件在典型 PC 的系统模块中是没有的？

    a. 主板

    b. 显示器

    c. 随机存储器（RAM）

    d. 以上皆非

22. 下列哪些是计算机的中央处理器完成的工作：
    a. 执行程序指令
    b. 执行数学和逻辑操作
    c. 控制计算机的其他部件
    d. 以上皆非
23. 下列哪一个是输入设备？
    a. 显示器
    b. 键盘
    c. CPU
    d. 只读存储器（ROM）
24. 下列哪一个是输出设备？
    a. 显示器
    b. 键盘
    c. CPU
    d. 只读存储器（ROM）
25. 与硬盘相比，闪存的优点是什么？
    a. 可以在计算机之间传递数据
    b. 存储更多的数据
    c. 读取数据更快
    d. 以上皆非
26. 与硬盘相比，CD-ROM 驱动器的优点是什么？
    a. 使用移动介质
    b. 存储更多数据
    c. 读取数据更快
    d. 以上皆非
27. 以下哪一个是应用程序？
    a. 计算机的 RAM
    b. 计算机的操作系统
    c. 可编程的计算器
    d. 文字处理软件
28. 以下哪一个是系统软件？
    a. 计算机的 RAM
    b. 计算机的操作系统
    c. 可编程的计算器
    d. 文字处理软件
29. 以下哪一个不是程序设计语言？
    a. 自然语言
    b. 汇编语言
    c. 机器语言

　　d. 高级语言

30. 以下哪一个不是高级语言？

　　a. C++

　　b. FORTRAN

　　c. Babbage

　　d. Java

判断题

31. T F 因特网是连接全球的网络。

32. T F 因特网的起源可以追溯到 20 世纪 90 年代初期。

33. T F 安装在计算机系统模块外部的部件称为外围设备。

34. T F 关闭电源后，计算机 ROM 中的内容将丢失。

35. T F RAM 代表了远程访问存储器。

36. T F CD-ROM 驱动器可以用来做数据备份。

37. T F 计算机键盘同标准打字机相比，按键的数量少很多。

38. T F 便宜的激光打印机非常适合于彩色打印。

简答题

39. 根据下列个人计算机出现的时间，将它们排序。

　　a. Apple II 　　　　　_____

　　b. Altair 8800 　　　_____

　　c. Apple Macintosh 　_____

　　d. IBM PC 　　　　　_____

40. 根据下列计算机的大小和处理能力将它们排序。

　　a. 大型机 　　　_____

　　b. 小型机 　　　_____

　　c. 个人计算机 　_____

　　d. 超级计算机 　_____

第 1 章

程序设计概述

在这一章，我们将要介绍一些有关计算机程序设计的基本概念。我们将简单地讨论一下程序设计的本质，介绍构成几乎所有计算机程序的基本构件。你将学会用一些一般性的语句来构建简单的程序，这些一般性的语句和许多计算机语言中的语句是相似的。

在阅读完本章之后，读者将能够：

- 明白什么是程序，以及大体上清楚，程序是如何写成的[第 1.1 节]；
- 应用解决问题的策略来处理计算机程序设计的问题[第 1.1 节]；
- 理解计算机程序的基本组件：输入、数据处理和输出[第 1.2 和 1.3 节]；
- 编写一般性的程序语句来执行输入、数据处理和输出的操作[第 1.2 和 1.3 节]；
- 在程序中命名并使用常理和变量[第 1.2 节]；
- 在程序中使用基本的算术运算（加、减、乘、除、取模、求幂）[第 1.3 节]；
- 理解计算机如何使用运算优先级[第 1.3 节]；
- 理解字符串和字符数据类型以及知道字符数据类型和字符串数据类型如何在计算机中表示[第 1.4 节]；
- 使用字符串连接操作[第 1.4 节]；
- 理解什么是整型数据类型，知道有符号整型和无符号整型数据如何在计算机中表示[第 1.5 节]；
- 理解什么是浮点数据类型，知道它如何在计算机中表示，以及它与整型数据类型之间有何不同[第 1.6 节]。

在日常生活中：你已经是一个程序员了

试想一下，你需要一双新的跑鞋。你将如何得到它呢？你可能会查一下你的银行账户或者钱包里是否有足够的钱，然后去商场或者体育用品商店看跑鞋专柜。你会去试穿鞋子，如果找到一双尺码、颜色和款式都合适的鞋，你很可能会当场买下。你的行动方案就是查看现金、逛商店、试穿和购买。

但是，如果你想买一辆新车呢？你不会只是查看一下钱包里的现金、逛汽车经销商处、试开几款车后买下一辆那么简单。你很可能会制定一个更加复杂的行动方案。你可能会在购买之前查看一下银行存款或者是向银行申请贷款，或者你会先研究一下不同车型、售价、贷款利率和还款计划。之后你可能会仔细阅读报纸上或网上的汽车广告，并试驾几次。不管最后你是怎样买到汽车的，你都将按某个行动方案执行，虽然与买一双跑鞋的方案不一样。

实际上，计算机程序就是计算机完成一项特定任务所执行的一系列指令。如果这项任务很简短，那么程序也相应地简短。如果这个任务很复杂，那么程序也相应地复杂。你可以把程序看成是为了达到某个目的而制订的行动方案。

在日常生活中，你制订行动方案来完成日常的事务，而作为计算机程序员，你需要制定计算机能够执行的行动方案来完成任务。从这一点来看，在日常生活中我们都是程序员！

1.1　什么是程序设计

在日常生活中，我们会碰到一些问题，最好的应对方式就是按照一种系统的行动方案，一步一步来解决问题。例如，你邀请一个外地的朋友来你的新家。为了让他的旅行顺利，你给他提供了达到你家的详细路线计划。实际上，你制订了一个计划让你的朋友来执行。这样一个计划可能像下面这样：

走 80 号州际公路西段，从 Springfield Road 出口出。

在匝道的红绿灯处右拐至 Springfield。

沿 Springfield 走两英里，然后左拐至 Midvale Street。

沿 Midvale 过三个街区，然后右拐到 Harvey Drive。

再过半个街区就是我家，在 Harvey Drive 456 号。

1.1.1　一种通用的解题策略

为了制定一个合适的行动方案来解决一个特定问题，例如为一个朋友提供出行的行动计划说明，我们通常采用下面的解题策略：

（1）充分理解问题本身。如果没有充分理解问题，要想制定一个可行的方案是非常困难地，甚至不可能的。

（2）制订一个解决问题的行动方案。提出详细的一步一步地说明。

（3）执行该方案。

（4）检查结果。这个方案有效吗？它解决了所给的问题吗？

当然，在以上过程中的任意阶段，你都可能会发现瑕疵，而不得不回到上一步对方案进行重新评估和修改。

现在让我们应用这个解题策略，处理另一件平时会遇到的编程问题。假设你决定去巴黎旅游。你将坐飞机去，住在酒店里，浏览这个城市。你并不经常去巴黎度假，因此你希望确保你的旅途不会发生意外或者不愉快的事情。为了确保所有的事情都顺利进行，你在出发前列出一个必须要做的事情的清单，并在执行时核对每一项。换句话说，你为你的旅行设计了一个程序并且执行这个程序。下面就是你在旅行前做准备时应用通用解题策略的过程：

（1）理解问题本身。首先，你必须做一些关于巴黎的调查。有哪些航班可以去那里，机票需要多少钱？有哪些酒店可以住，位置在哪里，价格是多少？一年中这段时间巴黎的天气如何？需要带什么样的衣服？你将怎样游览这个城市？你很可能会了解一下公共交通系统，并和租车比较一下。你会说法语吗？如果不会说法语，你很可能需要买一本法英词典，甚至一些法语磁带。在你飞越大西洋之前，你会思考更多需要了解的东西。

（2）制订行动计划。此时你需要列出一个旅行前要做的事情的清单。实际上，你需要一个程序。清单中可能包含下列内容，当然你可能想到的更多：

- 购买飞机票并预订酒店。
- 确定护照有效。
- 购买欧元。
- 听法语磁带。
- 决定要带的东西（这一项实际上会涉及一些子程序——在你决定要带什么东西之前，先要做一些事情）。
  - 列出你想要携带的物品清单。
  - 决定哪些东西放在托运行李中，哪些东西放在手提袋里。但是等一下，你没有手提袋，所以你必须……
  - 买一个新的手提袋——又一个子程序。
- 当你离开时，停掉报纸和信件的邮递。
- 将你的行程告知家人和朋友。

（3）执行计划。在你出发之前，执行清单上面的每一项任务。也就是说，执行程序。

（4）检查结果。在执行清单所列的任务后（即执行计划），并在你出发之前，检查一下准备工作是个不错的主意。比如，你会：

- 检查一下你的机票和酒店预订信息以确保准确无误。
- 确认一下你已经带上了所有需要用到的东西。
- 想象一下你已经出发了，确认没有忘记任何必需的准备。

在制订行动方案的过程中，你可能会发现缺少足够的信息——你没有完全理解问题本身。或者在执行计划或检查结果的时候，你不得不更改计划。在应用我们的解题策略时，对前面的步骤进行修改几乎是不可避免的。我们认为解题是一个循环过程，因为在得到一个令人满意的解决方案之前，我们经常要返回到开始处，或者重复做之前做过的事情。

1.1.2　编写计算机程序：程序开发周期

通常编写计算机程序的过程就如我们刚才简要描述的解决问题的通用策略一样：理解问题、制订计划、执行计划和检查结果。用计算机程序来解决问题时，这一策略包括：

（1）分析问题。确认有哪些信息，需要得到什么样的结果，要得到这样的结果你需要什么样的信息，概括来说，怎样从已知的数据出发得到想要的结果。

（2）设计一个程序来解决问题。这是程序开发的核心，根据问题的难度和复杂度，这一步可能花费一个人几个小时的时间，也可能花费一个庞大的程序员团队很多个月的时间完成。

（3）编写程序代码。用一种特定的计算机语言来编写指令（程序代码），实现步骤 2 中的设计。这一步的结果就是程序。

（4）测试程序。运行程序，看它是否真的解决了所给的问题。

这个分析、设计、编码和测试的过程构成了我们所知的程序开发周期的核心。这里用"周期"一词是因为在通常的解决问题过程中，我们经常会在后续的步骤中发现漏洞并返回到先前的步骤中。我们将在第二章中更详细的讨论程序开发周期。

为了开发一个程序来解决一个特定问题，你必须知道并且理解程序设计的一般概念以及特定的一种编程语言。在本书中，我们将关注于程序开发周期的前两步骤——尤其是程序设计。本书的目的是介绍一般性的程序设计概念和方法，而不涉及特定的程序设计语言。有些短小的例子是用程序设计语言（C++、Java 和 Visual Basic）写的，仅仅是为了说明问题的需要。本书专注于对任何程序设计语言都适用的程序设计概念和逻辑。

学习编程的最大好处之一是尽管有很多不同的程序设计语言，但是不管你用哪一种语言，程序设计的基本概念都是一样的。实际上，一旦理解了这些编程概念，并掌握了一种程序设计语言，那么再学习一门新的语言是很容易的。但是首要之事是，先集中精力于程序设计的基石——概念。当你掌握了这些普遍的概念之后，可以很容易地用一种特定的计算机语言来实现它们，完成整个程序的开发过程。

1.1 节 自测题

1.1 列出本节介绍的通用解题策略中的几个步骤。
1.2 列出如何从学校到你家的精确说明。
1.3 列出程序开发周期中的几个步骤。
1.4 短语"程序开发周期"中的"周期"有何意义？

1.2 基本的程序设计概念

在 1.1 节中，你制订了去巴黎的旅行计划，其中最重要的事情之一便是为这个长途旅行做一些准备工作。为了确保有足够多的好听音乐可以在长途旅行中愉悦，你决定从 iTunes 中下载一些音乐节目。但是手头的资金是有限的，所以需要确认一下目前的资金能够下载多少首歌曲。我们将以该问题为基础来解决一个简单的编程问题，本章后面部分也将涉及这个同样的问题。首先我们将以这个问题为例，说明数据输入、常量和变量的概念。然后在接下来的两节中，我们会回到这个问题来讨论数据处理、输出和数据类型的概念。

1.2.1 一个简单的程序

你想要开发一个程序来帮助自己快速地确定下载音乐将花费多少钱。目前，下载一首歌曲的价格是 0.99 美分（$0.99）。你需要这样一个程序，它可以帮你算出下载 8 首或 10 首或者任意多首歌曲需要花费多少钱。你知道如何使用铅笔和草稿纸来进行这个计算过程，也知道如何用计算器完成这个计算过程。为了编写一个计算机程序来完成这个计算过程，你需要先写下使用计算器如何进行这个计算过程。

将购买的歌曲数量输入到计算器。

按一下乘法按钮。

输入 0.99。

按一下等号（＝）按钮。

显示窗口中将显示出总花费值。

这个计算过程只有当每首歌的价格是 99 美分的时候是有效的。不过，如果价格不一样，算出一首歌或多首歌曲花费总额的步骤是一样的，唯一需要改变的就是每一首歌的单价而已。

歌曲购买程序

下面所列的操作说明与完成此任务所设计的计算机程序差不了多少。歌曲购买程序的指令，或语句，看上去就像下面这样：

输入今天想要下载的歌曲数量：Songs

计算购买这些数量的歌曲的总花费：

Set DollarPrice = 0.99 * Songs

显示 DollarPrice 的值

倒数第二行的星号（*）代表相乘。

本书把像上面一系列指令称为一个程序，但并不是严格意义上的计算机程序。计算机程序由程序设计语言编写而成，而且需要遵循严格的语法格式。计算机程序设计语言的语法是它的使用规则。如果编写程序时使用的语法格式不正确，程序是不能工作的。例如，某些程序设计语言使用分号（;）来告诉计算机当前语句结束。如果写了一个逗号（,）或者冒号（:），程序很可能返回一个错误信息或者程序根本就无法执行。然而，在另外一种程序设计语言中，分号可能根本就不是语句结束的意思。每个程序设计语言都有自己的语法规则，你必须学习具体的语法规则，才能够按照它的要求去编写程序。

歌曲购买程序中的语句称为伪代码（pseudocode）。前缀 pseudo 意思是"假的，不真的"。例 1.1 和例 1.2 给出了用 BASIC 和 C++写的真正的计算机程序，能够解决货币换算的问题。

Java 是一种非常受欢迎的高级语言。例 1.1 给出了完成货币换算工作的 Java 代码。

例 1.1 使用 Java 编写歌曲购买程序

Java 程序代码

```
1  public static void main(String[] args)
2  {
3      int Songs = 0;
4      float DollarPrice = 0.0;
5      Scanner scanner = New Scanner(system.in);
6      println("Enter the number of songs you wish to purchase today. ");
7      Songs = scanner.nextInt();
8      DollarPrice = 0.99 * Songs;
9      println(DollarPrice);
10 }
```

● 第 1 行和第 2 行表明 Java 程序开始。

● 第 3 行告诉计算机这个程度将使用一个整数（整型），它的数值存储在名称为 Songs

的变量中。

- 第 4 行告诉计算机这个程序将使用一个带有小数位的数（浮点数），它的数值存储在名称为 DollarPrice 的变量中。
- 第 5 行是一个 Java 指令，它能够让程序从键盘接受输入信息。
- 第 6 行在屏幕上显示请求，让用户知道他应该输入要购买的歌曲的数量。
- 第 7 行将用户的输入值存储到变量 Songs 中。
- 第 8 行进行运算操作。将 Songs 与 0.99 相乘，并将乘积结果存入到变量 Dollar-Price 中。
- 第 9 行显示购买那些歌曲所需的总资金额。
- 第 10 行表明 Java 程序结束。

例 1.2 与例 1.1 做的是同样的工作，只不过是 C++程序代码。

例 1.2 使用 C++编写歌曲购买程序代码

C++程序代码（稍作简化）

```
1  void main(void)
2  {
3      int Songs;
4      float DollarPrice;
5      cout << "Enter the number of songs you wish to purchase today. ";
6      cin >> Songs;
7      DollarPrice = 0.99 * Songs;
8      cout << DollarPrice;
9      return;
10 }
```

比较一下这份代码与前面的 Java 代码。如果将语言的特殊词汇都过滤掉，那么两种语言实际的程序设计思路是相同的。

- 第 1 行和第 2 行表明 C++程序开始。
- 第 3 行告诉计算机这个程度将使用一个整数（整型），它的数值存储在名称为 Songs 的变量中。
- 第 4 行告诉计算机这个程序将使用一个带有小数位的数（浮点数），它的数值存储在名为 DollarPrice 的变量中。
- 第 5 行在屏幕上显示请求，让用户知道他应该输入要购买的歌曲的数量。
- 第 6 行将用户输入的值存储到变量 Songs 中。
- 第 7 行进行运算操作。将 Songs 与 0.99 相乘，并将乘积结果存入到变量 DollarPrice 中。请注意，这一行所做的工作同 Java 程序中第 8 行完成的工作是一样的，而且它们看起来也一模一样。这里是这个程序的关键！实际的计算，也就是所写程序的主要功能，在两种语言中使用了相同的思路。
- 第 8 行完成的工作同 Java 程序中第 9 行完成的工作是一样的，显示购买那些歌曲所需的总资金额。
- 第 9 行和第 10 行表明 C++程序结束。

这个简单的程序表明了大多数计算机程序的基本结构：输入数据、处理数据和输出结果。这里数据一词是指程序操作的数字、词语，或符号集。

1.2.2　数据输入

程序中的输入操作将数据从外部传入程序内，数据经常由使用程序的人从计算机键盘输入。比如，例 1.2 的 C++程序中语句 cout<<引起程序暂停，并在屏幕上显示文字"Enter the number of songs you wish to purchase today"。程序会一直等待，直到用户输入内容。用计算机的术语来说，程序提示用户输入数据。不同的程序设计语言用不同的符号或方法来提示，告诉用户输入数据。这时，例如用户输入 78，这就表示他想要购买 78 首歌曲。在 C++程序中，语句 cin>>导致程序继续执行，并且 Songs 取值为 78。这儿的操作称为"从键盘输入数据"。

Input 和 Write 语句

本书将使用以词 Write 开头的语句把消息及其他信息显示在屏幕上，使用以词 Input 开头的语句让用户从键盘输入数据。如果我们在 Input 后面跟一变量，那就意味着用户输入的值将被存储到该变量中。因此，虽然每一种语言有它特殊的规则和指令，但是我们将使用通用的形式来表示。例 1.3 展示了用通用伪代码编写的歌曲购买程序。

例 1.3　歌曲购买程序伪代码

```
Write "Enter the number of songs you wish to
       purchase:"
Input Songs
Set DollarPrice = 0.99 * Songs      (计算总花费额)
Write DollarPrice
```

第一条语句（Write）使得双引号中的消息显示在屏幕上。第二条语句（Input）使得程序停止执行。这时用户很清楚应该输入什么数据。当程序继续执行时，Input 语句使得 Songs 取值为输入的数值。当计算完成后，下一条 Write 语句使得结果显示在屏幕上。

是什么与为什么（What & Why）

在例 1.3 中，最后的 Write 语句为 Write DollarPrice。将显示什么内容呢？单词 DollarPrice 本身不会被显示，显示的是 DollarPrice 的值。

还句话说，如果用户想下载 3 首歌曲，他应该在 Write 提示后输入 3。计算过程是把 3 乘以 0.99，结果是 2.97，也就是说从 iTunes 下载 3 首歌曲需要花费$2.97 美元。因此 DollarPrice 现在的值是 2.97，语句 Write DollarPrice 将在屏幕上显示 2.97。

建议与代码风格建议（Style Pointer）

使用输入提示

当你希望用户往程序中输入数据时，你应该给出提示说明需要数据，而且说明需要什么类型的数据。如果不写提示，那么用户将不知道输入什么类型的数据，甚至很多情况下都意识不到运行已经暂停了！

如果你希望用户输入多项数据，你可以使用几条 Input 语句，每一条前面都给出提示。不过有些情况下只需要一次输入，例如在程序的某处，你需要用户输入三个数字，可以使用下面的语句：

```
Write "Enter three numbers."
Input Number1, Number2, Number3
```

在这个例子中，Number1 取输入的第一个值，Number2 取输入的第二个值，Number3 取输入的第三个值。

其他形式的输入

从键盘输入是很常见的方式，但数据也可以通过其他途径输入到程序中。在有些程序中，用户通过点击或移动鼠标来输入信息。例如要在一个图形处理程序中画一条直线，用户可以点击一个代表直线的符号，然后点击线段的两个端点处。另一个常用的输入方式根本不涉及用户——数据可以从存储在磁盘中的数据文件传入到程序中（参见第 8 章）。

1.2.3　程序变量和常量

到目前为止，我们在所有的例子中都使用了变量。详细讨论一下变量是非常重要的——变量是什么，如何使用变量，如何为变量命名。变量在所有计算机程序中都用得到，正如我们在前面的例子中所看到的，即使是一个示例程序也不可避免要用到变量。另一方面，如果不在某种上下文中，就几乎没有办法来讨论变量——这里的上下文就是一小段程序代码。因此，你已经了解变量的一些知识了。

让我们暂时回到短小的歌曲购买程序。如果我们不使用变量，我们还是可以写一个程序计算 3 首歌曲以 0.99 美元的单价购买所需要的总花费。计算机可以替我们进行换算——计算机就是干这个的。我们在计算器中输入 3，按下乘法键，输入 0.99，按下等号（=）键，得到结果 2.97。如果我们想要购买 46 首歌曲，需要使用计算器完成同样的事情。因为 $46 \times 0.99 = 45.54$。我们知道从 iTunes 中以 0.99 美元的单价下载 46 首歌曲需要花费 45.54 美元。但这根本不是程序设计。计算机程序写成后，用户不需要重复这些步骤来得到新的结果。我们写的歌曲购买程序可以计算 1 首歌，12 首歌或者许多首我们想要购买的歌曲的总价格，因为我们用变量代替了数值。

当我们写一个程序的时候，大多数情况下，我们不知道在程序运行（执行）时用户将会输入的实际数字或其他数据，因此我们把输入数据赋值给程序中的变量。变量之所以叫变量，就是因为它可以变。在程序运行过程中，它是一个数值可变的量。在随后的程序语句中，当我们需要使用那个数据时，只需要使用它的变量名。这时，变量的取值——它所代表的数字或其他数据值——会应用在这条语句中。

在歌曲购买程序中，输入变量是 Songs。如果在程序运行过程中，用户输入 100，这个值将被赋予为 Songs。如果在后面的程序中出现了表达式 0.99×Songs，计算机会把 0.99 与 100 相乘。注意，在上面的表达式中，数字 0.99 在程序的执行过程中不会变化，它称为程序常量。

有时你可能想给常量取一个名字。这时就称为命名常量。假设你要写一个程序，计算一个小型网上商店顾客的总消费金额。程序先将购物金额相加，接着要计算消费税。程序可能会在好几个地方用到税率值。你可能希望在购物车页面中显示金额小计、税率和税款，之后还要将这些数与送货费一起显示出来。

如果以数字形式（常量）输入税率，当税率改变时，你就不得不查遍所有程序代码，改变代码中每一处所输入的常量。换句话说，如果给税率一个变量名，在计算中任何需要使用税率的地方改用这个变量名，那么当税率改变时，只需要在一个地方改变它的值。你只需要在代码中将常量值赋给那个变量名的这一行进行简单地修改即可，然后代码中所有用到该变量的地方，新的值都会生效。

变量名

作为程序员，你需要为变量命名。你需要知道什么样的名字可以用，什么样的名字不可以用。对于不同的语言，规则是不同的，但是下面的规则对所有语言都适用：

- 所有的变量名都必须是一个词。
- 可以使用下划线，通常也可以使用连字符，但是不能使用空格。
  - Miles_traveled 可以使用，但是 Miles traveled 不行。
  - Cost-per-gallon 可以使用，但是 cost per gallon 不行。
- 变量名可以很长，事实上许多语言允许名字长度超过 200 个字符。但是要记住的是，变量名要在整个程序中使用，如果名字太长或者太复杂，就会增加程序出错的机会。
  - 变量名 the_Tax_Rate_On_Clothing_Bought_for_Children_under_Six 比 tax_Rate_1 难记的多。
- 许多程序员使用大写字母将变量名中的词区分开。
  - MilesTraveled 和 Miles_Traveled 一样好用，但是前者更容易输入。
  - CostPerGallon 和 Cost_Per_Gallon 一样好用，但是前者更容易输入。
- 大多数语言允许数字作为变量名的一部分，但是变量名不能以数字开头。
  - TaxRate_1 可以使用，但是 1_TaxRate 不行。
  - Destination2 可以使用，但是 2Destination 不行。

建议与代码风格建议（Style Pointer）

变量名要有意义！

如果用这种合法的名字来命名变量：variableNumber_1、variableNumber_2、variableNumber_3 等，你很快就会发现，大量的时间都花在记忆每一个变量代表什么意义上面，而不是花在细致地调试程序的工作上。

命名变量的最好方式是，尽可能让变量名简短，且能够表达一定的意义，不违背这里所提到的命名规则以及所使用的特定程序设计语言的规则。例如，我们可以在歌曲购买程序中使用 X 或 PP，甚至 George 来表示购买到的歌曲的数量，但是为了避免混淆，应该尽量起有意义的名字。因此不要使用 Songs，可以使用 NumberOfSongs 或者 MySongs。但是你必须保持一致！如果在输入语句中使用了 NumberOfSongs，那么下一条语句：

```
Set DollarPrice = 0.99*Songs
```

中的变量名也应该修改为：

```
Set DollarPrice = 0.99 * NumberOfSongs
```

在计算机中变量的实际情况是怎样的

从技术角度来说，程序变量是计算机内存中存储地址的名称，而变量的取值是那个地址中的内容。将存储地址比作邮箱可能有助于理解：每一个变量都可以认为是打印在某个邮箱上的名字，变量的取值是邮箱里面的东西。例如，下图展示了歌曲购买程序运行时，输入语句之后计算机内存的情况：

78	
Songs	DollarPrice

注意到名为 DollarPrice 的邮箱是空的，表明程序运行到这里时，DollarPrice 还没有被赋值。在程序最后，价格计算完成后，上面的那张图将变成：

78	77.22
Songs	DollarPrice

如果你再次运行这个程序，购买不同数量的歌曲，那么图也会发生变化。Songs 邮箱里的内容将会被新的歌曲购买数量所代替，在价格计算完成后，DollarPrice 邮箱中的内容也将被新的总价格所代替。1.3 节将对此进行详细讨论。

1.2 节　自测题

1.5　大多数计算机程序的基本结构由哪三部分组成？

1.6　写出两条语句，其中第一条提示输入华氏温度（用 Temperature 作为变量名）。

1.7　假设一个程序要计算某项投资的最终（到期）价值。已知投资金额、利率和投资时间。

　　a. 该程序需要输入哪些数据？

　　b. 合理地命名每一个输入变量。

　　c. 为该程序写出 Input 和 Write 语句，实现提示和数据输入功能。

1.8　以下变量名有什么问题（如果有的话）？

　　a. Sales Tax

　　b. 1_2_3

　　c. TheCowJumpedOverTheMoon

　　d. OneName

1.3　数据处理与输出

本节将继续讨论程序的基本组成结构：输入、数据处理和输出。1.2 节主要讨论数据输入，本节将讨论数据处理和输出的概念。

1.3.1　数据处理

让我们回到 1.2 节中介绍的歌曲购买程序：

```
Write "Enter the number of songs you wish to purchase: "
Input Songs
Compute the total cost:
Set DollarPrice = 0.99 * Songs
Write DollarPrice
```

Set 语句

用户输入 Songs 的值后，下面的指令

```
Set DollarPrice = 0.99 * Songs
```

将被执行。这条语句构成了这个程序的数据处理部分，它完成了下面两件事：

（1）将 Songs（用户想要购买歌曲的数量）的值乘以 0.99（每首歌的单价）。注意这里使用星号（*）作为乘法符号。

（2）将等号右边表达式的结果赋给了左边变量 DollarPrice。Songs 的值并没有改变，所以称它为赋值语句。例如，当语句执行时，Songs 的值为 100，那么右边表达式计算得结果为 99.00，该值将赋予变量 DollarPrice。

给变量赋值和再赋值

如果一个变量已经有值，又被赋了新值，会出现什么情况呢？例如，一个程序中有一个名为 NumberX 的变量，而且包含以下语句：

```
Set NumberX=45
Set NumberX=97
```

在这个例子中，NumberX 先是得到了值 45，而在下一条语句中，值 45 被换成了 97。NumberX 将维持 97 这个值，直到程序中有其他语句将它重新赋值。对于存储地址来说，在第二条赋值语句执行时，存储在地址 NumberX 中的当前值（45）被抹去，新值（97）被保存在该地址中。

赋值语句有时候看起来有点奇怪，例如一条常见的程序语句为：

```
Set Counter= Counter +1
```

虽然这条语句令人迷惑，但如果细看的话，也容易看出发生了什么。首先计算右边，将 1 加到变量 Counter 的当前值上，然后将新值赋给左边的变量 Counter，最终的结果是在 Counter 先前的值上加上 1。因此，如果在这条语句执行之前 Counter 的值等于 23，那么语句执行之后值就变成 24。在程序中以这种方式使用变量非常普遍，因此理解这条语句非常重要。

数据的运算

表示乘法的符号*是一个算术运算符。几乎所有的程序设计语言都至少使用 4 种算术运算符——加、减、乘、除。一些语言还包含其他算术运算符，例如幂运算（求一个数的幂）和取模运算。

取模运算初看起来似乎没多大用处，但当你开始写程序时就会发现它的很多用处。取模运算符将一个数除以另一个数，然后返回余数。通常取模运算符写成百分号（%）或者缩写 MOD，在本书中用%作为取模运算符。例 1.4 给出了一些使用取模运算符的例子。

例 1.4 取模运算符

1. 15%2 是多少？

    ⇨15 除以 2=7 余数为 1，所有 15%2=1

2. 39%4 是多少？

    ⇨39 除以 4=9 余数为 3，所有 39%4=3

3. 21%7 是多少？

    ⇨21 除以 7=3，没有余数，所有 21%7=0

表 1.1 给出了 6 种算术运算符的例子。

表 1.1 算术运算符

运 算 符	计算机符号	例 子
加法	+	2+3=5
减法	−	7−3=4
乘法	*	5*4=20
除法	/	12/3=4
求幂	^	2^3=8
取模	%	14%4=2

例如，可用如下的公式将华氏温度换算为摄氏温度：

$$C=5(F-32)/9$$

然而，在程序设计语言中（也是在本书中），这一公式写成：

```
C=5*(F-32)/9
```

在这个例子中，C 是代表摄氏温度值的变量名，F 是代表华氏温度值的变量名。当 F 的值是 77 时，为了确定赋给变量 C 的值，我们将 F 替换为 77 并进行如下运算：

```
C=5*(77-32)/9
 =5*(45)/9
 =225/9
 =25
```

运算优先级

请注意，如果在上面的例子中没有圆括号，我们将得到一个不同的结果：5*77-32/9=385-32/9，这个数约等于381.4。

导致这两个结果不同的原因是运算优先级。算术运算规则告诉我们，算术运算是按照如下顺序（即运算优先级）进行的：

1. 执行圆括号内的运算（如果圆括号内还有圆括号，就从里向外运算）；
2. 求幂运算；
3. 做乘法、除法和取模运算（如果有多个运算，就从左向右算）；
4. 做加法和减法运算（如果有多个运算，就从左向右算）。

除非你指定特殊的规则，否则计算机对程序中任何数学表达式都应用运算优先级规则。写一个数学表达式的最佳方法就是把表达式中你想一起求值的部分用圆括号括起来。在不需要括号的地方用括号不会出错，但是在该用括号的地方没有用就会导致错误。从例1.5和例1.6可以看到，即使是最简单的数学计算，括号也会导致结果的巨大差异。

例1.5　使用运算优先级

已知如下算术表达式：6+8/2*4

a. 不用括号进行计算：

```
6+8/2*4 =6+4*4
        =6+16
        =22
```

b. 有括号的情况下进行计算：

```
6+8/（2*4）  =6+8/8
            =6+1
            =7
```

c. 在另一种有括号的情况下进行计算：

```
（6+8）/2*4=14/2*4
          =7*4
          =28
```

d. 在有两组括号的情况下进行计算：

（6+8）/（2*4）=14/8

$$=1\frac{6}{8}$$

$$=1.75$$

显然，括号的使用使结果大不相同！

例1.6　再举一例强调一下

已知如下算术表达式：20/5+5*4-3

a. 在没有括号的情况下进行计算：

$$20/5+5*4–3=4+20–3$$
$$=21$$

b. 有括号的情况下进行计算：

$$20/（5+5）*4–3=20/10*4–3$$
$$=2*4–3$$
$$=8–3$$
$$=5$$

c. 在有更多括号的情况下进行计算：

$$（20/（5+5*4））–3=（20/（5+20））–3$$
$$=20/25–3$$
$$=0.8–3$$
$$=–2.2$$

d. 在有括号的情况下进行计算：

$$（20/23\%6）+（5*（4–3））=4+（5*1）$$
$$=4+5$$
$$=9$$

现在应该清楚为什么运算优先级这么重要了吧，在程序中写算术表达式时要格外小心。

具体编程实现（Making It Work）

计算机的计算能力不是无限的

人们都知道计算机运算快、精度高，通常不会出错。但是需要知道的是，计算机只能处理有限数量的数据。计算机处理的实际数值范围因计算机、程序设计语言和程序员（所使用的变量声明方式）的不同而不同。但是即使最大最快的计算机也不能处理任意的、所有的数字。例如，在 C++语言中最大的取值为 10^{4932}，即 10 乘以它自己 4932 次。这当然是一个很大的数字，但是比 10^{5000} 小。

我们会简要讨论计算机存储数字的具体方式。在不涉及太多细节的情况下，你应该知道，计算机只能处理有限范围的数值，因此只有在允许的范围内计算机才是准确的。这对于大部分一般性的使用不会有问题，但是在高要求的计算中必须要注意。

1.3.2　数据输出

程序的输出是由程序发送到屏幕、打印机，或者其他目标（例如文件）的数据。输出通常是程序处理的结果，至少输出的一部分是。在歌曲购买程序中，输出是由下面的语句产生的：

```
Display the value of DollarPrice
```

复习 Write 语句

回顾 1.2 节，我们用 write 语句将信息显示在屏幕上，将变量的值显示在屏幕上也可以用这个语句。所有从现在开始，我们将用下面的语句来实现上述输出语句的功能：

```
Write DollarPrice
```

当这个语句执行的时候，变量 DollarPrice 当前的值会显示出来，同时指示文本的当前位置的光标移到屏幕下一行的起始处。例如，当 **DollarPrice** 和 **Songs** 的值分别为 9.90 和 10时，下面两条语句

```
Write DollarPrice
Write Songs
```

在屏幕上显示如下输出：

```
9.90
10
```

在输出变量的值时，经常需要在屏幕的同一行显示文本，例如，如果在歌曲购买程序中，用户想要购买的歌曲数量为 10，屏幕上仅有的输出就是 9.90。如果能像下面这样显示，则传递的信息更多些：

```
The cost of your purchase is 9.90
```

我们将用下面的语句来实现：

```
Write "The cost of your purchase is" + DollarPrice
```

这条语句显示引号中的文本，后面跟着变量的值。我们也可以用下面的语句：

```
Write "The cost of your purchase is" + DollarPrice + "dollars."
```

产生如下输出：

```
The cost of your purchase is 9.90 dollars.
```

注意，要在屏幕上显示的文本包含在引号之中，本书中，文本和变量之间用+号分隔，此处的+号不会在输出中显示出来。每种程序设计语言都有自己独特的语句来产生上述类型的屏幕输出。

建议与代码风格建议（Style Pointer）

注解你的输出

如果你的程序输出由数字组成，你应该同时在输出中包含说明性文字。换句话说，像例 1.7 中那样注解你的输出，以便用户明白这些数字的意义。

例 1.7   注解你的输出

假设你写了一个程序，将输入的华氏温度换算为摄氏温度。通常的程序逻辑如下：

```
Write "Enter temperature in degrees Fahrenheit to convert to Celsius :"
```

```
Input DegreesFahrenheit                          (获取待转换的摄氏温度值)
DegreesCelsius=5*(DegreesFahrenheit-32)/9        (计算)
Write DegreesCelsius                             (结果输出)
```

如果用户输入华氏 77 度，结果将是摄氏 25 度，屏幕输出如下：

```
25
```

输出一些说明文字可以更好地向用户说明结果的意义。改进的程序如下：

```
Write "Enter temperature in degrees Fahrenheit to convert to Celsius : "
Input DegreesFahrenheit                              (获取待转换的摄氏温度值)
Set DegreesCelsius=5*(DegreesFahrenheit-32)/9        (计算)
Write DegreesFahrenheit + " degrees Fahrenheit"      (结果输出)
Write "converts to " + DegreesCelsius + " degrees Celsius"       (结果输出)
```

现在的输出如下，这对用户来说意义更明确：

```
77 degrees Fahrenheit
converts to 25 degrees Celsius.
```

例 1.8 应用了本章至今所涉及到的所有知识。

例 1.8　把所有的知识点综合起来

我们将输入两个数值，将它们存储在名为 Number1 和 Number2 的两个变量中，然后显示两个数的平均值。计算过程是将两个数相加，再把和除以 2。

```
1 Write "Enter two numbers. "
2 Input Number1
3 Input Number2
4 Set Average=(Number1 + Number2)/2
5 Write "The average of"
6 Write Number1 + " and " + Number2
7 Write "is " + Average
```

例 1.8 的程序执行情况如下：

- 第 1 行包含 Write 语句，是后面 Input 语句的提示。
- 第 2 行和第 3 行是输入语句。当用户输入第一个数值，它的值被存储到名为 Number1 的变量中。当用户输入第二个数值，它的值被存储到名为 Number2 的变量中。
- 第 4 行计算并将结果存储到名为 Average 的变量中。Average 的值由 Number1 和 Number2 相加的和除以 2。注意这里括号的使用。假设 Number1=10，Number2=12，则 Average=(10+12)/2，得到 11。但是如果没有括号，计算机就会根据运算优先级先做除法再做加法，就有 Average=10+12/2，结果是 10+6，得到 16。为了得到我们想要的结果——两个数的平均值——我们必须使用括号来表明我们要让加法在除法之前先计算。
- 第 5、6 和 7 行产生输出。第 5 行输出单一的文本，"The average of" 显示在屏幕的一行上，第 6 和 7 行混合输出文本和变量值。我们来看第 6 行，首先在屏幕上显示的是 Number1 的值，然后输出 "and"，注意在 "and" 的前后各有一个空格，再输出 Number2 的值。如果在引号内没有包含空格，计算机不会知道在变量的值和文本之间留出空格。想要在屏幕上输出内容时，请考虑一下输出的格式问题，而不单单是考虑显示的内容。

如果用户输入 8 和 6 给 Number1 和 Number2，则输出如下所示（有和没有空格来控制格式的两种情况）：

在变量和文本间有控制格式的空格：

The average of
8 and 6
is 7

没有控制格式的空格：

The average of
8and6
is7

1.3 节 自测题

1.9 用本节所给的公式将华氏 95 度换算为摄氏温度。

1.10 令 X=2，Y=3，给出下列各式的值：

a. (2*X−1)^2+Y

b. X*Y+10*X/(7−Y)

c. (4+(2^Y))*(X+1)/Y

d. (19%5)*Y/X*2

1.11 Number 是一个变量，在下面语句执行之前取值是 5：

```
Set Number=Number+2
```

该语句执行之后，Number 的值是多少？

1.12 令 Songs=100，DollarPrice=99.00，使用这两个变量写语句，在屏幕上生成下列输出：

a. 100 songs will cost $ 99.00

b. The number of songs to be downloaded is 100
The cost for this purchase in dollars is 99.00

1.13 写一个程序（像本节的歌曲购买程序一样），输入华氏温度，输出相应的摄氏温度。用 DegreesF 和 DegreesC 作为变量名（提示：用本节开始部分所给的公式）。

1.4 字符和字符串数据

计算机语言使用两种基本类型的数据，或数据类型：数值数据和字符串（或字母数字）数据。数值数据可进一步分为两种主要的类型——整数和实数（浮点数）——这两个种类型将在 1.5 节和 1.6 节介绍。本节主要介绍字符串数据类型。

不严谨的说，字符是可以用键盘输入的任何符号，包括大小写字母、数字、标点符号、空格以及键盘上包含的额外字符，例如竖线（|），各种括号（花括号{}和方括号[]），以及其他特殊字符如$、&、<、>等等。字符串（简称串）是一个字符序列。在大多数程序设计语言中，字符串都包含在引号中。本书沿用这一写法——实际上我们已经使用了。例如，歌曲购买程序中就包含了如下语句：

```
Write "Enter the number of songs you wish to purchase: "
```

单个字符也可以看作一个串，因此"B"和"g"都是串。而且字符串可以不包含任何字符，这时它被称为空串，用两个连续的引号表示（""）。字符串的长度就是它所包含的字符数。例如，字符串"B$? 12"的长度为6，因为?和1之间的空格也算作一个字符。单个的字符，例如Y的长度为1，空串的长度为0。

1.4.1　Declare 语句

我们已经介绍过，变量是计算机内存中存储位置的名字。例如，假设程序中包含一个名称为 Color 的变量（你打算用它来存储最喜爱的颜色），那么在计算机内存中将有一个存储位置用来保存 Color 的值。当程序要求用户输入他们最喜爱的颜色时，用户输入的颜色值将被存储到 Color 所表示的存储位置中。因此，在使用变量之前，需要告诉计算机，你需要一个存储空间，然后需要给这个存储空间一个名字。换句话说，你需要声明一个变量。

不同的程序设计语言在声明变量时，使用的语法是不同的。本书中声明变量时使用 Declare 这个词。在本书的伪代码中，在使用变量之前，需要使用一条包含关键词 Declare、变量名和变量类型的语句。本节中我们将学习字符和字符串数据类型，1.5 节和 1.6 节将介绍两种数值数据类型。

在本书中，我们用下面的语句声明一个变量：

```
Declare VariableName As DataType
```

字符和字符串数据类型

大多数程序设计语言包含字符类型。一个字符在计算机内存中占很少的存储空间，字符也很容易操作。有时定义一个字符数据类型的变量非常的有用，但是必须确保只有一个字符存储在字符类型变量中。例如，当需要用户输入字母 Y 或 N 作为是与否类型问题的答案时，使用字符数据类型是非常合适的。不过，更常用的是使用字符串数据类型来存储非数值数据。在本书中，将使用下面的语句声明一个变量（在例子中该变量名为 Response）是字符类型：

```
Declare Response As Character
```

大多数程序设计语言例如 Visual Basic 和 C++，包含字符串类型。在这些语言中，我们可以在程序中用特定的语句声明变量是字符串类型。在其他一些语言中，字符串由字符数组组成。在本书中，我们用下列语句定义一个字符串变量，此语句中变量名为 UserName：

```
Declare UserName As String
```

字符串操作

像数字一样，字符串也能被输入、处理和输出。我们在例 1.9 中用 Input 和 Write 语句来输入和显示字符串变量的值。

例 1.9   使用字符串变量

如果 UserName 被声明为字符串变量，那么语句

```
Input UserName
```

允许用户从键盘键入一个串，并把这个串赋值给变量 UserName。

语句

```
Write UserName
```

在屏幕上显示 UserName 的值。

任何存储在字符串变量中的数据都被当作文本。因此，如果你声明变量 ItemNumber 为字符串变量并赋值 ItemNumber="12"，你就不能对该变量作任何数学运算。

在 1.3 节我们介绍了 6 种算术运算符：加、减、乘、除、取模和求幂，每一个运算符都作用于两个数，得到一个数值结果。许多程序设计语言都包含至少一个字符串运算符：连接运算符，它连接两个字符串，得到结果也是字符串。连接两个字符串的符号通常是加号+，例如，如果 String1="Part"，String2="Time"，则语句：

```
Set NewString=String1+String2
```

将"PartTime"赋值给字符串变量 NewString。换句话说，变量 String1 中存储的值和 String2 中存储的值连接起来得到新的串，存储在命名为 NewString 的变量中。

在计算机程序中，符号+用来代表加法和字符串连接，不过计算机不会弄混。如果语句中的变量是数值，则+表示加法。如果变量是字符串数据，则+表示字符串连接。

是什么与为什么（What & Why）

如果把运算符+用于一个字符串变量和一个整数变量，你认为计算机会显示什么呢？例如，假设 ItemName 和 TextString 被声明为字符串变量，ItemCost 被声明为数值，一下数据被输入给变量：

```
ItemName="Cashmere sweater "
TextString="will cost $ "
ItemCost=125
```

然后使用两个字符串连接符，语句和输出如下：

语句：

```
Write ItemName + TextString + ItemCost
```

屏幕输出：

```
Cashmere sweater will cost $ 125
```

例 1.10 的程序展示了字符串变量的连接。

例 1.10   字符串变量的连接

下面程序由用户输入名和姓，然后使用字符串连接运算，创建由 Last name 和 First name 组成的字符串，并将新的字符串显示出来。

```
1 Declare FirstName As String
2 Declare LastName As String
3 Declare FullName As String
4 Write "Enter the person's first name: "
5 Input FirstName
6 Write "Enter the person's last name: "
7 Input LastName
8 Set Fullname = LastName + ", " + FirstName
9 Write "The person's full name is: " Fullname
```

程序执行如下：

- 第 1、2 和 3 行声明字符串类型变量，FirstName，LastName 和 FullName。
- 第 4 行包含第一个 Write 语句是输入提示，在屏幕上显示一条信息请用户输入名字。
- 第 5 行包含第一个 Input 语句，将用户输入的文本（字符串）赋值给变量 FirstName。
- 第 6 和 7 行中的 Write 和 Input 语句，提示用户并把值赋给变量 LastName。
- 在第 8 行中，当 Set 语句执行时，发生了两件事。首先右边被求值，LastName 的值（用户输入的一个串）和一个由逗号和空格组成的串连接在一起，再和用户输入的名字连接。然后，新的字符串被赋值给变量 FullName。
- 最后在第 9 行，字符串变量 FullName 的值显示在屏幕上。注意，文本两端的引号并没有被显示。要想在屏幕上显示引号，必须按每种程序设计语言特定的方法才行。

如果用户输入 FirstName="Sam"，LastName="Smith"，结果就是 FullName="Smith, Sam"，屏幕上显示的字符为：

```
The person's full name is: Smith, Sam
```

1.4 节　自测题

1.14　字符数据类型和字符串数据类型有什么差别？

1.15　已知变量 JackOne 和 JillTwo 是字符串变量，下面运算的结果是什么？

```
Set JackOne = "3"
Set JillTwo = "5"
Write JackOne + JillTwo
```

1.16　已知变量 JackOne 是字符串变量，而 JillTwo 是字符变量，下面运算的结果是什么？

```
Set JackOne = "Jackie"
Set JillTwo = "J"
Write JackOne + JillTwo
```

1.17　T F 运算符+既可以用作加法，也可以用作连接符。

1.18　假设 String1 是一个字符串变量，且 String1="Step"，下面程序运行后将显示什么结果？

```
Set GetThere = String1 + "-by-" + String1
Write GetThere
```

1.5　整　　数

大多数程序设计语言至少有两类数值数据可以在程序中使用：整数和实数（浮点数）。这些类型的数据在计算机内存中以不同的方式存储，并且占用的空间大小也不相同。整数包括负整数、零和正整数。实数（浮点数）包括所有带有小数位的数值。本节讨论整数以及它是如何存储到计算机中的。下一节将讨论浮点数。

在程序设计中，整数指的是正整数、负整数和零，这些不带有小数位的数。例如 430、−17 和 0 都是整数。数值 8 也是整数，但是在程序设计中，8.0 就不是整数。由于 8.0 含有小数位，即使它的小数位是 0，它也被认为是浮点数。整数是最普通的数，在计算机内存中占据相对较少的存储空间。

在 1.4 节我们学习过，在程序中使用变量之前，需要先声明这个变量的具体类型，本书使用 Declare 语句来声明变量。具体来说，在声明数值变量为整数类型时，可以使用下面的语句：

```
Declare Number As Integer
```

具体编程实现（Making It Work）

在 C++和 Visual Basic 中声明数据类型

在大多数程序设计语言中，变量需要或必须声明（定义）为一种特定的类型，通过在程序中设置适当的语句来实现。例如，在 C++语言中声明变量 Number 是整数类型可以用下面的语句来表示：

```
int Number;
```

在 Visual Basic 编程语言中使用如下语句：

```
Dim Number As Integer
```

它实现同样的功能。在程序运行时，这个语句要求计算机为整数变量 Number 分配一个大小合适的存储地址。

在一些程序设计语言中，变量声明为整数类型的同时还可以为其赋值。给变量赋初值称为对变量进行初始化。例如在 C++语言中，声明 Number 是一个整数并赋初值为 50，可用以下语句表示：

```
int Number = 50;
```

1.5.1　整数运算

在第 1.3 节中讨论过的六个算术运算符（+、−、*、/、%、^）可以用于整数的运算。两个整数的加法、减法、乘法和取模运算的结果还是整数，求幂运算（如果是整数的正整数次方的话）的结果也是整数。然后一个整数除以另一个整数可能得到一个非整数数值，如下所示：

- 两个整数执行下列 5 种运算，结果总是整数：

  5+2=7 5-2=3 5*2=10 5^2=25 5%2=1

- 两个整数的除法，结果通常不是整数：

  5/2=2.5

下面解释一下为什么说这个整数的除法结果通常不是整数。整数除以整数，结果可能是整数，也可能不是。例如，24/8=3，3 显然是整数。但是 22/8=2.75，2.75 不是整数。计算机程序设计语言对这种情况有各自的处理方法。当除法运算符（/）作用于两个整数时，且数学计算的结果不是整数时，结果被当成整数还是非整数取决于程序设计语言本身。某些语言会将小数截断，也就是说把小数部分简单地丢掉。

例如，假设 Number1 和 Number2 被声明为整数，并分别被赋值为 22 和 8，那么：

在 Visual Basic 中，Number1/Number2 的计算结果是 2.75。

在 C++和 Java 中，Number1/Number2 的计算结果是整数 2。在这两门语言中，22 除以 8 的结果 2.75 被截断得到整数 2，小数部分.75 被丢弃了。

本书采用后者的处理方法，因此 22/8=2。

1.5.2　二进制数字体系[1]

我们在日常生活中使用的数字体系是十进制数字系统。它是由于人们有 10 个手指头，并习惯于以十进制这种计数方式才发展而来的。正如你所看到的，在十进制系统中，10 是非常重要的数字，我们将这种系统称为十进制系统。例如，数值 23，是 2 个 10 和 3 个 1 组成。数值 4657 是 4 个 1000，6 个 100，5 个 10 和 7 个 1 组成。

记住 1 是 10^0，10 是 10^1，100 是 10^2，1000 是 10^3 等等。在十进制系统中，每一位都可以表示成以 10 为底的次方数。个位可以表示成 10 的 0 次方，十位可以表示成 10 的 1 次方，百位可以表示成 10 的 2 次方，千位可以表示成 10 的 3 次方等等。表 1.2 给出了十进制系统的表示方式。

表 1.2　十进制数字系统的个位到千万位表示

10^7	10^6	10^5	10^4	10^3	10^2	10^1	10^0
10 000 000	1 000 000	100 000	10 000	1 000	100	10	1
千万位	百万位	十万位	万位	千位	百位	十位	个位

不过，十进制系统不是唯一的数字系统。还有许多其他的数字进制系统。可以使用 7，或 23 或者任意其他数值作为进制数。不过，在计算机系统中，使用二进制计数法，以 2 为底，使用 0 和 1 来表示。原因是计算机系统只能够识别电路中的高电位和低电位，在数学中可以表示成 0（关或低）或 1（开或高）。也就是说，要想理解清楚计算机中如何存储数

1　本节内容是选读的，可以跳过去。如果希望阅读更详细的内容或更多的示例，可以查阅附录 A 和 B。

字，就需要理解清楚二进制数字系统。

在二进制系统中，使用 2 作为基数。不像十进制中那样，个位是 10^0，十位是 10^1，百位是 10^2，千位是 10^3 等等，在二进制中是以 2 为底，1 的位是 2^0，2 的位是 2^1，4 的位是 2^2，8 的位是 2^3 等等。

在十进制系统中，有 10 种可能的数字，而在二进制系统中，只有 2 种可能的数字。在十进制系统中，个位上可以是 0，或 1，或 2，或 3，直到 9，9 后面是 10，也就是十位上是 1，个位上是 0。而在二进制系统中，个位上只能是 0 或 1，而数值 2，在二进制中表示为 2 的位为 1 且 1 的位为 0，也就是说在二进制中，数值 2 被表示成 10。二进制中所有位上都只能是 0 或 1，因此所有的二进制数都是由 0 和 1 组成的。在计算机术语中，每个 0 或 1 称为 1 个比特（b）。

对于任意数字系统来说，可以计算出它们各位上的值。然而，在我们讨论的范围内，最高只讨论十六进制数。表 1.3 给出了二进制系统中的前八位情况。

表 1.3　二进制系统中的前八位

2^7	2^6	2^5	2^4	2^3	2^2	2^1	2^0
2*2*2*2*2*2*2	2*2*2*2*2*2	2*2*2*2*2	2*2*2*2	2*2*2	2*2	2	1
128	64	32	16	8	4	2	1

标识基数

二进制中的数值 1 和 0 同十进制中的数值 1 和 0 是一样的。但是，十进制中的数值 2 在二进制中被表示成 10，因为在二进制中，10 里面的 1 表示 1 个 2，0 表示 0。十进制中的数值 3 在二进制中被表示成 11，因为在二进制中，11 里面的第 1 个 1 表示 2，第 2 个 1 表示 1。十进制中的数值 4 在二进制中表示为 100，5 在二进制中表示为 101，等等依次类推。

那么如何清楚的表达出来 101 表示的是一百零一还是 5 呢？有很多种记录基数的方式。本书中使用下角标来表示。101_{10} 意思是基数为 10，数值为一百零一。101_2 意思是基数为 2，数值为 5。以 10 为基数的 2，3，4，5 到以 2 为基数的表示如下：

$$2_{10}=1\times2^1+0\times2^0=10_2$$
$$3_{10}=1\times2^1+1\times2^0=11_2$$
$$4_{10}=1\times2^2+0\times2^1+0\times2^0=100_2$$
$$5_{10}=1\times2^2+0\times2^1+1\times2^0=101_2$$

例 1.11 给出了十进制的数值 0 到 15 如何用二进制表示出来。

例 1.11　0 到 15 的二进制表示

十 进 制 数	二 进 制 数	十 进 制 数	二 进 制 数
0_{10}	0000_2	8_{10}	1000_2
1_{10}	0001_2	9_{10}	1001_2
2_{10}	0010_2	10_{10}	1010_2
3_{10}	0011_2	11_{10}	1011_2

十 进 制 数	二 进 制 数	十 进 制 数	二 进 制 数
4_{10}	0100_2	12_{10}	1100_2
5_{10}	0101_2	13_{10}	1101_2
6_{10}	0110_2	14_{10}	1110_2
7_{10}	0111_2	15_{10}	1111_2

附录 A 给出了任意十进制数值到二进制数值的转换方法。

1.5.3　整数表示[2]

整数实际上可以分为三类。正整数由 1 开始到无穷大 {1，2，3，4，5，…}。负整数由 −1 开始到负无穷小 {−1，−2，−3，−4，−5，…}。0 单独为一类，不过通常情况下，将 0 和正整数合在一起称为非负整数。

无符号整数

无符号整数指的是不带正号（+）或者负号（−）的整数。对于只有无符号整数的计算机系统来说，它将无法完成如下减法操作：8−23。因为减法结果（−15）不能在该计算机系统中表示出来。这种系统在处理数学问题时非常不实用，但是有很多情况使用无符号整数非常的方便。例如，如果想要给大学里的每一个学生分配一个学生身份号码，这时候就用不到负数，使用正整数是非常合适的。另外，如果需要编写这样一个程序，让用户选择美国的一个州，为每个州分配一个编号，这时候也不需要负数，此时同样是使用正整数是非常合适的。

现实中，整数的范围是从负无穷到正无穷。计算机并不能够将所有的整数都存储下来。如果计算机想要存储这些数值，那么存储器需要是无穷大的。这显然是不可能的，因此，计算机只能处理有限范围内的整数。

计算机能够表示的无符号整数中最小的数是 0，最大的数是最大无符号整数（maximum unsigned integer）。不同计算机所能表示的最大无符号整数是不一样的。最大无符号整数的大小依据于计算机分配的、用于存储无符号整数的比特位数的多少而有所不同。

例如，表 1.4 给出了当计算机分配 2 个比特位用于表示无符号整数时，所能表达的整数情况。

表 1.4　2 个比特位所能表示的无符号整数

十 进 制	二 进 制	十 进 制	二 进 制
0	00	2	10
1	01	3	11

因此，2 个比特位所能表示的无符号整数的范围是 0 到 3。这么小的表示范围没有多少实际用处。不过，当计算机使用 4 个比特位表示无符号整数时，表示的范围稍微多了一些，

2　本节内容是选读的，可以跳过去。如果希望阅读更详细的内容或更多的示例，可以查阅附录 A 和 B。

见表 1.5 所示。

表 1.5　4 个比特位所能表示的无符号整数

十进制	二进制	十进制	二进制	十进制	二进制	十进制	二进制
0	0000	4	0100	8	1000	12	1100
1	0001	5	0101	9	1001	13	1101
2	0010	6	0110	10	1010	14	1110
3	0011	7	0111	11	1011	15	1111

当使用 4 个比特位表示无符号整数时，表示的整数范围从 0 到 15。这时所能表示的整数范围是先前的 2 倍了，但是仍然太少。如果计算机分配 8 个比特位来表示单个无符号整数，此时的表示范围从 0 到 255。这时计算机所能表示的最大十进制数是 255。有一个数学公式可以用来计算出计算机所能表示的无符号整数的范围。如下：

无符号整数的范围：$0 \sim (2^N-1)$，其中 N 是计算机分配的、用于存储单个无符号整数的比特位数。

该公式可以这样理解。对于 4 个比特位的二进制整数来说，它所能够表示的最大的十进制整数是 15（1111_2）。即 4 个比特位所能表示的十进制数小于 16，因为 16 在二进制表示中需要使用 5 个比特位来表示。而对于 8 个比特位的二进制整数来说，它所能够表示的最大的十进制整数是 255（11111111_2）。因为 $256_{10}=100000000_2$，也就是说 256 需要 9 个比特位才能表示，超过了 8 个比特位的表示范围。即所能表示的最大整数小于 28。无论使用多少个比特位来表示无符号整数，最小的无符号整数都是 0。因此上述无符号整数的范围公式是从 0 到小于 2^N 的整数，N 为分配的、用于表示二进制整数的比特位数。

前面讨论过，计算机将比特位分成了组，称为字。字通常是 8 个比特位的倍数。虽然从理论上来说，我们可以使用上述公式计算出任意个比特位所能表示的无符号整数的范围。但是，在实际中，我们主要关注于 N 为 8、16、32 或 64 这几种情况。

例 1.12　使用公式计算无符号整数的范围

使用 24 个比特位为字的计算机能够表示的无符号整数的范围是多少呢？从表 1.6 可以看出，以 16 个比特位为字和以 32 个比特位为字的计算机所能够表示的无符号整数的范围。想要计算出使用 24 个比特位为字的计算机所能表示的无符号整数的范围，需要使用下列公式：

范围$=0 \sim (2^N-1)$，其中 N 为分配的、用于存储单个无符号整数的比特位数。

将 N 由 24 替代，可以得到：

范围$=0 \sim (2^{24}-1)$

$=0 \sim (16\ 777\ 216-1)$

$=0 \sim 16\ 777\ 215$

表 1.6　不同大小的字所能表示的无符号整数范围

比 特 位 数	范　　围	比特位数	范　　围
8	$0 \sim 255$	32	$0 \sim 4\ 294\ 967\ 295$
16	$0 \sim 65\ 535$	64	$0 \sim 1.844\ 674 \times 10^{19}$ [a]

[a] 注意：$1.844\ 674 \times 10^{19} = 18\ 446\ 740\ 000\ 000\ 000\ 000$ 是一个非常非常大的数！

因此，以 24 个比特位为字的计算机所能表示的整数范围是 0 到 16 777 215。虽然这个数值非常大，但是它仍然不足以满足为纽约州每一个人分配一个 ID 编号。很明显，计算机需要能够处理非常大的数值才行。

有符号整数：符号数值表示法

正整数和零在计算机中表示的时候，需要将它们转换成二进制的格式。同样的，负数在计算机中表示的时候，也需要方法将它们转换成适合计算机识别的方式。符号数值表示法可以完成负数的转换工作。使用符号数值表示法的时候，数字同样被转换成二进制，但是需要分两个部分来表示。最左边的 1 个比特位用来表示符号——正号或负号，剩下的比特位用来表示整数的数值部分（或绝对值部分）。例如，使用符号数值表示法的 0111_2 表示 +7，而 1111_2 表示 −7。

然而，使用符号数值表示法表示整数的时候有个问题。因为最左边的 1 个比特位用来表示数值的符号，因此二进制数 0000_2 表示 +0，而 1000_2 表示 −0。这对于编程人员来说是个问题，这也是计算机使用其他方法来表示整数的原因之一。

前面介绍过使用 4 个比特位来表示无符号整数时，能够表示无符号整数的范围是 0 到 15。然而，在使用符号数值表示法的时候，最左边的 1 个比特位用来表示数值的符号，这时候用于表示数值的比特位数就少了 1 位，而此时表示数值的范围就减少了 1/2。因此在使用符号数值表示法的时候，4 个比特位所能表示的整数数值范围是从 −7 到 +7，这时候所能表示的最大正整数值是之前所能表示的无符号整数值的一半。见下例 1.13，使用符号数值表示法时，计算机所能表示的数值范围数学公式如下：

范围：$-(2^{N-1}-1) \sim +(2^{N-1}-1)$，其中 N=分配的、用于表示单个符号数值整数的比特位数。

例 1.13 符号数值表示法的整数表示范围：对比

对于使用 24 个比特位作为字的计算机来说，当它使用符号数值表示法来表示整数时，它的表示范围是多少呢？此时我们需要使用公式：

范围：$-(2^{N-1}-1) \sim +(2^{N-1}-1)$，其中 N=分配的、用于表示单个符号数值整数的比特位数。

将 N 替代为 24，可以得到：

$$范围 = -(2^{24-1}-1) \sim (2^{24-1}-1)$$
$$= -(2^{23}-1) \sim (2^{23}-1)$$
$$= -(8\,388\,608-1) \sim (8\,388\,608-1)$$
$$= -8\,388\,607 \sim 8\,388\,607$$

因此，使用 24 个比特位为字的计算机系统所能表示的整数范围是 −8 388 607 到 +8 388 607。符号数值表示法表示的数值的个数同前面的方法是一样的，只是它表示的最大整数大小变成了前面的一半。使用符号数值表示法的时候，对于 24 个比特位为字的系统来说，仍然不能满足为纽约州的每一个人分配一个 ID 号码的需求。不过，对计算机系统来说，它不仅要能够处理足够大的数字，而且需要能够处理负数。

正如大家所考虑到的，计算机系统所完成的大多数计算工作需要能够同时处理正数和负数的。有些情况下，使用无符号整数是非常方便的，特别是在使用无符号整数表示法的时候，可以充分地利用整个比特位空间，不用把最左边的 1 个比特位预留出来表示符号。

如例 1.14 所示，使用符号数值表示法的主要优点是，从十进制转换二进制或者从二进制转换十进制的时候非常简单。符号数值表示法可能被用于那些不需要进行数学运算的应用当中。例如，当需要将模拟信号转换成数字信号的时候，正数和负数可以用于表示信号值。由于这是不需要进行数学运算，符号数值表示法在这种应用当中非常好用。

例 1.14　符号数值表示法表示数值

将下列十进制数表示成 4 个比特位的二进制数。

a. $+3_{10}$：首先将 3_{10} 转换成二进制数得到 11_2。然而，有 4 个比特位用于存储数值，这时候必须在左边的 2 个比特位补充完整。因为这个十进制数是正数，因此最左边的 1 个比特位应该为 0：

即：$+3_{10}=0011_2$

b. -6_{10}：首先，将 6_{10} 转换成二进制数得到 110_2。将 0 添加到最左边的比特位以补充完整 4 个比特位。最后将最左边的 0 改成 1，表明这个数是负数。

即：$-6_{10}=1110_2$

c. -1_{10}：首先，将 1_{10} 转换成二进制数得到 1_2。然后在左边的比特位添加 0 以补全 4 个比特位。最后，将最左边的 1 个比特位改为 1 以表明这个数是负数。

即：$-1_{10}=1001_2$

虽然符号位非常有意义，但是符号数值表示法并不是经常使用的表示法。除了该方法表示的数值范围不是很大之外，还有两个主要的问题。第一，如前面所见，在使用符号数值表示法的时候，零有两个表示形式（见附录 B，有更详细的解释）。这时候对计算机程序来说会引起错误和混乱。第二，之所以不使用符号数值表示法是因为以这种方式存储的数值在进行像加法和减法这样的算术运算的时候非常麻烦。

还有两种其他方法用于存储有符号整数。它们是 1 的补码和 2 的补码表示法。2 的补码表示法是最常用的方法，但是它也是最难理解的方法。这两种方法将在附录 A 和 B 中详细介绍。

1.5 节　自测题

自测题 1.19～1.24 涉及了可选读章节的内容。

1.19　下列哪一个选项在程序设计中不是整数？

　　a. 6

　　b. 0

　　c. −53

　　d. 2.0

1.20　下列无符号二进制数的十进制值分别是多少？

　　a. 0_2

　　b. 10_2

　　c. 0010_2

d. 0111$_2$

1.21 对于使用 4 个比特位用于存储单个整数的计算机来说，它能够表示的最大无符号整数是_____。

1.22 T F 对于无符号整数表示法来说，它所能表示的最小数值总是 0。

1.23 请给出一个原因以说明下列表示法为什么可以用于表示整数，以及另一个原因为什么有时候不用它们来表示整数：

a. 无符号表示法

b. 符号数值表示法

1.24 十进制数 12 可以使用 8 个比特位的二进制数表示成 00001100$_2$。那么对于十进制数 –12 来说，如何使用符号数值表示法来表示？

1.6　浮　点　数

在程序设计中，简单地说，所有的非整数的数都是浮点数（或实数），包括所有含小数部分的数，如 4.6、–34.876、$6\frac{1}{3}$ 和 7.0。浮点数不同于整数是因为所有的浮点数都包含有整数部分和小数部分。

当你开始进行程序设计的时候，你会发现必须将数值声明为整型数值或者浮点型数值。因为计算机用于存储整型数值的方法与存储浮点型数值的方法是不一样的。

是什么与为什么（What & Why）

你可能会想，为什么不把所有的数都作为浮点数呢，把整数的小数位表示成零不就行了？有非常多的原因导致为什么程序中既使用整数又使用浮点数。可能最重要的原因是空间和时间方面的问题。前面已经看到，随着分配的、用于存储数值的比特位数的变化，数值的表示范围有非常大的不同。例如，对于 16 个比特位的存储空间来说，可以存储的最大数值为+65 535。当我们需要表示该数值的符号时（负号和正号），此时正整数的表示范围将变为原来的一半。由于浮点数包含有两个部分，整数部分和小数部分，这时需要预留一些比特位用于存储小数部分（即使小数部分都是 0），这将进一步缩小所能表示的数值范围。也就是说，它不可能将 16 个比特位所能表示的所有数值都存储起来。对于那些不需要使用到小数位的应用来说，整数表示可以节省大量计算机的存储空间。如果计算机不需要处理大量的存储空间的话，它的计算效率将更高。也就是说，整型表示法可以节省空间和时间。

有许多的应用只需要使用整数就可以了。对于这些应用来说，使用浮点数将会降低程序的效率。例如，许多 Web 站点会去统计"点击量"（该站点被访问的次数）。像这类应用以及其他非常多的统计应用都只是使用整数。另外，比如在数据库中为客户指定一个身份编号，为大学中的学生分配学生号，或者为产品编一个序列号，所有这些例子中都只是使用整数表示。

当然，还有非常的案例中，使用整数是不行的。例如，大多数科学计算中都需要使用到浮点数。所有的财务应用中都需要使用浮点数来存储美元值。当你开始编写计算机程序的时候，你会发现在大部分程序中既会用到整数也会用到浮点数。

1.6.1　复习 Declare 语句

在本书中，当我们需要在程序中声明变量的时候，将使用如下语句：

```
Declare Price As Float
Declare Counter As Integer
Declare Color As String
```

许多程序设计语言允许在一个语句中声明多个变量，只要这些变量都是同一个数据类型即可。一次将多个变量声明成同一个数据类型，可以使用如下语句：

```
Declare Number1, Number2 As Integer
Declare FirstName,LastName,FullName As String
Declare Price,DiscountRate As Float
```

具体编程实现（Making It Work）

数据类型声明的时候请细心仔细

在歌曲购买程序中，DollarPrice 变量的值可能是整数，也可能不是，因此我们应当将该变量声明为 Float 型。可以使用如下语句：

```
Declare DollarPrice As Float
```

放在程序的开头部分。

还有很多时候我们不能太肯定变量该定义成什么类型。例如，假设你想定义一个用于存储用户年龄值的变量 Age。那么这个变量该定义成 Integer 呢，还是 Float 呢？如果你完全确定，该程序的年龄输入值肯定是个整数，而且程序中不会有中间计算部分会使得这个变量的值变成带有小数部分的值，此时可以将变量 Age 定义为 Integer。毕竟，前面我们介绍过，整数可以节省计算机内存的空间。

不过，如果有那么一点可能性会有某些计算操作使得变量 Age 的值变成浮点数的话，更安全的做法就是将 Age 声明为 Float 型。毕竟对于需要使用浮点数的情况下，为了节省那么一丁点的空间而使用整数的话，对于带来的程序错误风险是非常不值得的。

建议与代码风格建议（Style Pointer）

变量的命名规范

只要符合规定，程序员可以自己决定如何命名程序中的变量。虽然如此，还是有一些命名规范被许多程序员所采用。有些命名规范只在一种语言中常用，在其他语言中不常用，而有些命名规范在所有语言中都适用。一些程序员喜欢在变量名中表示出数据类型。例如，一个整数变量的名字不用 Number1，而是用 intNumber1，其中标示符 int 表示这个变量的类型是整数。其他的例子还有：

把字符串变量命名为 strName，其中标示符 str 表示这个变量的类型是字符串。

把实数变量命名为 fltPrice，其中标示符 flt 表示这个变量是浮点数或实数。

不管你如何命名变量，或者遵循哪一种规范，必须要声明数据类型，例如：

```
Declare Number1 As Integer
Declare Name As String
Declare Price As Float
```

最后再看歌曲购买程序

现在我们已经具备了需要用到的所有工具，可以给出 1.2 节提出的歌曲购买程序的最终版本。这个版本用到了 Declare、Input、Set 和 Write 语句，如下所示：

```
Declare Songs As Integer
Declare DollarPrice As Float
Write "Enter the number of songs you wish to purchase: "
Input Songs
Set DollarPrice=0.99*Songs
Write "The price of your purchase is "+DollarPrice
```

1.6.2 浮点数类型[3]

本节将稍微深入地讨论一下浮点数如何表示的问题。首先，简单回顾一下浮点数的类型。有两种类型的数值可以表示成浮点数。第一种是有理数集合。有理数是这样的一些数值，能够将它转换成一个整数除以另一个整数的形式。例 1.15 给出了一些有理数的例子。

例 1.15 有理数实例

$5\frac{1}{2}$ 1/2=11/2	207.42=20742/100	0.5=1/2
$4\frac{3}{4}$ =19/4	8.6=86/10	0.0=0/除了 0 之外的任意数
2.0=20/10=2/1	0.8754=8754/10 000	0.333333…=1/3

一个数的小数部分在不断重复同一组数的时候（同一组数字重复无限多次），可以称它为循环小数。

因此，数值 1/3 就是一个循环小数。要想把 1/3 写成小数的形式，将会在小数点后写无数个 3 出来。另一个例子是 1/11，要想把这个数写成小数形式，将会得到 $0.090909\overline{09}\cdots$，此时数字 09 将重复无限多次。所有的有理数要么是有限小数的形式（如 $5\frac{1}{2}$=11/2=5.5），要么是无限循环小数的形式（如 $1/11=0.090909\overline{09}$）。

---

3 本节内容是选读的，可以跳过去。如果希望阅读更详细的内容或更多的示例，可以查阅附录 A 和 B。

浮点数的第二种类型是无理数集合。无理数是这样一种数字，不能将它们写成小数的形式，因为它们的小数部分包含无限多个数字，而且是不重复的。一个重复的数字序列称为一个周期。无理数的小数部分既包含无数个数字又没有周期性。例 1.16 给出了一些无理数的例子。

例 1.16   无理数实例

$$\sqrt{2} = 1.414\ 213\ 5\cdots \qquad\qquad \pi = 3.141\ 592\ 653\ 5\cdots$$

在程序设计中，所有的有理数和无理数都被表示成浮点数。

关于精确度

如果想把 $9.00 美元平均分配给三个人，每个人将得到$3.00 美元。但是如果把 $10.00 美元平均分配给三个人，这是不可能的情况。此时只能是其中的 2 个人每人得到$3.33 美元，另外一个人得到 $3.34 美元。没有任何办法将不是 3 的倍数的数字平均分配成 3 等份。因为 1/3 是一个循环小数。要想在计算机中表示出来 1/3，得把小数点后面的 3 重复存储无限多次，这是不可能的。假如说我们能够存储小数点后面的 4 位数，此时 1/3 可以表示成 0.3333，这个数值同 0.333 30 是一样的，但是 1/3 不等于 0.333 30。也就是说计算机程序不会实现完全精确的计算！

从例 1.17 中可以看出，计算机并不总是那么精确的。实际上，有时候，计算机在完成一些相对简单的计算时，可能都不是太精确。在多种因素的作用下，像 2.0 这样简单的数字很可能在计算机中存储为 1.999 999 99 或者 2.000 000 01（附录 B 和 C 将详细介绍什么时候会出现这种情况）。大多数情况下，这么微小的差异性可能不会影响最终结果，但是它充分说明了计算机并不总是 100%的精确！

例 1.17   计算机并不像你所想的那样精确！

a. 计算半径为 10 英尺的圆的周长，将 π 精确到小数点后四位数。

- 圆的周长计算公式为 C=2*π*R，其中 C 是圆的周长，R 是圆的半径。
- 将 π 精确到小数点后四位数，π 等于 3.1416。由于小数点后的第五位数是 9，按照四舍五入法则，当精确到小数点后四位时，π 的值是 3.1416。
- 因此 C=2*3.1416*10=62.8320。

b. 计算半径为 10 英尺的圆的周长，将 π 精确到小数点后六位数。

- 将 π 精确到小数点后六位数时，π 等于 3.141 592。
- 因此 C=2*3.141592*10=62.831 840。

此时 62.831 840 不等于 62.8320。

是什么与为什么（What & Why）

计算机不是完全精确的，这个事实并不影响人们使用和信赖计算机。在现实世界中，我们也不可能测量出任何物体的绝对精确值。例如，使用电子秤称体重时，读数的精确度只能达到电子秤允许的小数位。当电子秤显示的精确度为 0.5 磅时，那么读数为 134.5 磅意味着你的真实体重应该在 $134\frac{1}{4}$ ～ $134\frac{3}{4}$ 之间。只要体重小于 $134\frac{1}{4}$ 时，读数将变为 134.0，当体重大于 $134\frac{3}{4}$ 时，读数将变为 135.0。最低可能的读数值与最高可能的读数值之间的差值为 1/2 磅。因此电子秤的称重精确度应该为 ±1/2 磅。计算机将数值 2.0 存储为 1.999 999 99 或 2.000 000 01 的精确度在 ±0.000 000 02 之内。这要比起你浴室的电子体重秤要准确的多很多了。

1.6.3　浮点数表示[4]

IEEE 标准是用于浮点数表示的最广泛使用的标准。IEEE 是美国电气和电子工程师协会（Institute of Electrical and Electronics Engineers）的简称，它是世界上技术发展领域处于领导地位的、最为权威的协会。

当使用 IEEE 标准将浮点数转换成二进制数的时候，称为数值规范化。规范化是将浮点数以一种统一的格式进行表示，以便于计算机进行处理。

规范化后的二进制数有三个部分组成：符号部分、指数部分和尾数部分。数值规范化以及符号-指数-尾数表示法将在附录 C 中详细讨论。不过，现在很少有程序员必须去处理浮点数数值。但是能够清楚地理解浮点数是如何规范化的，这对于在编写程序的时候遇到浮点数问题会有比较好的认知。不过，基于本书所将的主题来说，读者不必知道如何将十进制浮点数转换成二进制浮点数。

使用 IEEE 标准存储浮点数的时候有两种模式：单精度数和双精度数。单精度数使用 32 个比特位来存储浮点数，双精度数使用 64 个比特位来存储浮点数。单精度数能够非常容易地存储到大多数计算机的一个或两个存储单元中。双精度数能够存储数值的范围非常大，同单精度数相比精确度也高很多，不过，请注意，计算机中存储的数值并不是 100% 精确的！例 1.18 给出了单精度规范化二进制浮点数的实例。

例 1.18　细节查看：浮点数规范化

在下面的例子中，第一个比特位表示符号。0 代表了正数，1 代表了负数。接下来的 8 个比特位是指数，其余的 23 个比特位是尾数。

 a. 数字 –14.510 的单精度符号-指数-位数表示如下：

  1 10000010 11010000000000000000000

 b. 数字 +7/8 或者 0.875 的单精度符号-指数-位数表示如下：

  0 01111110 11000000000000000000000

 c. 数字 –3/4 或者 0.75 的单精度符号-指数-位数表示如下：

  1 01111110 10000000000000000000000

由于单精度数使用 32 个比特位来存储二进制数值，因此所有的比特位都将使用到。最左边的 1 个比特位用于表示符号。接下来的 8 个比特位是指数位（它被表示成了特定的形式，详细解释见附录 C）。余下的 23 个比特位表示尾数（详细的解释也见附录 C）。这就是为什么示例中后面那些位都是 0，因为所有的 32 个比特位都必须要用到。

 4　本节内容是选读的，可以跳过去。如果希望阅读更详细的内容或更多的示例，可以查阅附录 C。

具体编程实现（Making It Work）

整数与浮点数

7.0 是一个浮点数（或实数），7 是一个整数。这两个数的值相同，但它们在计算机中的存储方式不同，在程序中的处理方式也不同。请记住这一点……

虽然声明为整数类型的变量不能取非整数值（例如 2.75），但是声明为实数类型的变量可以取整数值。例如，假设 NumberFloat 为浮点数类型，NumberInt 为整数类型，那么对于下面的语句：

```
Set NumberFloat=5.5 通常是合法的(正确的)
Set NumberInt=5.5 通常是不合法的(不正确，因为 5.5 不是整数)
```

在大多数程序设计语言中，声明一个变量是浮点数类型是通过在程序中使用适当的语句来实现的。例如，在 C++和 Java 语言中我们使用下面的语句声明变量 Number 为实数类型：

```
float Number;
```

但在 Visual Basic 中使用下面的语句：

```
Dim Number As Double
```

或

```
Dim Number As Decimal
```

这些语句让计算机给浮点数变量 Number 分配所需的内存空间，实际上这需要相当于整数变量两倍的存储空间。

实际上，大多数程序设计语言提供了多种声明实数的方法，至于为什么一种方法比其他方法用得更多，不是本书关心的主题。唯一需要清楚知道的是，如果想在程序中使用浮点数类型的数，必须将它定义为浮点数类型。

1.6 节 自测题

自测题 1.25、1.27 和 1.29 涉及了选读内容。

1.25 用于表示浮点数的最广泛使用的标准是_____。

1.26 下列哪一个数不是浮点数？

a. 6

b. 0.0

c. −0.53

d. 125 467 987.8792

1.27 下列哪一个数不是有理数？

a. $\sqrt{2}$

b. 567/32

　c. 1/3

　d. 7.623 623 623 623 623

1.28　下列数据将在程序中使用。为它们创建合适的变量名，并将这些变量定义为合适的数据类型：

　a. 手电筒使用时所需要的电池数量

　b. 加满汽车油箱的汽油价格

　c. 给定半径的圆的面积

1.29　T F 由于整数只能是正数，因此最好将所有数都定义为浮点数。

1.30　T F 将变量类型定义为浮点数会提高效率，因为浮点数据类型使用的内存空间是整型数据类型使用的内存空间的一半。

1.7　本章复习与练习

本章小结

本章讨论了以下内容。

1. 在日常生活和计算机中，程序的本质是：

● 一种通用的解题策略——理解问题、制定方案、执行方案、检查结果

● 程序开发周期——分析问题、设计程序、程序编码、测试程序

2. 计算机程序的基本组成结构：

● 输入语句——从外界输入数据给程序

● 数据处理——处理数据，获得预期结果

● 输出语句——将结果显示在屏幕上、打印机上或者其他设备上

3. 使用伪代码语句来执行输入、处理和输出：

● Input，Set（赋值）和 Write

4. 在程序中使用输入提示

5. 在程序中使用变量：

● 变量名

● 常量和命名变量

● 计算机如何处理变量

6. 基本的算术运算（加、减、乘、除、取模和求幂）：

● 程序设计语言中如何表示算术运算符

● 算术运算符的执行顺序（运算优先级）

7. 字符和字符串数据类型：

● 字符串的定义

● 声明字符和字符串变量

● 连接字符串的连接运算符（+）

8. 整数数据类型：

- 声明整数变量
- 十进制数如何在二进制系统中表示
- 在计算机中无符号整数如何表示
- 表示有符号整数的符号-数值表示法
- 计算机可以表示的整数范围

9. 浮点数据类型

- 浮点数与整数有什么不同
- 有理数和无理数
- 在计算机中浮点数如何表示和 IEEE 标准
- 声明浮点数变量
- 计算机的有限精确度

复习题

填空题

1. 计算机_____是计算机为了完成特定任务所执行的一系列指令。

2. 设计一个适当的计算机程序来解决给定的问题,这个一般性的过程称为_____。

3. 程序的三大基本组成结构是输入、_____、输出。

4. _____这个术语指那些被程序操作的数值、文本及其他符号。

5. 下面的第一条语句给 Input 语句提供_____。

```
Write "Enter your weight in pounds: "
Input Weight
```

6. 第 5 题的 Input 语句将用户输入的数赋值给变量_____。

7. 两类基本的数值数据是_____数据和_____数据。

8. 在大多数程序设计语言中,代表整数的变量必须在使用之前_____或定义。

9. 使用 8 个比特位来存储单个无符号整数的计算机能够表示的最大无符号整数是_____。

10. 当今在计算机中存储整数的标准是_____。

11. 被广泛使用的、用于表示浮点数的是_____。

12. 大致来说,_____是可以从键盘输入的任何符号。

13. 字符_____是任意的字符序列。

选择题

14. 在通用解题策略中,第一步是什么?

    a. 制定解决问题的方案

    b. 确保完全理解了问题

    c. 列出问题可能的一些解决方案

    d. 列出检查结果所需的一些内容

15. 在完成计算机程序的编码之后,应该做什么?

    a. 分析程序针对的问题

    b. 设计如何使用代码解决所给问题的方案

c. 运行程序看是否能够解决问题

d. 继续下一个问题

16. 下列哪一个不是整数？

 a. 4

 b. 28 754 901

 c. −17

 d. 3.0

17. 下列哪一个不是浮点数？

 a. 236 895.347 66

 b. −236 895.347 66

 c. 0

 d. 6/18

18. 下列哪一个不是有理数？

 a. $\sqrt{3}$

 b. 0.873

 c. 1/3

 d. 22/5

判断题

19. T F 在日常生活中，程序是为了达到某个目的的行动方案。

20. T F 解决问题的过程是一个周期性过程，在获得满意的解决方案之前经常需要返回到先前的步骤。

21. T F 解决问题时，在制定并实施了行动方案之后，应该检查结果，看看方案是否凑效。

22. T F 在开发计算机程序的时候，应该在设计程序前先编写代码。

23. T F 变量可以被认为是计算机内存中特定存储地址的名字。

24. T F 符号-数值表示法所能够表示的最小数字是 0。

25. T F 有理数是这样的数，它能够表示成一个整数除以另一个整数的形式。

26. T F 整数在计算机中占用的存储空间要比浮点数小。

27. T F 如果变量 MyAge 的值是 3，那么语句

```
Set MyAge=4
```

将 MyAge 的值赋为 7。

简答题

28. 假设 X=3，Y=4，计算下来表达式的值：

 a. X*Y^2/12

 b.（（X+Y）*2−（Y−X）*4）^2

29. 表达式 7/2 的两个可能值是多少？（依据于所使用的编程语言）

30. 假设 X=3，Y=4，如果第 28 题 b 中的所有括号都去掉，值是多少？

31. 假设 X=14，计算下列表达式的值：

 a. X%5

　　　　b. X%7

32. 假设 X=12，Y=6，Z=5。计算下列表达式的值：

　　　　a. X%Z+Y

　　　　b. X%（Y+Z）

33. 下列二进制数的十进制值是多少？

　　　　a. 1000_2

　　　　b. 0110_2

34. 下列二进制数的十进制值是多少？

　　　　a. 0000_2

　　　　b. 1111_2

35. 如果 Name1="John"，Name2="Smith"，下列字符串运算后的结果是什么？

　　　　a. Name1+Name2

　　　　b. Name2+", "+Name1

36. 写出两条语句，提示并输入用户的年龄。

37. 写出两条语句，提示并输入一件物品的价格。

38. 写出完成以下任务的语句：

- 输入用户的年龄（包括适当的提示）。
- 从用户输入的数中减 5。
- 显示信息 "You don't look a day over"，后面跟前一步计算出来的数。

39. 写出完成以下任务的语句：

- 由用户输入一件物品的美元价格（包含适当的提示）。
- 将用户输入的数除以 1.62。
- 显示信息 "That's only"，后面跟前一步计算出来的数，后面再跟信息 "in British pounds"。

40. 假设 Number1=15，Number2=12，均为整数类型，计算 Number1/Number2 的两个可能值（依据于不同的编程设计语言）。

41. 如果 Name1="Marcy"，Text1="is now"，Text2="years old."，Age=24，下列操作的输出结果是什么：

　　Name1+Text1+Age+Text2

42. 如果 Character1 和 Character2 是单个字符,那么 Character1+Character2 也是单个字符吗？根据以下程序简要回答第 43～50 题。

```
Set Number1=4
Set Number1=Number1+1
Set Number2=3
Set Number2=Number1*Number2
Write Number2
```

43. 列出程序中的变量。

44. 这个程序中

　　　a. 哪些是输入语句？

b. 哪些是赋值语句？

c. 哪些是输出语句？

45. 该程序显示的数字是什么？

46. 将程序的第一条和第三条语句各替换成由用户输入一个数。

47. 为第 46 题中的 Input 语句提供适当的输入提示。

48. 假设我们想在程序最后一条语句前加一条语句，显示信息：

```
The result of the computation is:
```

写出该语句。

49. 这个程序中 Number1 和 Number2 可能是什么数据类型？

50. 写一条语句声明程序中使用的变量。

编程题

1. 写一段说明（如 1.1 节所示），完成以下任务：

a. 洗一次衣服；

b. 使用 ATM 提取现金；

c. 制作三明治（自己选择三明治的种类）。

编程题 2~6 要写一个程序（像本章中的程序那样）解决所给的问题，同时包含适当的
输入提示和输出注解。

2. 写一个程序，当用户输入一餐的价格时，计算并显示 15%的小费（提示：该餐的价格乘
以 0.15 就得到小费）。将使用到以下变量：

```
MealPrice(a Float)                    Tip(a Float)
```

3. 写一个程序，将输入的摄氏温度（Celsius）换算成华氏温度（Fahrenheit），并显示两种
温度的值。将会用到下列变量：

```
Celsius(a Float)
Fahrenheit(a Float)
```

将会用到下列换算公式：

$$Fahrenheit = (9/5) * Celsius + 32$$

4. 写一个程序，让用户输入一个棒球手击中球的次数以及击球数，计算并输出他的击球率。
（提示：将击中球的次数除以击球数得到击球率）将会用到下列变量：

```
Hits(an Integer)                      AtBats(an Integer)
BatAvg(a Float)
```

5. 写一个程序，让用户输入初期投资额、收益率和投资年限，计算并显示投资的总收益和
终值。将会用到下列变量：

```
Interest(a Float)                     Principal(a Float)
Rate(a Float)                         FinalValue(a Float)
Time(an Integer)
```

将会用到下列公式：

$$Interest=Principal*Rate*Time$$
$$FinalValue=Principal+Interest$$

6. 写一个程序，输入用户的名字、中间名字的大写首字母（没有句点）和姓，按如下格式
   显示这个人的名字：先是名字，然后是中间名字的大写首字母和句点，最后是姓。将会
   用到下列变量：

```
FirstName(a String)                    MiddleInitial(a String)
LastName(a String)
```

第2章

程序开发

在第 1 章已介绍了程序设计的一些基本概念，研究了一些非常简单的程序示例。本章将详细地讨论程序开发的过程。

在读完本章之后，你将能够：

- 说出程序开发的一般性过程，包括分析程序、设计程序、编码和文档，以及测试[第 2.1 节]；
- 用伪代码来设计程序[第 2.2 节]；
- 运用自顶向下的模块化程序设计原理[第 2.2 节]；
- 用层次结构图来描述模块设计[第 2.2 节]；
- 在程序代码中使用内部文档[第 2.3 节]；
- 测试一个程序[第 2.3 节]；
- 区分在程序编码中遇到的两种不同类型的程序错误：语法错误和逻辑错误[第 2.3 节]；
- 理解程序外部文档[第 2.4 节]；
- 区分两种类型的外部文档：使用手册和维护手册[第 2.4 节]；
- 用流程图符号设计一小段程序[第 2.5 节]；
- 理解三种基本的控制结构：顺序、分支和循环，并且知道怎样用流程图来表示[第 2.5 节]。

在日常生活中：要开始编程了吗？你需要一个计划

计算机程序不过是一个指令列表，可能很长、很复杂，对初学者来说难以阅读，但是它仍然不过是个列表。它的基本结构与装配一辆自行车、做一个书架或做一个蛋糕的说明书没有两样。

不幸的是，这个世界上充满着写得很差又很难用的说明书。许多家用电器上的时钟长年累月地闪着 12:00，因为它们的主人看不懂使用手册。许多父母从心底里害怕给孩子买需要装配的礼物，因为他们知道按说明书组装会有多困难。写出好的说明书需要时间、耐心、练习和组织，这是你进入程序设计的细节前必须要了解的。

考虑一下你用来烤蛋糕的一本食谱的作者吧。首先，你可能会猜作者只需写一些做菜方法，寄给出版商就行了。但是，如果你进一步考虑，你会发现这是解决"写食谱"问题的一个很糟糕的方式。这个过程非常可能出问题，食谱可能是随便拼凑的。与其坐在那儿一个又一个地写配方，不如按照以下方法去做：

- 花大量的时间考虑这本书以及书中将要包括的制作方法，参考其他一些食谱，并和一些厨师交流。
- 写一个计划为书中章节作一个基本的安排。这本书的内容应该按照食物种类来安排吗？按制作的难易程度来安排吗？或是按照字母顺序来安排？然后写出每一章中的做菜方法。
- 试一下所有的做菜方法，然后让别的一些人也这样做，这样得到的结果会避免主观偏见。
- 尝尝每一道菜，判断哪些做法可行，哪些做法需要改进，这可能是因为做法有错误，也可能是做菜过程中弄错了，或最终的菜品吃起来并不好吃。遇到错误是很自然、很正常的事情。如果你想写一本食谱，人们愿意来买，愿意推荐给朋友，并且使用很多年，那么错误必须被更正，尽管这意味着多次重写并在厨房里不断测试。

思考给定问题解决方案的基本方法是，构造解决方案，尝试解决方案，并检查结果，这一基本的过程十分有用，而且是一种很自然的做事方式，不管是烤面包还是写程序都是如此。要提醒的是，你有时可能会忍不住在这过程中走捷径，这会使你的蛋糕尝起来像硬纸板，或者程序不能正常工作——谁会想要这种结果呢？

2.1 程序开发周期

在 1.2 节给出了一个非常简单的计算机程序——先是一般化的程序流程，然后是相应的 Java 和 C++代码。一旦你有了一些程序设计的经验之后，你会发现写这类程序相对来说很简单。但是，大多数实际的程序都要复杂得多。在这一节中，我们将介绍一种程序设计普遍适用的系统化方法，不管问题有多复杂，这一方法都很有效。

2.1.1 程序开发过程

在 1.1 节介绍了一个由来已久的解决问题的策略，这一策略包含以下四个步骤：
（1）彻底理解问题。
（2）制定一个解决问题的方案。
（3）实施这个方案。
（4）检查结果。
同时我们指出，这一策略应用于程序设计，提供了一个方案来构建适当的程序，解决特定的问题。这个方案称为程序开发周期，在这一过程中有四个基本步骤。

分析问题

总的来说，这一步要明确期望的结果（输出），确定需要哪些信息（输入）来得到结果，以及对已知数据进行哪些操作可以得到期望的输出。虽然这个步骤说起来只是一句话，但实际上它是整个程序开发过程中最困难的部分，而且也是最重要的部分。在分析问题的时候，如例 2.1 所示，要确定结果应该是什么。如果没有做好这一点，世界上再优秀的代码，无论写得多么漂亮，运行起来多么完美，都不能解决你的问题。

例 2.1　彩票抽奖

既然你正在学习程序设计的课，你的朋友请你写一个程序，每周生成 6 个数来参与彩票抽奖。你首先要分析这个问题。

我们先来研究一下这个程序应该输出什么类型的数。你的朋友会用这 6 个数字吗：-2，3，3，984，0，7.436？如果计算机每周生成同样的 6 个数，你的朋友会乐意吗？如果所生成的 6 个数中包含负数、非常大的数、小数，或是 6 个完全相同的数，当然也符合要求，但是不算完成任务。程序每次运行，计算机都生成 6 个数，但是人们不会用一样的数、负数、超出范围的数、含小数的数来参与彩票抽奖。对问题的分析表明，你实际上需要计算机在指定范围内生成 6 个不同的整数。

所期望的结果决定我们要写的程序，与问题最初所描述的"写一个程序生成 6 个数"大不一样。作为一个程序员，应该由你来分析"彩票抽奖"的需求，理解对于所要设计程序的要求。这个问题现在可以定义为"写一个程序生成 1～45 之间不同的 6 个数字"。到这里你就可以进入第二个步骤了。

设计程序

设计一个程序意味着用相对简单的语言，或者特殊的图表来详细描述要写的程序。通常这一描述是分步给出的，从简单到复杂，将一步步的过程（算法）组合起来解决所给的问题。

算法就像食谱，通过一个又一个步骤来解决问题或者完成任务。不仅程序设计、数学和各类科学中有大量的算法，日常生活中算法也很常见。例如按照食谱来做蛋糕，或者按操作流程来使用 ATM 机，都是在使用算法。

但是，在计算机程序中使用的算法与制作蛋糕的食谱不一样。蛋糕的食谱总是含有对于计算机来说不够明确的说明信息，比如"将做面包用的苏打和奶油在碗中混合"。这一说明将会使计算机迷惑，结果可能是搅拌得太慢，一块块苏打漂浮在奶油面糊上，或者搅打得太快，产生很多泡沫。

类似的，蛋糕食谱中可能会这样写道，"撒入面粉、面包粉和调料"。有这样一行代码的计算机程序无法运行。程序是计算机顺序执行的一串指令，如果我们想让计算机来烤蛋糕，那么往面粉混合物中添加成分的顺序必须指明。

因此，在计算机程序中使用的算法必须是按顺序定义，且指令间不能有跳跃。程序算法必须由清晰明确一步接一步的指令构成，即使是最基础简单的步骤也不能遗漏。

此外程序算法还必须能得出结果。实际的结果不必惊天动地，也不必好吃（比如做蛋糕），但是必须要有结果。结果可以简单到返回一个真或假的值，也可以是生成一个令人难忘的冒险游戏。最后，算法必须在有限的时间内停止。如果不停的话，称为无限循环，这不算是一个算法。

当我们刚开始设计程序时，并不需要立即完整明确地定义所有算法。随着程序开发过程的进行，我们把大的部分分解成小块，然后将为每一个任务设计复杂而详细的算法。

编写程序代码

当你已经依据所给的问题设计出相应的程序时，你必须要把设计转换成程序代码，也就是说，必须用特定的程序设计语言，如 Visual Basic，C++或是 Java 来编写语句（指令），将设计转换成计算机可用的形式。同时还需要些额外的语句来说明程序。用简单易懂的英语提供额外程序说明，可以使别人更容易理解程序的代码。通常程序员会给出内部的和外部的程序说明文档。我们这里所说的内部说明文档包含在代码中并解释相关代码，这些内容将在 2.3 节中详细讨论。外部说明文档包括使用手册和维护手册两种形式，是与程序代码分开的，将在 2.4 节中深入讨论这些内容。

编写程序代码需要使用程序设计语言软件，将程序语句输入到计算机内存（通常还要把它们保存到存储介质上）。本书不使用特定的程序设计语言，所以关于编写程序代码的说明实际上是很通用的。虽然程序设计语言代码所用的单词和符号可能有所不同，但计算机程序设计的逻辑是一样的。每一种语言使用特定单词和符号的方法称为语法。

实际的代码——构成代码的单词和符号——取决于所使用的语言。如例 2.2 所示，每一种语言（计算机语言或者其他语言）都有它特定的语法，即决定语言结构的一些规定。

例 2.2   使用正确的语法

告诉朋友把乳酪三明治放在哪儿的正确语法是"I have put it on the table"，如果说成"I have it on the table put"则不符合英语语法。句子中所有单词都是正确的，但是语法不对的话，在英语中这个句子就没有意义。然而，如果将单词逐个翻译成德语的话，第二个句子的语法是正确的。同样的，在一种计算机语言中正确的语法在另一种语言中可能就不正确。

测试程序

测试程序是为了确保程序没有错误，并且能真正解决所给的问题。为此要运行程序，即让计算机执行程序语句，通过使用不同的输入数据来确定程序是否运行正常。然而，运行整个程序实际上只是测试的最后一步。测试（或检查）应该贯穿在整个开发过程中：

- 在分析问题时，不断地问自己：我正确解读已知数据了吗？为了完成目标，我使用正确的公式或处理过程了吗？我满足题目要求了吗？等等。
- 在设计阶段，假定自己是计算机，用简单的输入数据来执行算法，检验是否得到预期结果。有时这称为手工验证一下程序或是过一遍程序。
- 当你编写程序代码时，程序设计语言软件通常会做一些检查，确定每一个语句的语法正确，如果语句写得不对你会被警告。

程序开发的周期过程

图 2.1 给出了目前我们所介绍的程序开发周期的示意图。不过，这张图被进行了非常大的精简，在图中一旦完成了一个步骤，就再也不会回到前面步骤。实际上真正的程序开发是这样的：

- 设计过程常常会发现问题分析中的缺点或错误，可能不得不回到问题分析阶段。
- 在编写程序代码时会碰到一些问题，需要修改或者增加程序的设计。

- 在最后的测试阶段，对于一个复杂的程序可能会持续数月的时间，这一阶段必然会发现编码、设计和分析阶段中存在的问题。

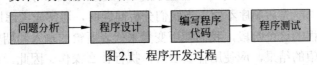

图 2.1　程序开发过程

在完成程序开发的过程中需要返回到前面的步骤，因此我们把它称为程序开发周期。"周期"表示你可能不得不重复前面的步骤，而且可能需要不止一次这种过程直到程序正确为止。事实上商业程序（为盈利目的所写的程序）很少真正完成这一开发周期过程。这些程序需要不断地被测试和修改以满足经常变化的需求及竞争需要。

2.1.2　周期中的额外步骤

与解决问题的通用策略中的四个步骤相关联，我们介绍了程序开发周期，这里有一点简化；这一过程经常还涉及额外的步骤。例如，设计阶段可分为两个主要部分：

（1）创建程序框架轮廓，使得主要任务、子任务，以及它们之间的关系变得清晰。

（2）仔细描述每一个任务是如何实现的。

依据程序的复杂程度，设计阶段还有一些其他因素需要考虑。例如，程序员或程序开发小组可能需要为程序设计用户界面。用户界面指的是显示的内容、菜单及其他元素的总称，使得用户可以方便地输入数据并看到结果。

此外，在程序被彻底测试之后，剩下的工作就是"把它变成产品"。如果程序是你从头开始编写的，可能只需要将最终版本保存在存储介质上，或者同时印刷出来。而软件开发公司在推出商业化的程序产品时，则需要完成下列部分或所有的事情：

- 准备一份随软件一起的使用手册，以便用户能够知道程序的复杂性。
- 准备与软件安装在一起的易理解的帮助文档，以便用户在碰到问题时能在屏幕上得到帮助。
- 训练雇员，提供电话或网上的软件客户支持。
- 复制成千上万的光盘和随盘资料，分发给零售商或直接给用户。
- 为程序做广告吸引购买者。

例 2.3 详细检查了程序开发周期的各个阶段，并说明了每一步过程。

例 2.3　计算百货公司的商品售价

当地百货公司需要开发一个程序，输入商品的原始价格和折扣百分比，计算销售商品的总价格（包含销售税）。

分析问题

首先，要分析所给定的问题，不断研究直到充分理解问题本身。以较高要求来看，这一步需要获得与问题相关的所有必要信息。为了做到这点，我们要问自己以下一些问题：

- 期望得到什么样的结果——需要什么样的输出？
- 需要提供哪些数据——必需的输入是什么？

● 从所给的输入如何得到要求的输出？

请注意，这些问题直接关系到大多数程序的三个主要组成部分——输入、数据处理和输出——只不过考虑的先后顺序不同。当我们分析问题时，通常先考虑期望的输出。

在程序开发过程的这个阶段，我们使用变量来代表所给的输入和期望的输出。同时开始思考为了得到期望的结果，应使用什么公式，执行什么操作。因此，对问题的分析使我们自然而然地进入了周期的第二阶段：设计程序。

对于这个售价的问题，我们需要输出以下变量的值：

● 打折商品的名称，ItemName（字符串变量）。

● 该商品打折后的价格，SalePrice（实数变量）。

● 该售价的销售税，Tax（实数变量）。

● 该商品的总价（含税），TotalPrice（实数变量）。

我们认为程序所需的输入是：

● 为了输出商品的名称（ItemName），程序必须知道这个名称，所以字符串 ItemName 必须由用户输入。

● 为了计算商品的售价，程序必须知道商品的原始价格以及折扣百分比。这还需要两个变量，分别命名为 OriginalPrice 和 DiscountRate。注意，它们都是实数变量，而且都是输入数据。

没有额外的数据需要输入了。剩下的输出数据是在程序中计算得到的，如下所示：

● 为了计算销售税（Tax），我们需要知道商品的售价（SalePrice）和当地实际的销售税率。税率不会在程序的多次运行中改变，因此可以看做是程序常量，不需要由用户输入。我们假定销售税率为 6.5%(0.065)。

● 商品的总价格（TotalPrice）是由售价和相应的税所决定的，二者均在程序中计算得到。

得到所需的公式

请注意，在确定需要哪些输入数据时，我们已经开始思考要使用什么公式来得到期望的输出。本题需要用公式来计算 SalePrice、Tax 和 TotalPrice。也许确定这些公式最好的方法就是假设你正在买一件商品，有一个原始价格和打折的百分比，了解一下你会如何进行计算来得到商品的新价格。这样做以后，将同样的操作应用到一般的情况。

假设一件商品原价为 50 美元，现在有 20%的折扣，这意味着你可以在商品价格上少花 10.00 美元，因为 50 美元的 20%是 10.00 美元。

$$\$50 \times 20\% = \$50 \times 20/100 = \$10$$

因此，折扣价（销售价格）是 40.00 美元，因为销售价格等于原价减去折扣。

$$\$50 - \$10 = \$40$$

我们用变量来代替数字，上述的计算概括为：

$$SalePrice = OriginalPrice - AmountSaved$$

其中

$$AmountSaved = OriginalPrice * (DiscountRate/100)$$

我们发现这一过程还需要一个变量，因此引入一个新的变量 AmountSaved。它既不是输入变量也不是输出变量，仅仅在数据处理时要用到。这个变量是一个实数变量。

售价的销售税是这样计算的：将售份乘以此税率6.5%。在我们这个例子里，售价是40.00美元，所以税额为 2.60 美元。

$$\$40 \times 6.5\% = \$40 \times 6.5/100 = \$2.60$$

总价格等于售价加税，结果是 42.60 美元（$40+$2.60=$42.60）。我们的计算表明所需的公式为：

```
Tax=SalePrice*0.065
TotalPrice=SalePrice+Tax
```

程序的设计、编码和测试

下面将以售价问题为例，详细讨论程序开发周期中其余的几个步骤：

- 2.2 节讨论程序设计。
- 2.3 节讨论程序编码。
- 2.3 节讨论程序测试。

2.1 节 自测题

2.1　说出程序开发周期中的四个基本阶段的名称。

2.2　分别用一句话描述在程序开发周期的每一个阶段做什么事情。

2.3　指出下列说法是正确的还是错误的：

　　a. T F 如果你完全理解了一个给定的问题，你应该跳过程序开发周期中的设计阶段。

　　b. T F 程序设计提供了程序代码的框架轮廓。

　　c. T F 测试程序只对非常复杂的程序有必要。

2.4　假设你想写一个程序，输入摄氏温度，输出华氏温度。分析该问题：给出输入和输出变量，以及从所给输入生成期望输出的公式（提示：所需公式为 F=(9/5)C+32，其中 F 表示华氏温度，C 表示摄氏温度）。

2.2　程　序　设　计

在 2.1 节中简要介绍了程序开发周期的设计阶段，这经常是程序开发最重要的一方面，尤其是对于复杂的问题。有一份好的、详细的设计，可以更容易地写出好的、可用的程序代码。过于匆忙地进入编码阶段，如同没有完整的计划就去建造房屋，可能会导致重做许多困难的工作。

2.2.1　模块化程序设计

从事程序设计工作来解决一个特定问题，一个好的开始就是确定程序要完成的主要任务。在设计程序时，每一个任务都成为一个程序模块。如果有必要的话，我们可以将这些基本的"高级"任务分解为子任务，后者称为原来模块或者父模块的子模块。有些子模块可能还会被分解为自己的子模块，只要为了解决给定问题有必要定义子任务，这种分解过程就可以一直继续下去。这种将一个问题分解为越来越简单的子问题的过程，称为自顶向下的设计。在程序设计中确定任务和各种子任务的过程，称为模块化程序设计。为了说明这种模块化的方法，让我们回到 2.1 节中讨论过的售价问题。

例 2.4　继续讨论售价程序

为了方便，这里重新陈述一下原先的问题。

当地百货公司要开发一个程序，输入商品的原始价格和折扣百分比，计算出商品的最终销售总价格（包含销售税）。

在 2.1 节中我们分析了这个问题。我们给出程序的输入和输出数据，所需的公式。特别的，我们定义了下列变量。

- ItemName：出售商品的名字。
- OriginalPrice：商品的预售价格。
- DiscountRate：商品的折扣百分比。
- AmountSaved：折扣的价钱。
- SalePrice：折扣后的商品价格。
- Tax：销售价的销售税。
- TotalPrice：商品的含税总价。

仍然要假设销售税率为 6.5%。

为了解决这个问题，要完成以下 3 个基本任务。

（1）输入数据：输入变量 ItemName、DiscountRate 和 OriginalPrice。

（2）执行计算：用下面的公式（取自 2.1 节）计算售价、税和总价：

$$SalePrice = OriginalPrice - AmountSaved$$

其中　$AmountSaved = OriginalPrice * (DiscountRate / 100)$

$$TotalPrice = SalePrice + Tax$$

其中　$Tax = SalePrice * 0.065$

（3）输出结果：给出商品的总价（TotalPrice）。

使用模块和子模块

如果我们愿意，可以把第二个任务进一步分成两个子任务，一个是计算 SalePrice，另一个是计算 TotalPrice。但是我们如何知道什么时候就不用再把子模块分解为更多的子模块呢？这个问题没有确定的答案。程序设计中所用到的模块数量和类型在一定程度上是风格问题，不过下列程序模块的特点可作为一般性的参考：

- 一个模块完成一项任务，比如输入模块提示用户并输入数据。
- 一个模块是独立于其他模块的。
- 一个模块相对较短，理想情况下不超过一页，这有利于理解该模块的工作方式。

模块化程序设计的优点

到目前为止我们的讨论还只限于什么是程序模块，在进入下一主题前，我们来讨论一下为什么模块化方法在程序设计中如此重要。它有以下几个优点：

- 程序读起来更容易，这反过来减少了定位程序错误和问题修改的时间。
- 进行程序设计、编码和测试时，每次针对一个模块比一次针对整个程序容易，这会提高程序员或项目中所有程序员的效率。
- 不同的程序模块可以由不同的程序员分别进行设计和编码，当创建大型的复杂程序时，这是必不可少的。
- 有时一个模块可以在程序内多处使用，减少程序中代码的数量。
- 完成常见程序设计任务的模块（例如将数据排序）可用于多个程序。建立这些模块的程序库可减少设计、编码和测试的时间。

伪代码

一旦确定了程序要完成的各项任务，接下来就要完成程序设计的细节。对于每个模块来说，我们必须给出特定的指令来完成任务。我们用伪代码来描述这些细节。在第 1 章中已经使用过伪代码，只不过没有对其明确定义。

伪代码用简短的类似英语的短语来描述程序的要点。它实际上不是哪一种特定的程序设计语言，但有时非常像实际的代码。根据自顶向下的程序设计思想，我们经常先为每个模块写出粗略的伪代码，然后再细化伪代码，如示例 2.5 所示，给出了越来越多的细节。根据程序模块的复杂程度，最初的伪代码可能只需很少的细化或者不必细化，也可能要经历很多版本，每次都增加一些细节，直到可以很清楚地看出相应的代码。

例 2.5 售价程序的伪代码

售价程序最初的伪代码可能是这样的：

```
Input Data module
    Input ItemName, OriginalPrice, DiscountRate
Perform Calculations module
    Compute SalePrice
    Compute TotalPrice
Output Results module
Output the input data and TotalPrice
```

然后我们细化各个模块为它们增加细节，得到以下版本的伪代码：

```
Input Data module
   Prompt for ItemName, OriginalPrice, DiscountRate
   Input ItemName, OriginalPrice, DiscountRate
Perform  Calculations module
   Set AmountSaved=OriginalPrice*(DiscountRate/100)
   Set SalePrice=OriginalPrice-AmountSaved
   Set Tax=SalePrice*0.065
   Set TotalPrice=SalePrice+Tax
```

```
Output Results module
    Write ItemName
    Write OriginalPrice
    Write DiscountRate
    Write SalePrice
    Write Tax
    Write TotalPrice
```

回顾 1.2 节和 1.3 节中与这个伪代码有关的内容：

- 术语"提示"表示在屏幕上显示一条信息告诉用户（运行这个程序的人）需要输入什么样的数据。
- 当 Input 语句执行时，程序暂停以便让用户用键盘输入数据（数字或字符）。这些数据被赋值给所列出的变量。
- 当 Set（赋值）语句执行时，等号右边的表达式被计算求值并赋值给左边的变量。
- 当 Write 语句执行时，引号中的文字（如果有的话）和所列出变量（如果有的话）的值被显示在屏幕上，光标移至下一行的开头。

这时仍然可以对 Input Data 模块和 Output Results 模块进行细化，给出更多细节，进一步明确数据该如何输入和输出，而现在的 Perform Calculations 模块已包含足够的细节。以下是输入和输出模块细化后的伪代码：

```
Input Data module
    Write "What is the item's name? "
    Input ItemName
    Write "What is its price and the percentage discounted ? "
    Input OriginalPrice
    Input DiscountRate
Output.Results module
    Write "The item is: " + ItemName
    Write "Pre-sale price was: " + OriginalPrice
    Write "Percentage discounted was: " + DiscountRate + "%"
    Write "Sale price: " + SalePrice
    Write "Sales tax: " + Tax
    Write "Total:$ " + TotalPrice
```

代码风格建议

◎送打印输入变量

请注意，在 Output Results 模块中，我们不仅输出了程序计算得到的变量（SalePrice、Tax 和 TotalPrice）值，还输出了所有输入变量的值。这称为输入的回送打印。这是一个很好的编程习惯，提醒用户输入了什么数据以便其检查错误。

调用执行模块

到目前为止我们已经介绍了售价程序的模块，但是还没有说明如何让它们执行——如何调用执行。为了执行一个特定的程序子模块，我们在父模块中用一条语句来调用子模块，换句话说，由调用语句来让子模块执行。有时我们把这一行为说成"把程序控制转移到子模块的开头"。当子模块完成任务后，程序的执行重新返回到调用模块（父模块）。注意，程序的执行一定返回到引起控制转移的语句之后的那一条语句。图 2.2 体现了这一点，箭头指示了父模块和子模块之间的程序执行流程。

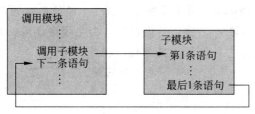

图 2.2　调用模块

主模块

任何程序都有一个特殊的模块叫做主模块，它是程序执行的开始和正常结束的地方。主模块是唯一不能作为子模块的程序模块，而且是程序最高级模块（执行最基本任务的模块）的父模块。因此这些最高级模块由主模块调用执行。当编写程序代码时，主模块称为主程序，所有其他模块被称为子程序、过程、子例程和/或函数（取决于程序设计语言）。

为了说明在一个特定的例子中调用和控制转移是如何起作用的，我们要再次回到售价问题，增加一个主模块作为现有三个模块 Input Data，Perform Calculations 和 Output Results 的父模块。主模块必须调用这些子模块，如此有如下的形式：

```
Main module
    Call Input Data module
    Call Perform Calculations module
    Call Output Results module
End Program
```

注意，我们已经使用了 Call，后面跟模块的名字来调用执行那个模块。这种语句引起该名称模块的执行，然后控制返回到调用模块的下一条语句。因此，这个程序的执行流程如下：

（1）语句 Call Input Data 模块被执行，将控制转移到 Input Data 模块的第一个语句。

（2）Input Data 模块中的所有语句都被执行，然后控制转移到主模块中的下一条语句（即 Call Perform Calculations 模块），该语句将控制转移到 Perform Calculations 模块的第一条语句。

（3）Perform Calculations 中最后一条语句被执行后，控制转移到 Main 模块中的语句 Call Output Results 模块处，接着该语句将控制转移到 Output Results 模块中的第一条语句。

（4）Output Results 中最后一条语句被执行后，控制转移到主模块中的 End Program 语句，结束程序的执行。

在给出全部售价程序的设计之前，我们将给这个程序再加一项内容。

具体编程实现（Making It Work）

在程序开头给出欢迎信息

在程序运行时，用户看到的最初几行或者第一屏上，应该给出程序的一些主要信息，包括程序的名称和简要的说明（商业程序还会在这时给出版权声明）。这些欢迎信息可以放在主模块里，也可以放在一个独立的模块里，由主模块调用。在示例 2.6 中，我们把信息放在主模块里，因为它很简短，只是描述程序的用途。

例 2.6　完整的售价程序设计

```
Main module
    Declare ItemName As String
    Declare OriginalPrice As Float
    Declare DiscountRate As Float
    Declare Tax As Float
    Declare SalePrice As Float
    Declare TotalPrice As Float
    Write "Sale Price Program"
    Write "This program computes the total price, including tax, of"
    Write "an item that has been discounted a certain percentage."
    Call Input Date module
    Call Perform Calculations module
    Call Output Results module
End Program
Input Data module
    Write "What is the item's name?"
    Input ItemName
    Write "What is its price and the percentage discounted?"
    Input OriginalPrice
    Input DiscountRate
Perform Calculations module
    Declare AmountSaved As Float
    Set AmountSaved=OriginalPrice*(DiscountRate/100)
    Set SalePrice=OriginalPrice-AmountSaved
    Set Tax=SalePrice*0.065
    Set TotalPrice=SalePrice+Tax
Output Results module
    Write "The item is:"+ItemName
    Write "Pre-sale Price was:"+OriginalPrice
    Write "Percentage discounted was:"+DiscountRate+"%"
    Write "Sale price:"+SalePrice
    Write "Sales tax:"+Tax
    Write "Total:$"+TotalPrice
```

注意，在这个程序中有两个地方声明了变量：

- 变量 ItemName、OriginalPrice、DiscountRate、SalePrice、Tax 和 TotalPrice 被不止一个模块所使用，它们在 Main 模块中声明。
- 变量 AmountSaved 只在 Perform Calculations 模块中使用，它在该模块中声明。

- 输出语句中的连接运算符将文本内容（双引号中的内容）同变量值连接起来。例如，如果变量 ItemName 的值是 basketball，那么输出语句的结果是：

```
Write "The item is: " + ItemName
```

输出为：

```
The item is: basketball
```

具体编程实现（Making It Work）

格式化输出以提高可读性

有时可以通过在特定地方空一行，来改善程序的输出。例如，售价程序的主模块中，开头四条 Write 语句产生如下输出：

```
Sale Price Program
This program computes the total price, including tax, of
an item that has been discounted a certain percentage.
```

如果在程序名称后有一空行，输出会看起来更漂亮，这可以通过一个简单的空行语句来实现。在本书的伪代码中，以及一些程序设计语言中，语句 Write（只有单词 Write，没有其他内容）会输出我们想要的空行。例如，如果在主模块第一个 Write 语句后插入这个语句，则输出如下所示：

```
Sale Price Program

This program computes the total price, including tax, of
an item that has been discounted a certain percentage.
```

层次结构图

在一个复杂的程序中，可能会有几十个程序模块和子模块。可以使用层次结构图，以一种形象化的方式来显示各模块以及它们之间的联系，这与在公司中使用组织结构图来表示谁对谁负责是一样的。

图 2.3 给出了一个典型的层次结构图。主模块作为程序执行的开始，位于图的顶部，可以将主模块想象成代码的首席执行官。在主模块下面是最高级的子模块（在图 2.3 中标记为 A、B 和 C），它们执行最基本的一些程序任务。最后，模块 B1 和 B2 作为父模块 B 的子模块，换句话说，一根线从一个高级模块连到一个低级模块表示前者是父模块，它调用后者执行。图 2.4 给出了售价程序的层次结构图。

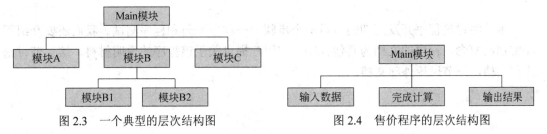

图 2.3　一个典型的层次结构图　　　　图 2.4　售价程序的层次结构图

> **建议与代码风格建议（Pointer）**
>
> **模块化程序设计的价值所在**
>
> 当我们最开始学习编写程序的时候，写的程序都是比较短小和简单的。对于大多数初学者来说，一开始的时候没有必要把程序代码分割成模块。但是，随着开发的程序越来越复杂，使用模块化编程（或者子模块、过程、子例程或函数）就变得越来越重要。

2.2 节 自测题

2.5 列出程序模块的特点。

2.6 模块化程序设计的三大优点是什么？

2.7 写出一组 Write 语句，显示如下输出，并在每对值中间留一个空行（表达式×××× 代表相应变量的值）。

```
Item: xxxxxxxxx
OriginalPrice: xxx.xx
RateOfDiscount: xx.x%
SalePrice: xxx.xx
Tax: x.x%
Total: xxx.xx
```

2.8 假设以下语句出现在某个程序的主模板中：

```
Call Cancer Cure module
    Write "My job here is done!"
Cancer Cure module
    Set Doctor = "Dr. Miracle"
    Set Cure = "100%"
```

执行以下语句后，哪一条语句被立即执行：

a. Call 语句

b. Cancer Cure 模块的最后一条语句

2.9 假设售价程序中的 Perform Calculations 模块分成两个子模块 Compute Sale Price 和 Compute Total Price，画出相应的层次结构图。

2.3 程序编码、写文档和测试

本节将讨论程序开发周期的最后两个步骤——程序编码和程序测试。我们还要介绍程序文档的概念，程序的文档为其他程序员和用户提供关于该程序的说明材料。这一节讨论内部文档，下节讨论外部文档。

2.3.1 程序编码和写文档

为解决给定问题而完成了程序设计以后（见 2.2 节），就可以编写程序代码了，将设计的伪代码翻译为特定程序设计语言相应的语句，得到可在计算机上运行（执行）的程序。当然，为了完成程序开发周期的这一阶段，你必须熟悉一门程序设计语言的语法和结构，例如 Visual Basic、C++或 Java，还要有可让你使用这门语言的软件。虽然这无疑是程序开发的关键步骤，但是本书只讨论与语言无关的程序设计概念，所以基本不涉及将设计翻译为实际代码的过程。

在编码过程中有一点是非常重要的，而且与所用语言是无关的。所有程序中都应该包含注解以说明程序中各部分代码的作用。这种注解称为内部文档，由注释组成。注释是插入在程序中用于说明的文本，在程序运行时被计算机忽略。程序的用户看不到注释，注释只是给阅读程序代码的人看的。

计算机怎么知道该忽略哪些内容

在处理程序语句时，计算机怎么知道哪些注释要被忽略呢？答案很简单，这取决于你所使用的程序设计语言，有一个特殊的符号或符号组合能告诉计算机，跟在后面的或者在它们之间的语句不要处理，如下面的例子：

- 在 Visual Basic 中，一行中任意位置出现单引号(')或者行首出现字母 REM，表示符号后面的所有文本应该被计算机忽略。你可能已经猜到了，REM 表示注释。
- 在 C++和 Java 中，一行中任意位置的双斜线(//)表示符号后的所有文本将被忽略。包含在符号对 / *和* / 之间的所有文本也被忽略。该注释符用于多行文本的注释。如例 2.7 所示，本书的伪代码中将使用这里提到的注释方法。

例 2.7 为售价程序的设计添加注释

解决 2.1 节和 2.2 节中售价问题的 C++程序可以是：

```
//销售价格计算
//程序员：S.Venit,加利福尼亚州立大学
//E. Drake,圣达菲社区学院
//版本 5.0-2011 年 1 月 1 日
//本程序计算销售商品的含税总价.
//所使用的变量:
//DiscountRate-折扣率
//ItemName 一销售的商品名称
……等等.
```

注释有两种基本类型，作用截然不同：

（1）总注释，出现在程序或程序模块的开头，给出该程序或模块的基本信息。例 2.7 中的注释是典型的总注释。

（2）分步注释，也被称为内嵌注释，如例 2.8 所示，出现在整个程序中，解释特定部分代码的作用。例如，如果你的程序包含了计算输入数值的平均值的代码，可在这段代码前写上分步注释：

```
//计算输入数值的平均值
```

例 2.8　在一个简短的程序中使用分步注释

Dexter Dinkels 打算为卧室买块地毯。他知道卧室的长宽大小，但是需要知道卧室面积是多少平方英尺，以便买块刚好适合整个卧室的地毯。解决这个问题可以用一个简短的程序，其中包含了分步注释，如下所示：

```
//声明变量
Declare WidthInches As Float
Declare LengthInches As Float
Declare WidthFeet As Float
Declare LengthFeet As Float
Declare SquareFeet As Float
//获得尺寸大小
Write "What are the length and width of the room in inches? "
Input LengthInches
Input WidthInches
//将尺寸由英寸转化为英尺
Set LengthFeet=LengthInches/12
Set WidthFeet=WidthInches/12
//计算平方英尺
Set SquareFeet=WidthFeet*LengthFeet
//输出结果
Write "Your room is"+ SquareFeet+ "square feet."
```

建议与代码风格建议（Pointer）

在程序中包含注释

由于注释不被计算机处理，也不会被程序用户看到，所以它们不影响程序的运行方式。然而，好的注释可以使别的程序员更容易理解你的代码。不过不要过多地注释程序——特别是不要对每一行代码都解释。根据经验，所写的分步注释只要让你在程序写完一年后仍能轻松读懂程序就足够了。

外部文档

每一个商业化的程序都包含另一种形式的文档，帮助顾客学习使用该软件。这种文档通过以下方式提供：印刷的使用手册，程序运行时的屏幕帮助，或者两者的结合。这种说明性材料称为外部文档，将在 2.4 节讨论。

2.3.2　测试程序

我们在 2.1 节提到过，在程序开发周期的每一个阶段都需要测试程序（或者还在写的程序），确保没有错误。最后也是最重要的测试是在代码已经完成之后。这时，用简单的数据（测试数据）来运行程序，如果运行成功，将输出和手工计算的结果进行比较。如果结果一致，就继续运行其他测试数据并再次检查运行结果。如例 2.9 所示，尽管这种程序测试不能保证程序没有错误，但是它可以增强我们对于程序确实无误的信心。

例 2.9　演示售价程序的一次测试运行

当 2.2 节中的售价程序编码完成后，屏幕上显示的测试运行如下所示（黑体字为用户输入）：

```
Sale Price Program
This program computes the total price, including tax, of
an item that has been discounted a certain percentage.
What is the item's name?
Beach ball
What are its Price and the percentage discounted?
60
20
The item is: Beach ball
Per-sale price was: 60
Percentage discounted was: 20%
Sale price: 48
Sales tax: 3.12
Total: $ 51.12
```

如果把这些结果和手算的结果进行比较，可以发现对于这些输入数据来说，程序输出了正确的结果。再以几组不同的数据进行输入，程序都成功运行后，就可以使我们相信这个程序能够正常工作了。

2.3.3　错误类型

如果程序在测试运行时出现问题，我们必须调试，也就是说必须定位并排除错误。这也许会很容易，也许会很难，它取决于错误的类型和程序员的调试技巧。写程序时出现的两类基本的错误类型是语法错误和逻辑错误。

语法错误

语法错误是指出现了与程序设计语言合法语句规定相违背的错误，例如由于单词拼写错误、漏了一个标点符号导致了错误。语法错误通常会被语言软件检测到，或者是输入非法语句的时候，或者是计算机把程序翻译成机器语言的时候。当软件检测到语法错误时，通常会发出一条警告信息，同时将出错语句以高亮度显示。因此，语法错误通常很容易找到并更正。但有时候，软件发现一个地方有错误，实际上是由代码中其他地方的错误引起的。这种情况下就要求运用程序设计技巧来分析错误信息，找到错误的根源并且更正。

逻辑错误

逻辑错误是由于在完成任务时用了不正确的语句组合而引起的，可能由于错误的分析、错误的设计，或者没有正确地编码引起的。以下是几类逻辑错误：

- 计算期望结果所使用的公式不对。

- 实现算法的语句序列不对。
- 没有预测到在程序运行时某些输入数据会引起非法操作（例如除以 0），这类错误有时称为运行时错误。

逻辑错误常常导致程序在某处运行不下去了（如崩溃、挂起或停滞），或者得出错误的结果。逻辑错误不能像语法错误那样能被程序语言软件检测到，通常需要用足够多的测试数据来运行程序才能发现。大量的测试是保证程序在逻辑上无误的最好方法。

2.3 节　自测题

2.10　简要描述内部文档中两种类型的注释。

2.11　填空：程序编码完成好，必须进行_____。

2.12　简要描述语法错误与逻辑错误的区别。

2.13　假设你要写一个程序，计算从一个地方到另一个地方要花多长时间。你希望用户能够输入要走的距离和速度。计算公式很简单：时间=路程/速度。例如，Ricardo 开车以每小时 50 英里的速度行驶 300 英里，那么他要花 6 个小时到达目的地。又例如，Marcy 以每小时 2 英里的速度走 8 英里，那么她要花 4 小时到达目的地。列出三组你会用来测试程序的好的测试数据假设用户只能输入实数。

2.4　商业程序：测试与文档

你会买一部没有用户手册的手机或者掌上电脑吗？可能有一些人会直接拿来就用，直到发现不会设置，或者没法让这种新科技的小玩意按自己的想法工作时才看用户手册。不过我们大多数人都希望所购买的新产品，尤其是由软件驱动的产品，带有用户手册、屏幕帮助，或者电话帮助。消费者花很多钱来购买产品，但如果不知道怎么用，那么产品就毫无用处。在商用方面，程序员（或者是程序小组）通过外部文档向消费者说明软件的使用方法。

如果你为朋友写一个程序，帮他计算应该为购买的商品付多少钱，但是你的程序只有当你的朋友一次输入一件商品的时候才能用，那他不会喜欢你的程序，不过也没什么不良后果。然而如果你买了一个软件程序来帮助你做预算，发现只有在每月不超过三笔支出时才能正确运行，你一定会非常生气。那些生产和销售软件的公司要成功，程序必须非常可靠，能让很多用户在各种情况下使用。因此，商业软件有着长期而严格的测试过程，极少随着软件的某个版本发行而停止。

在 2.3 节中，我们介绍了程序的测试与文档的概念，在这一节，我们将在这些概念基础上扩展开来，集中讨论如何在商业程序——用于销售盈利的软件——中应用。

2.4.1　复习测试阶段

我们已经讨论了对程序进行测试的必要性以及程序中可能出现的错误类型。在程序设计课程中，如果你向老师提交了一个不能运行的程序，那么该项目你可能会得到 0 分。可能你会从老师那里获得如何更正错误的意见反馈，并有一个改进的机会，或者只是得到一个很低的分数。不幸的是，对于商业项目代价要昂贵得多。一个不能运行的程序是没有市场的，对企业来说，信誉不能用来尝试。

对商业软件进行测试极为重要。很明显，如果程序不能运行，那么它毫无用处。但是如果程序只是有时能正常工作，动辄出错，或者不能像应该的那样简单而有效地进行操作，那么消费者就会转而购买竞争者的产品。这就是为什么商业软件必须反复地测试再测试的原因。专业程序员想尽一切办法在各种条件下测试软件。商业软件的测试过程往往与程序开发的时间一样长，而且在开发周期的每一阶段都有。

商业程序通常很复杂，测试阶段要持续数月时间甚至更长。例如，当 Microsoft 开发新版本的 Windows 操作系统时，软件测试是最重要的项目，也许要花一年多的时间才能完成。Microsoft 的员工先要一个模块一个模块地测试代码。完成的软件要进一步在各种各样的计算机上测试，这些计算机有着不同的外围设备，在 Microsoft 内部或是在一些有选择的非 Microsoft 站点上。这个阶段的测试称为 alpha 测试。如果软件已经相当可靠，会被送到成千上万个 beta 测试点。在 alpha 测试和 beta 测试中，用户向 Microsoft 报告发现的问题，然后代码会进行必要的修改。在 alpha 测试和早期的 beta 测试中，会增加或修改一些特性。最后，当问题报告数量逐渐减小到 Microsoft 认为可以接受的程度，代码最终完成，软件被投入生产。

2.4.2　外部文档

正如我们在 2.3 节中提到的那样，每个程序都会从好的内部文档中受益——合理地运用注释来说明代码的功能。商业程序还需要大量的外部文档。外部文档有以下两个作用：

（1）使用手册或屏幕帮助中的文档能够向最终用户（那些在工作中和日常生活中使用软件的人）提供程序的信息。

（2）程序维护手册中的文档提供了关于程序代码如何实现其功能的信息。编写这种外部文档对于将来要修改软件、更正错误或是添加新功能的程序员很有好处。

使用手册

使用手册和屏幕文档通常是在程序开发周期进展状况良好，软件进入 Alpha 或 Beta 测试时写的。由于这种文档是让非专业人士使用，他们对计算机了解很少，通常对程序设计一无所知，因此文档的写法十分重要。大多数给非专业人士看的文档通常由技术文员来写。技术文员一定要具备计算机经验而且能清晰、准确、易于理解地向消费者说明操作方法。技术文员与编程团队的成员工作在一起，以确保软件的细节都很好地记录在案。

使用手册可以有一种或多种形式，可以是印刷的文档、CD 中的文件、含使用指南练习的整张 CD、指向相关信息网站的链接，或者这些形式的组合。使用手册通常由以下一种或几种方式来组织：

（1）第一种方式是使用指南——可能对新用户是最有用的。用户在屏幕语音和视频短片的帮助下，或者根据印刷的有插图的文档，被引导着从头到尾完成特定的任务。

（2）第二种创建使用手册的方法是主题法——可能对中级用户是最有用的。手册的章节集中于特定的主题内容。

（3）使用手册也可以简单地按字典顺序列出命令与任务，通常还有交叉索引——可能对那些明确知道自己要查什么的高级用户是最有用的。

用户对软件的外部文档最常见的意见是文档只按一种方式组织，而且这种方式不能满足特定用户的需求。因此，一个彻底的软件营销策略是提供所有三种方式的使用手册。

程序维护手册

对于那些刚购买了数码相机，或者安装了电脑游戏，或者尝试使用一个新的 DVD 播放器的人来说，使用手册无疑是必需的，它可以说明一个复杂的软件如何工作。不过也许会让你觉得不可思议的是，程序设计高手也需要文档来帮助他们修改或完善其他程序设计高手写的代码。维护手册就包含了与软件相关的一些对于程序设计高手非常有用的内容。

设计文档

设计文档更关注为什么这样设计而不是怎样设计。在设计文档中，程序员会给出基本原理，说明为什么某些数据需要以一种特别的方式来组织，为什么要使用某种方法，为什么一个模块以特定的方式构成，还可能会给将来的程序员就如何改进软件提出一些建议。

你可能觉得不可思议，为什么程序员会写文档来建议其他程序员如何改进自己的程序呢？你可能会想："如果他知道如何做得更好，为什么不一开始就把它做好呢？"信息技术领域是快节奏和充满竞争的，新软件的开发不是由一个人完成的。一个程序员小组被要求在一个期限内解决给定的问题，有时候时间非常重要，在规定的时间内只有一种方法可以解决问题，但是可以预想到其他更好的解决方法。软件的新版本一直在开发，设计文档中的建议可能会使下一版本的软件成为更好的产品，原来的程序员可能因此会获得一笔奖金。

方案研究文档

方案研究文档是另一种文档，它的用途有些不可思议。它关注系统的某项特定内容，给出可能的解决方案进行对比，以及建议可替代的方法。它会简述背景，描述不同的方案，说明每一种方案的优点和缺点。好的方案研究文档基于大量的调查研究，明确地公正地表达意见。方案研究是为了找到最好的解决方案，而不是鼓吹一种观点，是一种学术研究而不是营销手段。

2.4 节　自测题

2.14　使用手册的主要目的是什么？面向什么样的受众？

2.15　维护手册的主要目的是什么？面向什么样的受众？

2.16　技术文员要有哪些技能？他们是做什么的？

2.17　设计文档和方案研究文档的差别是什么？

2.5　结构化程序设计

结构化设计是一种系统化有组织的程序设计和编码方法。在这一章，我们已经讨论了一些结构化程序设计的原则：按照程序开发周期的步骤，自顶向下模块化地设计程序，用注释来说明程序。在这一节中，我们介绍结构化程序设计的另外两项内容：以一系列控制结构来设计每个模块，采用良好的程序设计风格。我们先来讨论在设计程序时使用的流程图。

2.5.1　流程图

2.2 节介绍了两种辅助程序设计的方法：层次结构图和伪代码。两种技术在程序设计中有各自的作用，层次结构图表示程序模块以及它们之间的关系，伪代码给出模块代码的细节。

另一种常用的程序设计工具是流程图，它通过一些特殊的符号形象化地表示程序或程序模块的执行流程。它是程序逻辑顺序、工作或制造流程，或任何其他类似结构的规范化图形表示。流程图不但用于帮助计算机程序的开发中，而且还可以用于其他领域。在工商业中使用流程图来表示制造过程以及工业操作图示化。流程图被广泛应用于帮助人们图示化过程流程以及发现过程中的缺陷。据 Herman Goldstine（ENIAC 最早的开发者之一）所说，他和 John von Neumann 在 1946 年末到 1947 年早期，在普林斯顿大学最早开发出了流程图这种工具。

流程图帮助你想象程序实际的流程。它以一种简单清晰的方式让你看到代码块如何组成各种程序设计的结构。所有程序都是由这些结构组成的，本节详细地讨论这些结构。

创建流程图

你可以从办公用品店买到很便宜的塑料模板来帮助你画出各种过程的合适的形状，你也可以直接用手来画。有一些应用软件可以帮你在计算机上创建流程图。实际上，Microsoft 的 Word 应用程序中内置了流程图的模板。

最开始的时候，流程图都是静态的图片。程序员创建流程图来帮助理解程序的工作流程。然后程序员安装流程图所示的逻辑顺序，使用特定的编程语言来编写程序。现在出现了一些交互式的流程图工具，提高了流程图这种工具的功能。一些流程图软件是免费的，一些是需要购买的。这些流程图软件可以用于创建流程图，在流程图中输入值，然后查看程序或程序片段的执行情况，这些都是在实际编写程序代码之前完成的。这种方式是非常有用的，特别是对于编程初学者（或学习编程知识的低年级学生），让他们把关注的重点放在程序逻辑部分，而避免受制于程序语法本身或者大型程序的其他细节部分。

具体编程实现（Making It Work）

使用 RAPTOR 创建流程图并运行程序

本书中包含的可用资源之一是 RAPTOR，它是一个免费的流程图软件。本书中大部分编程问题和复习题可以使用 RAPTOR 非常简单的创建流程图，并在 RAPTOR 中或者其他交互式流程图软件中运行程序。RAPTOR 使用指南见附录 D。

随着编程学习的深入，将会遇到需要编写小段的程序代码。将一个很短的程序转化成流程图看起来很无聊，不过实际上这是一种很有用的练习，这是程序员最重要的工作之一。你会发现细心而又准确地按步骤创建一个程序，虽然在开始的时候看来很多余，但当你的程序变得越来越长越来越难于管理时，这会节省你无数时间。

流程图的基本符号

流程图是由一定数量的标准化符号绘制而成。这样的标准确保了每一个懂得编程技术的人都可以读懂并遵从流程图中所示的内容进行程序设计。一个典型的流程图包含一些或所有如下符号，图 2.5 给出了流程图的基本符号。

符　号	名　称	描　述
	端点	表示程序或模块的开始或结束
	过程	表示任何处理功能，例如一次计算
	输入输出	表示输入或输出操作
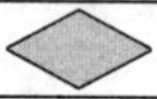	决策	表示程序分支点
	连接器	表示进入或退出一个程序段

图 2.5　流程图的基本符号

开始和结束符号由椭圆形或者圆形表示，通常情况下里面带有开始或结束或者其他短语，比如输入和退出，这些信息用于表明一个程序段的开始和结束。

- 箭头表示程序控制流。一个箭头从一个符号开始，指向另一个符号，它表示了程序控制流从一个符号转移到箭头所指的另一个符号。
- 处理过程由矩形表示。例如，进行一个计算操作——计算一项商品的销售价格、一项商品的销售税或最新的总价（见第 2.1 节中的售价问题）都是处理过程的实例。
- 输入输出由平行四边形表示。在售价程序中，输入步骤是要求用户输入商品的名称、它的原始价格以及该商品折扣率是多少。计算结果的输出显示包括商品的名称、销售价格、税以及最终的销售价格，这些都是输出步骤的实例。
- 条件判断（决策或者选择）部分由菱形表示。这一部分通常包含是或否的问题或者真或假的测试。该符号有两个箭头流出。一个箭头对应于当问题的回答是"是"或"真"的时候发生，另一个箭头对应于当问题的回答是"否"或"假"的时候发生。箭头上应当标记上这些信息。本章稍后部分将介绍选择结构。

● 连接部分由圆圈表示。它用于一个程序段同另一个程序段的连接。

流程图中还有另一个符号，不过它们不常用，上面所说的几种符号对于所有基本的程序逻辑来说已经够用了。

图 2.6 显示的是 2.1 节中售价问题的流程图，看图（任何流程图）时，从顶端开始顺着箭头方向去看。例 2.10 对比了伪代码和流程图。

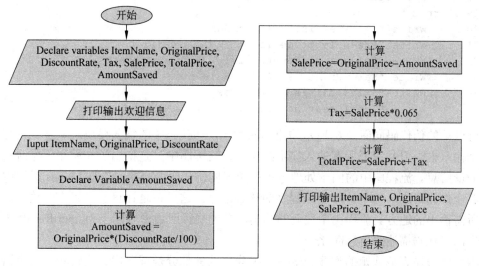

图 2.6 售价程序的流程图

例 2.10 伪代码和流程图的对比

你可能已经注意到 2.2 节中为售价程序编写的伪代码同流程图比起来细节更加详尽。下面给出了伪代码以方便讨论。

```
1  Main module
2       Declare ItemName As String
3       Declare OriginalPrice As Float
4       Declare DiscountRate As Float
5       Declare Tax As Float
6       Declare SalePrice As Float
7       Declare TotalPrice As Float
8       Write "Sale Price Program"
9       Write "This program computes the total price, including"
10      Write "tax, of an item that has been discounted"
11      Write "a certain percent."
12      Call Input Data module
13      Call Perform Calculations module
14      Call Output Results module
15 End Program
16 Input Data module
17      Write "What is the item?"
18      Input ItemName
19      Write "What is its price?"
20      Input OriginalPrice
21      Write "What is the percentage discounted?"
```

```
22          Input DiscountRate
23 Perform Calculations module
24          Declare AmountSaved As Float
25          Set AmountSaved = OriginalPrice * (DiscountRate/100)
26          Set SalePrice = OriginalPrice - AmountSaved
27          Set Tax = SalePrice * 0.065
28          Set TotalPrice = SalePrice + Tax
29 Output Results module
30          Write "The item is: " + ItemName
31          Write "Pre-sale price is: $" + OriginalPrice
32          Write "Percent discounted is: " + DiscountRate + "%"
33          Write "Sale Price is: $ " + SalePrice
34          Write "Sales tax is: $ " + Tax
35          Write "Total cost now is: $ " + TotalPrice
```

将这里的伪代码同图 2.6 所示的流程图对比。伪代码中的输入模块对应于流程图中的第一个输入框，但是少了所有输入提示的信息。流程图中只是指出了在程序工作时需要输入的变量信息。流程图中的四个处理过程的矩形同伪代码 Perform Calculations 模块中的四个计算操作相对应。这些计算是该程序的核心部分。这里正是计算机将用户的输入数据转换为所需输出的地方。流程图中最后的输出部分的平行四边形对应于 Output Results 模块，同样也比伪代码描述的信息简化一些。

当程序员检查他或她的程序逻辑时，最为重要的部分是程序内部逻辑和从一个语句到另一个语句的控制流。对于流程图来说，主要关注于逻辑和流程。如果在开始编写代码之前认真的创建流程图，那么将更容易检查程序流程并发现其中的问题。另外，在程序设计的时候，伪代码也是一个有用的工具。伪代码可以很容易的创建和编辑，如果编写的仔细和详尽，会使接下来的实际代码的编写工作更容易一些。不过，有些程序员只喜欢在程序设计的时候使用伪代码，也有一些程序员只喜欢使用流程图，当然还有一些程序员喜欢将这两种工具结合起来使用。随着学习编写程序的进一步深入，你会发现大多数情况下编写任何程序问题都不止使用一种方法。同样地，程序设计也不止一种方法。伪代码和流程图对程序员来说是两个非常出色的设计工具而已。

2.5.2　控制结构

为了创建结构良好的程序设计，每个模块都应该由一些适当组织在一起的语句构成，这些语句组称为控制结构。事实上，在 20 世纪 90 年代，计算机学家证明了只需使用三种基本的控制结构就可以实现任何程序或算法。惊人的结论，是吗？这三种基本的控制结构是：

（1）顺序结构；
（2）决策（选择）结构；
（3）循环（重复）结构。

顺序结构

顺序结构包含一系列连续的语句，按它们的先后顺序执行。换言之，这种结构中的语句都没有分支（执行流程中的跳跃）进入程序模块的另一部分。顺序模块的一般形式是：

语句
⋮
语句
语句

目前为止你所看到的所有程序只包含一个顺序结构。图 2.6 所示的售价程序的流程图就是一个顺序结构的实例。

决策或选择结构

不同于顺序结构，循环和决策结构包含分支点或语句，会引起程序分支。如例 2.11 所示，在决策结构（也称为选择结构）中，在某点有一个向前的分支，使得一部分程序被跳过。因此，根据分支点的条件一个语句块将被执行，而另一个将被跳过。典型决策结构的流程图如图 2.7 所示。

例 2.11 带有决策结构的流程图

Joey 和 Janey Jimenez 想知道周六的时候做什么。他们的妈妈告诉他们这取决于周六的天气情况。如果周六下雨的话，他们可以去看电影；如果没有下雨的话，他们可以去公园。图 2.8 所示的流程图给出了这种决策结构。流程图中的决策符号将程序分为两个分支。如果下雨，这里的问题答案将是"是"，那么选项"去看电影"将发生；如果问题的答案是"否"，那么选项"去公园"将发生。

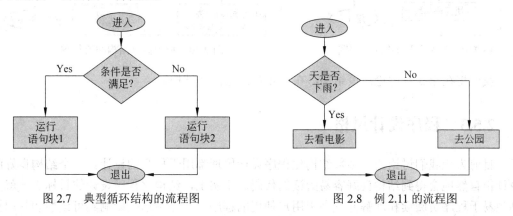

图 2.7 典型循环结构的流程图   图 2.8 例 2.11 的流程图

循环或重复结构

循环结构（也被称为重复结构）包含一个回到程序模块前面一条语句的分支，这使得一个语句块能被执行很多次。只要满足循环结构中的条件（例如："计算结果仍然大于 0 吗？"）引起分支，那么语句块就会一直重复执行。典型循环结构的流程图如图 2.9 所示。注意，菱形的决策符号表示分支点，如果菱形中的条件为真，程序沿 Yes 箭头执行；否则，程序沿 No 箭头执行。例 2.12 给出了带有循环结构的流程图。

例 2.12　带有循环结构的流程图

Joey 和 Janey Jimenez（在例 2.11 中用于说明决策结构时，决定如何度过周六的两个孩子）已经确定了周六将下一天雨，所以他们要去看电影。他们的妈妈要求他们挑选一个 G 级的电影（成年和儿童都适合看的电影）。他们每次提议一个电影名称，妈妈问他们是否是 G 级的，如果回答是"否"，他们必须重新到电影列表中再找一个电影。他们将进入"挑选一个电影"的循环中，直到找到一个 G 级电影。这个循环可能执行一次，如果他们第一次挑选的电影就是 G 级的，也可能执行三次或三十三次，直到他们最终找到一个 G 级的电影。图 2.10 给出这种循环结构的流程图。流程图中的决策符号有两个分支。如果问题"该电影是否为 G 级？"的回答是"是"，循环结束，Jimenez 一家去看电影。但是如果问题的答案是"否"，循环结构再一次执行，控制流回到决策符号的顶部。注意循环结构再一次开始执行时，将选择一个新的电影。如果没有选择新的电影，循环结构将会无限期的执行下去。

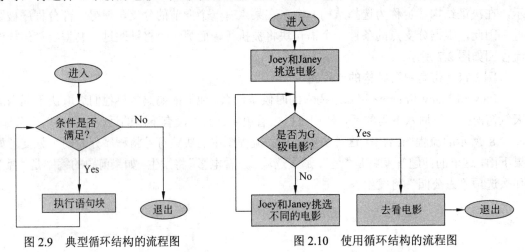

图 2.9　典型循环结构的流程图　　　　图 2.10　使用循环结构的流程图

我们将在第 3 章讨论决策结构，在第 4 章讨论循环结构。

2.5.3　程序设计风格

目前为止我们讨论的大多数结构化程序设计原理都用于程序的设计。一个结构良好的设计很自然地会得到结构良好容易阅读的代码。事实上，结构化程序设计的目标之一就是创建易于程序员阅读和理解并且易于用户使用的程序。程序中这些影响其可读性和易用性的因素总称为程序设计风格。我们已经给出了一些良好的程序设计风格的建议，以下的代码风格建议是这些建议的总结。

建议与代码风格建议（Style Pointer）

写模块化的程序

以模块的形式设计程序，这样做你将获得模块化程序设计的好处。你的程序越复杂，模块化程序设计的好处就越多（见 2.2 节）。

使用说明性的变量名。为了提高程序可读性，变量名应该提醒阅读代码的人该变量代表什么。例如，TotalPrice 这个名称就比 T 或 Total 或 Price 要好（见 1.2 节）。

为用户提供欢迎信息。程序输出的前面几行或者第一屏，应该包含一些欢迎信息，一般包括程序名称、程序员的姓名和单位、日期，以及程序的简要说明（见 2.2 节）。

用户输入前要有提示。在要求用户输入数据前，在屏幕上显示一条信息说明期望的输入类型。在大多数程序设计语言中，如果你不给出提示，用户甚至都不知道程序执行已经暂停并等待输入（见 1.2 节）。

明确程序输出。程序输出应该具有自明性，让那些对产生该输出的代码一无所知的人也能明白。特别的，不要只输出数字却不解释代表什么意思（见 1.3 节）。

注释程序。在程序中使用内部文档（注释）。总注释应该用来给出程序或程序模块的基本信息，而分步注释应该用来说明代码块的用途。此外，如果你的程序要让其他人运行，就要使用手册或屏幕帮助的形式提供外部文档，给出与程序有关的有用的信息（见 2.3 节和 2.4 节）。

2.5 节 自测题

2.18 写出结构化程序设计的三条原则。

2.19 画出并标明下列程序图符号：

  a. 过程

  b. 决策

  c. 输入/输出

2.20 三种基本的控制结构是什么？

2.21 用一句话来说明为什么使用好的程序设计风格很重要？

2.22 列举四条好的程序设计风格。

2.6　本章复习与练习

本章小结

本章讨论了以下内容：

1. 程序开发周期包含以下四个阶段：

- 分析问题；
- 设计程序；
- 编写程序代码；
- 测试程序。

2. 用自顶向下模块化程序设计方法来设计程序包含以下内容：

- 把程序分成模块和子模块，分别执行程序必须执行的基本任务。

- 使用层次结构图形象化地表示各模块。
- 用伪代码填充每个模块的细节，如果需要的话，不断细化伪代码。

3. 模块化程序设计的其他内容如下：

- Call 语句用来调用模块执行，即模块中的语句被执行，然后程序执行返回到调用模块。
- 模块的特点：模块是独立的紧凑的，完成单独的任务。
- 模块化程序设计的好处：提高程序可读性，提高程序员的生产率。

4. 包含下列程序文档非常重要：

- 内部文档（注释）有利于其他人阅读程序代码——总注释位于程序或程序模块的开头，给出基本信息；分步注释出现在整个程序中，说明（注解）代码段。
- 外部文档有利于其他人运行程序，它包括屏幕帮助和印刷的使用手册。

5. 为了测试，程序用各种输入数据（测试数据）来运行，检查是否含有下列错误：

- 语法错误是因为违背了程序设计语言对于语句结构的规定。
- 逻辑错误是因为所用的语句不能完成预期的任务。

6. 以下是结构化程序设计的原则：

- 遵循程序开发周期的步骤来解决问题。
- 以模块化的方式设计程序。
- 用一系列控制结构来对每个模块进行设计和编码。
- 使用良好的程序设计风格——以适当的方式编写程序代码以提高其可读性和易用性，包括适当地使用内部和外部文件（有必要的话）。
- 系统地测试程序以确保没有错误。

7. 使用流程图和控制结构：

- 流程图符号包括端点、过程、输入输出、决策和连接器（见图 2.5）。
- 流程图用来描述三种基本的控制结构：顺序结构、决策（选择）结构和循环（重复）结构。
- 流程图是程序员用于程序设计的工具，帮助程序员梳理程序逻辑和控制流，以及帮助程序调试工作。
- 交互式流程图软件，例如 RAPTOR 程序包含在本书的 CD 中，能够帮助程序设计和程序片段的测试工作。

复习题

填空题

1. 解决问题的过程是分析问题，设计适当的程序，编写代码，测试代码，这一过程称为_____。

2. 分析问题的时候，我们通常先要确定程序生成的结果，即程序的_____。

3. 程序执行开始的模块一般称为_____。

4. _____模块（或子模块）执行就是使程序执行转移到该模块。

5. _____是程序模块和模块间的关系的形象化表示。

6. _____用简短的类似英语的短语来描述程序设计。

7. _____注释给出了程序或程序模块的一般性描述。

8. _____注释给出了代码段的说明。

9. _____错误违背了程序设计语言对于语句结构的规定。

10. _____错误是因为语句没有正确实现应完成的任务。

11. 用于商业软件的两种测试是_____测试和_____测试。

12. 为程序员而编写的一种外部文档是_____。

选择题

13. 下面哪一项不一定是程序模块的特点？

　　a. 执行一个单独的任务

　　b. 包括几个子模块

　　c. 是独立的

　　d. 相对较小

14. 以下哪一项不是模块化程序设计的优点？

　　a. 它提高了程序的可读性

　　b. 它提高了程序员的生产率

　　c. 它可以建立一个常见的程序设计任务的库

　　d. 它可以让程序员在同一时间从事多个任务

15. 一个程序的主模块包含以下语句：

Call ModuleA

Call ModuleB

Call ModuleC

下面哪一个语句在 Call ModuleB 后执行？

　　a. Call ModuleA

　　b. Call ModuleC

　　c. ModuleB 的第一个语句

　　d. 以上皆非

16. 一个程序的主模块包含以下语句：

Call ModuleA

Call ModuleB

Call ModuleC

下面哪一个语句在 ModuleB 中所有语句执行完后被执行？

　　a. Call ModuleA

　　b. Call ModuleC

　　c. ModuleC 的第一个语句

　　d. 以上皆非

17. 下面哪一项不是结构化程序设计的原则？

　　a. 以自顶向下模块化的方式设计程序

　　b. 用一系列控制结构来编写每个程序模块的代码

c. 编写程序代码，使得不用测试就能正确运行

d. 使用良好的程序设计风格

18. 右边的流程图符号是：

a. 过程符号

b. 输入输出符号

c. 决策符号

d. 端点符号

19. 右边的流程图符号是：

a. 过程符号

b. 输入输出符号

c. 决策符号

d. 端点符号

20. 右边的流程图符号是：

a. 过程符号

b. 输入输出符号

c. 决策符号

d. 端点符号

21. 下面哪一项不是基本的控制结构：

a. 过程结构

b. 循环结构

c. 决策结构

d. 顺序结构

22. 下面哪一项不是良好的程序设计风格：

a. 使用描述性的变量名

b. 给出欢迎信息

c. 将文本和数字同时输出

d. 测试程序

判断题

23. T F 在编写程序代码前，应该先做设计。

24. T F 自顶向下的设计将问题分解为越来越简单的小块。

25. T F 程序的欢迎信息包括一系列注释。

26. T F 当计算机运行程序时，注释的内容被忽略。

27. T F 程序注释也称为外部文档。

28. T F 程序注释是给运行程序的人看的。

29. T F 如果你确定你已经正确地编写了程序代码，那么就不必测试它了。

30. T F 商业程序（就像 Microsoft 开发的那些程序）并不总是需要测试。

31. T F 调试程序意味着更正程序的错误。

32. T F 结构化程序设计是有效地设计和编写程序的方法。

33. T F 控制结构是程序员控制用户输入的方法。

34. T F 如果不使用良好的程序设计风格，你的程序无法运行。

简答题

简答题 35～40，假设你被要求写一个程序，计算用户输入的三个数的平均值。

35. 给出该程序的输入和输入变量。

36. 画出程序的层次结构图，显示以下基本任务：

    显示欢迎信息

    输入数据

    计算平均值

    输出结果

37. 写出主模块和显示欢迎信息模块的伪代码。

38. 写出输入数据、计算平均值和输出结果等模块的伪代码。

39. 给出程序的流程图（把它看成一个模块）。

40. 给出三个合理的输入数据，用来测试这个程序。

编程题

以下每一道编程题都可由一个执行三项基本任务（输入数据、处理数据和输出结果）的程序完成。对每个问题，用伪代码来设计解决问题的适当程序。

1. 给出提示并输入一个女售货员本月的销售额（以美元计）和她的佣金比率（百分比），输出她本月的佣金。注意需要将百分比转换成十进制数。你可能会用到如下变量：

   SalesAmount（实数）　　　　CommissionRate（实数）

   CommissionEarned（实数）

   你可能会用到如下公式：

   $$CommissionEarned = SalesAmount * （CommissionRate/100）$$

2. Super 超市的经理想计算所卖物品的单位售价。为此，程序应该输入物品的名称、价格和重量（几磅几盎司），然后确定并输出物品的单位售价（每盎司的售价）和所购买物品的总价。你可能会用到如下变量：

   ItemName（字符串）　　　　磅（实数）　　　　　　盎司（实数）

   PoundPrice（实数）　　　　TotalPrice（实数）　　　UnitPrice（实数）

   你可能会用到如下公式：

   $$UnitPrice = PoundPrice/16$$

   $$TotalPrice = PoundPrice * （Pounds + Ounces/16）$$

3. Super 超市的老板想要一个程序来计算每月付给雇员的总工资和净工资。程序的输入是雇员的 ID 号、每小时工资数、正常工作时间和加班时间。注意：总工资是正常工作时间和加班时间所挣工资的总和，加班的工资是正常工作工资的 1.5 倍。净工资是总工资减去扣除部分。假设扣除部分为扣缴的税（总工资的 30%）和停车费（每月 10 美元）。你可能会用到如下变量：

   EmployeeID（字符串）　　　HourlyRate（实数）　　　RegHours（实数）

   GrossPay（实数）　　　　　Tax（实数）　　　　　　Parking（实数）

OvertimeHours（实数）　　　　NetPay（实数）

你可能会用到如下公式：

　　　GrossPay = RegularHours * HourlyRate + OvertimeHours * (HourlyRate * 1.5)

　　　NetPay = GrossPay – (GrossPay * Tax) – Parking

4. Shannon 和 Jasmine 组成一个保龄球队，她们每人在比赛中打了三局。她们想知道兰局的各人平均分和队伍得分（六局的总分）。让用户输入每一个队员的分数。输出 Shannon 的平均分，Jasmine 的平均分，以及她们对的分数。你可能会用到如下变量：

Score1（实数）　　　　　　　Score2（实数）　　　　　　　Score3（实数）

sumShannon（实数）　　　　　sumJasmine（实数）　　　　　avgShannon（实数）

avgJasmine（实数）　　　　　　total（实数）

5. Kim 想买辆车。已知贷款数量、年利率和还款月数，帮助 Kim 计算贷款的每月还款额。程序应该让 Kim 输入贷款数量、年利率和她打算还款的月数，然后计算并输出每月还款额。

你可能会用到如下变量：

Payment（实数）　　　　　　　LoanAmt（实数）　　　　　　InterestRate（实数）

MonthlyRate（实数）　　　　　NumberMonths（实数）

你可能会用到如下公式：

　　　　　　　　　MonthlyRate = InterestRate/1200

注意：当用户输入的 InterestRate 为分数时，必须将它除以 100 转换为十进制数（例如，18%=18/100=0.18）。汽车经销商提供的 InterestRate 是一个年利率，所以必须将它除以 12 变成月利率。上面给出的公式可以分为两步（例如，年利率 18%=18/100=0.18，月利率为 0.18/12=0.015 或 18/（100×12）或 18/1200）。

　　　Payment = LoanAmt * MonthlyRate * (1+ MonthlyRate)^NumberMonths

　　　÷（（1+ MonthlyRate）^NumberMonths−1）

注意：公式必须输入正确，同上面的一样。

第 3 章

选择结构：做决策

计算机有一种特性就是它有决策能力——从几组候选的语句中选出一组。这几组语句和决定执行哪一组的条件，组成了选择（或决策）控制结构。在这一章，我们将讨论几类选择结构以及它们的一些应用。

在读完本章之后，你将能够：

- 构建单选和双选的选择结构[第 3.1 节]；
- 在程序段中识别和应用关系运算符和逻辑运算符[第 3.2 节]；
- 使用 ASCII 编码规则将每个字符关联到一个数字[第 3.3 节]；
- 关系运算符<，!=，==，<=，>和>=应用到任意字符串[第 3.3 节]；
- 构建多选一的选择结构[第 3.4 节]；
- 使用不同类型的选择结构解决不同的程序设计问题[第 3.4 节]；
- 使用防御性编程来避免程序崩溃，例如被零除和对一个负数求平方根[第 3.5 节]；
- 识别和编写使用菜单驱动的程序段[第 3.5 节]；
- 在你的程序中使用简单的内置平方根函数[第 3.5 节]。

在日常生活中：决策，决策，决策……

你上一次作决策是在什么时候？几秒钟以前？几分钟以前？可能不会更早了，因为做选择的能力是人类与生俱来的。这是一件好事，它使我们能够在这个快速变化的世界上适应并生存下来。你在日常生活中做决策的例子比比皆是，以下就是一些：

- 如果月末到了，那么要交房租；
- 如果电话铃响了，那么拿起电话说"你好"；
- 如果你在开车，并且现在是晚上或者是在下雨，那么打开车前灯；
- 如果猫在啃家具，那么把它赶走，否则给它点吃的；
- 如果老板来了，那么重新开始工作，否则就继续玩电脑游戏。

这类决策称为简单决策。简单决策很容易理解，它是有限制的，你所采取的行动取决于条件是真还是假，直到电话铃响了，你才会拿起电话说"你好"。你采取哪一种行动的决策可以基于多个条件。例如，如果是晚上，或者正在下雨，或者是晚上而且正在下雨，你会打开车前灯。打开车前灯的决定取决于这两个条件中的一个或两个是否为真。如果两个都不为真，那么不打开车前灯。

人和计算的区别之一在于人能够处理更复杂的决策问题，能够处理类似"可能"和"一些"这种模糊或不确定的结果。

有件事是很显然的——如果你没有能力做决策，那么你在这个世界上就可能活不下去。如果一个计算机程序没有做决策的能力，那么这个程序就可能没有任何意义。我们希望计算机能够解决我们的问题，但我们所处的环境通常很复杂。例如，如果你在为一家大公司写一个工资表处理程序，你会很快发现有很多不同类型的员工，每一类员工（正式员工、小时工、临时工）的工资计算方法都不同。如果所写的代码不能让计算机做选择，那么你的程序只能以一种方式处理工资，你会需要很多不同的程序来处理工资表。有些程序用于加班的人，有些用于不加班的人，有些用于得到奖励的人，甚至还有更多的程序用于不同工资标准的人。这种方法不仅乏味且低效，你还需要雇人来决定对于每个员工用哪一个程序。换种方法，你可以使用决策来创建一个高效灵活的程序，例如如果员工加班了，那么增加额外的工资。

往下看——因为如果你掌握了本章的概念，那么你将打开一扇大门，通向一项非常有用的程序设计技术。

3.1　选择结构概述

在这一节中，我们介绍三类基本的选择结构，并详细讨论其中的两种，第三种将在 3.4 节介绍。选择结构也称为决策结构——这两个名字可以换用。

3.1.1　选择结构的类型

选择结构包括一个测试条件和一组或多组语句（一个或多个语句块），测试的结果决定哪一个语句块被执行。以下是三类选择结构：

（1）单选（If-Then）结构只包含一个语句块。如果满足测试条件，语句就会执行。如果不满足测试条件，语句就会被跳过。

（2）双选（If-Then-Else）结构包含两个语句块。如果满足测试条件，第一个语句块被执行，同时程序跳过第二个语句块。如果不满足测试条件，第一个语句块被跳过，执行第二个语句块。

（3）多选结构包含两个以上语句块。对于这种程序，当满足测试条件时，与测试条件相应的语句块被执行，其他语句块被跳过。

图 3.1 和图 3.2 给出三类选择结构各自的执行流程。注意，在图 3.1 中，被执行和被跳过的语句块分别用 Then 和 Else 子句表示。

3.1.2　单选和双选结构

在这一节，我们讨论单选和双选结构，更常用的称呼为 If-Then 结构和 If-Then-Else 结构。

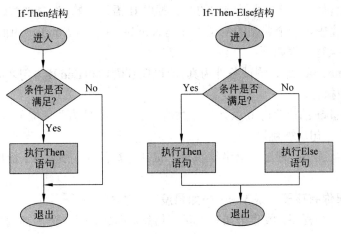

图 3.1　单选和双选的选择结构流程图

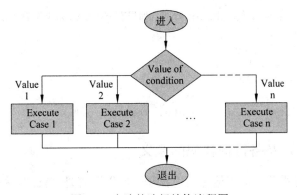

图 3.2　多选的选择结构流程图

单选结构：If-Then 结构

最简单的选择结构是 If-Then 结构，即单选结构。这种选择结构的一般形式为：

```
If 测试条件 Then
    语句
    语句
      ⋮
    语句
End If
```

在这段伪代码中，测试条件是一个表达式，在程序执行时或者为真或者为假。例如，如果你想让机器人为你接电话，当电话铃响时，你要设定它拿起话筒。测试条件为"电话铃响了吗？"，语句块包括"拿起话筒"和"说你好"。当电话铃响起时，条件为真，机器人就会执行语句，拿起话筒说你好。只要测试条件不满足（电话铃没有响），机器人就会安静地坐着。

```
If 电话铃响 Then
    拿起话筒
    说你好
End If
```

在本书的伪代码中，一个选择结构的开头都以 If 语句开始，选择结构的结尾都以 End If 结尾。在许多程序中，一个典型的测试条件是 Number=0，当 Number 的值是 0 时为真，否则为假。程序的执行流程如下：

- 如果 Number=0，那么测试条件为真，所以在 If 语句和 End If 语句之间的语句块（Then 子句）被执行。
- 如果 Number 的值为除 0 以外的任意值，则测试条件为假，位于 If 语句和 End If 语句之间的语句块被跳过。

在任何一种情况下，程序都会继续执行 End If 之后的语句。例 3.1 给出 If-Then 结构的一个例子。

例 3.1　如果你有孩子，说 Yes……如果没有，说 No

假设你在写一个程序，收集公司里的员工信息。你想让每个员工都输入他／她的姓名、地址，以及其他个人信息，比如婚姻状况、孩子数等等。这部分程序的伪代码如下所示：

```
Write "Do you have any children? (如果有,输入 Y,如果没有,输入 no)"
Input Response
If Response is "Y" Then
    Write "How many?"
    Input NumberChildren
End If
Write "Questionnaire is complete. Thank you."
```

程序如何运行以及各行伪代码的意义

这一程序段的前两行问员工他是否有孩子。如果回答是 "Yes"，程序会问下一个问题；如果回答是 "No"，再问有几个孩子没有意义，所以这个问题就被跳过。我们用 If-Then 结构来实现：

```
If Response is "Y" Then
    Write "How many?"
    Input NumberChildren
End If
Write "Questionnaire is complete. Thank you."
```

如果测试条件（Response 是 "Y"）为真，Then 子句-If 与 End If 之间的语句——被执行。如果 Response 是除 "Y" 以外的任何答案，Then 子句被跳过，下一条被执行的语句是这一程序段中最后的 Write 语句。图 3.1 左边的流程图说明了这一逻辑。

具体编程实现（Making It Work）

你可能想知道，为什么当回答是 "no" 的时候，程序要给出 N 的具体回复。因为对于除了 Y 的任意回复，都会得到同样的答案，而 If-End 程序段中的 If 部分将被跳过。程序员在编写程序的时候总会替用户思考的。在这种情况下，许多用户可能会有疑惑，是否他们输入 Y 的时候表示 "yes"，而输入其他任意字符表示 "no"。不过对于用户来说，当输入 Y 表示 "yes" 的时候，最好是输入 N 表示 "no"。

具体编程实现（Making It Work）

在选择结构中编写测试条件时有一个注意点：同一个测试条件可以写成不止一种形式。例如，下面程序片段的结果同例 3.1 的结果一样：

```
Write "Do you have any children? Type Y for yes, N for no"
Input Response
If Response is not "N" Then
    Write "How many?"
    Input NumberChildren
End If
Write "Questionnaire is complete. Thank you."
```

测试条件完全取决于程序员如何编写。大多数情况下，是一个个人偏好问题，但是在某些情况下，有一些特殊原因需要将测试条件写成某一个具体的形式。在这里给出的例子中，如果用户输入 N 以外的任何内容，If 子句都将会被执行。在最开始的例 3.1 中，只有当用户输入 Y 的时候，If 子句才会被执行。这两种测试条件，你认为哪一个更好呢？为什么？像这样的考虑总会影响测试条件该如何编写。

双选结构：If-Then-Else 结构

If-Then-Else 结构，即双选结构有如下一般形式：

```
If 测试条件 Then
    语句
    .
    .
    .
    语句
Else
    语句
    .
    .
    .
    语句
End If
```

对于这一结构：

● 如果测试条件为真，那么在 If 语句和 Else 之间的语句块（Then 子句）被执行。

● 如果测试条件为假，那么在 Else 和 End If 之间的语句块（Else 子句）被执行。

在任何一种情况下，程序都会继续执行 End If 之后的语句。例 3.2 给出 If-Then-Else 结构的一个例子。

例 3.2 盈利还是亏损：If-Then-Else 结构

作为 If-Then-Else 结构的一个例子，假设一段程序输入生产和销售某种产品的成本和收入，输出盈利或亏损的结果。要做到这一点，需要如下语句：

- 计算收入与成本的差，得到盈利或亏损。
- 如果收入大于成本（即差为正），则把这个量描述为盈利，否则为亏损。

下面的伪代码完成上述工作。图3.3所示的流程图是这个例子的图形化表示。

```
Write "Enter total cost: "
Input Cost
Write "Enter total revenue: "
Input Revenue
Set Amount=Revenue - Cost
If Amount>0 Then
    Set Profit = Amount
    Write "The profit is $" + Profit
Else
    Set Loss = -Amount
    Write "The loss is $" + Loss
End If
```

程序如何运行以及各行伪代码的意义

这一程序段的前两条语句提示并输入产品的成本和收入。我们计算这两个量的差，并把结果存在 Amount 中。如果 Amount 是正数，结果就是盈利，否则就是亏损。因此我们想要查看 Amount 的值是不是正的，如果是的话可以高兴地显示盈

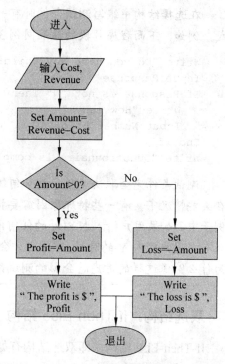

图 3.3　例 3.2 中盈利还是亏损程序的流程图

利，如果是负的则不得不汇报说亏损。If 语句中的测试条件 Amount>0 被求值，如下所示：

- 如果条件为真，Then 子句

```
Set Profit = Amount
Write "The profit is $" + Profit
```

被执行，显示盈利。

- 如果条件为假，Else 子句

```
Set Loss = -Amount
Write "The loss is $" + Loss
```

被执行。

为什么 Loss = –Amount? Loss 被设置为等于负的 Amount（因此 Loss 变成一个正数），然后显示这个数。下面的例子说明了向这个小程序输入两组数据会发生什么：

- 如果输入值为 Cost=3000，Revenue=4000，则 Amount=1000，输出为：The profit is $1000。
- 然而，如果输入值为 Cost=5000，Revenue=2000，则 Amount=–3000。设置 Loss=–Amount 的那一行改变了 Amount 的符号，并把值（现在是个正数）存储在 Loss 中。如果我们不改变 Amount 的符号，输出会是 The loss is $–3000。亏损已经是负数了，因此亏损一个负数没有意义。把 Amount 的值从负的变为正的，输出就

有意义了：The loss is $3000。

是什么与为什么（What & Why）

如果 Amount 正好是零会发生什么？如果输入值为 Cost=3000，Revenue=3000，则 Amount=0。在这个例子中，我们的测试条件保证如果 Amount > 0 就是盈利，其他情况都是亏损，但是如果刚好 Amount=0，这显然不正确，输出应该是 "You broke even this year" 这样的句子。为了处理这种可能性，我们可以使用多选结构，多选结构在本章的后面讨论。

建议与代码风格建议（Style Pointer）

格式化 If-Then 结构和 If-Then-Else 结构以提高可读性

为了便于阅读伪代码（或代码）中的 If-Then 或 If-Then-Else 结构，缩进构成 Then 和 Else 子句的语句。此外，在程序代码中，在结构前面用分步注释说明用途。

3.1 节　自测题

3.1　写出三类选择结构的名称。

3.2　如果

　　a. Amount=5

　　b. Amount=-1

　　下面伪代码的输出各是什么？

```
If Amount>0 Then
     Write Amount
End If
Write Amount
```

3.3　如果

　　a. Amount=5

　　b. Amount=-1

　　下面伪代码的输出各是什么？

```
If  Amount>0  Then
     Write Amount
Else
     Set Amount=-Amount
     Write  Amount
End  If
```

3.4　下面的伪代码：

```
If  Number>0 Then
     Write  "Yes"
```

```
End  If
If  Number=0  Then
    Write "No"
End  If
If  Number<0  Then
    Write "No"
End  If
```

a. 如果 Number=10，相应代码的输出是什么？如果 Number=−10 呢？

b. 写一个 If-Then-Else 结构，与所给伪代码的作用相同。

c. 为所给伪代码画出流程图。

3.2 关系运算符和逻辑运算符

正如你在 3.1 节中已经看到的，做决策需要测试一个条件。为了生成这些条件，我们使用关系运算符和逻辑运算符。在这一节中，我们讨论这些运算符。

3.2.1 关系运算符

在 3.1 节中列举的选择结构的例子中，包含像 Amount<0 和 Amount>0 这样的条件。在这些条件中出现的符号称为关系运算符。表 3.1 显示了六个标准的关系运算符，以及表示它们的符号。

表 3.1 关系运算符

运　算　符	描　　述	运　算　符	描　　述
<	小于	>=	大于或等于
<=	小于或等于	==	等于
>	大于	!=	不等于

关系运算符的进一步说明

在这里，我们应该暂停一下看看这些关系运算符。它们中有几个很简明不复杂，但有几个在程序设计中比较特殊，或者对你来说是新的符号。你可能在数学课上熟悉了大于符号（>）和小于符号（<），但是对其他符号要做一些说明。

没有单个符号表示小于或等于以及大于或等于的概念，不管是在键盘上还是在数学里。这些概念由符号组合表示，这就是为什么<=代表小于或等于，>=代表大于或等于。在本书的伪代码中会使用这种符号。

类似地，没有单独的符号表示不等于的概念，所以再一次使用了两个符号的组合。在本书中，将遵从大多数主流程序设计语言，使用!=表示不等于这个关系运算符。

最后，应该特别关注等于符号。在程序设计中，设置一个变量等于另一个的值，与问"这个变量与那个变量相等吗？"是有区别的。当我们将一个变量的值赋给另一个变量时使用等号（=），在这种情况下，等号被用作赋值运算符。当我们将一个变量的值与另一个做比较时，我们使用等号表示"左边变量的值与右边变量的值相同吗？"这称为比较运算符。在本书中，同大多数程序设计语言一样使用双等号（==）作为比较运算符来比较变量值或者表达式。

具体编程实现（Making It Work）

比较运算符和赋值运算符

在伪代码中，当我们写 Set Variablel=Variable2 时，实际上是把 Variable2 的值放入 Variablel 中。例如，如果 Cost 的值是 50，SalePrice 的值是 30，在语句 Cost=SalePrice 之后，Cost 和 SalePrice 的值都是 30，值 50 没有了。

然而，如果我们想检查 Cost 的值与 SalePrice 的值是否相同，我们使用比较运算符，在一些程序设计语言中（例如本书中），我们应该写 Cost==SalePrice。对于计算机程序，这会被翻译为"Cost 的值和 SalePrice 的值相同吗？"这时，如果 Cost 是 50，SalePrice 是 30，答案是否定的。Cost 和 SalePrice 这两个变量维持它们原来的值。

当你继续学习这本书并编写伪代码的话，这一差别不会产生严重的后果，但是当你真正写代码的时候，它会给程序造成严重破坏。在你学习这些例子的时候要知道这一重要的差别。

所有关系运算符<，>，<=，>=，==和!=都能用于数字或字符串比较。我们将在 3.3 节中介绍如何将这些运算符用于字符串比较。例 3.3 和例 3.4 给出了关系运算符在数字比较中的应用。

例 3.3　对数值数据应用关系运算符

令 Number1=3，Number2=−1，Number3=3 和 Number4=26。下面的表达式都是正确的。

a. Number1！=Number2

b. Number2<Number1

c. Number3==Number1

d. Number2<Number4

e. Number4>=Number1

f. Number3<=Number1

程序如何运行以及各行伪代码的意义

- 为了理解 a 和 b 中的条件为真，把 Number1 替换为 3 并把 Number2 替换为−1。
- 在 c 中，因为 Number3 的值为 3，而 Number1 的值也为 3，因此这两个变量的值相等。
- 在 d 中，Number2 的值−1 小于 26，它是 Number4 的值。
- 为了理解 e 和 f 中的条件为真，Number4 的值为 26，它肯定大于 Number1 的值 3。关系运算符>=询问"是否 Number4 的值大于或等于 Number1 的值？"如果 Number4 大于 Number1 或者 Number4 等于 Number1，则结果为真。在 f 中，因为 Number3

和 Number1 的值相同，因此条件为真。

例 3.4　两种得到正值结果的方法

将下面左侧程序段中的测试条件和 Then 子句及 Else 子句反过来，就得到下面右侧的程序段，得到的伪代码与原来的效果相同。

```
If Number>=0 Then                      If Number<0 Then
    Write Number                           Set PositiveNumber=-Number
Else                                       Write PositiveNumber
    Set PositiveNumber=-Number         Else
    Write PositiveNumber                   Write Number
End If                                  End If
```

程序如何运行以及各行伪代码的意义

这两个程序段做了什么？在左侧的程序段中，第一行问"Number 大于或等于 0 吗？"如果这个条件为真，则数被原样显示；如果这个条件非真，则程序进入 Else 子句。如果这个条件非真，那就意味着 Number 一定小于 0，或者说是一个负数。接下来执行的语句（Else 子句）把 PositiveNumber 设置为等于一个负数的相反数，从而把 Number（一个负数）变为一个正数，然后显示这个新的正数值。

在右侧的程序段中，第一行测试了相反的条件，它问 Number 是不是负的（小于 0）。如果为真，那么 Number 就像左侧的例子中一样被转换为一个正数。如果 Number 不小于 0，那它只能是 0 或者大于 0，因此程序跳到 Else 子句中原样显示这个数。

两个程序段都处理一个数并显示该数的正值（或者绝对值）。在这个例子中，不管我们先测哪一个条件都没有关系。

建议与代码风格建议（Style Pointer）

文档总是重要的

通常一个程序可以使用若干方法中的一种来获取想要的结果。选择使用什么样的代码，决定权在于程序员。虽然我们很多例子短小而简单，但是真正的程序会长得多而且复杂得多。专业程序员经常要和其他人写的代码打交道，如果程序员知道一段代码的目的，那么他修改别人的代码就更加容易。这是为什么使用文档来说明代码是如此重要。

3.2.2　逻辑运算符

逻辑运算符用于从已知的简单条件生成复合条件。通过例 3.5 和例 3.6 介绍了最重要的逻辑运算符——OR、AND 和 NOT。

例 3.5　用 OR 运算符节省时间和空间

下面的程序段是等价的：如果输入的数字小于 5 或大于 10，程序会显示 OK 信息。右侧的程序段使用了逻辑运算符 OR 来帮助完成这项工作。

```
Input Number                    Input Number
If Number<5 Then                If (Number<5) OR (Number>10) Then
    Write "OK"                      Write "OK"
End If                          End if
If Number>10 Then
    Write "OK"
End If
```

在第二个程序段中，如果简单条件 Number<5 和另一个简单条件 Number>10 两者之一为真，复合条件(Number<5)OR(Number>10)就为真。当且仅当两个简单条件都为假，复合条件才为假。

AND 运算符也可从两个简单条件生成一个复合条件。不过这个复合条件当且仅当两个简单条件都为真时才为真。例如，表达式(A>B)AND(Response== "Y")当且仅当 A 大于 B 并且 Response 等于 "Y" 时才为真。如果 A 不大于 B 或 Response 不等于 "Y"，那么复合条件为假。

NOT 运算符与 OR 和 AND 不一样，它作用于单个已知条件。使用 NOT 得到的条件为真，当且仅当已知条件为假。例如，如果 A 不小于 6，那么 NOT(A<6)为真；如果 A 小于 6，那么它就为假。因此，NOT(A<6)等价于条件 A>=6。

例 3.6 带有逻辑运算符的复合条件

假设 Number=1，以下表达式为真还是假？

a. ((2*Number)+1==3)AND(Number>2)

b. NOT(2*Number==0)

- 在 a 中，第一个简单条件为真，但第二个为假（Number 不大于 2），因此，复合的 AND 条件为假。
- 在 b 中，由于 2*Number=2，2*Number 不等于 0，因此，条件 2*Number==0 为假，所以复合条件为真。

OR、AND 和 NOT 运算符的真值表

运算符 OR、AND 和 NOT 的行为可以用真值表加以总结。令 X 和 Y 表示简单条件，对于下表左边每一行给出的 X 和 Y 的真值，都在右边列出了 X OR Y、X AND Y 和 NOT X 的真值结果。

X	X	X OR Y	X AND Y	NOT X
真	真	真	真	假
真	假	真	假	假
假	真	真	假	真
假	假	假	假	真

例 3.7 举例说明了逻辑运算符在程序设计中是多么有用。

例 3.7 加班还是没加班

假设在一家公司里，以下叙述为真：

- 每小时工资低于 10 美元的员工，加班时间工资是 1.5 倍（即 1.5 倍正常工资）。

- 每小时工资等于或超过 10 美元的员工，不管工作多少小时都按正常工资计。
- 在这家公司里，每周工作 40 小时以上被认为是加班。

下面的程序段根据一个员工的每小时工资（PayRate）和工作时间（Hours）来计算他/她每周的收入（TotalPay）：

```
If ( PayRate<10 ) AND ( Hours>40 )Then
    Set OvertimeHours = Hours-40
    Set OvertimePay = OvertimeHours*1.5*PayRate
    Set TotalPay = 40*PayRate + OvertimePay
Else
    Set TotalPay = Hours*PayRate
End If
```

程序如何运行以及各行伪代码的意义

我们用以下样例数据运行这个程序段，看它是否运行正确。

- 假设某个员工每小时挣 8 美元，工作了 50 小时，那么 PayRate=8 并且 Hours=50，因此 If 语句中的两个条件都为真，复合的 AND 条件也为真，结果是 Then 子句被执行（Else 子句被跳过）：

```
OvertimeHours = 50-40 =10
OvertimePay = 10*1.5*8 = 120
TotalPay= 40*8+120 =440
```

- 但是，如果员工每小时挣 10 美元以上或者每周工作少于 40 小时，那么 If 语句中的条件就至少有一个为假，因此复合的 AND 条件为假。在这种情况下，Then 子句被跳过，Else 子句被执行，忽略加班时间并按正常的方式计算员工工资。

复合条件的复合

随着对程序设计的进一步理解，你会发现每一种语言都有专门的严格的语法，但是并非程序设计的每件事都是明确定义的。几乎每个程序设计问题都有不止一种方法来解决，你会看到在写复合条件时更是这样。我们已见过下面一些使用关系运算符的条件语句：

```
10<12 与 12>=10 相同
6895>=0 与 0<=6895 相同
```

复合条件也一样，例如：
令 A=1，B=2，那么，

```
If A==1 AND B==2 Then
    Execute Task 1
Else
    Execute Task 2
End If
```

与

```
If A!=1 OR B!=2 Then
```

```
    Execute Task 2
Else
    Execute Task 1
End If
```

产生的结果相同。

例 3.8 演示了如何用另一个版本的程序得到与例 3.7 相同的结果。

例 3.8　加班还是没加班（修订版）

在这个例子中，If 语句用来检测员工是否能得到加班工资，和例 3.7 所实现的一样。但在这一次，如果复合条件的任何一部分为真（即如果员工工资高于每小时 10 美元，或员工工作少于 40 小时），那么工资的计算不考虑加班。

这个复合条件使用了 OR 运算符，因此它只在两部分都为假时才会假，即员工必须每小时工资小于 10 美元并且工作多于 40 小时。在这种情况下，而且只在这种情况下，Else 子句才被执行，工资计算时考虑加班时间。

根据伪代码，你能看到它与例 3.7 完成相同的事情，但是所用的测试条件不同。

```
If (PayRate>=10) OR (Hours<=40) Then
    Set TotalPay=Hours*PayRate
Else
    Set  OvertimeHours=Hours-40
    Set  OvertimePay=OvertimeHours*1.5*PayRate
    Set  TotalPay=40*PayRate+OvertimePay
End If
```

图 3.4 显示了例 3.7 和例 3.8 的流程图。这两张流程图说明了如何用不同的复合条件来完成相同的程序设计任务。

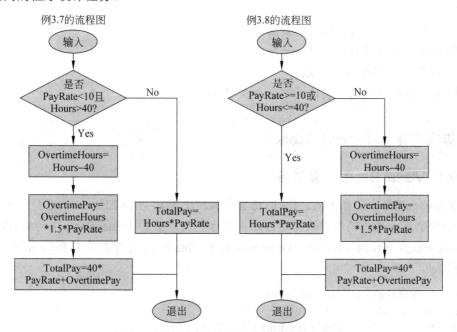

图 3.4　两个版本加班工资计算问题的流程图

在进入下一节之前，我们再用例 3.7 来说明不同程序设计语言的不同点和相同点。例 3.7 中的伪代码可用于开发两种流行的程序设计语言 C++和 Visual Basic 的真正的程序。在两份样例代码中，变量的名字与伪代码完全一样。要提醒的是，不同的程序设计语言对变量名有特殊的规定，但是为了比较，也为了让你能更清楚地看到相同点和不同点，这里所有的变量名都保持不变。

具体编程实现（Making It Work）

使用 C++和 Java 计算工资

下面的代码给出了在 C++和 Java 语言中如何使用 If-Then-Else 语句。它对应于例 3.7 中的伪代码。不过 C++和 Java 语言在语法上和其他方面还是有不同之处的，但是这里的程序段代码是一样的。下面的代码段假设变量已经声明为浮点类型了（C++和 Java 中的 double 型）：PayRate, Hours, OvertimeHours, OvertimePay 和 TotalPay。另外也假定 PayRate 和 Hours 已经被赋值了。

```
1 if(PayRate<10) && (Hours>40)
2 {
3  OvertimeHours=Hours-40;
4  OvertimePay=OvertimeHours*(1.5*PayRate);
5  TotalPay=(40*PayRate)+OvertimePay;
6 }
7 else
8 {
9  TotalPay = Hours * PayRate;
10 }
```

下面是在 C++和 Java 代码中要注意的一些事:
- 所有可执行语句都要以分号结尾。
- AND 运算符的符号为&&。
- 复合条件中的每个表达式都包含在圆括号里。

具体编程实现（Making It Work）

使用 Visual Basic 计算工资

下面的代码给出了在 Visual Basic 语言中如何使用 If-Then-Else 语句。它对应于例 3.7 中的伪代码。下面的代码段假设变量已经声明为浮点类型了（Visual Basic 中的 single 型）：PayRate, Hours, OvertimeHours, OvertimePay 和 TotalPay。另外也假定 PayRate 和 Hours 已经被赋值了。

```
1 If PayRate<10 AND Hours>40 Then
2  OvertimeHours = Hours-40
3  OvertimePay = OvertimeHours*1.5*PayRate
4  TotalPay = 40*PayRate+OvertimePay
```

```
5 Else
6  TotalPay = Hours * PayRate
7 Else If
```

下面是对 Visual　Basic 代码的一些说明。

- 在可执行语句的末尾不需要分号。
- If-Then-Else 结构必须要有 End If 语句。
- 复合条件中的每个表达式不需要包含在圆括号里。

3.2.3　运算优先级

在一个给定的条件中，可能有算术运算符、关系运算符和逻辑运算符。如果有圆括号，我们先执行圆括号内的运算。没有圆括号时，先执行算术运算（按它们的通常顺序），然后是关系运算，最后按 NOT、AND 和 OR 的顺序执行。表 3.2 总结了运算优先级，例 3.9 给出了例子。

表 3.2　运算优先级

说　　明	符　　号
首先按以下顺序对算术运算符进行计算	
1：圆括号	( )
2：求幂	^
3：乘法/除法/取模	*, /, %
4：加法/减法	+, −
其次对关系运算符进行计算。所有关系运算符的优先级相同	
小于	<
小于或等于	<=
大于	>
大于或等于	>=
相同，相等	==
不相同	!=
最后按以下顺序对逻辑运算符进行计算	
1：NOT	!
2：AND	&&
3：OR	∥

建议与代码风格建议（Pointer）

更多的符号

在本书中，我们将用三个简短的单词 OR、AND 和 NOT 来代表三种逻辑操作，然而，一些程序设计语言使用符号来代表这些操作，相应符号见表 3.2。

例 3.9　逻辑运算符和关系运算符的组合

令 Q=3 且 R=5，下面的表达为真还是为假？

```
NOT  Q>3  OR  R<3  AND  Q-R<=0
```

记住运算优先级，特别是在逻辑运算中，NOT 首先被执行，AND 第二，OR 最后。我们插入圆括号来明确地表示运算执行的顺序：

```
(NOT(Q>3))OR((R<3)AND((Q-R)<=0))
```

我们先计算简单条件，发现 Q>3 为假，R<3 为假；(Q-R)<0 为真。然后把这些值（真或假）代入给定的表达式，并执行逻辑运算得到答案。我们可以用下面的求值示意图来说明：

已知：（NOT（Q>3））OR（（R<3）AND（（Q-R）<=0））

步骤 1：（NOT（假））OR（（假）AND（真））

步骤 2：（真）OR（假）

步骤 3：真

所以，给定的关系表达式为真。

具体编程实现（Making It Work）

布尔类型

一些程序设计语言允许变量是逻辑类型（有时称为布尔类型）。这种变量只能取两个值中的一个：真或假。举个例子，在某些编程语言中，可以声明变量 Answer 为布尔类型，然后就能在任何可用真或假值的语句中使用它，例如：

```
bool Answer;
Answer = true;
if (Answer) cout<< "Congratulations!";
```

在 C++语言中，这个语句的意思是：如果变量 Answer 的值为真，就输出 "Congratulations!"。等价的语句可能更清楚些，如下所示：

```
if (Answer=="true") cout<< "Congratulations!";
```

3.2 节 自测题

3.5 在空白处填入：算术、关系或逻辑。

    a. <=是_____运算符

    b. +是_____运算符

    c. OR 是_____运算符

3.6 判断下列表达式为真还是假。

    a. T F 8<=8

    b. T F 8!=8

3.7 判断下列表达式为真还是假。

    a. T F 8=9 OR 8<9

  b. T F 3<5 AND 5>7

  c. T F 4!=6 AND 4!=7

  d. T F 6==6 OR 6!=6

3.8　令 X=l，Y=2，判断下列表达式为真还是假。

  a. T F X>=X OR Y>=X

  b. T F X>X AND Y>X

  c. T F X>Y OR X>0 AND Y<0

  d. T F NOT（NOT X==0 AND NOT Y==0）

3.9　写一个程序段，输入一个数 Number，如果 Number 在 0 和 100 之间就输出 Correct，
也就是说 Number 必须大于 0 且小于 100。

3.3　ASCII 编码与字符串比较

  在第 1 章中，我们简单地将字符定义为可以从键盘输入的任意字符。这些字符包括一
些像星号（*）、与号（&）、@符号等特殊字符，也包括像字母、数字、标点符号以及空格
符。本节将给出字符的精确定义以及字符如何在计算机内存中表示出来。另外，将介绍关
系运算符<，<=，>，!=，==和>=如何应用于任意字符串。

3.3.1　用数值表示字符

  严格来说，字符是指所使用的编程语言能够有效识别的任意字符。这样导致的结果是，
不同编程语言所能识别的字符集是不一样的。不过，大多数编程语言都默认能够识别 100
多个基本的字符，它们包括能够从键盘输入的所有字符。

  所有的数据，包括字符都以二进制的形式存储在计算机内存中——按照比特位的模式，
即由一系列 0 和 1 组成的比特串。这样，为了使用字符和字符串变量，编程语言必须使用
一套机制来把每个字符同一个数值关联起来。美国信息交换标准编码（American Standard
Code for Information Interchange，ASCII code）给出了一个由 128 个字符集组成的标准编码
机制。ASCII 发音为"askey"。

  在这种编码机制里，每个字符同一个 0～127 的数值相对应。例如，在 ASCII 编码中，
大写字母的范围为：65（"A"）～90（"Z"），数字的编码范围为：48（"0"）～57（"9"），
空格（该字符为从键盘中按下空格键）的 ASCII 编码为 32。表 3.3 中列出了从 32 到 127
相对应的字符。而 0 到 31 表示特殊字符或功能键，例如笛音由 ASCII 7 表示，回车键由
ASCII 13 表示，在这里没有显示出来。

  这样，当需要将字符串存储到计算机内存中的时候，编程语言软件只需要将每个字符
相对应的 ASCII 编码存入到相应的内存中即可。例如，当下列伪代码对应的实际代码运行
的时候，

```
Set Name = "Sam"
```

　　S、a 和 m（分别为 83、97 和 109）对应的 ASCII 编码将被存储到连续的内存单元中。这些数值将以二进制的形式存储，是一系列的 0 和 1。内存中的每个存储位置是一个字节，即 8 个比特位。这样，当字符串变量 Name 在程序中被引用的时候，编程语言将解析内存中的 ASCII 编码，并将相应的字符串显示出来。

表 3.3　ASCII 编码，从 32 到 127

代码	字符	代码	字符	代码	字符	代码	字符	代码	字符	代码	字符
32	[blank]	48	0	64	@	80	P	96	`	112	p
33	!	49	1	65	A	81	Q	97	a	113	q
34	"	50	2	66	B	82	R	98	b	114	r
35	#	51	3	67	C	83	S	99	c	115	s
36	$	52	4	68	D	84	T	100	d	116	t
37	%	53	5	69	E	85	U	101	e	117	u
38	&	54	6	70	F	86	V	102	f	118	v
39	'	55	7	71	G	87	W	103	g	119	w
40	(	56	8	72	H	88	X	104	h	120	x
41	)	57	9	73	I	89	Y	105	i	121	y
42	*	58	:	74	J	90	Z	106	j	122	z
43	+	59	;	75	K	91	[	107	k	123	{
44	,	60	<	76	L	92	\	108	l	124	|
45	-	61	=	77	M	93	]	109	m	125	}
46	.	62	>	78	N	94	^	110	n	126	~
47	/	63	?	79	O	95	_	111	o	127	[delete]

　　思考一下字符串"31.5"和浮点数 31.5。它们两个看起来非常像，但是从编程的角度来考虑的话，它们两个是完全不同的，因为：

　　数值 31.5 在计算机内存中以 31.5 相对应的二进制数存储。换句话说，因为它是数值，可以进行加法、减法、除法和乘法运算。

　　而字符串"31.5"在计算机内存中存储的是数字 3，1 和 5 相对应的 ASCII 编码值。因为"31.5"是一个字符串，我们不能对它进行算术运算，但是可以将它同其他字符串进行连接。

　　现在，你明白为什么需要为变量定义一个数据类型了吧！

任意字符串排序

　　在 3.2 节中，我们介绍了如何使用关系运算符，等号（==）和不等号（!=）。在 ASCII 编码的协助下，所有的六个关系运算符都可以应用于任意的字符串。

　　注意我们可以对字符串排序是基于它们的 ASCII 编码的数值顺序的。例如，"*"<"3"是因为它们相对于的 ASCII 编码为 42 和 51，而 42<51。类似的还有，"8"<"h"和"A">" "（空格）。因此，基于 ASCII 编码顺序下，如下为真：

字母表中的字母，所有的大写字母都小于所有的小写字母。

数字（被看做字符时）按照它们自然地顺序。例如"1"<"2""2"<"3"，以此类推。

空格符小于所有的数字和字母。

例 3.10 和例 3.11 给出了如何使用 ASCII 编码来进行字符串数据比较。

例 3.10 字符比较

下面的所有比较结果都为真：

a. "a">"B"

b. "1"<="}"

c. "1">=")"

要想检查上面每个比较结果的真假，只需要按照表 3.3 的对应关系将字符换算成相应的 ASCII 编码，然后比较相应的 ASCII 编码的大小即可。

两个字符串 S1 和 S2，如果这两个字符串的每个字符都相等且顺序也一样，那么它们相等（S1==S2），反之它们不等（S1!=S2）。为了确定两个不相等的字符串那个在前，可以按照下面的过程进行比较：

（1）对两个字符串从左向右比较，在字符串上第一个对应位置的字符不等时停下来，或者一个字符串结束时停下来；

（2）如果在一个字符串结束之前，出现了相应的字符不等时，两个字符串的顺序就取决于这第一个不等的字符的顺序；

（3）如果在对应位置的字符比较完成之前，一个字符串已经提前结束了，那么这个短的字符串就小于长的字符串。

在应用上述比较过程时，下列情况为真：

● 如果字符串 S1 小于字符串 S2，那么 S1<S2；

● 如果字符串 S1 大于字符串 S2，那么 S1>S2。

例 3.11 真假比较判断

下列哪一个是真，哪一个是假？

a. "Word"!="word"

b. "Ann" == "Ann "

c. "*?/!" < "*?,3"

d. "Ann" <= "Anne"

● 在 a 中，两个字符串组成的字符不相同。第一个字符串中包含的是大写字母 W，第二个字符串中包含的是小写字母 w，因此这两个字符是不相等的，比较式为真。

● 在 b 中，两个字符串组成的字符也不相同。第二个字符串在末尾带有空格，而第一个字符串没有带空格。因此这个表达式是假的。

● 在 c 中，两个字符串在第三个位置上不相同。因为"/"的 ASCII 码为 47，而","的 ASCII 码为 44，因此第一个字符串大于第二个字符串。因此，表达式为假。

● 在 d 中，第一个字符串在与第二个字符串出现不同之前已经结束了。因此，第一个字符串小于第二个字符串，因此表达式为真。

请注意数字字符串

一个字符串可以完全由数字组成，例如"123"，它看起来像一个数值。不过"123"同数值 123 完全是不同的。第一个是字符串常量，而第二个是数值常量。记住：数值常量在内存中存储的时候就是按照数值 123 相对应的二进制值去存储的。而字符串常量在内存中存储的时候是按照 1，2 和 3 相对应的 ASCII 编码去存储的。进一步说，由于我们没有机制去比较字符串和数值，因此如果变量（Num）是数值变量，下面的语句没有任何意义：

```
Num == "123" + 15
```

当这个语句在程序中执行时，将出现错误信息。

当比较两个数字字符串时，会出现下面比较麻烦的问题。按照前面给出的字符串比较过程对如下字符串进行比较：

```
"123"<"25"和"24.0"!="24"
```

它们的比较结果都为真，但是，按照逻辑上合理的判断，这两个比较的结果都是不对的。

3.3 节 自测题

3.10　请指出下面语句的真或假。

　　a. T F　如果两个字符的 ASCII 码相等，那么它们是相等的

　　b. T F　如果字符串 A 比字符串 B 长，那么 A 大于 B

3.11　请指出下面语句的真或假。

　　a. T F "m"<= "M"

　　b. T F "*"> "?"

3.12　请指出下面语句的真或假。

　　a. T F "John"< "John "

　　b. T F "???"<= "??"

3.13　编写一段程序，当输入两个字符串时，按照 ASCII 编码顺序，输出比较小的字符串。

3.4　从多个候选中选择

If-Then-Else（双选）结构根据测试条件的值，从两个候选语句块中选择一个。然而有时候，程序必须处理有两个以上选项的决策问题，这时我们使用多选结构。你将会看到这种结构可以用几种不同的方式实现。为了比较这些不同的方式，我们将用这些方式来解决同一个问题。这个问题涉及的选择结构包含四个选项。

假设你最近被雇用为一个秘密购物者，你的任务是给产品打分。你测试每件产品，并根据你对产品的印象从 1 到 10 给它打分。但是你提交给老板的报告上必须给每件产品一个字母表示的等级，所以你决定写一个程序，把数字分数转换为字母等级，并且输出新的结果。我们将写一个程序段，根据以下规则将数字分数（1 到 10 的整数）转换成字母等级：

- 如果分数是 10，那么等级是 "A"。
- 如果分数是 8 或 9，那么等级是 "B"。
- 如果分数是 6 或 7，那么等级是 "C"。
- 如果分数低于 6，那么等级是 "D"。

3.4.1　使用 If 结构

你可以使用多个 If-Then 或者 If-Then-Else 语句来实现多选结构。这种最简单的技巧是使用一连串的 If-Then 语句，其中每一个测试条件对应一个选项。例 3.12 演示了这一技巧。

例 3.12　很长的形式确定等级

```
Declare Score As Integer
Declare Rating As Character
Write "Enter Score: "
Input Score
If Score==10 Then
    Set Rating="A"
End If
If(Score==8)OR(Score==9)Then
    Set Rating="B"
End If
If(Score==6)OR(Score==7)Then
    Set  Rating="C"
End If
If(Score>=1)AND(Score<=5)Then
    Set  Rating="D"
End If
```

这种技巧很浅显，伪代码（和相应的程序代码）很容易理解。但是它很长，写起来枯燥乏味而且效率低下。不管 Score 的值是多少，程序必须计算所有四个测试条件。图 3.5 的流程图显示了这一例子的执行流程。

实现多选结构的另一种方法是嵌套 If-Then-Else 语句。这种技巧见例 3.13。

例 3.13　以嵌套 If-Then-Else 的形式确定等级

这一程序段使用嵌套的 If-Then-Else 结构来解决确定等级的问题。虽然最终代码比例 3.12 中的更高效，但是仍然很长很乏味而且不易理解。图 3.6 中的流程图可帮助你理解伪代码的执行流程。

```
Declare Score As Integer
Declare Rating As Character
Write "Enter Score: "
```

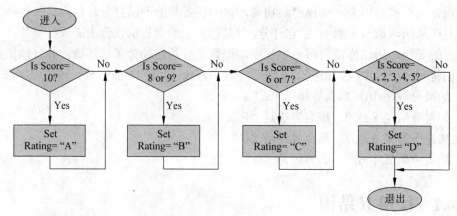

图 3.5 使用一连串 If-Then 语句

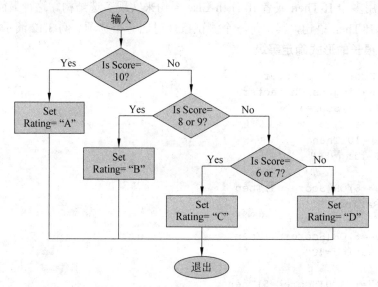

图 3.6 使用嵌套的 If-Then-Else 结构

```
Input Score
If Score==10 Then
    Set Rating ="A"
Else
    If(Score==8)OR(Score==9) Then
        Set Rating ="B"
    Else
        If(Score==6) OR (Score==7) Then
            Set Rating="C"
        Else
            Set Rating="D"
        End If
    End If
End If
```

程序如何运行以及各行伪代码的意义

让我们使用一个 Score 的测试数据来看看伪代码是如何工作的。你刚试过一个新咖啡壶，给了它 8 分，现在 Score 的值等于 8。因为 Score 不是 10，第一个语句（Set Rating="A"）被跳过，第一个 Else 子句被执行。测试条件（Score==8）OR（Score==9）被计算，结果为真，因此这个结构的 Then 子句被执行，Rating 被设置为等于"B"，下面两个 Else 子句被跳过，整个 If-Then-Else 执行完了。注意，和例 3.12 中的技巧不同，这个程序并不总是需要计算所有的测试条件来确定等级。

3.4.2 使用 Case 式的语句

到目前为止，我们已经示范了两种方法（都用了 If 结构）来建立一个多选结构。为了能更容易地编写多选结构，很多程序设计语言都专门设计了一条语句，通常叫做 Case 或者是 Switch，这条语句包含一个测试表达式，确定要执行哪一个代码块。典型的 Case 语句如下所示：

```
Select Case Of(待计算的测试表达式)
    第 1 个 case 值列表：
        列表 1 的值为真时所执行的语句
    第 2 个 case 值列表：
        列表 2 的值为真时所执行的语句
    第 3 个 case 值列表：
        列表 3 的值为真时所执行的语句
    ⋮
        所有其他可选的值

    第 n 个 case 值列表：
        列表 n 的值为真时所执行的语句
    默认值：
        如果以上都不为真时执行的语句
End Case
```

Case 语句的执行

这一语句是这样工作的：计算测试表达式，将它与第一个 Case 列表中的值比较。如果匹配，那么第一个语句块被执行，退出该结构。如果第一个列表中没有匹配，测试表达式的值与第二个列表中的值比较。如果匹配，那么第二个语句块被执行，退出该结构。这一过程一直继续下去，直到测试表达式的值匹配上，或者到了所有 Case 的结尾。程序员可以写一个 default 语句-当测试表达式不匹配任何 Case 时将被执行，程序员也可以允许不执行任何语句。不管是 default 之后还是所有 Case 的结尾之后，结构都会退出。Case 语句只能测试单个字节的值，也就是说测试表达式只能是整数或单个字符。

例 3.14 和例 3.15 演示了 Case 语句的使用。

例 3.14　使用 case 语句确定等级

让我们回到确定等级的问题，这里是第三种解决方案。图 3.7 中的流程图显示了这个程序段中所用 Case 结构的流程。

```
1  Declare Score As Integer
2  Declare Rating As Character
3  Write "Enter score:"
4  Input Score
5  Select Case Of Score
6    Case 10:
7          Set Rating = "A"
8          Break
9    Case 8, 9:
10       Set Rating = "B"
11       Break
12   Case 6, 7:
13       Set Rating = "C"
14       Break
15   Case 1-5:
16       Set Rating = "D"
17       Break
18   End Case
19 Write Rating
```

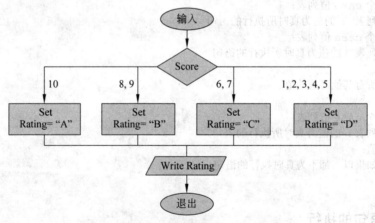

图 3.7　Case 结构的流程图

程序如何运行以及各行伪代码的意义

当 Case 语句执行时，计算 Score 并在 Case 列表中查找。如果在某个列表中找到一个等于 Score 的常量，相应的语句就被执行。第 12 行的写法表示从 1 到 5 范围内的数。为了更清楚地看到在 Case 结构中程序如何运行以及各行伪代码的意义，让我们用一个测试值来跟踪程序。作为一个秘密购物者，你被要求给一种新式的背包打分。背包的材质和尺寸都非常好，但是背带弄疼了你的肩膀，所以你给它 7 分。于是发生以下这些事情：

- 第 5 行说变量 Score 的值要和 Case 所列的值做比较。
- 第 6 行比较 Score 和值 10，因为 Score 不是 10，程序跳过第 7 行和第 8 行，到达第

9 行。

- 第 9 行检查 Score 是不是 8 或者 9，因为 Score 不是 8 或 9，程序跳到第 12 行。
- 第 12 行检查 Score 是不是 6 或者 7，因为 Score 是 7，所以第 13 行被执行。
- 第 13 行把值 "C" 放入变量 Rating。
- 因为已经在一个 Case 列表中找到匹配，程序跳过第 15～17 行到达第 18 行，即 Case 结构的结尾。程序继续执行到第 19 行，Rating 的值被显示——本例中显示为 C。

是什么与为什么（What & Why）

如果 Score 的值是 12，或者是 0，会发生什么事？在这两种情况下，Case 结构无法为 Score 找到匹配，但是程序仍将运行到第 15 行，即显示 Rating 的值。因此变量 Rating 之前所存储的任何值都将被显示，可能是你给前一个产品打的 A 或 D，或者是计算机存储区中的无意义数据。对于这种可能情况，一个比较好的想法是在程序中写一条默认信息，例如在 End Case 语句前放一条 default 语句，当输入的值在 1～10 范围以外时，把"No rating available for this product" 存入变量 Rating 中。

例 3.15 使用 Case 语句编写祝福语程序

现在你打算编写一个程序来取悦他人。你打算为当地课后看护中心的孩子们编写一个祝福语程序。程序让孩子们输入一个数字（可能是他们的年龄或喜欢的数字），然后程序输出一段祝福语。为了让这个程序比较有趣，应该有比较多的祝福语。但是使用 If-Then-Else 将会使程序相当长且乏味。这种情况下最好的方式就是使用 Case 语句。

为了说明的目的，本例只显示五种祝福语，但是如果你研究一下伪代码就可以发现，往里面再增加五个祝福语，或者 10 个，或者 100 个都可以。另外，当该游戏变得不新奇的时候（也就是说，孩子们已经看过所有的祝福语之后），改变祝福语是很容易的。祝福语程序的伪代码如下：

```
Declare Fortune As Integer
Write "Enter your favorite whole number between 1 and 5:"
Input Fortune
Select Case of Fortune
Case 1
    Write "You will get a lot of money soon. "
    Break
Case 2
    Write "You will marry your one true love. "
    Break
Case 3
    Write "Study hard! There might be pop quiz tomorrow. "
    Break
Case 4
    Write "Be kind to your teacher. "
    Break
Case 5
    Write "Someday you will become a computer programmer. "
    Break
```

```
Default
    Write "You entered an invalid number. "
End Case
```

程序如何运行以及各行伪代码的意义

在这个例子中，用户的输入存在整型变量 Fortune 中。存储在 Fortune 中的内容同每个 Case 的值相比较，直到找到一个相一致的为止。当找到相一致的时候，相应的 Write 语句被执行，祝福语将被显示出来。如果用户输入的数值不在允许的范围之内，找不到相一致的选项，此时，默认值——输入值无效，将被显示出来。

从该例子来看，Case 语句的值是非常清楚地。祝福语可以非常容易的更改，更多的祝福语也可以添加进来，只要在代码中更改数值的范围即可。

3.4 节 自测题

3.14 使用每种规定的方法建立一个多选结构，当 X 等于 0 时显示"Low"，当 X 等于 1 或 2 时显示"Medium"，当 X 大于 2 且小于等于 10 时显示"High"。假设 X 是整数。请注意区分比较运算符和赋值运算符，比较运算符使用==，赋值运算符使用=。
    a. 使用一连串 If-Then 语句
    b. 使用嵌套的 If-Then-Else 语句
    c. 使用 Case 语句

3.15 假设 Choice 是一个字符型变量，写一段多选结构的伪代码，让程序做以下三件事情中的一件：
    ● 当 Choice 是"y"或"Y"时，执行 YesAction
    ● 当 Choice 是"n"或"N"时，执行 NoAction
    ● 如果 Choice 是其他任何字符，显示信息"Signing off! Goodbye."

3.5　选择结构的应用

在这一节中，我们讨论选择结构的两种重要应用：防御性编程和菜单驱动的程序设计。

3.5.1　防御性编程

防御性编程是指在程序中包含一些语句，检测运行过程中不正确的数据。这类发现并报告错误的程序段称为错误捕捉器。在这一节，我们将说明如何避免两种常见的"非法操作"—被 0 除和求负数的平方根。（第 4 章将介绍防御性编程的另一项内容——数据验证，检查输入数据是否在正确的范围内）。

避免被 0 除

如果在程序执行过程中进行除法操作，并且除数是 0，执行将会停止并显示一条错误信息。在这种情况下，我们称程序崩溃了。例 3.16 说明了如何使用 If-Then-Else 选择结构进行编程，防止这一类错误。

例 3.16　输出数字的倒数

数字的倒数指的是 1 除以该数字。例如 8 的倒数是 1/8，2/3 的倒数是 1/(2/3)=3/2。注意要想获取小数部分的倒数。每个数，除了 0 以外，都有倒数。我们说 0 的倒数没有意义，因为没有一个实数等于 1/0。以下程序段输出用户输入数字的倒数，除非输入为 0，这种情况会输出适当的信息。

```
Write "Enter a number."
Write "This program will display its reciprocal."
Input Number
If Number != 0 Then
    Set Reciprocal=1/Number
    Write "The reciprocal of" + Number +"is"+Reciprocal
Else
    Write "The reciprocal of 0 is not defined."
End If
```

在这个程序段中，Else 子句是错误捕捉器。错误捕捉器在程序运行时，预测并检查一个值是否会引发问题。这个错误捕捉器处理有可能需要除以 0 的情况。通过预测这一非法操作，我们防止了程序崩溃。

具体编程实现（Making It Work）

计算机并不是知晓一切：请确认显示的内容正是自己想要的

如果在例 3.16 中输入数字 5，那么倒数是 1/5。但是，把结果赋值这一条语句：

```
Set Reciprocal = 1/Number
```

最终将把数学值 1/5=0.2 赋给变量 Reciprocal，即最终的显示结果为：

```
The reciprocal of 5 is 0.2
```

当程序提示输入数字的时候，如果你输入 2.5，那么计算机将存储的值为 1/2.5=0.4。虽然这些值在数学意义上是正确的，但是并不是我们想要显示的值。你可能只想要用户看到，他输入的数字的倒数就是 1 除以该数字而已。换句话说，你想要的显示结果是这样的：

```
The reciprocal of 5 is 1/5
```

或者

```
The reciprocal of 2.5 is 1/2.5
```

你能够重写伪代码以显示一个实数的倒数吗，不仅仅是显示整数的倒数？一种方式是改写 Write 语句，将输出结果变为两行：

```
Write "The reciprocal of "+Number+" is"+1+"/"+Number
Write "The value of the reciprocal of"+Number+"is"+Reciprocal
```

当输入值为 5 时，显示结果为：

```
The reciprocal of 5 is 1/5
The value of the reciprocal of 5 is 0.2
```

当输入值为 6.534 时，显示结果为：

```
The reciprocal of 6.534 is 1/6.534
The value of the reciprocal of 6.534 is 0.15305
```

处理平方根

在一些应用中，需要求一个数的平方根。大多数程序设计语言包含一个内置函数来计算平方根。函数是一种计算特定值的过程，可在程序中任何地方由程序员来调用。典型的平方根函数的形式是 Sqrt(X)，其中 X 表示一个数或一个数值变量或一个算术表达式。

一个正数的平方根是这样一个数，当它乘以自身的时候，就得到原来那个正数。例如，16 的平方根是 4，因为 4*4=16。不过，16 还有一个平方根是–4。对于每一个正数来说，它都有两个可能的平方根——一个正的平方根和一个负的平方根。另一个例子是 64 的平方根，8 或–8，因为+8*+8=64，而–8*–8=64。给定一个正数 X，求平方根函数，Sqrt(X)，将计算出正的平方根。因此，Sqrt(4)=2，Sqrt(64)=8，另外，因为 0*0=0，因此 Sqrt(0)=0。

该函数的工作原理是，当语句中出现 Sqrt(X)时，程序计算 X 的值再计算它的平方根。例如语句

```
Set Number1=7
Set Number2=Sqrt(Number1+2)
Write Number2
```

将会显示数字 3。运行情况是，首先数字 7 被存储在变量 Number1 中。在下一行，圆括号中的表达式被计算如下：

```
Number1+2=7+2=9
```

然后 Sqrt()函数计算 9 的平方根，结果是 3。这个值存入变量 Number2，同时 Number2 的值被显示出来。

在上面的程序段中，平方根函数出现赋值语句的右面。一般来说，平方根函数可以用在程序中任何可以是数字常量的地方，如下所示：

- Write Sqrt(16)是合法的，因为 16 是个合法的数。Write 语句输出 16 取平方根的结果。
- Input Sqrt(Number)是非法的，因为 Input 语句必须接收一个值，它不能接收一个函数。

由于负数的平方根（例如 Sqrt(–4)）不是实数，求负数的平方根是非法操作，通常会引起程序崩溃。例 3.17 举例说明了当使用 Sqrt()函数时，如何防止函数崩溃。

例 3.17 避免 Sqrt()函数的非法操作

这个程序段输入一个数 Number，如果 Number 不是负的，则计算并显示它的平方根。

如果 Number 是负的，显示一条信息指出平方根没有定义。注意，在这种情况下 Number=0
是可以的，因为 0 的平方根是 0。

```
Write "Enter a number. "
Write "This program will display its square root. "
Input Number
If Number>=0 Then
    Write "The square root of "+Number+"is "+Sqrt(Number)+ "."
Else
    Write "The square root of "+Number+" is not defined. "
End If
```

程序如何运行以及各行伪代码的意义

在 If-Then-Else 结构中，如果平方根操作合法（如果 Number 大于或等于 0），则 Then
子句显示输入数的平方根。例如，如果用户输入 25，程序段就会输出：

```
The square root of 25 is 5.
```

相反，如果 Number 小于 0，则 Else 子句报告说在这种情况下求平方根是非法操作。
例如，如果用户输入的数是–16，则输出为：

```
The square root of -16 is not defined.
```

是什么与为什么（What & Why）

将下面代码段的空白部分补充完整，该段代码与例 3.17 略有不同，但输出相同的
结果：

```
Write "Enter a number."
Write "This program will display its square root. "
Input Number
If Number < 0 Then
    Write  ___填入代码___
Else
    write  ___填入代码___
End If
```

建议与代码风格建议（Pointer）

防御性编程

在你的程序中包含错误捕捉器的结构，找出并报告以下类型的错误：

1. 被 0 除。
2. 向平方根函数输入了一个负数。
3. 输入数据超出了允许的范围（见第 4 章）。

这些错误中的任何一个都能导致你的程序崩溃。

具体编程实现（Making It Work）

确保你的程序通过了大规模测试

当你的程序包含选择结构时，做足够的测试运行非常重要，以便结构的所有语句块或分支都执行过。例如，为了测试例 3.17 相应的代码，我们必须运行程序至少两次，至少有一次让 Number 取正值，至少有一次让 Number 取负值，从而确保 Then 子句和 Else 子句都正确运行。

3.5.2 菜单驱动的程序

程序员的一个主要工作是确保程序对用户是友好的，使用起来简单方便。对于一个有很多选项的复杂程序来说，以菜单形式列出这些选项，而不是让用户记住很多命令，这样可以提高程序的用户友好度。这类程序通常称作菜单驱动的程序。

菜单的名字通常在靠近窗口顶部的位置排成一行。为了显示某一特定菜单里的选项，用户在菜单名字上点击鼠标。在这一节中，我们将介绍一种更传统的方法来创建一个菜单驱动的程序，演示如何在屏幕上显示菜单选项，交由程序执行用户从菜单中选择的任务。

在这种菜单驱动的程序中，用户看到的第一屏内容为主菜单，主菜单列出程序的主要功能。例如在一个管理某企业的存货清单的程序中，主菜单可以如下所示：

```
The Legendary Lawn Mower Company
       Inventory Control
Leave the program·····················Enter 0
Add an item to the list···············Enter 1
Delete an item from the list··········Enter 2
Change an item on the list············Enter 3
```

在程序设计期间，在主菜单中显示的项目通常对应不同的模块，每个模块都是整个程序的一部分，它们解决一个特定问题或者完成一个特定任务，就像第二章中讨论的那样。在主菜单中选择一个选项，用户会进入另一个更详细的子菜单（对应更多的子模块），或者直接进入特定任务。如例 3.18 所示，可使用多选结构，当用户选择一个选项时进入相应的模块分支。

例 3.18 Legendary Lawn Mower 公司的存货清单
上面的存货管理菜单可用以下伪代码实现：

```
1  Write "     The Legendary Lawn Mower Company"
2  Write "              Inventory Control"
3  Write "  Leave the program.................Enter 0"
4  Write "  Add an item to the list..........Enter 1"
5  Write "  Delete an item from the list......Enter 2"
6  Write "  Change an item on the list.......Enter 3"
7  Write "          Selection-->"
8  Input Choice
```

```
9  Select Case Of Choice
10 Case 0:
11  Write "Goodbye"
12  Break
13 Case 1:
14  Call AddItem module
15  Break
16 Case 2:
17  Call DeleteItem module
18  Break
19 Case 3:
20  Call ChangeItem module
21  Break
22 End Case
```

程序如何运行以及各行伪代码的意义

- 第 1～7 行显示开头和菜单选择。
- 第 8 行接受用户输入并存储到名为 Choice 的变量中。
- 第 9～21 行用多选 Case 结构让用户进入适当的模块或程序段。

3.6 节给出了另一个例子，用菜单来帮助构造程序，并使它容易使用。

3.5 节 自测题

3.16 如果 A=4，计算下列各式的值：

    a. Sqrt(A)

    b. Sqrt(2*A+1)

3.17 用防御性编程技巧重写下面的代码。一定要包含对本节中所讨论的两种程序崩溃的检查！

```
Set C=Sqrt(A)/B
Write C
```

3.18 已知下面的公式，计算某个班学生的平均成绩。注意，每个学生开始都有 20 分的基本分。

```
Average=(20+TotalExamScore)/NumberExamsTaken
```

    a. 你能指出哪个地方会导致程序崩溃吗？

    b. 编一个程序，让老师输入一个学生的考试总成绩和参加考试的次数，然后计算并输出学生的平均成绩。所用到的变量为 Average、TotalExamScore 和 NumberExamsTaken。

3.19 判断下列说法的正误？

    a. T F 菜单显示给用户不同的程序选项

    b. T F 菜单驱动的程序比需要记忆命令的程序界面更友好

3.20 写一个程序段，显示一个菜单提供选择 OrderHamburger，OrderHotdog 和 OrderTunaSalad，然后输入用户的选择。

3.6 问题求解：新车价格计算器

在本书所有"问题求解"的章节中，我们将开发一个较长的程序，会使用前一章的很多内容。本章要开发的程序包含选择结构和菜单，用来计算不同的配置选项下新汽车的价格。

问题描述

Universal Motors 生产汽车。他们是这样计算汽车价格的：在车辆的基础价格上，加上不同配置选项的费用，再加上运输费和经销商的费用。运输费和经营商的费用是固定的，每辆车分别为 500 美元和 175 美元，与车的型号无关。顾客可选的配置选项有：发动机类型、内饰和收音机类型。每种选项的不同选择和相应价格见表 3.4。

表 3.4 Universal Motors 的汽车配置选项

可 选 配 置		购买代号	价格（美元）
引擎	6 汽缸	S	150
	8 汽缸	E	475
	柴油机	D	750
内饰	乙烯树脂	V	50
	布	C	225
	皮革	L	800
收音机	AM/FM/CD/DVD	C	100
	GPS	P	400

Universal Motors 想要一个程序，输入一辆车的基础价格和用户想要的配置选项，然后显示该车的售价。

问题分析

这个问题的输入和输出定义得非常清楚，输入包括基础价格（BasePrice）、引擎的选择（EngineChoice）、内饰的选择（TrimChoice）和收音机的选择（RadioChoice）。当用户输入某选项的一种选择后，程序必须确定选项对应的价格：EngineCost、TrimCost 和 RadioCost。

唯一的输出项目是汽车的售价（SellingPrice）。为了确定 SellingPrice，程序还必须知道（固定的）运输费和经营商的费用（ShippingCharge 和 DealerCharge）。接下来的计算很简单：
SellingPrice=BasePrice+EngineCost+TrimCost+RadioCost+ShippingCharge+DealerCharge。

程序设计

大致说来，我们的程序必须做的事情如下：
（1）输入基础价格。
（2）处理不同的选项选择，计算出附加费用。

（3）将所有费用相加。

（4）输出最终售价。

我们将在主模块中输入基础价格，然后把程序执行交给几个子模块，每个配置选项都有一个子模块。在子模块中会显示一个菜单，让用户输入该配置选项（见表 3.4）的选择，然后子模块将利用这些选项来确定相应项的费用。所有选项都选完后，另一个模块将计算并显示总价格。因此，主模块将包含以下几个子模块：

- Compute_Engine_Cost。
- Compute_Interior_Trim_Cost
- Compute_Radio_Cost。
- Display_Selling_Price.

图 3.8 中的层次结构图显示了程序模块以及它们之间的关系。我们来详细介绍每一个模块。

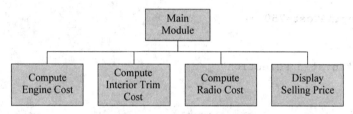

图 3.8　新车价格计算器的层次结构图

主模块

这个模块显示欢迎信息，输入基础价格，并调用其他模块。在主模块中，我们还要声明所有在不止一个模块中要用到的变量。主模块的伪代码如下：

```
Declare BasePrice, EngineCost, TrimCost, RadioCost As Float
显示欢迎信息
//提示并输入车辆的基础价格:
Write "Enter the base price: "
Input  BasePrice
Call  Compute_Engine_Cost module
Call  Compute_Interior_Trim_Cost module
Call  Compute_Radio_Cost module
Call  Display_Selling_Price module
End Program
```

Compute_Engine_Cost 模块

这个模块显示一个菜单，让用户指定想要的引擎类别并确定该引擎的价格，如下所示：

```
显示菜单并输入用户选项
确定所选项的价格
```

这个模块需要一个变量 EngineChoice 来保存用户的选择。细化后的伪代码如下：

```
Declare EngineChoice As Character
```

```
//显示菜单并输入用户选项：
Write "S - 6 cylinder  engine"
Write "E - 8 cylinder  engine"
Write "D - Diesel  engine"
Write "Selection? "
Input  EngineChoice
```

确定所选项价格的伪代码如下：

```
Select  Case  Of  EngineChoice
Case "S":
    Set  EngineCost=150
    Break
Case "E":
    Set  EngineCost=475
    Break
Case "D":
    Set  EngineCost=750
    Break
Default:
    Write "Invalid selection"
End  Case
```

Compute_Interior_Trim_Cost 模块

这个模块和 Compute_Engine_Cost 模块的结构相同。它显示一个菜单，让用户指定想要的内饰，然后确定内饰选项的价格：

显示菜单并输入用户选项
确定所选项的价格

细化的伪代码如下：

```
Declare TrimChoice AS Character
```

显示菜单并输入用户选项：

```
Write "V — Vinyl  interior  trim"
Write "C — Cloth  interior  trim"
Write "L — Leather  interior  trim"
Write "Selection?"
Input  TrimChoice
```

确定所选项价格的伪代码如下：

```
Select Case Of TrimChoice
Case "V":
    Set  TrimCost=50
    Break
Case "C":
    Set  TrimCost=225
    Break
Case "L":
```

```
    Set  TrimCost=800
    Break
Default:
    Write "Invalid selection"
Ena Case
```

Compute_Radio_Cost 模块

这个模块与 Compute_Engine_Cost 模块和 Compute_Interior_Trim_Cost 模块类似，但是只给用户两个选项，所以我们使用 If-Then-Else 语句来代替 Case 语句，如下所示：

```
Declare RadioChoice As Character
```

显示菜单并输入用户选项：

```
Write "R - AM/FM/CD/DVD Radio"
Write "D - add GPS"
Write "Selection?"
Input RadioChoice
```

确定所选项价格的伪代码如下：

```
If RadioChoice ="R" Then
    Set RadioCost=100
Else
    Set RadioCost=400
End If
```

Display_Selling_Price 模块

这个模块计算并显示车辆在所选配置选项下的售价。为了确定售价，使用了前面模块中的变量，并加上两个新的值——ShippingCharge 和 DealerCharge。

```
Declare ShippingCharge, DealerCharge, SellingPrice As Float
Set ShippingCharge=500
Set DealerCharge=175
Set SellingPrice=BasePrice+EngineCost+TrimCost+
    RadioCost+ShippingCharge+DealerCharge
Write "The total selling price for your vehicle is $ " + SellingPrice
```

程序代码

在写程序代码时，我们对程序做一些额外的补充。

● 对于每个模块，我们都加入总注释和分步注释（见第 2 章）。
● 当在屏幕上显示输出时，会根据代码产生一行又一行的新行。当屏幕满了以后，下一条 Write 语句会引起屏幕上卷，这意味着所有的文本会上移一行，顶部那行的文本从屏幕消失，新的文本会显示在屏幕的底部。但是经常会有需要把屏幕上所有文本清空，使得接下来数据单独地显示在屏幕的顶部。大多数程序设计语言包含一条清空屏幕的语句。我们建议在每个程序的开始都使用这一语句。在本程序中，清空屏幕的语句同样非常适合于放在显示每一车辆选项菜单的语句之前。

程序测试

测试运行程序的时候应该使用不同的基础价格和选项组合，以确保所有 Case 分支和 If 语句中的计算代码运行正确。例如，在 Compute_Radio_Cost 模块中，要想测试 If-Then-Else 结构，字母 "R" 和 "D" 应该分别在测试场景中输入。随着编写的程序越来越专业和复杂，需要包含那些能够处理更多可能场景的代码。例如，需要在 Compute_Radio_Cost 代码模块中包含能够处理用户输入的字母不是 "R"，也不是 "D" 的情况。这时，在测试阶段，应当输入各种可能情况的输入值来测试程序。可以输入小写字母 "r"，或者 "d"，或者其他一些字母。

3.6 节 自测题

这些自测题都涉及本节中的新车价格计算器问题。

3.21 用 If 语句替换 Compute_Engine_Cost 模块中的 Case 语句。

3.22 在主模块中，用一个模块来代替 BasePrice 的提示和输入语句，让用户从三个汽车型号中选择。每一型号有不同的基础价格，用户将输入型号代码 "X"、"Y" 或 "Z"，程序将确定相应的基础价格（分别为 20 000 美元、25 000 美元和 28 000 美元）。

3.7　本章复习与练习

本章小结

在本章中，我们讨论了以下内容：

1. 单选结构
● 包含一个语句块，或者被执行或者被跳过。
● 用 If-Then 语句实现。

2. 双选结构
● 包含两个语句块，其中一个被执行，另一个被跳过。
● 用 If-Then-Else 语句实现。

3. 多选结构
● 包含两个以上语句块，其中一个被执行，其余被跳过。
● 可以用一连串 If-Then 语句，或者嵌套的 If-Then-Else 语句，或者一个 Case 语句来实现。

4. 关系运算符和逻辑运算符
● 关系运算符是比较运算符，包括比较一个变量和另一个变量的值（==）、不等于运算符（!=）、小于运算符（<）、小于或等于运算符（<=）、大于运算符（>）、大于或等于运算符（>=）。
● 逻辑运算符包括 NOT、AND 和 OR。

- 在没有圆括号时，运算优先级是先做算术运算（按通常的顺序），再做关系运算（所有运算符的优先级相同，可以按任意顺序计算），最后做逻辑运算，按 NOT、AND 和 OR 的顺序执行。

5. ASCII 编码

- 在 ASCII 编码中，每个字符都与一个具体的数值对应。
- 使用 ASCII 编码能够对字符排序。
- 使用 ASCII 编码能够对任意字符串排序。

6. 防御性编程

- 程序员必须预测并防止由于使用不正确数据导致的错误。
- 被零除会导致程序崩溃，可以用选择结构来防止被零除的情况。
- 平方根函数 Sqrt() 是一个常用的函数，但是试图求一个负数的平方根会导致程序崩溃。防御性编程确保程序不会对负数求平方根。

7. 内置的平方根函数

- 形式为 Sqrt(X)，其中 X 是一个数，或者数字变量，或者算术表达式。
- 可以在程序中任何可用数字常量的地方使用。

8. 菜单驱动的程序

- 以菜单的形式为用户提供选项。
- 使用多选结构来处理用户的选择。

复习题

填空题

1. 单选结构也称为_____结构。
2. 双选结构也称为_____结构。

练习题 3~8：使用算术、关系和逻辑三个词来填空

3. <= 是_____运算符
4. + 是_____运算符
5. % 是_____运算符
6. OR 是_____运算符
7. NOT 是_____运算符
8. != 是_____运算符

选择题

9. 如下哪个表达式同 NOT（A>B）是等价的：

   a. A<B
   b. A<=B
   c. B<A
   d. B<=A

10. 如下哪个表达式同 A>8 AND A<18 是等价的？

    a. NOT（A<8）AND NOT（A>18）

b. NOT（A<=8）AND NOT（A>=18）

c. NOT（A>8 OR A<18）

d. A<8 OR A>18

11. 多选结构不能用下列哪种方法实现：

    a. 单个 If-Then 结构

    b. 多个 If-Then 结构

    c. 多个 If-Then-Else 结构

    d. 单个 Case 语句

12. 如果 Char1="/"且 Char2="?"，下面哪个表达式是真的？

    a. Char1<Char2

    b. Char1<=Char2

    c. Char1>Char2

    d. Char1>=Char2

13. 术语防御性编程指的是：

    a. 确保输入数据在正确的范围内

    b. 确保不发生被 0 除的情况

    c. 确保求平方根操作合法

    d. 以上都对

判断题

14. 令 X=0，则下列表达式为真还是为假。

    a. T F X>=0

    b. T F 2*X+1 != 1

15. 令 First="Ann"，则下列表达式为真还是为假。

    a. T F First=="ann"

    b. T F First!="Ann"

    c. T F First<"Nan"

    d. T F First>="Anne"

16. 令 X=1 且 Y=2，则下列表达式为真还是假。

    a. T F X>=X OR Y>=X

    b. T F X>X AND Y>X

    c. T F X>Y OR X>0 AND Y<0

    d. T F NOT（NOT（X==0）AND NOT（Y==0））

17. 令 X=0 且 Response="Yes"，则下列表达式为真还是为假。

    a. T F (X==1) OR (Response=="Yes")

    b. T F (X==1) AND (Response=="Yes")

    c. T F NOT(X==0)

18. 令 Num1=1 且 Num2=2，则下列表达式为真还是为假。

    a. T F (Num1==1) OR (Num2==2) AND (Num1==Num2)

    b. T F ((Num1==1) OR (Num2==2)) AND (Num1==Num2)

c. T F NOT(Num1==1) AND NOT (Num2==2)

d. T F NOT(Num1==1) OR NOT (Num2==2)

19. T F ASCII 编码模式将每一个小写字母、大写字母和其他字符同数值 0 到 127 相对应。

20. T F 如果 Char1 和 Char2 是字符，那么当且仅当它们的 ASCII 编码相等时，Char1==Char2。

21. T F 如果 Name="John"，那么 Name>" John"。

22. T F 如果 Name="John"，那么 Name>="JOHN"。

23. T F "**?"<"***"。

24. T F "** "<"***"。

25. T F Case 语句可根据字符变量的值来选择一个候选。

26. T F 菜单驱动的程序需要用户记住一系列命令，以便选择程序提供的选项。

27. T F 在菜单驱动的程序中，主菜单的选项通常对应不同的程序模块。

简答题

28. 令 X='A'，当运行以下程序段的相应代码时，输出是什么？

```
If X=='B' Then
    Write "Hi"
End If
Write "Bye"
```

29. 令 X=0，当运行以下程序段的相应代码时，输出是什么？

```
If X==1 Then
    Write "Hi"
Else
    Write "Why?"
End If
Write "Bye"
```

30. 写出下列字符的 ASCII 编码：

a. &

b. 2

c. @

31. 下列 ASCII 编码对应的字符是什么？

a. 33

b. 65

c. 126

32. 如果字符串"}123*"小于字符串 S（依据于 ASCII 编码），那么 S 必须以什么字符开头？

33. 写出下列每个词的 ASCII 编码，逐个字符来写：

a. why?

b. Oh my!

34. 写一个程序段，输入 Age，如果 Age 小于 18 则显示"You are too young to vote"，其他

　情况不显示。

35. 画出第 34 题的流程图。

36. 写一个程序段，输入 Age，如果 Age 是 18 或大于 18，那么输出 "Yes，you can vote"。如果 Age 小于 18 则显示 "You are too young to vote"，其他情况不显示。注意在 If-Then-Else 语句中使用比较运算符检查 Age 值。

37. 画出第 36 题的流程图。

38. 写一个包含两个 If-Then 语句的程序段，输入 Num，如果 Num 等于 1 则显示 "Yes"，否则显示 "No"。

39. 写一个包含一个 If-Then-Else 语句的程序段，输入 Num，如果 Num 等于 1 则显示 "Yes"，否则显示 "No"。

40. 列出程序设计中关系运算符的符号。

41. 列出程序设计中的三种逻辑运算符。

42. 不使用 NOT 运算符，写出与下列表达式等价的表达式

    a. NOT (N>0)

    b. NOT ((N>=0) AND (N<=5))

43. 使用单个关系运算符写出与下列表达式等价的表达式

    a. (X>1) AND (X>5)

    b. (X==1) OR (X>1)

　　练习 44～48：请注意使用运算符优先级。

44. 使用给定的 A、B 和 C 的值，计算下列表达式，注意 T 表示真，F 表示假。

$$A=T \quad B=F \quad C=F \quad D=T$$

    a. A OR B OR C OR D

    b. A AND B AND C AND D

    c. A AND B OR C AND D

    d. A OR B AND C OR D

45. 使用给定的 J、K 和 L 的值，计算下列表达式，注意 T 表示真，F 表示假。

$$J=F \quad K=F \quad L=T \quad M=T$$

    a. NOT J OR K AND L OR M

    b. NOT J AND NOT K AND NOT L AND NOT M

    c. J AND K OR L AND M

    d. NOT J OR NOT K OR NOT L OR NOT M

46. 使用给定的 W、X、Y 和 Z 的值，计算下列表达式，注意 T 表示真，F 表示假。

$$W=T \quad X=T \quad Y=F \quad Z=T$$

    a. W OR X OR X AND Z

    b. W OR X OR X AND NOT Z

    c. W AND Y AND Y OR X AND Z

    d. W AND X AND NOT Y AND Z

47. 使用给定的 A、B、C 和 D 的值，计算下列表达式，注意 T 表示真，F 表示假。

$$A=T \quad B=T \quad C=T \quad D=F$$

a. A OR B OR C OR D

b. A OR （B OR (C OR D)）

c. A AND B AND C AND D

d. A AND B AND (C OR D)

48. 使用给定的 R、S、P 和 U 的值，计算下列表达式，注意 T 表示真，F 表示假。

    R=F   S=F   P=F   U=T   W=T

    a. (S OR P AND U) OR (NOT R AND NOT S)

    b. (R AND NOT S) OR (P AND W) AND NOT (U OR W) OR S

    c. (U AND W) OR (R AND S AND NOT P) OR NOT (U AND W)

49. 使用给定的 X=3、Y=5 和 Z=2，计算下列表达式，注意结果要么为真，要么为假。

    （NOT（X<Y）OR（Y>Z））AND（X>Z）

50. 使用给定的 A=3 和 B=2，计算下列表达式，注意结果要么为真，要么为假。

    （A+6）^2−（B+4*A）<=A^3+B*5

51. 使用给定的 A=1 和 B=3 的值，计算下列表达式，注意结果要么为真，要么为假。

    B^3%A>B^3*A

52. 写三个小程序段，输入 Num，如果 Num==1 则显示"Yes"，如果 Num==2 则显示"No"，如果 Num==3 则显示"Maybe"。分别用以下方法来实现。

    a. 一连串 If-Then 语句

    b. 嵌套的 If-Then-Else 语句

    c. Case 语句

53. 写一个程序段，输入数字 X 并实现：

    a. 如果 X>0，则显示平方根的倒数 1/Sqrt(X)

    b. 如果 X=0，则显示"Error: Division by zero"

    c. 如果 X<0，则显示"Error: Square root of negative number"

54. 图 3.9 所示的流程图代表了哪一类选择结构？

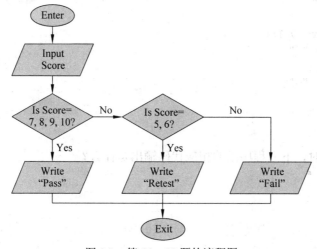

图 3.9　第 54～57 题的流程图

55. 用 If-Then 语句写出伪代码，实现图 3.9 的流程图所示的功能。假设 Score 是 1～10（含 1 和 10）之间的整数。

56. 用嵌套的 If-Then-Else 语句写出伪代码，实现图 3.9 的流程图。假设 Score 是 1～10（含 1 和 10）之间的整数。

57. 用 Case 语句写出伪代码，实现图 3.9 的流程图所示的功能。假设 Score 是 1～10（含 1 和 10）之间的整数。

58. 运行以下程序段相应的代码时，输出是什么？

```
Set X=5
If X>0 Then
    Write X
End If
If NOT((X==0)OR(X<0))Then
    Write "Not"
End If
If(X^2>=0) AND((2*X-1)!=0) Then
    Write "And"
End If
```

59. 假设把第 58 题的第一个语句改为

```
Set X=-5
```

则用这个值运行代码后，输出是什么？

60. 当输入下列数时，下面的代码输出是什么？

    a. −1

    b. 0

    c. 1

```
Input Number
If Number<0 Then
    Write "1"
Else
    If Number==0 Then
        Write "2"
    Else
        Write "3"
    End If
End If
Write "DONE"
```

61. 当输入下列数时，下面程序段的相应代码输出是什么？

    a. −1

    b. 0

    c. 1

```
Set Number1=1
Input Number2
Select Case Of Number2
```

```
Case -1:
    Write "A"
    Break
Case 0:
    Write "B"
    Break
Case Number1:
    Write "C"
    Break
End Case
```

62. 下面的程序段应该在 Grade== "A" 时输出 "HELLO"，否则输出 "GOODBYE"。改正程序的逻辑错误使它能正确运行。

```
If Grade!="A" Then
    Write "HELLO"
Else
    Write "GOODBYE"
End If
```

63. 下面的程序应该在 Number 小于 0 时输出 NEGATIVE，当 Number 在 0～5 之间（含 0 和 5）时输出 SMALL，在 Number 大于 5 时输出 LARGE，改正伪代码的逻辑错误，使它能够正确运行。

```
If  Number<0 Then
    Write "NEGATIVE"
Else
    If  Number>5 Then
        Write "SMALL"
    Else
        Write "LARGE"
    End  If
End  If
```

64. 当下面的程序段运行时，输出的结果是什么？

```
Set Y=1
If Sqrt(Y-1)==0 Then
    Write "YES"
Else
    Write "NO"
End If
```

65. 当下面的程序段运行时，输出的结果是什么？

a. X=4

b. X=0

```
Declare X As Integer
Input X
If  X!=0  Then
    Write 1/X
Else
```

```
        Write "The reciprocal of 0 is not defined."
    End If
```

66. 在每 65 题中，Then 子句和 Else 子句哪一个语句块实现了错误捕捉器？

67. 考虑下面的语句：

```
Set Number3=Sqrt(Number1)/Number2
```

如果用户输入的 Number1 和 Number2 都已经过验证，确保 Number1 大于或等于 0，Number2 不等于 0，那么还需要额外的防御性编程吗？

编程题

本节所有的编程题都可以使用 RAPTOR 来完成。

对于下列每一道编程题，使用自顶向下模块化的方法，用伪代码设计适当的程序来解决。在适当的地方，使用防御性编程。

1. 用户输入一个数，如果它大于 0 则输出 "Positive"，如果它小于 0 则输出 "Negative"，如果它等于 0 则输出 "Zero"。

2. 开发一个菜单驱动的程序，输入两个数，并根据用户的选择计算它们的和、差、积和商。

3. 输入一个数(X)，求以下各项的面积(Area)：
   - 边长为 X 的正方形，Area=X*X
   - 半径为 X 的圆，Area=3.14*X^2
   - 边长为 X 的等边三角形，Area=Sqrt(3)/4*X^2

   注：由于 X 代表长度，要求 X>0，一定要在你的程序中包含这个要求。

4. 考虑方程 $AX^2+B=0$。
   - 如果 B/A<0，该方程有两个解，为：
   1. X_1=Sqrt(–B/A)　　2. X_2=–Sqrt(–B/A)
   - 如果 B/A=0，该方程有一个解 X=0
   - 如果 B/A>0，该方程无实数解

   写一个程序，让用户任意输入方程的系数 A 和 B。如果 A=0，终止程序；否则，解该方程。

5. 根据用户输入的应征税收入计算所得税，下表给出了相关数据，确保程序中包含错误检查部分以防用户输入负数。

应征税收入		所得税
起始	截止	
$0	$50 000	$0+$0 以上部分的 5%
$50 000	$100 000	$2500+$50 000 以上部分的 7%
$100 000	……	$6000+$100 000 以上部分的 9%

6. 编写一个程序，要求用户输入一个网购订单的总金额，然后按照下表的标准计算并输出相应的邮费：

订单总金额	美国国内邮寄	邮寄到加拿大
少于$50	$6.00	$8.00
$50.01-$100.00	$9.00	$12.00
$100.01-$150.00	$12.00	$15.00
大于$150.00	免费	免费

7. 编写一个程序让用户输入他或她的名字。程序将输出这个用户名作为网站的一个输入项。程序要提示用户输入名字、中间名的首字母和姓。如果用户没有中间名首字母，输入项应该为"空"。在这种情况下，输出是这样的用户名，名字和姓之间用"."连接起来。如果用户有中间名首字母，输出的是这样形式的用户名：名字.中间名首字母.姓。例如，当用户的名字是 Harold Nguyen 时，用户名是 Harold.Nguyen，当用户的名字是 Maria Anna Lopez 时，用户名是 Maria.A.Lopez。

第 **4** 章

重复结构：循环

这一章里面，我们将探讨重复结构（也叫循环）。循环包含的语句块可以重复执行。我们将讨论循环的不同类型以及更高级的循环应用。第 5 章仍将讨论关于循环结构的内容。

在读完本章之后，你将能够：

- 区分前置测试循环和后置测试循环（第 4.1 节）；
- 识别无限循环和从不执行的循环（第 4.1 节）；
- 使用循环结构创建流程图（第 4.1 节）；
- 在循环条件中使用关系运算符和逻辑运算符（第 4.1 节）；
- 构造计数器控制循环（第 4.2 节）；
- 在使用计数器控制循环时，使用任意整数值递增或递减计数器（第 4.2 节）；
- 构造 For 循环（第 4.3 节）；
- 创建测试条件以避免无限循环和从不执行的循环（第 4.3 节）；
- 构造哨兵控制循环（第 4.4 节）；
- 使用 Int 函数（第 4.4 节）；
- 将循环应用于数据输入和确认问题（第 4.4 节）；
- 将循环应用于计算总数和平均数（第 4.4 节）。

在日常生活中：循环

也许你不记得了，但你有可能是在 1 岁时学习走路的，在你走第一步时，你必须理解如何执行下面的过程：

将一只脚放在另一只的前面

从某种意义上说，你只做了这件事，这是一项重要的成就。但这并不能让你走远，如果你想要穿过一间房间，你必须把上面的过程扩展成下面的步骤：

- 将左脚放在右脚前面。
- 将右脚放在左脚前面。
- 将左脚放在右脚前面。
- 将右脚放在左脚前面，等等。

要描述你怎样做的，这并不是一个很有效的方法，当你在屋子里面到处姗姗学步时，关于你动作的详细清单将会非常长，因为你一遍又一遍地做着同样的事，下面是一个比较好的描述方法：

- 重复。
- 将左脚放在右脚前面。
- 将右脚放在左脚前面。
- 直到你穿过了房间。

这个方法简单，方便，而且也很生动，即使是你想走成百上千步，这个过程也可以用四行来描述。这就是循环的基本思想！

走路只是日常生活许多循环例子中的一个。比如，你有一个很大的家庭，你要为家中的每个人准备午餐，你可以这样做：

- 重复；
- 做三明治；
- 将三明治打包；
- 将三明治放在午餐袋里面；
- 在午餐袋里面放一个苹果；
- 在午餐袋里面放一瓶饮料；
- 重复进行，直到你完成每个人的午餐。

你还在其他什么地方遇到过循环过程呢？在吃三明治（一次一口）或者刷牙的时候？如果你在周二上午 11:00 有一节程序设计课，那么每周二上午 11:00 你都要去上课，直到学期结束。你重复做着"去上程序设计课"的循环，直到学期末的那一天到来。当你读到这一章时（一次读一个词），你就已经准备好在程序中使用循环了。

4.1 循环结构简介：计算机从不厌烦

你已经知道，所有的计算机程序都是由顺序、判断、循环三种基本结构组成的。这一章讲的是循环，在很大程度上，循环是所有结构中最重要的。幸好，计算机没有觉得循环很枯燥。

不管我们让计算机做什么事，如果它只能做一次，那么这样的计算机几乎是没有用处的。一次次重复做同样事情的能力，是程序设计中的最基本要求。当你使用某种软件时，你总是希望能打开该软件并完成某些工作。想象一下，如果文字处理软件设计实现成只能把文本字体加粗一次，或者操作系统只允许你执行一次拷贝任务，那会怎么样？你执行的每个计算机任务都已经被程序员编码实现到软件中了，并且每一项功能都必须能被一次又一次地使用。在这一章里，我们将讨论如何编程控制计算机来多次重复做某项工作。

4.1.1 循环的基础知识

所有的程序设计语言都提供了实现循环的语句。循环是重复结构的基本组件。这些语句是一个代码块，它在特定的条件下能重复执行。在这一节，我们将介绍这种结构的基本思路。让我们从例 4.1 这样的一个简单循环示例作为开始吧。该例子使用一种称为 Repeat…Until loop 的循环类型，其他类型的循环将在本章后续部分介绍。

例 4.1　简单地打印数字

这个程序段允许用户反复输入数字，并显示输入的数字，直到用户输入 0。然后，程序输出语句"List Ended"。

```
1    Declare Number As Integer
2    Repeat
3        Write "Please enter a number: "
4        Input Number
5        Write Number
6    Until Number==0
7    Write "List Ended"
```

在这一段伪代码中，循环从第 2 行的"Repeat"开始，在第 6 行的"Until Number==0"结束。循环体包括第 3 行、第 4 行和第 5 行，这些是要被重复执行的语句。循环体一直被执行，直到第 6 行"Until"之后的测试条件满足。这种情况下，当用户输入 0 时，测试条件变成真。于是，循环退出，第 7 行的语句得到执行。

程序如何运行以及各行伪代码的意义

我们来跟踪一下程序的执行过程，假设使用者输入数字 1，3，0。根据这个输入次序：

● 程序一执行就进入循环，输入数字 1，并显示它。这些操作构成了循环的第一轮。现在，第 6 行对测试条件"Number==0？"进行"检测"，发现测试条件为假，因为这时 Number==1。于是，再次进入循环。程序回到第 2 行执行，循环体再次被执行。（回想一下，双等于符号，==，是比较运算符，询问"变量的值是否等于 0？"）

● 在执行第二遍循环时，输入数字 3（第 4 行），并显示它（第 5 行）。并且，一旦条件（第 6 行）"Number==0"为假，程序就会回到第 2 行执行。

● 在执行第三遍循环时，输入数字 0 并显示它。此时，条件"Number==0"为真，因此，循环退出，执行程序转到循环体后面的第 7 行语句。

● 显示语句"List Ended"，程序运行结束。

迭代

我们已经说过，循环是重复结构的基本元素。计算机能够快速有效地处理许多任务的主要原因之一，就是因为它能够快速地一次又一次地重复执行任务。任务重复执行的次数，一直是任何重复结构的重要部分，一个程序员必须注意循环执行的次数，来保证任务执行的正确性。在计算机术语中，执行一次循环叫做一次循环迭代。一个循环执行了三次，那么就叫三次迭代。例 4.2 中给出了迭代过程。

例 4.2　多少次迭代

该程序代码段重复询问用户输入一个名字直到用户输入"Done"时停止。

```
1    Declare Name As String
2    Repeat
3        Write "Enter the name of your brother or sister: "
4        Input Name
5        Write Name
```

```
6   Until Name=="Done"
```

程序如何运行以及各行伪代码的意义

这里的伪代码同例 4.1 中的伪代码几乎一样，只是这里要求输入的是一个字符串数据，而前一个例子中要求输入的是整形数据。循环结构从第 2 行开始，以 Repeat 打头，在第 6 行结束，以 Until Name=="Done"结尾。循环体包括第 3、4 和 5 行。迭代如何计算呢？每次当这些语句执行的时候，该循环可以认为进行了一次迭代。

- 假设该程序段用于输入一个用户的哥哥和姐姐的名字。假设 Hector 有两个哥哥，名字分别为 Joe 和 Jim，一个姐姐名字为 Ellen。这个循环将完成 4 次迭代。在第 1 次迭代中，Joe 将被输入；第 2 次迭代中，Jim 将被输入；第 3 次迭代中 Ellen 将被输入；第 4 次迭代中，单词 Done 将被输入。
- 假设 Marie 只有一个姐姐 Anne，该程序将进行 2 次迭代——一次是输入名字 Anne 时，一次是输入 Done 时。
- 如果 Bobby 只有他自己，没有其他兄弟姐妹，那么该程序将只进行一次迭代，因为 Bobby 在第一次迭代时，输入了 Done。

本章后面的部分将介绍如何创建一个循环，使得测试条件不计算为一次迭代。

注意无限循环

在例 4.1 中，我们会看到：当用户输入任何一个数时，这个数将会输出到屏幕上。但是如果用户开始输入 234 789，他继续做下去，接下来输入 234 788，然后是 234 787，这样一直做下去，屏幕上会输出 234 790 个数（包括 0 在内，当用户输入最后一个数 0 时，循环会结束）。

不过，当用户输入最后一个数 0 时，循环会结束。尽管输出了很多数，循环还是会结束。另一方面，如果循环写成了例 4.3 中的样子，那么将会发生什么呢？

例 4.3 危险的无限循环

在这个例题中，我们把例 4.1 中的测试条件改变成一个不可能满足的条件。程序第 2 行要求用户输入一个数。程序第 3 行设置了一个新变量：ComputerNumber = 输入的数+1。循环将不断要求用户输入新的数，并输出它，直到输入的数比 ComputerNumber 大。程序中的测试条件永远不会满足，因为在每次循环中，无论用户输入的是什么数，ComputerNumber 总比输入的数大 1。因此，这个循环将总是这样重复下去，不断地输入数并显示出来。

```
1 Declare Number, ComputerNumber As Integer
2 Repeat
3   Write "Please enter a number: "
4       Input Number
5       ComputerNumber = Number + 1
6       Write Number
7 Until Number > ComputerNumber
8 Write "The End"
```

什么时候循环结束？永远不会！"The End" 这个单词也永远不会在屏幕上显示出来。

如例 4.3 所示，如果一个循环测试条件永不会得到满足，那么循环将不会跳出。它将成为一个无限循环。无限循环对一个程序来说是灾难性的，所以当你设计一个循环并加入测试条件时，请确保测试条件能够被满足。计算机并不在乎执行循环次数很多，不过如果是永无止境的话，计算机也是受不了的。

别让用户陷入无限循环

在例 4.1 和例 4.2 中，有一个更加重要的地方需要注意。这个循环中，测试条件很容易就被满足。在例 4.1 中，当用户输入 0 之后，循环就结束了。在例 4.2 中，当用户输入 Done 时，循环就结束了。但是用户怎么知道这个 0 或 Done 就是循环结束的标志呢了？对程序员来说，通过适当提示来清楚地告诉用户循环如何结束，是非常重要的。

在例 4.1 中，下面的提示语句比较适当：

```
Write "Enter a number; enter 0 to quit. "
```

在例 4.2 中，下面的提示语句比较适当：

```
Write "Enter the name of your brother or sister: "
Write "Enter the word Done to quit."
```

像两个例子中的循环类型，循环不断持续，直到用户终止它。而其他类型的循环，无需用户输入即可终止。不管你写的是哪类循环，你一定要想方设法避免出现无限循环。因此，你必须保证测试条件能够满足，如果用户必须输入一些特殊的数据来结束循环，请确保清楚表达这一点。

4.1.2　关系运算符和逻辑运算符

通常，借助于关系运算符和逻辑运算符来构建一个条件，决定循环结构是应该再次进入还是退出。这里，我们将简要地讨论这些运算符。

下面是六种标准关系运算符，以及在本书中我们用以表示它们的编程符号：

- 等于（或相同于）：==
- 不等于：!=
- 小于：<
- 小于等于：<=
- 大于：>
- 大于等于：>=

所有 6 种运算符既可用于数值，也可用于字符串数据。注意双等号，比较运算符（==）是不同于赋值运算符（=）的。赋值运算符表示的是将等号右边的值赋给等号左边的值，而比较运算符是比较两个等号左右两边的变量或表达式或者文本是否相等。它只返回假（如果等号两边不等）或真（如果等号两边相等）这样的值。当使用比较运算符时，等号两边的变量或表达式是不发生任何改变的。任何关系运算符的结果都只是真或假。

基本的逻辑运算符，即"或"、"与"和"非"，可用来将给定的简单条件组合成更复杂的条件（复合条件）。如果 S1 和 S2 是条件（如 Number<=0 和 Response== "Y"），那么我们有如下复合条件：

- S1 OR S2 为真，如果 S1 和 S2 之一为真，或者两者皆为真；S1 OR S2 为假，如果 S1 和 S2 皆为假。
- S1 AND S2 为真，如果 S1 和 S2 皆为真；S1 AND S2 为假，如果 S1 和 S2 之一为假。
- NOT S1 为真，如果 S1 为假；NOT S1 为假，如果 S1 为真。

如果 Number=3 并且 Name= "Joe"，那么我们有如下结果：

- (Number==1) OR (Name== "Joe")为真，但是(Number==1) AND (Name== "Joe")为假，因为一个简单条件(Number==1)为假。
- NOT((Number==1) OR (Name== "Joe"))为假，因为(Number==1) OR (Name== "Joe")为真。

4.1.3 使用循环结构构建流程图

在程序设计阶段使用流程图一直是业界争论的主题。一些程序员不能想象在设计程序的时候没有使用流程图，而另一些却很少使用流程图。不过，大多数程序员还是使用同本书中介绍的方法一样，在设计阶段同时用到伪代码和流程图。某些程序在设计的时候使用伪代码比较好，而另一些程序在设计的时候使用流程图比较好。重复结构使用流程图来图示化说明比起使用伪代码更加容易，因为循环图示化起来比较方便。因此，在我们讨论各种类型的循环结构之前，先简单地介绍一下使用重复结构来构建流程图。

流程图基本符号

为了方便说明，这里将重复介绍一下第 2 章中讨论的流程图符号。一个典型的流程图包含一些或所有如下符号，图 4.1 给出了流程图的基本符号。

符　号	名　称	描　述
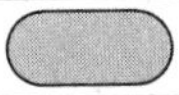	端点	表示程序或模块的开始或结束
	过程	表示任何处理功能，例如一次计算
	输入输出	表示输入或输出操作
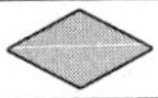	决策	表示程序分支点
	连接器	表示进入或退出一个程序段

图 4.1　流程图基本符号

- 开始和结束符号由椭圆形或者圆形表示。
- 箭头表示程序控制流。一个箭头从一个符号开始，指向另一个符号，它表示了程序控制流从一个符号转移到箭头所指的另一个符号。
- 处理过程由矩形表示。
- 输入/输出由平行四边形表示。

● 条件判断（决策或者选择）部分由菱形表示。这一部分通常包含是或否的问题或者真或假的测试。

在第3章中已经见过判断（If-Then）结构的流程图。图4.2这个简单地流程图说明了一个If-Then结构的执行流。用户首先输入他或她的年纪。如果用户的年纪大于18，该用户可以投票；如果用户的年纪小于18，该用户将被告知其年纪过于年轻。从判断框出来（菱形）有两个分支，这两个分支都将用户带入下一步。在本例中，下一步就是推出程序，当然，下一步可以是任何操作。

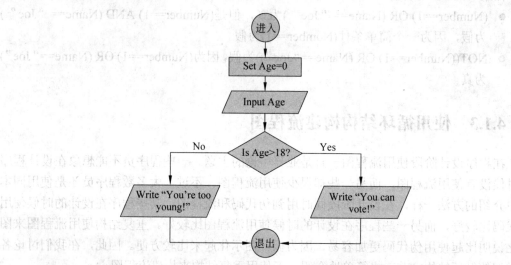

图 4.2　一个简单的 If-Then 结构流程图

你可能会注意到，在图 4.2 中没有任何"循环"符号。不过，请思考一下，在循环里都程序如何运行以及各行伪代码的意义。在循环流程图中也要用到判断符号，只是它的分支一个跳过循环体，另一个则进入循环体中。当循环体中执行完后，箭头再一次回到循环体的顶部并且过程重复下去，如图 4.3 所示。

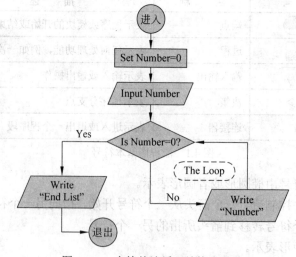

图 4.3　一个简单地循环结构流程图

4.1 节 自测题

4.1 如果下面伪代码相对应的代码被执行的时候，什么数字将被显示出来？

```
a. Declare Number As Integer
   Set Number=1
   Repeat
     Write 2*Number
     Set Number=Number+1
   Until Number==3
b. Declare Number As Integer
   Set Number =1
   Repeat
     Write 2*Number
     Set Number=Number+1
   Until Number>3
```

4.2 如果下面伪代码相对应的代码被执行的时候，什么将被显示出来？假设用户的年龄是 17 岁。

```
Declare Age As Integer
Declare NewAge As Integer
Declare Number As Integer
Set Number=2
Write "Enter your age: "
Input Age
Repeat
    Set NewAge=Age+Number
    Write "In "+Number+" years you will be "+ NewAge
    Set Number=Number+1
Until Number==4
```

4.3 判断下列条件的真或假。

```
a. T F 5==5
b. T F 5!=5
c. T F 5<5
d. T F 5<=5
e. T F 5>5
f. T F 5>=5
```

4.4 如果 C1="Jo"，C2="jo"，请指出如下条件的真或假。

```
a. T F C1>="Ann"
b. T F (C1=="Jo")AND(C2=="Mo")
c. T F C1=="Jo"
d. T F (C1=="Jo")OR(C2=="Mo")
e. T F C1<="Joe"
f. T F NOT(C1==C2)
```

4.2　循环的类型

当你学习更为复杂的程序时，你就会发现循环是一个最不能没有的工具。你可能需要使用循环装载数据、控制数据、同用户交互等等。实际上，很难想象那些完成重要处理过程的程序没有用到任何循环结构。当完成木工作品时，需要选择螺丝起子和钉子一样，没有一种型号能适用于所有工作，循环结构也有多种类型。一种类型的循环可能满足于一种特定程序的需要而另一种类型的循环则满足于其他程序设计的需要。在本节中，将学习多种类型的循环，以及怎样或者为什么在特定地的情况下要选择这种循环结构而不是另一种结构。

4.2.1　前置检测循环和后置检测循环

所有的循环结构都能被分成两种基本类型：前置检测循环和后置检测循环。下面是出现在例 4.1 的循环，这是一个后置循环的例子，因为测试条件出现在循环体之后：

```
Declare Number As Integer
Repeat
     Write "Enter a number:"
     Input Number
     Write Number
Until Number==0
Write "List Ended"
```

具体编程实现（Making It Work）

Do…While 循环

在上一节中，我们使用伪代码 Repeat…Until 进行了后置检查循环。不同的编程语言使用的后置检查语法不尽相同。这些循环结构使用 Do 语句开始，使用 While 语句结尾。下面的例子使用伪代码说明了该语法，它完成了同 Repeat…Until 例子一样的事情。

```
Declare Number As Integer
Do
    Write "Enter a number: "
    Input Number
    Write Number
While Number!=0
Write "List Ended"
```

注意这里测试条件变成了适应 Do…While 循环结构的方式。在 Repeat…Until 循环结构中，循环体被执行直到一个特定地条件变为真。在 Do…While 循环结构中，循环体将被执行只要特定地条件保持为真即可。

在前置测试循环结构中，测试条件出现在循环体执行之前。While loop 是前置检测循环结构的一种类型。这个显著差别使得我们有必要对测试条件进行仔细检查和考虑，例 4.4 和例 4.6 将对此进行阐明。

例 4.4　使用前置检测循环打印数字

下面的程序段做了和例 4.1 几乎相同的事情。然而，在例 4.1 中检测 Number==0 是否为真是在数字被打印之后。而在下面，我们在第 4 行检测 Number==0 是否为真，在第一个数字被打印之前进行：

```
1  Declare Number As Integer
2  Write "Enter a number; enter 0 to quit. "
3  Input Number
4  While Number!=0
5   Write Number
6   Input Number
7 End While
8 Write "List Ended"
```

程序如何运行以及各行伪代码的意义

在这一段伪代码中，第 4 行的语句以 While 开头，然后是测试条件 "Number!=0"，即 Number 是否不等于 0。循环的最后语句是 End While，在第 7 行。所有在 While 和 End While 之间的语句（第 5 行和第 6 行）构成了 While 循环的循环体。在进入循环的时候，计算测试条件的值。如果结果为真，就执行循环，然后控制返回到程序第 4 行的循环开头。如果测试结果为假，就会跳出循环，接着执行 End While 后面的第 8 行程序。

我们仍然使用例 4.1 中用过的同样的数值，来走一遍这个程序段，看看现在会发生什么。我们假设用户为 Number 输入的第一个值为 1，在接着的两遍循环中，用户输入 3 和 0。这种情况下，执行过程如下。

- 开始执行程序第 3 行时，输入数字 1。
- 在第 4 行，执行 While 语句。检查测试条件 Number!=0 是否满足。由于此时 Number=1，所以满足条件，于是执行循环体。
- 第 5 行和第 6 行是循环体。第 5 行显示数字 1，第 6 行要求输入另一个数字。用户输入 3，程序返回到循环开头，即第 4 行。在本程序段中第 1、2 和 3 行不会被再次执行。
- 第 4 行再次检查测试条件，现在由于 Number 为 3，测试条件为真，循环执行第二次。
- 这时，屏幕输出 3（第 5 行），用户输入 0（第 6 行），程序返回到循环开头。
- 然后，第 4 行再次检查测试条件。现在由于 Number 为 0，测试条件为假，因此，循环在输出 0 之前就退出了，程序跳转到第 8 行。
- 第 8 行输出 "List Ended"，程序结束。

在例 4.1 中，数字 1，3 和 0 全部输出（还有 "List Ended"）。在例 4.4 中仅仅输出 1 和 3（还有 "List Ended"）。是什么使得本例和例 4.1 不一样呢？这个问题的答案正是理解前置检测循环与后置检测循环的关键。在例 4.1 中，由于条件检查是在循环体语句执行之后，所以最后输入的数字(0)也会输出出来。在例 4.4 中，由于条件检查是在循环体语句执行之前，所以最后输入的数字(0)使测试条件不满足，0 就不会显示出来。

是什么与为什么（What & Why）

如果在例 4.4 中，用户在第 3 行就输入 0，结果会怎么样呢？在这样的情况下，第 4 行的测试会问 "Number 不等于 0 吗？"，回答是 "不，Number 等于 0"。因此，测试条件为假，循环体语句不会执行，程序控制会立刻跳至第 8 行。显示仅仅为：

```
List Ended
```

是什么与为什么（What & Why）

在例 4.4 中，如果我们跳过第 3 行，结果会怎样呢？在例 4.1 中，即后置检测循环中，Number 的初始值是在执行循环体的时候，由用户输入的。这之后才检查循环条件。在例 4.4 中，在测试循环条件之前，要求用用户输入 Number 的值。如果我们漏掉了这一行，那么这段程序就变成了对名为 Number 的一个变量的值进行检查。除非在程序其他地方设定了变量 Number 的值，否则，在第一遍循环中，编程者根本无法控制到底会发生什么。如果变量 Number 在以前的某个片段处得到一个值 0，那么循环就不会被执行。如果循环体执行得很好，且在前面的执行中得到了 23，此时尽管用户并不想看到 23，程序还是会显示 23。

因此，变量的初始值需要非常重视！

例 4.5 巧妙地使用前置测试循环结构

在例 4.2 中我们已经看到，无论用户输入多少个名字，显示列表中的最后一个名字一定是 Done。这肯定不是我们想看到的。我们可以通过改变例 4.2 中的伪代码为前置测试循环来避免显示不想看到的信息：

```
1 Declare Name As String
2 Write "Enter the name of your brother or sister: "
3 Write "Enter the word Done to quit. "
4 Input Name
5 While Name!= "Done"
6   Write Name
7   Input Name
8 End While
```

程序如何运行以及各行伪代码的意义

现在，如果如例 4.2，Hector 输入了 Joe、Jim、Ellen 和 Done，那么显示的结果为：

```
Joe
Jim
Ellen
```

单词 Done 将不会被显示出来，因为，在循环体的第 3 次迭代之后，Name 的值为 Done，第 5 行的测试条件判断此时条件为假，循环体不会被执行第 4 次。

在这种伪代码情况下，没有兄弟姐妹的 Bobby，将不会看到 Done。他在提示下输入了 Done，第 5 行的测试条件判断为假，控制跳过循环体到了第 8 行，此时循环体没有被执行一次。

下面是前置检测循环和后置检测循环之间的几个基本差别：

- 从定义上看，前置检测循环在程序开头有测试条件（决定循环体能否得到执行的语句）。后置循环的测试条件在程序最后。
- 后置检测循环的循环体总会至少执行一次，但对前置检测循环，如果循环条件在第一轮就为假，则循环体根本就不会被执行。
- 在进入前置检测循环之前，循环条件中的变量必须初始化，也就是说，它们必须被赋予一定的值。这在后置检测循环中就不是必需的，因为循环条件中的变量可以在循环体中被初始化。

图 4.4 以流程图的形式说明了前置检测循环与后置检测循环之间的逻辑差别。例 4.6 给出了如何使用前置测试循环来显示数的平方。

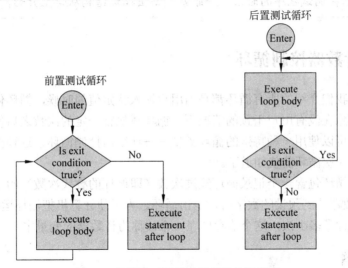

图 4.4 前置和后置测试循环结构流程图

例 4.6 数的平方

下面的程序运用前置检测循环来显示用户输入数的平方值，直到他 / 她输入的数为 0 或负数为止。0 或负数不显示。

```
Declare Number As Integer
Write "Enter a number: "
Input Number
While Number>0
    Write Number^2
    Input Number
End While
```

注意：我们在进行循环之前用 Input 语句初始化了变量 Number。使用 4，3，2，1 和 –1 来追踪这段伪代码，看它是如何运行的。确认一下你期待在屏幕上显示的数是不是 16、9、4 和 1。

无论是前置检测循环还是后置检测循环，都可用来完成某个给定的任务。不过，你将发现，有些任务用前置检测循环比较容易实现，而另一些则是用后置检测循环更容易。

建议与代码风格建议（Style Pointer）

循环体的缩进

为了让伪代码和对应的源程序代码更容易阅读，你应该把循环体相对于它的第一和最后一条语句缩进一些。例如，下面的两个循环程序，右边的有缩进，而左边的没有缩进。

没 有 缩 进	缩 进
Repeat	Repeat
Input Number	Input Number
Write Number	Write Number
Until Number==0	Until Number==0

当你开始编写越来越长、越来越复杂的程序时，这个代码风格建议会变得越来越重要。它可是使你在调试程序的时候，一眼就判断出循环结构从哪里开始，到哪里结束。

4.2.2 计数器控制循环

到目前为止我们介绍的所有循环都是当用户输入特定值的时候，循环体才结束的。不过，有时候我们想在没有用户干预的情况下，循环体执行一定的次数之后便停止执行。要想实现这种情况可以使用一种特殊的循环类型——计数器控制循环，这种循环运行固定的次数，次数在第一次循环前就知道了。

计数器控制循环包含一个记录循环经过次数（即循环的叠代次数）的变量（即所谓的计数器）。当计数器达到预设的数字时，退出循环。为了使计算机把循环运行固定的次数，必须记录循环执行了多少次，这个值存储在一个被称为计数器的变量中。

使用计数器

为了使用计数器记录某个循环已经运行了多少次，你必须定义、初始化以及增加（向上计数）或减少（向下计数）计数器的值。在自测题 4.1 和 4.2 中使用了计数器，不过实际上没有定义它们。以这种方式来计数的代码第一次看起来可能会有点怪，但是，很快它就会变得有意义。尽管在不同的编程语言中会有一些语法上的不同，但是，几乎所有语言中的计数器代码都是非常相像的，例 4.7 中将会加以阐明，如下所示：

（1）定义计数器：计数器是一个变量。它总是整数，因为它记录的是循环体运行的次数，你不能命令计算机去把某事做 $3\frac{3}{4}$ 次！计数器常见的变量名有 counter，Count，I 或 j。这里，我们命名自己的计数器为 Count。

（2）初始化计数器：为计数器设置一个起始值。尽管计数器可以从任何数开始——通常是由程序中的其他因素决定——现在，我们在开始时把计数器置 0 或 1（Set Count=0 或者 Set Count=1，取决于程序的需要）。

（3）计数：计算机计数的方法和你很小的时候的数数方法是类似的。为了一个个地计数，计算机每次取出先前已有的数字，把它加 1。因此计算机用来计数的代码看起来像 Count+1。此时来存储新值。旧值存储在一个叫 Count 的变量中。这看起来有点怪，但是如果我们依次增加 1，我们可以通过语句 Count=Count+1 存储新值。这使得旧值增加 1 并且将新值存储在了旧值的地方。

例 4.7　使用计数器显示数字平方

计数器控制循环的一个常见用途是输出数字表格。例如，假设我们想显示一定数目的正整数的平方，该数目由用户输入并存储在变量 PositiveInteger 中。程序伪代码如下：

```
1 Declare PositiveInteger As Integer
2 Declare Count As Integer
3 Write "Please enter a positive integer: "
4 Input PositiveInteger
5 Set Count=1
6 While Count<=PositiveInteger
7   Write Count+" "+ Count^2
8   Set Count=Count+1
9 End While
```

程序如何运行以及各行伪代码的意义

我们把这段伪代码走一遍，一次一行。

- 第 1 行和第 2 行定义了两个整型变量。
- 第 3 行要求用户输入一个正整数。
- 第 4 行把用户输入的值储存在变量 PositiveInteger 中。
- 第 5 行，在进入循环前给 Count 赋初值——我们把它设成 1。
- 第 6 行是循环的开始。它首先测试 Count 的值是否小于或等于 PositiveInteger 的值。我们要让循环体语句在运行时输出从 1 到 PositiveInteger 的所有数，以及这些数各自的平方。换句话说，如果把 3 赋给 PositiveInteger，你将看到以下输出内容：

```
1   1
2   4
3   9
```

- 第 7 行在屏幕上打印出 Count 和它的平方值，中间以空格分隔。
- 第 8 行在循环中把 Count 加 1，然后程序回到循环开始所在的第 6 行。
- 第 9 行只有当 Count 的值大于 PositiveInteger 的值时才会执行。

这个伪代码对应的流程图如图 4.5 所示。

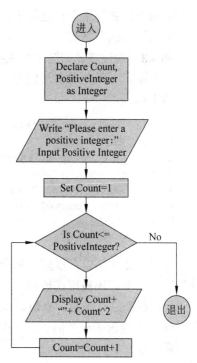

图 4.5　在循环中使用计数器的流程图

在例 4.7 中，如果用户输入给 PositiveInteger 的值是 1，那将会发生什么呢？第 6 行会测试 PositiveInteger 小于还是等于 Count。如果结果为真，循环就会执行一次。接着 Count 的值就会增加到 2，它比 PositiveInteger 大，所以循环就会退出。显示结果如下：

```
1    1
```

如果用户输入给 PositiveInteger 的值是 0，又将会出现什么结果呢？循环的测试条件立即返回 false，循环体根本不会被执行，没有任何输出。

试一试：手工执行一下例 4.7，输入 6 给 PositiveInteger。检查一下你的结果是否和下面的一样：

```
1    1
2    4
3    9
4    16
5    25
6    36
```

向上和向下的各种计数方法

计数器并非必须一次加 1，并且，计数器并非必须向上计数。你可以把计数器设定成你想要的任意值，并向上计数到某个特定的值，就像我们在例 4.7 中所做的那样。或者，你可以向下计数到某个特定的值，就像例 4.8 中所示的那样。我们也可以从任意值开始计数，向上数（或向下数），可以每次加 2、加 5，或加任意整数。

例 4.8　用递减计数器进行发射倒计数

我们演示一下发射火箭到月球去时的倒计数过程。倒计数从 100 开始，向下数到 1，间隔为 1 秒：

```
1  Declare Count As Integer
2  Set  Count=100
3  Write "Countdown in…";
4  While  Count>0
5      Write Count+" seconds"
6      Set  Count=Count-1
7  End  While
8  Write "Blastoff!"
```

注意：在本例以及以前的例子中，计数器有两个用途。它不只是对循环已完成的重复次数进行计数，还被用在输出上。不过，并不总是这样的。有时，计数器只是简单地对循环迭代的次数进行计数；有时，就像这里的例子一样，有双重功能。

例 4.9 给出了一个例子，该例中使用计数器仅仅用于循环迭代次数的计数，而没有用于结果的显示。

例 4.9 一些爱好

假设你要编写一个程序让用户在网页上创建一个个人简介。在这个程序段中，计数器用于控制用户输入他或她在空闲时间最喜爱的活动。这三个爱好将被显示出来，但是计数器只用于对迭代次数进行计数，而不显示出来。

```
1  Declare Count As Integer
2  Declare Activity As String
3  Set Count=1
4  Set Activity = " "
5  Write "Enter three things you like to
   do in your free time: "
6  While Count<4
7    Input Activity
8    Write "You enjoy "+Activity
9    Set Count=Count+1
10 End While
```

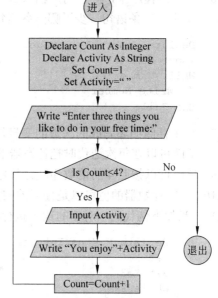

如果用户输入骑单车、踢足球和计算机编程这三个爱好，那么将显示如下内容：

```
You enjoy 骑单车
You enjoy 踢足球
You enjoy 计算机编程
```

该程序段相对应的流程图见图 4.6 所示。

图 4.6 使用计数器计算迭代次数的流程图

是什么与为什么（What & Why）

可以使用计数器来对迭代次数计数，也可以把它作为输出的一部分，也可以将它同其他变量合并。这里将通过使用计数器来改进例 4.9 的输出结果。

```
1  Declare Count As Integer
2  Declare Activity As String
3  Set Count=1
4  Set Activity= " "
5  Write "Enter three things you like to do in your free time: "
6  While Count<4
7    Input Activity
8    Write Count+". You enjoy "+ Activity
9    Set Count=Count+1
10 End While
```

现在，如果用户输入骑单车、踢足球和计算机编程作为爱好，将显示如下结果：

```
You enjoy 骑单车
You enjoy 踢足球
You enjoy 计算机编程
```

4.2节 自测题

4.5 画出例 4.5 和例 4.6 程序段对应的流程图。

4.6 下面的程序中，假设用户输入数字并显示出来，当用户输入 0 时，停止程序，但是其中少了一条语句，少了哪一条语句呢？请在合适的位置处插入一条语句。

```
Declare Number As Integer
Input Number
While Number!=0
    Write Number
End While
```

4.7 用于存储循环完成的次数的变量称为_____。

4.8 T F 可以在每次迭代时把计数器的值递增 14。

4.9 T F 可以按照 4 的倍数递减计数器的值。

4.10 T F 计数器的值可以是任意的实数。

4.11 当如下伪代码相对应的代码执行的时候，什么数字会被显示出来？

```
a. Declare N,K As Integer
   Set N=6
   Set K=3
   While K<=N
       Write N+" "+K
       Set N=N-1
   End While
b. Declare K As Integer
   Set K=10
   While K>=7
       Write K
       Set K=K-2
   End While
```

4.12 请编写一段伪代码完成如下程序段同样的事情，但是请使用后置检测循环来代替这里的前置测试循环。可以使用 Repeat…Until 或者 Do…While 结构。

```
Declare W As Integer
Declare Count As Integer
Set Count=1
Set W=2
While Count<4
   Write Count * W
   Set Count=Count+1
End While
```

4.3 For 循环

大多数编程语言都包含使构建计数器循环更简单的语句类型。为了创建内置的计数器控制循环，我们引入 For 循环语句。For 循环语句提供了一种快捷方法，用于初始化计数器，告诉计算机每一遍循环时应将计数器加上或减去多少值，以及告诉计算机什么时候停止循环。

4.3.1 For 语句[1]

下面的伪代码创建了一个内置的计数器控制循环，我们用它来说明 For 循环语句：

```
For(Counter=InitialValue; Test Condition; Counter++)
    body of the loop
End For
```

这种类型的语句将从 Counter 等于特定值 InitialValue 开始执行循环体，每执行一次循环体 Counter 的值加 1。语句 Counter++同语句 Set Counter=Counter+1 是一样的。这个过程将一直持续直到测试条件不满足时结束。本节将详细讨论 For 循环的每一个细节部分，这里将使用例 4.10 介绍最简单的 For 循环是如何运行的。

例 4.10 For 循环的执行

```
For(Count=1;Count<=4;Count++)
    Write Count
End For
```

在本例中，For 循环从 Count 等于 1 开始执行，然后是 2、3，最后一次 Count 等于 4。该程序段的输出内容为 1、2、3 和 4。

在单词 For 后面的圆括号中有三个语句，它们以分号分隔开来。第一个语句为计数器设定初始值。第二个语句用于描述测试条件。第三个语句用于告诉计算机在每一个循环过程中如何增加或减少计数器的值。在例 4.10 中，计数器在每一次迭代过程中加 1。不过，For 循环结构的一般形式如下：

```
For(Counter=InitialValue;Test Condition;Increment/Decrement)
    body of the loop
End For
```

下面我们将详细讨论 For 循环中的三个语句。在这个典型的 For 语句中，Counter 必须是变量，Increment 或 Decrement 通常是一个数值，InitialValue 和 Test Condition 可以是常量、变量或表达式。

初始值

第一个语句中，设置 Counter 的初始值。初始值可以是一个整数常量，如 1、0、23 或 −4。初始值也可以是一个数值变量。例如，如果一个名字为 LowNumber 的变量在进入 For 循环之前被赋予了一个整数值，那么此时 Counter 将被初始化为同该变量一样的值。此时 For 循环中第一个语句将写成这样：Count=LowNumber。类似地，Counter 也可以用一个表达式为其赋值，该表达式可以包含数值变量和数字，例如 Count=(LowNumber+3)。

不过，Counter 本身必须是一个变量，且它的初始化值必须是一个整数。

---

1 参见附录 D 关于如何将 For 循环的伪代码转换为 RAPTOR 流程图。

Count=5 是计数器的有效初始化。

Count=NewNumber，当 NewNumber 是一个数值变量时，也是计数器的一个有效初始化。

Count=(NewNumber*2)也是计数器的一个有效初始化。

Count=(5/2)不是计数器的一个有效初始化，因为 5/2 不是一个整数。

23=Count 不是计数器的一个有效初始化。

测试条件

测试条件应该是 For 循环的三个语句中最重要的一个。理解测试条件表示什么，测试在哪里进行，条件测试之后发生什么是非常重要。测试条件询问："计数器是否在指定的条件范围内？"例如当测试条件是 Count<10，此时问题就变成了："Count 小于 10 吗？"如果回答"是"，循环体再次执行。如果回答"否"，循环体退出。也就是说当 Count=10 时，循环体就退出。但是，当测试条件改成 Count<=10 时，问题就变成了："Count 的值小于或等于 10 吗？"在这种情况下，只有当 Count 等于 11 或大于 11 时，循环体才会退出。

无论对于何种循环结构来说，包括 Repeat 循环、While 循环和 For 循环，什么时间检查测试条件是关于测试条件的另一个需要重点考虑的问题。如前所示，在后置测试循环中，对于测试条件的检查在循环体的末尾处进行，而在前置测试循环中，对于测试条件的检查则在循环体的开始处进行。从这些循环的语言来看，这个问题非常清楚，而对于 For 循环来说，就不那么清楚了。在 For 循环中，测试条件在开始处检查。如果计数器的初始值通过了测试条件，将进入循环体一次。循环体执行一次之后，计数器要么递增一定的值，要么递减一定的值，然后测试条件再一次被检查。

测试条件可以是一个数值，也可以是一个数值变量，还可以是包含变量和数值的表达式。例如：

Count<5 是一个有效的测试条件，带有这个测试条件的循环将执行到 Count 的值等于或大于 5 为止。

Count>=6 是一个有效的测试条件，带有这个测试条件的循环将执行到 Count 的值等于或小于 5 为止。

Count>=NewNumber 也是一个有效的测试条件，带有这个测试条件的循环将执行到 Count 的值小于 NewNumber 的值为止。

Count<(NewNumber+5)是一个有效的测试条件。带有这个测试条件的循环将执行到 Count 的值等于或大于（NewNumber+5）的值为止。

递增/递减语句

递增或递减语句完成的工作同例 4.7、例 4.8 和例 4.9 中 Set Count=Count+1 或 Set Count=Count−1 语句完成的工作相同。不过，许多编程语言使用更简短的方式递增或递减计数器。在我们的伪代码中，我们使用如下简短的方式：

Count++将变量 Count 的值每次加 1（例如，向上递增）。

Count−−将变量 Count 的值每次减 1（例如，向下递减）。

要想将计数器的值递增或递减量大于 1 时，可以使用如下语句：

Count+2 将 Count 的值每次加 2。例如，如果 Count 初始化为 0，那么在下次进入循环的时候，Count 的值将等于 2，再一次进入循环的时候等于 4，等等。这个简写方式等价于伪代码语句：Count=Count+2。

Count-3 将 Count 的值每次减 3。例如，如果 Count 初始化为 12，那么在下次进入循环的时候，Count 的值将等于 9，再一次进入循环的时候等于 6，然后是 3 等等。这个简写方式等价于伪代码语句：Count=Count-3。

因此，Count+X 将 Count 的值每次加 X，Count-X 将 Count 的值每次减 X。

例 4.11 和例 4.12 给出了 For 循环递增和递减的示例。

例 4.11　递增 For 循环

该 For 循环的计数器每次加 5，该例说明了如何将计数器初始化为 0，并按照增量 5 递增到 15，相应伪代码如下：

```
For(Count=0;Count<=15;Count+5)
    Write Count
End For
```

在这个程序段中，计数器是一个名为 Count 的变量，它被初始化为 0。增量为 5；Count+5 告诉计算机每进行一次循环，Count 的值加 5。测试条件为表达式 Count<=15。

程序如何运行以及各行伪代码的意义

在第一轮循环中，Count=0，屏幕上输出 0，然后 Count 加 5。此时测试条件被检查。检查结果为 Count 不大于 15，因此测试通过。在第二轮循环中，Count=5，屏幕上输出 5，然后 Count 加 5。此时测试条件再一次被检查。因为 10（Count 的新值）不大于 15，因此测试通过。在第三轮循环中，Count=10，屏幕上输出 10，然后 Count 加 5。此时测试条件再一次被检查。因为 15（15 等于 15，但是不大于 15）不大于 15，因此测试通过。循环将再进行一次。

在最后一轮循环中，Count=15，因此屏幕上输出 15，然后 Count 加 5，此时 Count 的值等于 20。此时测试条件再一次被检查。Count 没有通过检查，循环结束。该程序段的输出结果如下：

```
0
5
10
15
```

例 4.12　递减 For 循环

该 For 循环的计数器每次减 5，该例说明了如何将计数器初始化为 15，并按照减量 5 递减到 0，相应伪代码如下：

```
For(Count=15;Count>=0;Count-5)
    Write Count
End For
```

在这个程序段中，Count 被初始化为 15。减量为 5；Count-5 告诉计算机每进行一次循环，Count 的值减 5。测试条件为表达式 Count>=0。也就是说，当 Count 的值小于 0 时，循环结束。

程序如何运行以及各行伪代码的意义

在第一轮循环中，Count=15，屏幕上输出 15，然后 Count 减 5。此时测试条件被检查。检查结果为 Count 不小于 0，因此测试通过。在第二轮循环中，Count=10，屏幕上输出 10，然后 Count 减 5。此时测试条件再一次被检查。因为 5（Count 的新值）不小于 0，因此测试通过，循环再一次执行。在第三轮循环中，Count=5，屏幕上输出 5，然后 Count 减 5。此时测试条件再一次被检查。因为 0（0 等于 0，仍然通过检查）不小于 0，循环将再进行一次。

在最后一轮循环中，Count=0，因此屏幕上输出 0，然后 Count 减 5，此时 Count 的值等于 –5。此时测试条件再一次被检查。Count 没有通过检查，循环结束。该程序段的输出结果如下：

```
15
10
5
0
```

4.3.2　For 循环的执行流程

总结一下我们刚刚讨论的内容，For 循环执行流程：一旦进入循环，计数器将被置为初始值 InitialValue。然后，当 InitialValue 的值通过测试条件，循环体将被执行。如果计数器没有通过循环，循环体将被跳过，End For 之后的语句将被执行。

在每一轮循环之后，计数器的值都将递增或递减一定量的值，由 Increment/Decrement 确定。此时，如果计数器的新值通过了测试条件，循环体将再一次被执行。一旦计数器的值不在测试条件的限定范围之内，循环体将退出，End For 之后的语句将被执行。例 4.13 给出了使用表达式作为测试条件的示例。

例 4.13　使用表达式作为测试条件

在下面的 For 循环中，测试条件不是一个常量，而是一个表达式。 在这个循环中，计数器在每一次迭代过程中增加 3，直到它的值比变量 myNumber 的值大于 2 为止。

```
Set MyNumber=7
For(Count=1; Count<=(MyNumber+1); Count+3)
    Write Count
End For
```

以上代码段运行之后显示的结果为：

```
1
4
7
```

程序如何运行以及各行伪代码的意义

在第一次循环中，Count=1。测试条件表明循环应该继续执行，因为 Count 的值小于或等于 MyNumber+1 的值，MyNumber+1 的值为 8。在第二次循环中，Count=1+3=4。在第三次循环中，Count=4+3=7。在第四次循环中，Count=7+3=10。此时，Count 没有通过测试条件，因此循环停止。

例 4.14 允许用户来控制测试条件。

例 4.14　使用 For 循环来显示数的平方

下面的 For 循环和我们在例子 4.7 中的 While 循环有相同的作用。它输出一个表格，显示从 1 到 PositiveInteger 的所有数及其平方。

```
1 Declare Count As Integer
2 Declare PositiveInteger As Integer
3 Write "Please enter a positive integer: "
4 Input PositiveInteger
5 For (Count=1;Count<=PositiveInteger;Count++)
6     Write Count+" "+Count^2
7 End For
```

图 4.5 的流程图给出了例 4.14 中递增式的 For 循环的执行流程。该流程图同样说明了例 4.7 中的 While 循环的情况。它们的内在逻辑是一样的，其差异性在于编程语言的使用上以及编程人员的个人偏好。

例子 4.15～例 4.17 提供了更多的例子来展示 For 循环的其他特点。

例 4.15　用 For 循环两两计数

这个程序给出了一个增量值不为 1 的 For 循环例子。它输出 1 到 20 之间的奇数。

```
1 Declare Count As Integer
2 For (Count=1; Count<=20; Count+2)
3     Write Count
4 End For
```

在屏幕上输出的数字是所有的奇数，从 1 开始，一直到 19。

程序如何运行以及各行伪代码的意义

在第一遍循环时，Count 被初始化为 1（第 2 行），打印出来（第 3 行），然后增加 2（根据第 2 行中的 Count+2 这个语句）。现在 Count 等于 3，因此，在第二遍循环时，（Count<=20）还会被检测是满足条件的。因为 3 不比 20 大，程序再次运行到第 3 行，显示 3 并再次把 Count 加 2。这样持续下去直到第 10 次循环。在这一次的循环迭代中，Count 的值（19）显示出来，并被增加到 21。现在 Count 超过了终值（20），于是循环结束。

例 4.16　向下计数

使用负数作为循环增量，我们可以在循环中反向计数。这时，计数器是递减的。也就是说，计数器变量的值将在反复迭代中递减。对于负数增量，当计数器值变得小于循环终值时，循环就会退出。

```
1 Declare Count As Integer
2 For (Count=9; Count>=5; Count-2)
3   Write Count
4 End For
```

如果按上面的程序片段编程并运行，那么屏幕上将显示 9，7，5。

程序如何运行以及各行伪代码的意义

- 第 2 行：计数器 Count 被赋值为 9，本行代码还说明，每一遍循环，Count 将减 2，直到它小于 5。
- 第 3 行：输出 Count 的初值 9。
- 然后，–2（减少量）加到 Count 上，现在 Count 的值是 7。因为终值是 5，Count 还是不小于 5，所以将进行第二次循环。
- 第二次循环，输出 7，Count 被减成 5。它仍然不小于 5，于是进行另一次循环。
- 最后，在第三遍循环时，输出 5，Count 等于 3。因为 3 小于终值(5)，循环结束。

例 4.17　循环边界

如果循环增量是正数，并且初始值大于终值，则循环体将被跳过，如下所示：

```
1 Write "Hello"
2 Declare Count As Integer
3 For (Count=5; Count<4; Count++)
4   Write "Help, I'm a prisoner in a For loop! "
5 End For
6 Write "Goodbye"
```

程序如何运行以及各行伪代码的意义

在这个例子中，Count 被初始化为 5。并在循环中每次增加 1。不幸的是，当 Count 大于 4 时，终值要求跳出循环。由于 Count 一开始就比 4 大，所以循环体会被跳过。第 3 行永远不会被运行到，循环体中的任何语句都将永远不会被触及。因此，这段伪代码对应的程序输出将如下所示：

```
Hello
Goodbye
```

4.3.3　细心的豆子计数器

在这一节中，我们会给出几个例子，说明在 For 循环和 While 循环中都会碰到的一些易犯的错误。其中最常见的一个程序错误是使用计数器不正确。选择初值、递增量或递减量，以及终值，是程序员的决定。这些选择确定了循环运行的次数。要细心地检查初值和测试条件，以确保循环重复的次数精确地符合你的需要，这一点非常重要。带着这个想法，我们来看看例 4.18 到例 4.20 中几个数豆子的程序。

例 4.18 数 4 个豆子

```
1 Declare Count As Integer
2 Declare Beans As Integer
3 Set Beans=4
4 For ( Count=1; Count<=Beans; Count++)
5    Write "bean"
6 End For
```

程序如何运行以及各行伪代码的意义

让我们看看在这个程序中发生了什么。在第一遍循环时，Count=1，小于 Beans(4)，显示一个 bean。然后 Count 加到 2，还是比 4 小，于是第二个 bean 显示出来，并且 Count 加到 3。还是比 4 小，于是循环重复一次，第三个 bean 显示出来，并且 Count 加到 4。第四个 bean 显示出来，Count 加到 5。现在，Count 比 beans(4)要大，于是循环停止。如此，共有四个 bean 显示出来。

例 4.19 显示了另一种方法来完成相同的事情。

例 4.19 数 4 个豆子的另一种方法

```
1 Declare Count As Integer
2 Declare Beans As Integer
3 Set Beans=4
4 For(Count=Beans; Count>=1;Count--)
5        Write "bean"
6 End For
```

程序如何运行以及各行伪代码的意义

程序开始时，Count=4（变量 Beans 的值）。第一遍循环，输出一个 bean，并且 Count 减为 3。因为 3 比 1 大，继续循环，输出第二个 bean，Count 减为 2。这时，Count 还是大于 1，于是输出第三个 bean，Count 减为 1。因为 Count 值等于终值，所以终值检测通过。第四个 bean 输出出来，Count 减为 0。Count 不能通过终值检测，程序结束。这样，我们看到输出了四个 bean。

在下面的例 4.20 中，我们来看看在 While 循环结构中，如何使用计数器控制来进行豆子的数数。

例 4.20 用 While 循环来数 4 个豆子

```
1 Declare Count As Integer
2 Declare Beans As Integer
3 Set  Beans=4
4 Set  Count=1
5 While  Count<=Beans
6        Write "bean"
7        Set Count=Count+1
8 End  While
```

程序如何运行以及各行伪代码的意义

在这个例子中，第三次循环之后 Count=4，它还是小于或等于 4，所以循环又重复一次，输出第四个 bean。然后 Count 加到 5，测试条件不再满足，于是程序结束，程序正确地输出了 4 个 bean。

如果你不够谨慎，就可能使程序不能按正确的迭代次数来执行循环。如例 4.21～例 4.24 所示，你需要特别注意计数器的初值和你写测试条件的方式。

例 4.21　小心谨慎地使用测试条件：豆子数不够

```
1 Declare Count As Integer
2 Declare Beans As Integer
3 Set  Beans=4
4 Set  Count=1
5 While  Count<Beans
6   Write "bean"
7   Set  Count=Count+1
8 End  While
```

在本例中，第一个"bean"显示出来时，初值为 1 的 Count 变量增加到了 2。第二个"bean"显示出来时，Count 增加到 3。第三个"bean"显示出来时，Count 变量增加到 4。现在，Count 不比 beans 小，于是程序结束了，但是它只显示了三个"bean"。

为了使例 4.21 中的循环能正确显示四个 bean，应该把 Count 设为 0 而不是 1。在例 4.22 中，我们将会看到循环限制条件不正确会导致什么。

例 4.22　小心谨慎地使用测试条件：豆子数多了

```
1 Declare Count As Integer
2 Declare Beans As Integer
3 Set  Beans=4
4 Set  Count=0
5 While  Count<=Beans
6     Write "bean"
7     Set  Count=Count+1
8 End  While
```

程序如何运行以及各行伪代码的意义

在本例中，Count 从 0 开始，显示一个"bean"，Count 增加到 1，循环限制条件为真，于是另一个循环开始执行。在第二轮循环中，第二个"bean"被显示出来，Count 增加到 2。循环限制条件还是真。于是第三个"bean"被显示出来，Count 的值变为 3，并且循环测试条件仍然为真。这样，第四个"bean"被显示出来，Count 加到 4。但是此时，在第四个"bean"已经被显示出来之后，Count=4，循环限制条件仍然为真，因为 Count 还是小于或等于 beans。因此，循环继续下一轮迭代。现在，第五个 bean 被显示出来，Count 增加到了 5，循环限制条件终于不再成立，程序结束，但它已经显示了五个 bean 而不是四个。

例 4.23　自己试一试

下面的伪代码将显示五个"bean"，你能看出是为什么吗？

```
1 Declare Count As Integer
2 Declare Beans As Integer
3 Set  Beans=4
4 Set  Count=Beans
5 While  Count>=0
6   Write "bean"
7   Set  Count＝Count-1
8 End  While
```

例 4.24　再试一下

下面的伪代码将显示多少"bean"？你能够指出为了正确地显示出四个"bean"需要怎样修改程序吗？

```
1 Declare Count As Integer
2 Declare Beans As Integer
3 Set  Beans=4
4 Set  Count=1
5 While  Count<Beans
6   Write "bean"
7   Set  Count=Count+1
8 End  While
```

在结束这一节之前，我们来看一下在两种程序语言 C++和 Visual Basic 中，循环结构的语法。在这两种语言中，程序执行的逻辑和次数是一样的，但语法非常不同。

具体编程实现（Making It Work）

For 循环

下面的代码与例 4.18 相对应。

C++代码：

```
void main(){
int Beans=4;
int Count;
for(Count=1;Count<=Beans; Count++)
{
    count << "bean";
}
return; }
```

Java 代码：

```
public static void beancounter()
{
    int Beans=4;
```

```
    int Count;
    for(Count=1;Count<=Beans;Count++)
    {
        System.out.println("bean");
    }
}
```

注意 Java 和 C++代码的相似性！
Visual Basic 代码：

```
Private Sub btnBeanCount_Click
    Dim Beans as Integer
    Dim Count as Integer
    Beans=4
    For  Count=1  To  Beans  Step 1
        Write "bean"
        Next  Count
End  Sub
```

4.3 节 自测题

4.13　下面伪代码对应的程序代码运行时，哪些数字会被显示出来？

```
a. Declare N As Integer
   Declare K As Integer
   Set N=3
   For(K=N; K<=N+2; K++)
       Write N+" "+K
   End For
b. Declare K As Integer
   For(K=10; K<=7;K-2)
       Write K
   End For
```

4.14　下面伪代码对应的程序代码运行时，程序会输出什么？

```
a. Declare N As Integer
   Declare K As Integer
   Set N=3
   For(K=5; K>=N; K--)
       Write N
       Write K
   End For
b. Declare K As Integer
   For(K=1; K<=3;K++)
       Write "Hooray!"
   End For
```

4.15 写一个程序（伪代码），包含下面的语句

```
For(Count=1; Count<=3; Count++)
```

而且伪代码对应的程序在运行时产生如下输出：

```
10
20
30
```

4.16 改写下面的伪代码，用 For 循环代替 While 循环

```
Declare Number As Integer
Declare Name As String
Set Number=1
While Number<=10
    Input Name
    Write Name
    Set Number=Number+1
End While
```

4.17 使用后置测试循环结构代替第 4.16 题中的前置测试循环结构，重新编写伪代码。

4.18 找出和解释下面伪代码中的错误，然后修改伪代码，使它能输出四个 bean。

```
Declare Beans As Integer
Declare Count As Integer
Set Beans=4
Set Count=Beans
While Count>=0
    Write "bean"
    Set Count=Count+1
End While
```

4.4 重复结构的应用

在教材的后续内容中，你将会看到许多例子，用来说明重复（或循环）结构是如何被用来构建程序的。这一节，我们会给出这个控制结构的一些基本应用。

4.4.1 使用哨兵控制器循环来输入数据

在输入大量数据时，经常会用到循环结构。在每层循环中，单个数据（或一批数据）被送进程序。设想某个大学教授在教一个生物类的大课，可能就需要用循环来输入所有的考试成绩。循环中的测试条件必须满足在所有数据输入以后让循环退出。使循环退出的常用的最好办法是要求用户输入一个特定的数据项（哨兵值），作为数据输入结束的信号。哨兵数据项（或数据结束标记）应该精心选择，使它在实际输入数据时不可能被误用。例如，以生物课教授的班级作为例子，因为所有学生的成绩都在 0 和 100 之间，所以，哨兵数据项可以设成 –1。因为没有学生的成绩会是 –1，所以当碰到 –1 时，循环就可以结束。例 4.25

是一个使用哨兵控制循环的简单例子，它用哨兵值来决定是否要退出循环。

例 4.25　一个计算薪水的哨兵控制器循环

假设一个计算员工薪水程序的输入数据由每一个员工工作的小时数和每小时应付给他（或她）的钱组成，下面的伪代码可以用来输入并处理这类数据：

```
1 Declare Hours As Float
2 Declare Rate As Float
3 Declare Salary As Float
4 Write "Enter the number of hours this employee worked: "
5 Write "Enter -1 when you are done. "
6 Input Hours
7 While Hours != -1
8    Write "Enter this employee's rate of pay: "
9    Input Rate
10   Set Salary=Hours*Rate
11   Write "An employee who worked "+ Hours
12   Write "at the rate of "+ Rate + "per hour"
13   Write "receives a salary of $ "+ Salary
14   Write "Enter the number of hours this employee worked: "
15   Write "Enter -1 when you are done. "
16    Input Hours
17 End While
```

程序如何运行以及各行伪代码的意义

在这个程序片段中，正如在这一章前面讨论过的，第 4、5 和 6 行提示输入 Hours 的初值来开始循环。有一点非常重要，就是要输入提示使用户明白，数字–1 表示所有员工都已被处理。

据此将原伪代码修改后如下所示：

```
1 Write "Enter the number of hours worked:"
2 Write "Enter -1 when you are done."
3 Input Hours
4 While Hours<>-1
5    Write "Enter the rate of pay:"
6    Input Rate
7    Set Salary=Hours:kRate
8    Write Hours,Rate,Salary
9    Write "Enter the number of Hours Worked:"
10   Write "Enter -1 when you are done."
11    Input Hours
12 End while
```

在这个程序片段中，如果 Hours 的输入数值是哨兵值(sentinel)–1，那么 While 语句中的测试条件就为假，循环终止，输入也结束。否则，循环体被执行，输入 Rate，计算并显示薪水，再输入 Hours。这个过程会一直重复下去。图 4.7 给出了本例伪代码的流程图。

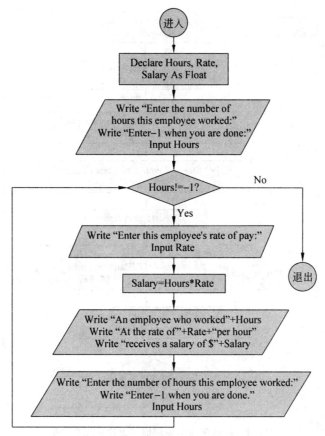

图 4.7　计算薪水的哨兵控制器循环

另一种让用户来表明所有数据已输入完毕的方法，是在每次输入操作后，让程序来问是不是要继续处理。例 4.26 以及相应的图 4.8 的流程图显示了一个程序片段，对这种技巧进行了阐述。

例 4.26　要知道什么时候停止，提问就行

```
1 Declare Hours As Float
2 Declare Rate As Float
3 Declare Salary As Float
4 Declare Response As String
5 Repeat
6   Write "Enter the number of hours worked."
7   Input Hours
8   Write "Enter the rate of pay: "
9   Input Rate
10  Set Salary=Hours*Rate
11  Write "An employee who worked "+ Hours
12  Write "at the rate of "+ Rate + " per hour"
13  Write "receives a salary of $ "+ Salary
14  Write "Process another employee? (Y or N)"
15  Input Response
16 Until Response=="N"
```

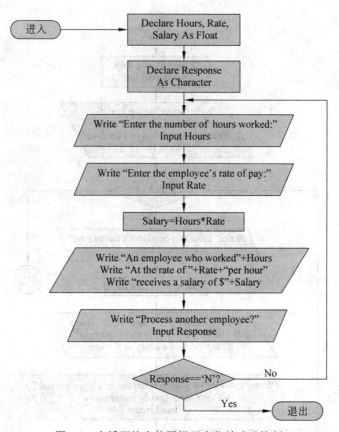

图 4.8　在循环体中使用提示来代替哨兵控制

在这里，如果有更多的数据输入，用户键入字母 Y 否则键入 N。当然，这意味着变量 Response 必须是字符或字符串类型。测试条件 Response=="N" 决定循环是否应再次进入。

4.4.2　数据检验

在第 3 章中，我们讨论了防御型编程，以及如何避免数学上的缺陷，如除以 0 或对负数开平方根。这是两个说明何时必须对数据进行检验的例子。你也许会为一个小规模的玩具交易写一个订货程序。顾客想要上发条的玩具老鼠，他键入需要的个数 1、2、100，甚至是 0。为了使用户在程序执行中键入一个正数的订单项，我们使用类似下面的伪代码。

```
Write "How many wind-up mice do you want to order? -->"
Input Number
```

然而，即使有输入提示，用户仍可能输入负数。由于不可能卖一个负数数量的上发条的玩具老鼠，你必须确保用户只能输入正整数或者 0。因此，你必须在程序中包括这样的语句，即检验（检查）输入数据，并且如果第一个数在可接受的范围之外，则要求输入一个新数。后面的例 4.27 和例 4.28 将使用循环来完成这个任务。

例 4.27　使用后置检测循环来检验数据

```
Declare MiceOrdered As Integer
```

```
Repeat
    Write "How many wind-up mice do you want to order? --> "
    Input MiceOrdered
Until MiceOrdered >= 0
```

这段伪代码用后置检测循环来检验输入的数据。提示信息

```
How many wind-up mice do you want to order? -->
```

会一直重复出现，直到输入数字（MiceOrdered）为正数。

例 4.28　使用前置检测循环来检验数据

有时候，当我们检验数据时，我们想要强调这样一个事实，即用户已输入的数据是错误的，通过显示一条提示信息可以达到这个效果。我们可以使用前置检测循环来实现，如以下伪码所示：

```
Declare MiceOrdered As Integer
Write "How many wind-up mice do you want to order? --> "
Input MiceOrdered
While MiceOrdered<0
    Write "You can't order a negative number of mice."
    Write "Please enter a positive number or zero --> "
    Input MiceOrdered
End While
```

注意，在使用前置检测循环来检验输入数据时，我们使用了两条 Input 语句（和相应的提示）。第一个放在循环之前，它总会执行；第二个包含在循环中，只有当输入数据不在规定范围内时它才会执行。尽管这意味着检验数据的过程会比例 4.27 中的要稍复杂一些，但它更灵活，对用户更友好。在检验数据的循环体中，可以提供任何最适合当时情形的提示信息。

Int()函数

有时候，用户输入的数据是整数——可以是正数，负数或零。例如，Web 站点的购物车程序就不能接受订单数量为非整数值的订单。又比如，一个猜数类游戏要求用户猜一个数（将在第 5 章创建一个这样的程序），要求这个数是整数。不允许用户输入小数，但是该程序允许用户输入正整数、负整数和零。如何检验这类输入取决于程序语言。

在本书中，我们将引入 Int 函数来做这件事。函数是一个计算特定数值的过程。在本书前面，我们已经使用过求平方根的函数 Sqrt。该函数接受一个数，计算它的平方根。Int 函数的作用则是接受任意数，把它转换成整数。其他函数所做的工作类似，比如 Floor 函数和 Ceiling 函数，本节也将讨论这两个函数。大多数编程语言都包含这些函数。

Int 函数写为 Int(X)，这里 X 表示数值、数值变量，或数学表达式。该函数通过摒除分数部分（如果有的话）把任意的数值 X 转换成整数。

如果 Int（X）的括号中有一个运算，则先进行该运算。然后结果值再被转换为整数。这就使 Int（X）成为一个函数。它通过一些必要的步骤，把一值的表达式，转换为整数，这些在程序语言中是内置实现的。这就是例 4.29 展示了 Int 函数的用法。

例 4.29　Int()函数

这个例子展示了 Int 函数如何处理整型、浮点数（就是有小数部分的数字）、变量，以及由上述这些类型的任意组合组成的数学表达式。

在下面的表达式中，式子左侧接受括号中的数值，并把它转换成整数，式子右侧是结果。

- Int(53)=53=>整数的转换结果还是它本身。
- Int(53.195)= Int(53.987)=53=>浮点数的取整结果是它的整数部分，小数部分被舍掉。

设有两个变量，Number1=15.25 和 Number2=–4.5，则有如下结果：

- Int(Number1)=15 => Number1 代表值 15.25，Int 函数把 Number1 的值转换成它的整数部分。
- Int(Number2)=–4 => Number2 代表值–4.5，它的整数部分为–4。
- Int(6*2)=12 => 首先，Int 函数对括号里的式子进行计算，然后返回结果的整数值。
- Int(13/4)=3=>13/4=3.25，3.25 的整数部分是 3，所以 Int(13/4)=3。
- Int(Number1+3.75)=19=>因为 Number1=15.25，15.25+3.75=19.00。但是 Int 函数将 19.00（浮点数）转化为 19（整数）。

在程序中，只要整型常量是合法的，就可以出现 Int 函数。例如，如果 Number 是一个数值变量，那么下面的每条语句都是合法的：

- Write Int(Number)
- Set Y=2*Int(Number–1)+5

然而，语句 Input Int(Number)就不合法。

下面的例 4.30 展示了如何用 Int 函数来对整数输入进行检验。

例 4.30　使用 Int()函数进行数据验证

这段程序有两个循环。第一个循环用来对名为 MySquare 的变量进行检查，看用户输入给它的实际值是否为整数。然后，另一个循环用来显示从 1 到 MySquare 的所有整数的平方表。

```
1 Declare MySquare As Integer
2 Declare Count As Integer
3 Repeat
4    Write "Enter an integer: "
5    Input MySquare
6 Until Int(MySquare)==MySquare
7 For (Count=1; Count<=MySquare; Count++)
8    Write Count+" "+Count^2
9 End For
```

程序如何运行以及各行伪代码的意义

- 第 1 行和第 2 行，定义了两个变量。
- 第 3 行，第一个循环开始。
- 第 4 行，提示用户输入一个整数。
- 第 5 行，接受用户输入一个数，把它存入变量 MySquare。当然，用户可以输入任何数据，在这里，我们假定用户输入的是 17.5。

● 第 6 行，检验用户输入的数是否确实是整数。这怎么实现呢？在我们所给的例子中，用户输入了 17.5，于是第 6 行问："MySquare 的整数值与 MySquare 的值是相同的吗？"在这种情况下，回答是否定的。我们知道 MySquare=17.5，我们也知道 Int(MySquare)等于 17.5 的整数部分，即 17，它和 17.5 是不一样的。所以现在，第 6 行问题的答案，将使得程序退回到第 4 行。在第 4 行，用户被要求重新输入一个整数。他 / 她可以输入其他任意值来取代 MySquare 现在的值 17.5。我们假定这一次用户输入的是 6。现在，我们又一次回到第 6 行，再次进行检测："Int(MySquare)的值等于 MySquare 吗？"这一次，回答是肯定的，因为 Int(MySquare)=6 而 MySquare 也是 6。

● 第一个循环体可能会不断重复，直到用户最终输入一个整数，程序才会继续前进。

● 第 7 行，第二个循环开始。开始时，计数器 Count 的初值为 1。在第二个循环体中，每次循环 Count 都将加 1，直到达到限定值,限定值为 MySquare。在我们假设的示例中，MySquare 的值是 6。

● 第 8 行，输出。在这个循环里，第一次输出的是 1（第一次迭代时 Count 的值）和 1（Count^2 的值）。然后，控制返回到第 7 行。Count 现在等于 2，第 8 行输出 2（Count 的值）和 4(Count^2)。这个过程一直进行下去，直到 Count 等于 6，即 MySquare 的值。

注意，For 循环只有在 MySquare 大于或等于 1 时才执行。这时，平方表会显示出来。否则，For 循环会被跳过。最终的结果如下所示（假定在第 5 行用户最终输入的值是 6）：

```
1  1
2  4
3  9
4  16
5  25
6  36
```

图 4.9 所示的流程图给出了该程序段的执行流程，说明该程序包含两个不同的循环。

是什么与为什么（What & Why）

如果在程序第 5 行用户输入的是一个合法的整数–3，结果会如何呢？什么也不会显示，因为第 7 行的条件判断为假。程序段将仅仅显示比 0 大的数的平方，尽管 0 和负数是有效的平方值的合法整数。你能修改这个程序使它可以显示所有整数的平方吗？解决方案要用到在第三章讲过的判断结构和一些创造性的思想。

4.4.3　Floor()函数和 Ceiling()函数

许多编程语言都有这样的函数，在一定的情况下，可以完成同 Int()函数一样的工作。Floor()函数接受任意的数值，然后丢掉该数值的小数部分，保留其整数部分，同本节讨论

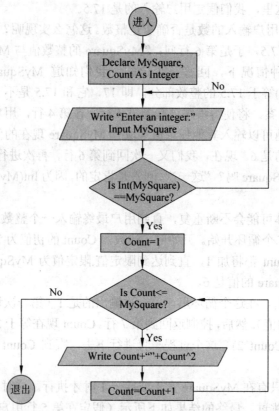

图 4.9   在一个程序中使用两种类型的循环结构

的 Int()函数完成的工作一样。Ceiling()函数也接受任意的数值, 然后将它转换为比它大的最小整数。不过, Ceiling()函数通常不用于验证整数输入, 而 Floor()函数和 Int()函数可以交替使用。

例 4.31   Floor()函数和 Ceiling()函数如何工作

该例比较 Floor()函数和 Ceiling()函数对于不同的值计算的结果:

```
Floor(62)=62                      Ceiling(62)=62
Floor(62.34)=62                   Ceiling(62.34)=63
Floor(79.89)=79                   Ceiling(79.89)=80
```

同 Int()函数一样, Floor()函数和 Ceiling()函数都可以作用于数值、数值变量和有效的表达式。假设有两个变量, NumberOne=12.2, NumberTwo=3.8, 有如下运算:

```
Floor(NumberOne)=12               Ceiling(NumberOne)=13
Floor(NumberTwo)=3                Ceiling(NumberTwo)=4
Floor(NumberOne*4)=48             Ceiling(NumberOne*4)=49
```

同 Int()函数一样, Floor()函数和 Ceiling()函数可以出现在程序中的任意的整数变量有效地位置上。假设 Number 是值为 7.83 的变量, 下面的语句是有效的:

- Write Floor(Number)将显示 7
- Write Ceiling(Number)将显示 8
- Set Y=Floor(Number)将把值 7 赋给 Y

- Set Y=Ceiling(Number)将把值 8 赋给 Y
- Set X=Floor(Number/2)将把值 3 赋给 X
- Set X=Ceiling(Number/2)将把值 4 赋给 X

例 4.32 给出了如何使用 Floor()函数来验证用户输入。

例 4.32　使用 Floor()函数来验证用户输入

这里的程序段是基于例 4.28 的伪代码编写的。在例 4.28 中，使用 While 循环结构来确保用户没有输入一个负数量的上发条的玩具老鼠。不过，程序还需要保证用户输入的玩具数量一个整数值。在本程序中，将使用 Floor()函数来验证整数数值。后面将会介绍如何同时验证输入数值是否为正数及是否为整数。

```
1 Declare MiceOrdered As Integer
2 Write "How many wind-up mice do you want to order? "
3 Input MiceOrdered
4 While Floor(MiceOrdered) != MiceOrdered
5   Write "You must enter a positive whole number."
6   Input MiceOrdered
7 End While
```

程序如何运行以及各行伪代码的意义

第 4 行是这个程序最有意思的地方。通过比较 Floor(MiceOrdered)的值与 MiceOrdered 的值是否相等，可以确定用户是否输入了一个整数。当且仅当用户输入的数值是整数的时候，该数值的下限整数值才可能同该数值本身相等。

具体编程实现（Making It Work）

一次验证一个以上简单条件

在例 4.32 中只检查了用户输入的数量是否为整数。但是像−3 或−12 这样的数也是整数，对于客户输入的购买数量来说是无效的。因此程序必须检查两件事情：用户输入的数值是否为整数？且该数值是否为负数？你能够想到一种方式把这两个条件一次检验吗？

这里可以使用由逻辑运算符连接起来复合条件进行检验。通常有不止一种方法可以解决这种类型的问题，读者想想是否自己也可以使用下面这个复合条件来重新改写程序段。

```
While (Floor(MiceOrdered) != MiceOrdered) AND (MiceOrdered <0)
```

例 4.33　使用 Ceiling()函数来涨工资

Kim Smart 在一个小公司负责工资支付工作。她发现公司老板用于工资结算的程序被设定为按最低满工时值进行计算。这样，对于一个工作 25.2 小时的工人和一个工作 25.9 小时的工作来说，他们都是按照工作 25 个小时来支付薪资的。开发工资结算程序的程序员使用了 Int()函数将浮点数小时值转换成了整数值。Kim 认为开发工资结算程序的程序员可能没有意识到这样的方式会少付给工人一些工作，除非工人们工作的工时数量为整数值。Kim 使用了 Ceiling()函数来修改这个程序，她希望公司老板不会发现现在所有的职员都得到了更高的工资。在下面的程序段中，将看到如何来实现这种情况。注意 Kim 同样使用了复合条件来验证用户输入的工时数和每小时工资额。

```
1 Declare Hours As Float
2 Declare Rate As Float
3 Declare Pay As Float
4 Write "Enter number of hours worked: "
5 Input Hours
6 Write "Enter hourly pay rate: "
7 Input Rate
8 While (Hours < 0) OR (Rate < 0)
9     Write "Negative values are not allowed. "
10     Write "Re-enter number of hours worked: "
11     Input Hours
12     Write "Re-enter hourly pay rate: "
13     Input Rate
14 End While
15 Set Pay= Ceiling(Hours)* Rate
16 Write "The pay for this employee is $" + Pay
```

程序如何运行以及各行伪代码的意义

这个程序段中有两行比较有意思。第 8 行这个复合条件。因为这里使用 OR 运算符，因此只要输入的 Hours 值或者 Rate 值有一个为负数，都将进入 While 循环。在这个程序段中，只要用户输入的 Hours 值或者 Rate 值有一个不正确，程序将要求用户重新输入这两个值。本书后面部分将介绍避免这种不必要的重复工作。

第 15 行使用 Ceiling()函数进行计算。这里的用法是合法的。Ceiling()函数可以放置在任何整数值允许出现的地方。例如，当 Hours 值为 36.83，Rate 值为 9.50，此时第 15 行的语句将完成如下工作：

首先，Ceiling(Hours)将计算：Ceiling(36.83)=37。然后这个值将乘以 Rate(9.50)，结果为 351.50，该值将被存储到变量 Pay 中。

具体编程实现（Making It Work）

检验输入数据

只要有可能，程序都应该对输入数据进行检验。也就是说，你需要检查用户输入的数据是否在规定的范围内。前置检测循环或后置检测循环都可以达到这个目的，就像例 4.27 和例 4.28 给出的那样。

数据验证是防御性编程的一个例子。也就是说，编写测试代码，检查程序执行过程中的非法数据。第 3.5 节中讨论了其他一些防御性编程的技术。

4.4.4　计算总和和平均值

读者可能想知道为什么在程序中计算总数和平均值是如此的重要。对于编程新手来说，可能不会一下就发现计算总值在程序中使用的如此普遍，但是计算总数的目的多种多样，要不单单计算几个数的和要常用的多。

计算总和

计算机使用累加器来计算总和，累加器是一个变量用来存储累加的结果。在许多计算机程序中，累加值的过程被不断使用。为了使用计算器计算一列数字的和，你会把连续的数字加到连续变化的总和中。实质上，你是在做循环，因为你在重复使用加法操作直到所有数字全部被加进来。要编写一个程序来对一列数字求和，所要做的和下面例 4.34 所展示的，本质上是同样的事情。

例 4.34　应用循环进行求和

下面的伪代码把一列由用户输入的正实数相加起来。它使用 0 作为哨兵值，用户输入这个数字则表示输入结束。

```
1 Declare Sum As Integer
2 Declare Number As Integer
3 Set Sum=0
4 Write "Enter a positive number. Enter 0 when done: "
5 Input Number
6 While Number>0
7       Set Sum=Sum+Number
8       Write "Enter a positive number. Enter 0 When done: "
9       Input Number
10 End While
11 Write "The sum of the numbers input is "+Sum
```

程序如何运行以及各行伪代码的意义

在这个程序段中，有一个名为 Sum 的变量。在这里，像这样的一个变量称为累加器，这样说是有道理的，因为对所有的输入数字进行累加操作。当循环结束时，这个累加器，即 Sum，包含了所有输入数字的和，然后这个和被显示出来。这个例子的流程图如图 4.10 所示。

为了理解算法是怎样工作的，我们来跟踪伪代码的执行过程，假定输入数据由 3、4、5 和 0 组成。

- 第 1 行和第 2 行，定义两个变量，命名为 Sum 和 Number。在进入循环前，把变量 Sum 初始化为 0（第 3 行），这样，在第 7 行的语句（Set Sum=Sum+Number）执行时，Sum 就不会是一个未定义的变量。同样，在进入循环前，从用户的输入数据中为 Number 设定初值。
- 第 4、5 行，提示并获得 Number 的初值。
- 第 6 行：在第一次循环时，Number 等于 3，所以以测试条件为真，循环体被执行。

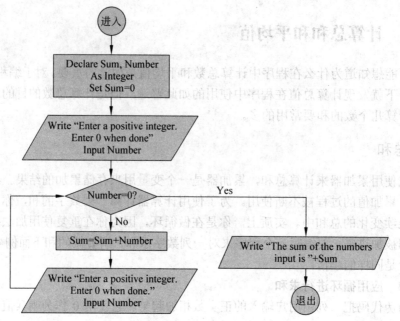

图 4.10   使用累加器计算总和

- 第 7 行：Sum 现在的值和 Number 相加。相加前，Sum 和 Number 的值分别为 0 和 3；相加后，Sum=3。
- 第 8、9 行：请求下一个 Number，4.2 被输入，并赋值给 Number。Number 原来的值（3）丢失了。
- 现在执行第二次循环，这时，Number=4，该数值被加到当前的总数（3）上，Sum 的值增加成 7。在这一遍循环中，数字 5 被输入，这时 Number=5。
- 由于 Number 仍不为 0，循环体将再一次被运行。Sum 的新值等于前一次的值（7）+Number 的新值（5），即 12。
- 要求输入另一个数字，这一次用户输入了 0。
- 现在 Number 为 0，所以测试条件为假，循环结束，Sum 的当前值，即 12，被显示出来。

具体编程实现（Making It Work）

初始化变量

当在程序中声明一个变量时，给它赋初值是一个非常好的习惯，因为当你声明变量时，你事实上是在计算机内存里分配了一个空间作为小的存储空间。这个空间可能是空的，或者可能是一个以前的命令或变量遗留下来的不再使用的值。在例 4.34 中，我们有一个变量 Sum。如果我们不把它初始化成 0，并且运气不佳，计算机 Sum 的存储空间中有一个之前程序语句留下的值 186，那么我们求总和时将从 Sum=186 于是求和结果就不正确。在声明变量时，为了避免这样或那样可能出现的错误，在声明这些变量时就简单地把它们赋值为你想要的值，以确保它们在一开始就有你想要它们有的值。

计算平均值

要计算一系列数的平均值，我们先计算其总和，然后除以列表中数据项的个数。这样，求均值就与求总和是类似的，不过，在这里我们还需要用一个计数器来记录输入了多少个数字。例 4.35 给出了求一系列正数的平均值的伪代码。

例 4.35　计算考试平均分

现在你已经对编程有些了解了，你也许想写个程序来计算你各科考试的平均分——下面的伪代码告诉你如何编写。因为我们使用了变量和哨兵控制的循环，对每门课程你可以重复使用这些代码，无所谓你有 3 次考试还是 33 次考试。当这段伪代码被转换成实际的程序代码时，它可以反复被使用。

```
1  Declare CountGrades As Integer
2  Declare SumGrades As Float
3  Declare Grade As Float
4  Declare ExamAverage As Float
5  Set CountGrades=0
6  Set SumGrades=0
7  Write "Enter one exam grade. Enter 0 when done."
8  Input Grade
9  While Grade>0
10     Set CountGrades = CountGrades + 1
11     Set SumGrades = SumGrades + Grade
12     Write "Enter an exam grade. Enter 0 when done."
13     Input Grade
14 End While
15 Set ExamAverage = SumGrades / CountGrades
16 Write "Your exam average is " + ExamAverage
```

程序如何运行以及各行伪代码的意义

- 第 1~6 行，声明并初始化变量。
- 第 7 行：要求输入第一次的考试成绩，并说明当你完成一个特定集合的考试成绩输入时，可以输入 0 来结束。
- 第 8 行输入第一次考试成绩。
- 第 9~14 行是循环体。在本例中，我们使用的是 While 循环，它做两件事：一是累加输入的成绩，二是记录输入了多少个成绩。
- 第 10 行，记录输入了多少个成绩。每次循环时，CountGrades 加 1。如果在输入 0 结束程序前输入了 3 个成绩，则循环会执行 3 次，并且 CountGrades 等于 3。如果输入 68 个成绩，循环会执行 68 次，并且 CountGrades 等于 68。
- 第 11 行，记录所有考试的成绩。为了计算考试平均成绩，必须将总成绩除以考试次数，所以第 10，11 行记录了最后计算平均成绩时需要的所有信息。
- 第 12、13 行，要求用户输入下一次考试成绩。这里，如果已经输入完了，可以输入 0。

- 第 14 行，如果用户输入 0，则结束循环。
- 第 15 行，计算平均成绩，第 16 行输出结果。

是什么与为什么（What & Why）

在例 4.35 中，如果你的篮子纺织课程有四次考试成绩分别是 0、98、96 和 92，那么程序运行结果会如何呢？你输入的第一个成绩如果是 0，而第 9 行说，只有当成绩大于 0 时才运行循环。所以循环不会执行，尽管你这门课程实际上是有平均考试成绩的。为了要考虑这种情况，应该如何修改第 9 行的限制条件呢？

还有，在第 15 行会发生什么情况呢？如果第一次考试成绩是 0，循环不会运行，程序直接跳到 15 行。SumGrades 的值是 0，CountGrades 的值也是 0。那么语句：SumGrades/CountGrades 就会试图运行，于是导致"除零"错误。在第 3 章讲过如何用防御性编程技术来避免发生这种情况。重写这个程序以使输入的初始成绩值可以为 0，且程序不会出现"除 0"错误，你需要在循环体中包含 If-Then 语句。第 5 章将详细介绍这些内容。

4.4 节 自测题

4.19 使用后置检测循环（Repeat…Until）写一段伪代码，处理用户输入的一系列字符，直到字符*（星号）被输入。

4.20 假定你想输入一个大于 100 的数。编写对输入数据进行检验的伪代码，要求用下面的两种方法来完成。

　　a. 使用前置检测循环（While）

　　b. 使用后置检测循环（Repeat…Until）

4.21 给出下列语句所输出的数字

　　a. Write Int(5)

　　b. Write Int(4.9)

4.22 给出下列语句所输出的数字

　　a. Write Floor(3.9)

　　b. Write Floor(786942)

　　c. Write Ceiling(3.9)

　　d. Write Ceiling(2*3.9)

4.23 已知下列变量值的情况下，NewNum 的值是多少？

$$X=4.6 \quad Y=7 \quad Z=0$$

　　a. Set NewNum= Int(X) + Ceiling(Y)

　　b. Set NewNum= Floor(X*Z)

　　c. Set NewNum= Int(Z)–Y

4.24 用 For 循环来计算 1～100 所有整数的和。

4.25 改写自测题 4.24 中的程序，求前 100 个数的总和及其平均值。

4.5　问题求解：成本、收入和盈利问题

现在让我们把所学的放在一起来讨论。本节开发的程序将用计数器控制循环来输出数据表格，它能进行数据检验（用后置检测循环），计算一组数的平均值。

问题描述

KingPin 制造公司的 CEO 想要计算他们唯一的产品——"中心轴"，在不同生产规模时的成本，支出和利润。根据过去的经验，如果生产数量为 X 的中心轴，则有下面的结论成立：

- 对生产商来说，总成本（美元）C=100 000+(12*X)。即 KingPin 制造公司生产 X 件中心轴要花费的成本。
- 公司获得的总收入（美元）R=X*(1000–X)。公司每卖 X 件产品所得的收入钱数。

例如，如果生产了 200 件中心轴并卖出，则有以下结论：

- X＝200
- 总成本 C=100 000+12×(200)=$102 400
- 总收入 R=200×(1000–200)=$160 000
- 差值 R–C 就是公司的利润（在这里是$57 600 元）。

当然，公司最感兴趣的是它的利润。CEO 想知道不同生产规模（中心轴生产数目 X）对利润的影响。因此她请你来写一个程序，生成一个表格，将各种生产规模下的成本、收入和利润都列出来。她同时想让表格显示出所有情况下的平均利润。

问题分析

通常情况下，解决问题的最好方法是从要求输出开始，然后决定输入和产生输出必需的规则。在本例子中，我们所要的输出是一个不同生产规模的表格，显示每种生产规模对应的成本、收入和利润。我们让程序输出一个有四列的表格。第一列（最左边列）是不同生产规模（中心轴的不同生产数量）的范围序列，其余三列显示每种生产规模对应的成本、收入和利润。于是，表格的标题栏和其中的几行类似于表 4.1 所示的表格。

表 4.1　KingPin 制造公司的程序输出结果

Number	Cost	Revenue	Profit
100	101200	90000	–11200
200	102400	160000	57600
300	103600	210000	106400

（备注：第一行利润列的负数表示损失$11200）

在问题描述中并没有限定表格包含的行数，也没有限定生产规模的级别数。因此，在

向 CEO 作更深入的咨询之前，我们决定做下面的事：

- 让用户输入想要显示的生产规模的级别数目——也就是表格的行数。我们用变量 NumRows 来表示这个输入。
- 设定最大产量（左边一列）为 1000。
- 使产量等级均匀分布，使其他项的比较（成本、收入、利润）更清楚。

因此，在左边一列中，我们看到产量等级从某个数 X 开始，并以固定数值增加至 X=1000。例如，假设用户输入的 NumRows 是 5。那么左列的五个表格行将包括以下条目（X 的值）：200、400、600、800、1000。注意，X 的数值间隔是 1000/5=200。然而，如果用户输入的 NumRows 是 4，那么就会有四行，X 的值分别是 250、500、750 和 1000。一般地，要确定表格左列中 X 值之间的正确间隔，可以将 1000 除以表格的行数。我们定义变量 Spacing，即 Spacing=1000/NumRows。

看起来步骤很简单，但是有个潜在问题。产量级别必须是整数，因为 KingPin 公司从不生产半成品，但是，除法结果有可能含有小数部分。例如，如果 NumRows=3，则 1000/NumRows 就是 333.33…[2]。

为了确保 Spacing 有个整数值，我们用 4.4 节里介绍过的 Int 函数来去掉除法结果的小数部分：Spacing=Int(1000/NumRows)。

现在，如果 NumRows=3，则 Spacing=Int(1000/3)=333，表格中的产量等级将会是 333、666 和 999。

为了求 Cost 和 Revenue 列的任意行的数值，我们把该行左列中的 X 值代入下面的公式中：

- Cost=100000+12*X
- Revenue=X*(1000–X)

注释：2　回顾 1.5 节所述，在某些程序设计语言中（如 C++和 Java），如果变量 NumRows 声明为整数类型，则 1000/NumRows 的结果将总是一个整数。具体而言，在这些程序设计语言中，1000/3=333。

为了求各行的利润项，要用到如下的减法，使用收入值 Revenue 减去成本值 Cost：

- Profit=Revenue–Cost

将所有各行的利润项相加，所得结果取名为 Sum，然后再除以表格中利润项的数量得到平均利润值，可以使用下面的公式来计算均值：

- Average=Sum / NumRows

程序设计

使用自顶向下的模块化方法来设计程序，首先我们确定主要任务。程序必须执行以下操作：

- 输入必要的数据；
- 计算表格数据项；
- 输出表格；
- 输出平均利润。

我们还应该提供一个欢迎信息，是关于程序的大概描述，在程序刚开始运行时显示出来。此外，因为要计算 Cost，Revenue，Profit 的值，并且一次显示一行（通过一个循环），所以第二个和第三个任务差不多要同时完成。把这些要点考虑进来，生成如下主要任务的更好办法是：

（1）显示欢迎信息。

（2）用户输入数据。

（3）显示表格。

（4）显示利润平均值。

第三个任务构成了本程序的重点，应该进一步细分。在显示表格时，我们先要做一些基础性工作，如构造表格，显示标题，初始化变量等等。然后执行必要的计算创建表格中的条目。这样，我们将任务三分成两个子任务：

3（a）关于表格的基础性工作；

3（b）表格数据的计算。

任务 3（b）实际完成了几个小的工作。它完成了表格条目的计算、显示，并累加利润值以便更进一步的细分。然而，正如你所看到的，所有这些操作都是在单个循环中完成的所以我们把它们归入同一任务中。图 4.11 中的模块层次图展示了程序任务模块之间的关系。

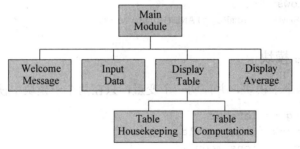

图 4.11　成本、收入、利润问题的层次图

现在我们使用伪代码来设计每个程序模块。首先，给出一个粗的程序轮廓；然后在必要时进行细化。

Main 模块

Main 模块只需要调用隶属于它的子模块；这些子模块将完成所有必须的程序任务。被一个以上的子模块使用的变量，都要在主模块中声明。不过，在实际编程时，变量通常被定义成"局部的"（在特定模块中有效），它们的值可以从一个模块传递到另一个模块。在哪些地方定义变量以及如何在子模块之间传递变量是一个非常重要的内容，将在第 7 章中详细讨论。这里我们将所有变量在 Main 模块中定义只是为了简化，相应的伪代码如下：

```
Declare NumRows As Integer
Declare Sum As Float
Call Welcome_Message module
Call Input_Data module
Call Display_Table module
Call Display_Average module
```

```
End Program
```

Welcome_Message 模块

这个模块展示一些基本信息，对程序作简要描述。它必须完成如下工作：

- 显示程序标题，即"成本 / 收入 / 利润表"。
- 显示关于程序的总体简介。
- 对用户输入如何影响表格进行一般性的说明。

Input_Data 模块

这个模块可以直接如下写出：

- 提示用户输入表格需要的行数，保存到 NumRows 中，并对输入值进行检验。

为检验输入数据，注意到我们要求 NumRows 是正数。可以借助于逻辑操作，检查两个条件（NumRows 大于 0，并且 NumRows 是整数）。伪代码如下：

```
Repeat
    Write "Enter the number of desired production levels."
    Write "It must be an integer greater than or equal to 1"
    Input NumRows
Until(Int(NumRows)==NumRows)AND(NumRows>=1)
```

Display_Table 模块

这个模块调用两个子模块，并声明一个变量，只在两个子模块中使用：

```
Declare Spacing As Integer
Call Table_Housekeeping module
Call Table_Computations module
```

Table_Housekeeping 模块

这个模块完成一些琐碎的小任务，为下一模块完成计算和显示表格条目做准备。它必须完成下面的任务：

- 显示如下表格标题：

```
Write "KingPin Manufacturing Company"
```

- 显示如下的表头：

```
Write "Number Cost Revenue Profit"
```

计算表格左列的产量 X 的间隔值，切记这个变量是如下所示的一个正数：

```
Declare Spacing As Integer
Declare NumRows As Integer
Set Spacing=Int(1000/NumRows)
```

- 把总利润初始化为 0。

```
Set Sum=0
```

Table_Computations 模块

这个模块是这个程序的核心，包含大部分的运算。它由一个单计数器控制循环组成，对每一个产量 X，该循环进行如下操作：

- 计算相应的成本、收入和利润。
- 显示这些值（在同一行上）。
- 把利润值加到当前总和 Sum 变量中，用于计算平均利润。

在这里，我们要声明变量 X、Cost、Revenue 和 Profit，因为只有这个模块用到它们。所以，伪代码应写成这样：

```
Declare X As Integer
Declare Cost As Float
Declare Revenue As Float
Declare Profit As Float
Declare Sum As Float
For(X=Spacing; X<=1000; X+Spacing)
    Set Cost=100000+12*X
    Set Revenue=X*(1000-X)
    Set Profit=Revenue-Cost
    Set Sum=Sum+Profit
    Write X+"   "+Cost+ "   "+ Revenue+ "    "+Profit
End For
```

Display_Average 横块

这个模块非常简单，它仅仅计算和显示输出平均利润，如下所示：

```
Declare Average As Float
Set Average=Sum/NumRows
Write  "The average profit is" + Average
```

程序编码

按照这些设计指导，现在就可以编写程序了。在这一阶段，开头的注释和每一步的注释要加到各个模块中，为程序提供内部文档。在编写代码时，还有几点需要考虑，有些是本程序特有的，有些则是在其他许多程序中经常用到的。

为了输出的美观，程序开始时应该使用编程语言的清屏语句，把当前显示在屏幕上的所有文本都清除掉。在打印成本、收入和利润的表格之前，使用清屏语句也是很合适的。

大部分编程语言都包含一些语句，用来帮助程序员格式化输出。例如，在这个程序里，我们希望表格尽可能显得专业。表格中的数据应该列对齐，美元数目应以美元符号开头，并在数字中合适的地方加上逗号。如果我们只用 Write 语句来创建输出，则结果看起来就会像表 4.2 中显示的那样。

然而，使用大部分编程语言提供的一些特殊的格式化语句，此时这些表格行就会看起来像表 4.3 中那样。

表 4.2　没有格式化的 KingPin 制造公司的数据表格

Number	Cost	Revenue	Profit
800	109600	160000	54000
900	110800	90000	−20800
1000	112000	0	−112000

表 4.3　格式化了的 KingPin 制造公司的数据表格

Number	Cost	Revenue	Profit
800	$109600	$160000	$54000
900	110800	90000	−20800
1000	112000	0	−112000

程序测试

为了充分测试这个程序，我们必须用多组数据来运行程序。

● 为了测试 Repeat 循环的数据检验功能，我们为 NumRows 输入（在不同的测试运行中）一些非正数或非整数的值给它。

● 为了确认运算过程是正确的，在有些测试运行过程中，我们使用一些简单的输入数据，以便我们用计算器来方便地检查计算结果。例如，我们可以输入（在不同的测试运行中）10 和 3 给 NumRows。通过用像 3 这样的数据，我们还可以检查对 1000/NumRows 的非整数值处理是否正确。

● 我们还应该检查在表格计算模块 Table_Computation 中使用的数学公式在功能上是正确的。记住，计算机会完全按我们所说的去做。我们可能发生编程错误，把乘法符号写成了加法符号，或者把不正确的表格条目代入到公式中。为了做检查，我们应该通过手算或用计算器来算几次，看看结果是否和计算机的运行结果相匹配。

4.5 节　自测题

所有自测题都与本节讲述的成本、收入和利润问题有关。

4.26　对下列各种生产水平，计算相应的成本、收入和利润。
　　● X=0
　　● X=600

4.27　对下列每个输入值，计算 Spacing 的值，列出在表格 Number 列（表格左列）中的 X 值。
　　● NumRows=8
　　● NumRows=7

4.28　写出对 NumRows（在数据输入模块 Input_Data 中）输入值进行有效性检验的伪代码，使用 While 循环。

4.29 用 While 循环替换表格条目计算模块 Table_Computation 中的 For 循环。

4.6 本章复习与练习

本章小节

本章我们讨论了以下内容：

1. 前置测试循环和后置测试循环：

● 前置测试循环的结构

```
While 测试条件
    循环体
End While
```

● 后置测试循环的结构

```
Repeat
    循环体
Until 测试条件
```

2. 前置测试 Do…While 循环与后置测试 Repeat…Until 循环的区别：

● 对前置测试循环，测试条件在循环的开头，后置测试循环的测试条件在循环尾部。

● 只要测试条件为假，Repeat…Until 循环和 Do…While 就会再次进入；只要测试条件为真，While 循环就会再次进入。

● 后置测试循环的循环体至少被执行一次，而前置测试循环就不是这样。

● 对前置测试循环，测试条件中出现的变量必须在进入循环之前被初始化；而后置测试循环就不是这样。

3. 创建流程图以及使用流程图来可视化循环体的执行过程。

4. 六种关系运算符：

等于(==)   不等于(!=)

小于(<)   小于等于(<=)

大于(>)   大于等于(>=)

三种基本的逻辑运算符：

非(NOT)   与(AND)   或(OR)

5. 计数器控制循环：

● For 循环有如下形式：

```
For(Counter=初值；测试条件;递增/递减)
    循环体
End For
```

● 计数器的初始值选择以及正确的测试条件来确保循环体执行所需次数都是非常重要的。

6. 三个内置函数的使用：Ceiling()函数、Floor()函数和 Int()函数。

- Ceiling(X)函数可以将任何有效数字或者表达式转换为大于自身的最小正整数。
- Floor(X)函数可以将浮点数的小数部分去掉，而输出其整数部分。
- Int(x)函数可以将浮点数的小数部分去掉，而输出其整数部分。

7. 使用哨兵控制循环用于数据验证。

8. 循环的一些应用：

- 检验数据的有效性，确保它们在适当的范围内。
- 计算总和、平均值。

复习题

填空题

1. 如果循环增量为_____，则 For 循环中计数变量的值会在每次循环时递减。

2. 如果 For 循环的增量是正的，那么当初值_____终值时，循环体不会被执行。

3. 对数据进行_____，意思是指保证数据在合适的范围之内。

4. 使用 Floor()函数和使用_____函数的效果一样。

判断题

5. 如果 Number=3，判断下列命题的正误。

　　a. T F (Number*Number)>=(2*Number)

　　b. T F (3*Number−2)>=7

6. 判断下列命题的正误。

　　a. T F "A"!="A "

　　b. T F "E"=="e"

7. 如果 N1="Ann"，N2="Anne"，判断下列命题的正误。

　　a. T F(N1==N2)AND(N1>="Ann")

　　b. T F(N1==N2)OR(N1>="Ann")

　　c. T F NOT(N1>N2)

8. T F 前置测试循环的循环体至少会被执行一次。

9. T F 后置测试循环的循环体至少会被执行一次。

10. T F 计数器控制循环不能用 While 语句来构成。

11. T F 计数器控制循环不能用 Repeat 语句来构成。

12. 如下语句是正确的：Input Int(X)。

简答题

13. 考虑如下循环：

```
Declare Number As Integer
Set Number=2
Repeat
  Write Number
  Set Number=Number-1
Until Number=0
```

　　a. 这个循环是前置测试循环还是后置测试循环？

b. 列出循环体中的语句。

c. 这个循环的测试条件是什么?

14. 给出 13 题中循环的输出。

15. 考虑如下循环:

```
Declare Number As Integer
Set Number=2
While Number != 0
  Write Number
  Set Number=Number-1
End While
```

a. 这个循环是前置测试循环还是后置测试循环?

b. 列出循环体中的语句。

c. 这个循环的测试条件是什么?

16. 给出 15 题中循环的输出。

17. 画出 13 题伪代码的流程图。

18. 画出 15 题伪代码的流程图。

19. 考虑如下计数器控制循环:

```
Declare K As Integer
For(K=3; K<=8;K+2)
  Write K
End For
```

● 计数器变量的名称是什么?

● 给出变量的初始值、增量和终值。

20. 给出 19 题中循环的输出。

21. 添加语句到下面伪代码中,构成一个后置测试循环,用于检验输入数据:

```
Declare Number As Integer
Write "Enter a negative number: "
Input Number
```

22. 用后置测试循环重做第 21 题。

23. 给出下列表达式的值:

a. Int(5)

b. Int(4.7)

24. 设 Num1=2,Num2=3.2。给出下列表达式的值:

a. Int(Num2−Num1)

b. Int(Num1−Num2)

25. 设 Num1=6.8,Num2=3.1。给出下列表达式的值:

a. Floor(Num1+Num2)

b. Ceiling(Num2+Num1)

c. Floor(Num2−2)

      d. Ceiling(Num1−2)

26. 下列伪代码对应的程序输出是什么？

```
Declare N As Integer
Declare X As Integer
Set N=4
Set X=10 / N
Write X
Set X=Int(X)
Write X
```

27. 在程序中使用一个 While 循环，让用户一直输入数字，直到输入的是一个整数。

28. 已知如下循环，请填入复合条件以确保用户输入的是正整数。

```
Declare Number As Integer
Write "Enter your favorite positive whole number"
Input Number
While _____
 Write "The number must be a positive whole number. "
 Write "Try again: "
 Input Number
End While
```

29. 参照下列伪代码，把后面的每句话补充完整，这个程序能求一组数据的和（注意：N 是任意大于等于 1 的整数）。

```
Declare A As Integer
Declare B As Integer
Declare N As Integer
Set A=0
For(B=1; B<=N;B++)
    Set A=A+(2*B-1)
    Set B=B+1
End For
Write A
```

    a. 这个程序中的累加器是变量_____。

    b. 这个程序中的计数器是_____。

30. 如果 29 题伪代码中的 N=4，那么当对应程序运行时会输出什么数字？

31. 用 While 循环替换 For 循环，重写 29 题的代码。

32. 画出 29 题伪代码的流程图。

33. 第 29 题中的循环是前置测试循环还是后置测试循环？

34. 在 29 题伪代码中加入语句，计算循环体中生成的 N 个 2*B−1 的平均值。

35. 编写一段伪代码来计算一组由用户输入的数字的均值。

    请使用如下变量：

    • Number As Integer

    • Sum As Integer

    • Average As Float

- Count As Integer

同时：

- 请使用 While 循环来让用户输入数字。
- 请使用哨兵来检测何时用户想要停止输入数字。
- 假设用户输入的都是有效数字。

36. 画出第 35 题伪代码相应的流程图。

37. 在第 35 题的程序段中增加数据验证部分来确保用户只能输入正整数值。

38. 画出第 37 题伪代码相应的流程图。

39. 更改第 35 题的伪代码，使得用户可以输入所有浮点数（包括负数）。

40. 对应下列伪代码的程序代码输出是什么，假设用户在程序提示下输入 3？

```
Declare Number As Integer
Declare Product As Integer
Write "Enter a number: "
Input Number
Do
     Set Product = Number *5
     Write "The Product of " + Number + " and 5 is "+ Product
     Set Number=Number-1
While Number> 0
```

请检查确保用户输入的是正整数。

编程题

本部分的所有编程题都可以使用 RAPTOR 来完成。

对以下各个程序设计问题，使用自顶向下的模块化方法和伪代码，来设计一个合适的程序解决它。只要合适，就要检验输入数据是否有效。

1. 求从 1 到 MySquare 的整数的平方和，MySquare 由用户输入。请检验以确保用户输入的是正整数。

2. 用户输入一组人员的年龄（以 0 结束），求平均年龄。请检验以确保用户输入的是正整数。

3. N 的阶乘 N!定义为前 N 个正整数的积：

$$N! = 1 \times 2 \times \cdots \times N$$

（例如：$5!=1\times2\times3\times4\times5=120$，$7!=1\times2\times3\times4\times5\times6\times7=5040$）求 N!，N 是由用户输入的正整数。（提示：把 Product 初始化为 1，用循环将 Product 与连续整数相乘）。请检验以确保用户输入的是正整数。

4. 用户输入一系列摄氏温度(C)，并以–999 结束。求它们对应的华氏温度(F)。转化公式是

$$F=9*C/5+32$$

5. 一个生物学家断定在培养基中的细菌，在 Time 天后，数目 Number 可以由下式近似给出：

```
Number = BacteriaPresent * 2^(Time/10)
```

其中，BacteriaPresent 是在观测周期开始时的细菌数目。由用户输入开始时的细菌数

BacteriaPresent。然后，计算培养基中的细菌在前 10 天中每天的数目。用循环来做这件事，把结果做成表格给用户看。输出表格的表头要求包含"天数"和"细菌数"。

6. 请帮助用户计算每加仑汽油能够使用的里程数。编写一个程序，让用户输入驾驶的公里数以及所使用的汽油的加仑数量。程序输出每加仑汽油的行驶公里数。请使用 Do…While 循环（后置检测循环）使得用户可以输入他想要输入的数据组数。

第 **5** 章

关于循环和选择结构的更多内容

本章中，我们继续探讨循环结构的内容。我们将讨论如何把循环结构同其他控制结构——顺序结构和选择结构相结合，来创建更复杂的程序。同时，继续讨论不同类型的循环结构，包括使用循环结构进行数据验证，使用嵌套循环以及使用循环结构进行输入数据验证。

读完本章之后，你将能够：

- 把循环结构和选择结构结合使用来构建程序[第 5.1 节]；
- 应用循环结构来验证用户输入[第 5.1 节]；
- 使用 Int(X)函数和 Floor(X)函数进行数据验证[第 5.1 节]；
- 把循环结构同 Select Case 语句结合使用[第 5.2 节]；
- 使用 Length_Of()函数计算字符串中的字符个数[第 5.2 节]；
- 在循环结构中使用 Random 函数产生随机数[第 5.3 节]；
- 创建和使用嵌套循环[第 5.4 节]。

在日常生活中：高级循环结构

在第 4 章中，我们介绍了各种类型的简单循环结构。循环结构类似于人类学习走路的过程——把一只脚放到另一只脚的前面，并不断重复这一过程。当你从房间的一边走到另一边时，你需要完成"把一只脚放到另一只脚的前面"这个动作许多次。你可能需要走到房间的另一边取回来一本书以完成家庭作业。因此需要不断的重复"把一只脚放到另一只脚的前面"这个动作，直到拿到书为止。然后查找自己需要的特定书本，找到它之后，向后转，然后继续重复"把一只脚放到另一只脚的前面"这个动作直到回到书桌前面。在本章中，将学习在更长的程序中使用循环结构来解决复杂的问题。可以把循环结构同前面学习过的其他控制结构相结合来完成这些工作。

循环结构也通常会与其他循环结构相结合使用，把一个循环结构放到另一个循环结构之中来完成特定工作。想想一下，你在杂货店做打包员工作。当收银员结算完一个顾客的购买货物时，打包员负责将顾客购买的货物逐个的放入购物袋中，当一个购物袋放满后，继续把货物放入另一个购物袋中，直到顾客的所有货物都打包完成为止。这就是一个循环嵌套另一个循环的例子。对于单一客户来说，这一个过程可以描述如下：

```
Repeat
        打开一个购物袋
```

```
      While   购物袋还有空间
            放入一个货物到购物袋中
      End While
      将装满货物的购物袋放入到顾客的购物车中
Until 顾客购买的所有货物都被打包完成
```

实际上，你可以将这两个循环放入到更大的外部循环结构中，这样就可以处理多个顾客的货物打包工作。或者你也可以在外部循环结构中包含条件判断语句以使自己在午饭休息时间停止打包工作。

5.1 把循环结构同 If-Then 语句结合使用

在本书前面部分学习过，几乎所有的计算机程序都由第 2、3 和 4 章介绍过的：顺序结构、选择结构和循环结构构建而成。到目前为止，我们已经分别学习了这三种控制结构，现在我们可以把这三种结构结合使用来编写程序解决问题，比如在屏幕上输出问候语，创建字处理程序以及完成飞往火星的太空船的数据计算工作。

我们已经将选择结构同顺序结构结合使用，也把循环结构同顺序结构结合使用了。本节中，我们将把循环结构同选择结构相结合来使用。这里将首先介绍如何在循环结构中使用 If-Then 结构。这样可以在循环结构指定的迭代次数完成之前退出循环体。

5.1.1 提前退出循环结构

如果用户在循环体执行过程中，输入了不正确的值则可能引起程序错误，或者用户在循环体迭代完成之前输入了程序需要的值，此时程序都可以提前退出循环结构。例 5.1 和例 5.2 给出了这种情况的示例。

例 5.1 当钱花完的时候，退出循环

在本程序段的伪代码中，你可以想象一下你有一笔钱需要消费。你正在进行网络购物，该程序段将记录你购物的花费以及提醒你何时达到了花费限额或已买了 10 项物品。程序的最后，将打印出你实际的购物情况。该伪代码使用了新的语句 Exit For，当达到了花费限额时，将强制退出"购物循环"。当程序执行到 Exit For 语句后，程序接下来将执行 For 循环体后的下一条语句（End For 后面的第一条语句）。下列伪代码相应的流程图见图 5.1 所示。

```
1 Declare Cost As Float
2 Declare Total As Float
3 Declare Max As Float
4 Declare Count As Integer
5 Set Total=0
6 Write "Enter the maximum amount you want to spend: $ "
7 Input Max
8 For ( Count=1; Count<11; Count++)
9   Write "Enter the cost of an item: "
10  Input Cost
```

```
11  Set Total = Total + Cost
12     If Total > Max Then
13         Write "You have reached your spending limit. "
14         Write "You cannot buy this item or anything else. "
15         Set Total = Total - Cost
16         Exit For
17     End If
18  Write "You have bought " + Count + " items. "
19 End For
20 Write "Your total cost is $ " + Total
```

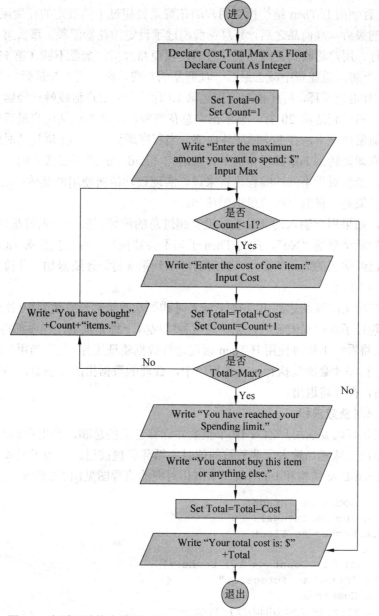

图 5.1 在循环结构中使用 If-Then 语句以实现提前退出功能的流程图

程序如何运行以及各行伪代码的意义

- 第 1~7 行定义了所需要的变量（Cost、Total、Max、Count），并让用户输入其允许花费的最大额度。
- For 循环从第 8 行开始，允许用户输入 10 种商品。
- 第 9 行和第 10 行用来提醒用户输入单个商品的花费并接受用户输入的单项产品的花费。
- 第 11 行计算所有商品的花费总额。
- 第 12 行使用 If-Then 结构检查用户的花费是否超过了其设定的花费限额。如果用户输入的最后一样商品之后，其总花费超过了设定的花费限额，那么第 13 到 16 行将被执行。用户将收到提醒，说明最后一项商品太贵，余额不够（第 13 和 14 行）。
- 第 15 行将从总花费中减去最后一项商品的花费，因为买不起最后一项商品。
- 第 16 行退出循环，程序控制流到达第 18 行，告诉用户他或她已经购买了多少项商品了；然后到达第 20 行，显示出来总花费额，但是不包括用户最后输入的一项商品。通常情况下，在 For 循环体内部，当程序遇到 Exit For 语句的时候，程序控制流会立即调转到 For 循环体的下一条语句（End For 之后紧接着的一条语句）开始执行。当然对于不同的编程语言来说，实现该功能所使用的具体语法都是不同地，但是效果是一样的。提前退出循环体。
- 但是，如果用户输入的商品额度没有超过总的消费限额——也就是说，如果第 12 行的判断结果是 "No"，此时 Then 子句不会被执行，直接执行第 18 行。显示用户当前已经购买的商品的数量。然后循环回到第 8 行，计数器加 1 并检查购买次数是否达到 10 次。
- 当用户购买的商品达到 10 种时，或者是购买次数虽然没有达到 10 次但是所花费的总额超过了其购买限额时，无论这两种情况哪一种先发生，程序都将结束。

下面我们将看一下如何使用 If-Then 语句进行数据验证工作。只有当用户输入的数据是合理的时候，程序才会继续执行。在本程序中，合理的数据指的是整数，当用户输入的数据不是整数时，循环将退出。

例 5.2 只对整数求和

该程序段伪代码要求用户输入 10 个整数并计算它们的总和。当用户输入 10 个整数的时候循环将退出，或者当输入了非整数的值时，循环将提前退出。为了完成这项任务，我们将使用 If-Then-Else 结构和 Int 函数。本例相对应的流程图见图 5.2 所示。

```
1 Declare Count As Integer
2 Declare Sum As Integer
3 Declare Number As Float
4 Set Sum = 0
5 For (Count= 1; Count <= 10; Count++)
6   Write "Enter an integer: "
7   Input Number
8   If  Number != Int(Number) Then
9       Write "Your entry is not an integer. "
10      Write "The summation has ended. "
```

```
11      Exit For
12   Else
13     Set Sum = Sum + Number
14   End If
15 End For
16 Write "The sum of your numbers is : " + Sum
```

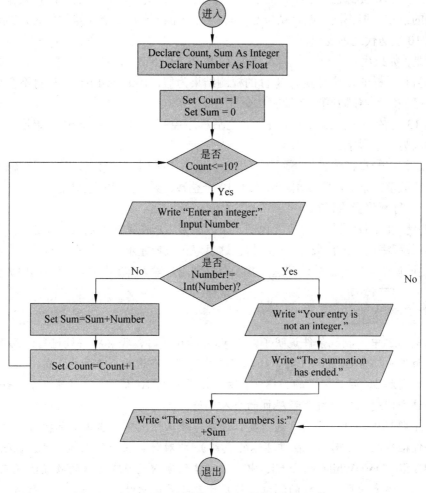

图 5.2   在 For 循环中使用 If-Then 结构来验证数据输入

程序如何运行以及各行伪代码的意义

- 第 1~7 行定义了三个变量（Count、Number、Sum），对 Sum 进行了初始化，并进入 For 循环，然后从用户接收一个数值。通过把 Number 定义为浮点类型，变量 Number 可以接受用户输入的任意类型的数值。但是，信息提示要求用户输入整数，因此我们必须检查（第 8 行）以确保用户按照要求完成数据输入工作。

- 在第 8 行，用户输入的数值将被程序检查。回忆一下 Int 函数可以将任何数值都转换成整数，包括整数和浮点数。因此，如果用户输入了 5.38 作为 Number 的值，那么 Int（Number）的值将为 5。在本例中，第 8 行的测试结果为真，Number 的值（5.38）

不等于 Int（Number）的值，此时将要执行的是第 9 行和第 10 行。

- 用户将看到如下信息：

```
Your entry is not an integer.
The summation has ended.
```

- 第 11 行将强制退出循环。上个例子中提到过，对于不同的编程语言来说，这里使用的语法可能不同，但是结果是一样的。当用户输入一个非整数值时，循环将在完成 10 次迭代之前退出。
- 但是，如果用户在第 7 行输入数字 8，那么 Int（Number）的值（第 8 行）同 Number 的值是一样的，这时候第 8 行的检测结果为假，If-Then-Else 子句将不会被执行。程序控制流将跳到第 12 行的 Else 子句。
- 第 13 行的加法操作将正常进行。之后程序控制流回到 For 循环开始处，要求用户输入另一个数字。
- 该过程将一直持续到如下两件事情之一发生的时刻——第一，要么用户输入了一个非整数值；第二，要么用户输入了 10 个整数。无论上述两件事情的哪一件发生了，第 16 行都将会执行。

本例的伪代码还有另外一点需要说明一下。如果用户在第 7 行输入了非数字的字符，那么对于大多数程序设计语言来说，程序将在这里停止或者显示错误信息，不过，本例中为了简化、方便地说明如何验证数值问题，并没有处理用户输入非数值的字符时程序如何应对。

具体编程实现（Making It Work）

注意例 5.2 中，测试条件说明了，当 Count<=10 时，循环将持续进行；而在例 5.1 中的测试条件中，当 Count<11 时，循环将持续进行。在这两个例子中，每一次迭代过程都要求计数器加 1，因此它们的循环迭代次数都要求为 10 次。在这种情况下，如何编写测试条件这个问题仅仅取决于程序员的个人偏好。

在 For 循环中，计数器要么递增要么递减，默认情况下，当循环体执行完之后，在下一次条件检查之前（例如，在循环体的底部），将对计数器进行上述操作。在循环结构 Repeat…Until、Do…While 或 While 中，循环体的递增或递减操作的放置位置完全取决于程序员。具体要使用什么样的测试条件基于想要的输出结果来决定。下面的四个小程序段给出了不同的显示结果，它们的差别在于计数器递增的放置位置及检测条件的值。

Set Count=1	Set Count=1	Set Count=1	Set Count=1
While Count<=3	While Count<=3	While Count<3	While Count<=2
Write Count+ "Hello"	Set Count=Count+1	Write Count+ "Hello"	Set Count=Count+1
Set Count= Count+1	Write Count+ "Hello"	Set Count=Count+1	Write Count+ "Hello"
End While	End While	End While	End While
显示结果：	显示结果：	显示结果：	显示结果：
1 Hello	2 Hello	1 Hello	2 Hello
2 Hello	3 Hello	2 Hello	3 Hello
3 Hello	4 Hello		

很显然，测试条件的选择与计数器递增位置的选择对于正确使用循环结构非常重要。

由于你非常擅长编写程序，你决定为自己朋友的小孩编写一个猜数字游戏。一个用户输入一个神秘数字，然后另一个用户猜测这个数字是多少。在例 5.3 中，我们使用单词 Clear Screen 表示一旦神秘数字输入完毕，它将进行屏幕内容清除工作。

例 5.3　简单的猜数字游戏

本示例伪代码给出了如何编写简单地猜数字游戏。一个人输入一个神秘数字，第二个人要猜测这个数字是什么。一旦第一个人输入完神秘数字，语句 Clear Screen 将清除屏幕显示以避免第二个人看到这个数字。不同编程语言中这个语句的语法可能不一样，每种编程语言都有立即隐藏用户输入内容的方式，正如我们常见的登录网站时密码隐藏方式一样。

编写本程序所面临的问题是世界上有太多的数字了。如果让用户猜测这个神秘数字直到猜对为止，那么这个游戏有可能要进行很长很长的时间。因此我们决定给用户五次猜测的机会，也就是说循环要进行五次或者第二个人在循环完成五次迭代之前就猜对了这个神秘数字，循环体提前退出。本例相应的流程图如图 5.3 所示，该小程序的伪代码如下：

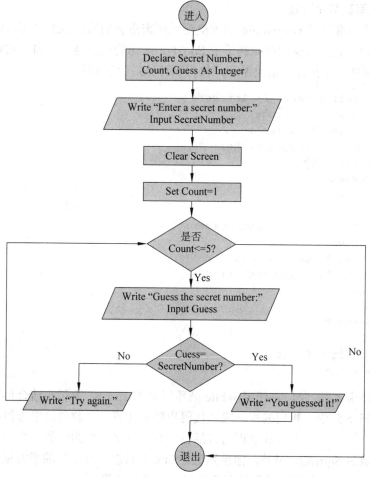

图 5.3　在循环结构中使用 If-Then 结构进行猜字游戏的流程图

```
1 Declare SecretNumber As Integer
2 Declare Count As Integer
3 Declare Guess As Integer
```

```
4 Write "Enter a secret Number: "
5 Input SecretNumber
6 Clear Screen
7 For(Count = 1; Count <= 5; Count++)
8   Write "Guess the secret number: "
9   Input Guess
10  If Guess == SecretNumber Then
11      Write "You guessed it! "
12      Exit for
13  Else
14      Write "Try again"
15  End If
16 End For
```

在本章的前三个例子中，我们把 For 循环同 If-Then 结构和 If-Then-Else 结构进行结合使用。实际上，任何循环结构都可以同选择结构结合使用，如例 5.4 和例 5.5 所示。

例 5.4　重写猜数字游戏

本例中，我们将使用 Do…while 后置检测循环来重新编写例 5.3 中所示的伪代码。第 13 行的语句 Exit，它的功能同前面例子中 End For 语句的功能是一样的。它将使程序控制流立即跳过循环体余下部分，退出循环，执行循环体后面的部分。

```
1 Declare SecretNumber As Integer
2 Declare Count As Integer
3 Declare Guess As Integer
4 Write "Enter a secret number: "
5 Input SecretNumber
6 Clear Screen
7 Set Count = 1
8 Do
9   Write "Guess the secret number: "
10  Input Guess
11  If Guess == SecretNumber Then
12      Write "You guessed it! "
13      Exit
14  Else
15      Write "Try again"
16  End If
17  Set Count = Count+1
18  While Count <= 5
```

在本小节结束之前，我们将使用 While 循环同 If-Then-Else 语句相结合再写一个数据验证的程序。在例 5.5 中，我们编写一段伪代码程序来计算一个数值的平方根并将结果显示出来。回忆一下第 3 章，大多数编程语言都包含有计算平方根的函数。在本书中，我们定义平方根的函数为 Sqrt(X)，另外，你也知道，Sqrt(X)只能计算正数的平方根。因此，程序将需要检测用户的输入数据以确保只有正数被输入进来计算。

例 5.5　使用 While 循环计算有效地平方根

本程序段使用 While 循环帮助用户计算出其所需数字的平方根，并使用 If-Then-Else 语句来验证用户输入。

```
1 Declare Number As Float
2 Declare Root As Float
3 Declare Response As Character
4 Write "Do you want to find the square root of a number? "
5 Write "Enter 'y' for yes, 'n' for no: "
6 While Response == "y"
7    Write "Enter a positive number: "
8    Input Number
9    If(Number >= 0) Then
10       Set Root = Sqrt(Number)
11       Write "The square root of  " + Number + " is: " +Root
12    Else
13       Write "Your number is invalid. "
14    End If
15    Write "Do you want to do this again? "
16    Write "Enter 'y' for yes, 'n' for no: "
17    Input Response
18 End While
```

5.1 节　自测题

5.1　重新编写例 5.4 的伪代码以确保用户输入（用户的猜测数字）是有效地整数。

5.2　T F If-Then-Else 子句只能同 For 循环一起使用。

5.3　T F 不能够把循环结构放到 If-Then 语句中使用。

5.4　如果 NumberX=3 且 NumberY=4.7，判断下列语句的真假：

　　a. T F NumberX = Int(NumberX)

　　b. T F NumberY= Int(NumberY)

5.5　如果 NumberX=6.2，NumberY=2.8 且 NumberZ=9，判断下列语句的真假：

　　a. T F NumberZ = Floor(NumberX+NumberY)

　　b. T F NumberZ= Floor(NumberZ)

5.6　下面的伪代码让用户输入 10 个数字，然后在屏幕上面显示出这 10 个数字。但是这段伪代码中包含有 1 个错误，请找出这个错误并修正它。

```
Declare Count As Integer
Declare Number As Integer
Declare Response As String
For(Count = 1; Count <= 10; Count++)
   Write "Enter a Number: "
   Input Number
   Write "The Number you entered is: " + Number
   Write "Do you want to continue ? "
   Write "Enter 'y'for yes, 'n' for no: "
   Input Response
   If Response = 'n' Then
      Write "Goodbye"
      Exit for
   End If
End For
```

5.2　在更复杂的程序中将循环结构同 If-Then 结构相结合使用

在本节中，我们将把循环结构同 If-Then 结构结合使用来创建更长更复杂的程序。

例 5.6 介绍如何使用程序统计用户输入了多少个正数及多少个负数。这个程序段可以嵌入到更复杂的程序当中，稍作修改就可以用于统计各种类型的输入。例如，大学需要对入学学生进行人口信息统计，统计有多少个学生的年龄大于特定年龄。又如，超市需要统计一个用户需要购买多少个商品才会让总花费额超过了一定值或者小于了一定值。

例 5.6　统计用户输入

该程序段让用户输入数字（当输入 0 时，程序终止），并统计用户输入了多少个正数，多少个负数。该程序段的流程图见图 5.4 所示。

```
1 Declare PositiveCount As Integer
2 Declare NegativeCount As Integer
3 Declare Number As Integer
4 Set PositiveCount=0
5 Set NegativeCount=0
6 Write "Enter a number. Enter 0 When done: "
7 Input Number
8 While Number != 0
9   If Number>0 Then
10      Set PositiveCount = PositiveCount +1
11  Else
12      Set NegativeCount = NegativeCount + 1
13  End If
14  Write "Enter a Number.  Enter 0 when done: "
15  Input Number
16 End While
17 Write "The number of positive numbers entered is " + PositiveCount
18 Write "The number of negative numbers entered is " + NegativeCount
```

程序如何运行以及各行伪代码的意义

- 第 1~5 行定义并初始化计数器，PositiveCount 和 NegativeCount。
- 第 6 行和第 7 行提示用户输入数字，并接受用户输入的第一个数字，存储到变量 Number 中。
- 循环从第 8 行开始，直到用户输入数字 0 结束。
- 在循环体中，用户输入的每一个数字都通过 If-Then-Else 结构进行检查。
- 第 9 行检查用户输入的值是否为正数。
- 如果条件判断为真，第 10 行将执行。用于记录用户输入了多少个正数的变量 PositiveCount 的值加 1。

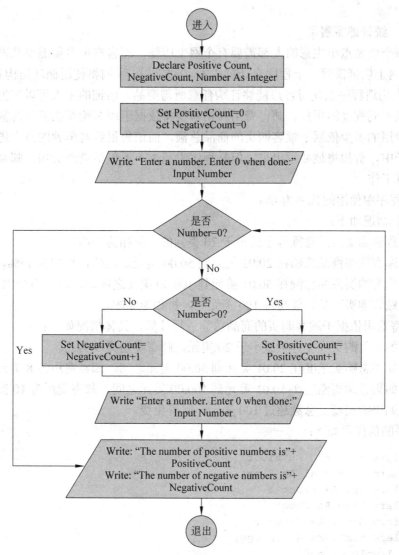

图 5.4　循环结构与选择结构结合使用

- 如果 Number 的值为负数，第 12 行的 Else 子句将被执行，用于记录用户输入了多少个负数的变量 NegativeCount 的值加 1。记住，在 If-Then-Else 结构中，当 If 语句的判断为真时，Else 子句被跳过。
- If-Then-Else 子句在第 13 行结束。
- 因为数字只有正数、负数和零，所有的可能性都被考察到了。然后程序将跳到第 14 行，让用户再输入一个数。
- 下一个数字被输入（第 15 行），程序控制流返回到第 8 行，检查该数字是否为 0，如果该数字不是 0，循环继续。
- 如果数字是 0，循环退出。变量 PositiveCount 和 NegativeCount 分别记录了用户输入了多少个正数和负数。控制流到第 17 行和第 18 行，统计结果被显示出来。

例 5.7 将 Select Case 语句同循环结构相结合用于更长的程序段中，该程序段可用于业务结算。

例 5.7　统计邮寄费用

如今每个要做点小生意的人都需要有个网上店铺,而客户也希望能够从网上店铺购买商品,因此网上店铺需要一个程序来计算成本。在本例中,我们将使用循环结构和两个 Select Case 语句来构造程序以使得客户能够订购任意所需商品。店铺的主人可以依据商品的成本为客户提供不同程度的折扣。邮寄费用和销售税将依据于顾客购买的商品总额进行计算,其中邮寄费用的多少依据于顾客购买的商品总额,而销售税针对单独的税率进行计算。在我们的例子中,折扣将被显示出来,但是程序中基本上不包括更改折扣、邮寄费用和税率部分的计算工作。

- 本程序中使用的税率为 6%。
- 折扣情况如下:
  - 顾客购买商品总额等于或小于 20 美元的,折扣为 10%。
  - 顾客购买商品总额在 20.01 美元到 50.00 美元之间的,折扣为 15%。
  - 顾客购买商品总额在 50.01 美元到 100.00 美元之间的,折扣为 20%。
  - 顾客购买商品总额超过 100 美元的,折扣为 25%。
- 邮寄费用依据于顾客购买的商品总额进行计算,具体情况如下:
  - 如果总购买额度等于或小于 20 美元,邮寄费用为 5 美元。
  - 如果总购买额度在 20.01 美元到 50.00 美元之间,邮寄费用为 8 美元。
  - 如果总购买额度在 50.01 美元到 100.00 美元之间,邮寄费用为 10 美元。
  - 如果购买商品总额超过 100 美元,邮寄免费。

本程序的伪代码如下:

```
1 Declare ItemCost As Float
2 Declare ItemTotal As Float
3 Declare Tax As Float
4 Declare Ship As Float
5 Declare Count As Integer
6 Declare NumItems As Integer
7 Set ItemTotal = 0
8 Set TotalCost = 0
9 Write "How many items are you buying? "
10 Input NumItems
11 For (Count = 1; Count <= NumItems; Count++)
12  Write "Enter the cost of item " + Count
13  Input ItemCost
14  Select Case of ItemCost
15     Case: <= 20.00
16         Set ItemCost = ItemCost * 0.90
17         Break
18     Case: <=50.00
19         Set ItemCost = ItemCost * 0.85
20         Break
21     Case: <= 100.00
22         Set ItemCost = ItemCost * 0.80
23         Break
```

```
24       Case: > 100.00
25           Set ItemCost=ItemCost * 0.75
26           Break
27       End Case
28       Set ItemTotal=ItemTotal+ ItemCost
29  End For
30  Select Case of ItemTotal
31       Case: <= 20.00
32           Set Ship= 5.00
33           Break
34       Case: <= 50.00
35           Set Ship=8.00
36           Break
37       Case: <= 100.00
38           Set Ship=10.00
39           Break
40       Case: > 100.00
41           Set Ship=0.0
42           Break
43   End Case
44  Set Tax=ItemTotal * 0.06
45  Set TotalCost=ItemTotal + Tax + Ship
46  Write "Your item total is $ " + ItemTotal
47  Write "Shipping costs will be $ " + Ship
48  Write "The total amount due, including sales tax, "
49  Write " is $ " + TotalCost
```

程序如何运行以及各行伪代码的意义

- 第 1 行到第 8 行定义并初始化本程序所需的变量。这些关于商品价格（ItemCost，ItemTotal，Tax，Ship）的变量都是浮点型变量，因为价格通常都包括美元和美分。变量 Count 和变量 NumItems 是整型变量。

- 第 9 行和第 10 行提示用户并接收用户输入所需购买的商品数量。这个变量 NumItems 将用于循环的测试条件中。

- 循环自第 11 行开始，直到计数器的值大于用户想要购买的商品数量值为止。

- 第 12 行和第 13 行要求用户输入单项商品的价格。

- 第 14 行到第 27 行组成了第 1 个 Select Case 语句。这部分是计算折扣的地方。例如，10%的折扣在计算时，将价格值减去价格的 10%的值就得到了，即：

  ItemCost−0.10*ItemCost=0.90*ItemCost

  因此 10%的折扣实际上就是价格的 90%的值。这里的伪代码简化了多余的计算步骤，直接计算 ItemCost 的 90%的值。类似的，15%的折扣也就是 ItemCost 值的 85%，即价格值减去价格值的 15%后得到的值。

- 回忆一下 Select Case 语句如何工作：如果 ItemCost 的值匹配第 1 个 Case 子句（即 ItemCost 小于等于 20.00），程序的第 16 行将被执行，并且第 17 行的 Break 语句将被执行，这时 Select Case 语句后面的部分（第 18 行到 26 行）将被跳过。但是，如果 ItemCost 的值为$98.52，该值将在第 15 行被检测，因为它不匹配该 Case 语句，因此程序的第 16 行和第 17 行将被跳过。此时该值将在第 18 行被检测，又一次它不匹配这里的 Case 语句，程序的第 19 行和第 20 行将被跳过。不过，ItemCost 的值满足程序第 21 行的条件，因此第 22 行将被执行。接着第 23 行的 Break 语句将被执行，程序的第 24 行到第 26 行将被跳过。对于 Select Case 语句来说，变量值所匹配的 Case 子句才会被执行，而其他的 Case 子句都将被跳过。因此，每一个商品的价格都被检查一遍，并依据于其价格的不同，计算的折扣也不同。商品折扣后的价格将存储在 ItemCost 中，直到下一个循环，用户输入新的商品价格为止。

- 第 28 行计算客户购买商品的总价格。计算完这个总值后，程序控制流返回到 For 循环的顶部。如果计算器的值仍然不大于客户要购买的商品总数 NumItems 的值，那么程序第 13 行将再一次要求用户输入 ItemCost 值，并计算其折扣。
- 当所有的商品价格都输入完成后，折扣也计算完成，而且所有商品的总价格也累加完成后，For 循环退出（第 29 行）。
- 第 30 行到第 43 行依据于客户购买的商品总额计算商品的邮寄费用。在本程序中，我们使用另一个 Select Caes 来计算这一部分费用。
- 第 44 行将对商品的总价格（不包括邮寄费用）计算消费税，税率为 6%。
- 第 45 行计算客户的花费总额，包括消费税和邮寄费用。
- 第 46 行到第 49 行向客户显示结果信息。

具体编程实现（Making It Work）

你能想到改进上述程序的方法吗？上述程序有一些地方可以更改或增加以提高程序的可用性。计算机在计算浮点数的时候通常精确到一定的小数位。如果上述程序由实际的编程语言来编写，其输出结果将被格式化，因此价格将被显示为只保留两个小数位。

另外，应该增加数据验证部分以确保客户输入的商品购买数量是正整数。当客户输入购买商品的数量为 0 时，应当显示相应的提示消息。当客户输入的商品购买数量为非整数值或者负数值时，应该给客户提示信息以确认是否是客户输入错误造成的，或者是客户想退出程序了。

当把消费税率指定到一个具体变量时，本程序将更加好用。这种情况下，当未来的某一天消费税率调整了，店主只需更改该变量的值就可以达到更改程序中所有包含税率计算部分的效果。

实际上，最好把程序写成最通用的方式。在本例的伪代码中，折扣率指定为 10%，15%，20%和 25%。而邮寄费用被指定为$5.00，$8.00，$10.00 和免费。你能想办法把该程序编写的不这么特定，当需要更改的时候，更加容易和方便吗？

在自测题中，你将会尝试进行这些修改。

5.2.1　Length_Of()函数

大多数编程语言都包含有类似于我们这里要介绍的 Length_Of()的内置函数。如同前面介绍过的函数 Int()，Floor()或 Sqrt()一样，Length_Of()函数从括号中接收一个值，然后返回另一个值并把它赋给其他变量。Length_Of()函数也可以在括号中接收字符串或字符串变量，而返回结果是该字符串的字符个数。我们将在例 5.8 中使用该函数。

例 5.8 Length_Of()函数

本例介绍如何将 Length_Of()函数作用于字符串。因为 Length_Of()函数的返回值为整数，因此表达式左边的变量应该是整数变量。在下面的例子中，已经假设变量 MyLength 被定义为整型。

- MyLength = Length_Of("Hello")，由于 Hello 有 5 个字符，因此函数将值 5 赋给变量 MyLength。
- MyLength = Length_Of("Good-bye! ")，由于该字符串有 9 个字符，包括连接符号和叹号，因此函数将值 5 赋给变量 MyLength。

如果 Name="Hermione Hatfield"，

那么 MyLength = Length_Of(Name)将把值 17 赋给变量 MyLength。

如果 TheSpace=" "，

那么 MyLength = Length_Of(TheSpace)将把值 1 赋给变量 MyLength，因为空格记为 1 个字符。

5.2.2 Print 语句与换行符

这里我们将介绍一个新的、将在伪代码中使用的语句：Print 语句。到目前为止所使用的伪代码中，Write 语句用于在屏幕上打印输出，并且每个 Write 语句会在新的一行开始输出。在大多数编程语言中，编程人员只要没有给出换行指令，程序的输出都在同一行连续输出。不同编程语言的换行命令可能不同，但是效果都是一样的：在不同的行上进行输出，编程人员必须用特定地方式告诉计算机进行换行。对于本章及后续章节中的一些问题来说，Write 语句并不是大多数编程语言中的实际反应。

从现在开始我们将使用 Print 语句在屏幕上输出内容。就像 Write 语句一样，它包含有连接变量与文本的能力。不过，除非明确使用换行符，否则连续使用 Print 语句的结果是所有的内容都将显示在同一行。这里使用<NL>作为换行符。例 5.9 将使用到 Print 语句及换行符<NL>。

例 5.9 使用 Length_Of()函数进行格式化输出

本例中，我们将在循环中嵌套使用 If-Then 语句来练习格式化输出。在本章的后面部分，我们将更改本程序以创建更有趣的格式化输出。下面所示的伪代码要求用户输入他或她的名字，然后将在屏幕上打印出名字并在名字下面带一行特殊符号（符号由用户自行选择）。而符号的数量同名字中字符的数量相等。为实现这里的功能，我们将使用例 5.8 中用到的 Length_Of()函数。Print 语句使得循环中的输出显示在同一行。本程序的伪代码如下：

```
1 Declare Name As String
2 Declare Symbol As Character
3 Declare Number As Integer
4 Declare Choice As Character
```

```
 5 Declare Count As Integer
 6 Set Count = 0
 7 Write "Enter your name: "
 8 Input Name
 9 Write "Choose one of the following symbols: "
10 Write " * or # "
11 Input Symbol
12 Write "Do you want a space between each symbol? "
13 Write "Enter 'Y' for yes, 'N' for no "
14 Input Choice
15 Set Number = Length_Of(Name)
16 Print Name <NL>
17 While Count <= Number
18   If Choice == "y" OR Choice == "Y"
19       Print Symbol + " "
20       Set Count = Count +2
21   Else
22       Print Symbol
23       Set Count = Count + 1
24   End If
25 End While
```

程序如何运行以及各行伪代码的意义

● 第 1 行到第 6 行定义并初始化了程序中所需的变量。

● 第 7 行到第 14 行提示并接收用户输入的初始值。

● 第 15 行通过 Length_Of()函数计算出用户名字中的字符个数。

● 第 16 行在屏幕上显示出用户的名字。这里使用 Print 语句并紧接着一个换行符 <NL>。这表明下一个输出语句将在屏幕的下一行开始输出。

● 第 17 行开始 While 循环。

● 第 18 行的 If 语句完成两件事。它将检查 Choice 的值以判断是否需要在两个字符之间增加一个空格，不过这里增加了一些编程内容使得程序处理对用户更加友好。这里使用了复合判断条件，OR 运算符，即程序允许用户输入大写或小写两种形式。有时你可能会注意到，当我们使用一些程序的时候，输入大小写字母都可以，而有时候却需要区分大小写字母。优秀的程序员会优先考虑到用户的需求，在编写代码的时候考虑到处理用户所有可能的输入情况。

● 如果用户输入了 y（或 Y!），程序接着执行第 19 行，即用户选择的符号首先显示，然后是空格，接着在第 20 行计数器增加。

● 由于在第 19 行使用了 Print 语句，且没有包含换行符<NL>。那么下一次运行这一行的时候，第二次的输出结果将显示在同一行。

● 下面我们来思考一下第 20 行，我们希望在姓名的下面显示一行符号。如果用户没有选择字符之间带空格，那么符号的数量将同名字中字符的数量相同。当 Count 的值同 Number（名字中字符的数量）的值相等时，循环体停止执行。不过，当用户希望在符号之间带有空格时，则符号行的长度将是名字长度的两倍。如果此时，我们将 Count 值的递增量变为 2，而不使用 1，那么循环体将在符号行的字符数量（一个符号和一个空格是一次迭代）等于名字中字符数量时停止执行。

- 如果用户输入了除 y 或 Y 以外的任意字符，Else 子句将被执行。在这种情况下，显示的符号之间不带有空格（第 22 行），计数器在第 23 行递增。第 22 行的 Print 语句没有换行符<NL>，因此（当下一次迭代时，该行被再一次运行）下一个符号将在同一行显示出来。
- 无论 If-Then-Else 语句中的哪一个子句被执行，程序控制流都将返回到第 17 行。循环体将重复运行直到计数器的值大于 Number 的值时结束。在这种情况下，显示的符号数量将同名字中的字符数量相一致。

具体编程实现（Making It Work）

下面是使用 C++语言编写的显示程序代码，假设用户输入的名字为 Joe，符号为#，且没有选择在符号之间带空格。注意这里的换行符使用了 endl。

```
int count;
string name;
char symbol;
int number;
char choice;
name = " ";
number = 0;
symbol = '#';
count = 0;
cout << "Enter your name: ";
cin >> name;
number = name.length();
cout << "Choose a symbol: * or # ";
cin >> symbol;
cout << "Do you want a space between each symbol? ";
cout << "Enter Y for yes, N for no. ";
cin >> choice;
cout << name << endl;
while(count <= number)
{
    if((choice == 'Y') || (choice == 'y') )
    {
        cout << symbol << " ";
        count = count +2;
    }
    else
    {
        cout << symbol;
        count = count +1;
    }
```

```
}

return 0;
显示:
Joe
###
```

5.2 节 自测题

自测题 5.7~5.10 涉及例 5.7。

5.7 下列哪一个变量应该检验其有效性？对于你所选择的变量，请指出需要验证哪些方面？

$$ItemCost，ItemTotal，Tax，Ship，Count，NumItems$$

5.8 在例 5.7 中添加一段代码以确保客户输入的购买商品数量是有效地。

5.9 应该在哪一行代码之后插入验证代码，来验证客户输入变量 NumItem 值的有效性？

5.10 遍历例 5.7 所示的伪代码，当客户输入如下三项产品信息后，什么内容会显示出来？

```
A Widget for $55.98
A Wonka for $23.89
A Womble for $103.50
```

5.11 下面的伪代码要求用户输入 5 个数字，然后程序会输出这 5 个数字倒数的绝对值。但是下面的程序缺失了一部分内容，请找出并修补完整下面的伪代码。

```
Declare Count As Integer
Declare Number As Float
Declare Inverse As Float
Set Count = 1
Do
  Write "Enter a number: "
  Input Number
  If Number > 0
      Set Inverse = 1/Number
  Else
      Set Inverse = (-1)/Number
  End If
  Write Inverse
  Set Count = Count + 1
While Count <= 5
```

5.3 随 机 数

随机数是这样一些数字，它们的出现没有任何规律，也不可预测。但是在程序设计中，随机数确有非常多的、有意思的应用。虽然随机数的主要用途是在游戏程序中提供一些偶然性机会等，但是它们在其他领域也有非常多的用途，比如仿真环境、商业过程、数学领域、工程领域等等。在本节中，我们将学习如何在程序中使用随机数。

5.3.1　Random 随机函数

大多数编程语言都带有这样一个函数，它能够产生一些随机数字，基于编程语言的不同，这个函数的名字也有所不同。为了说清楚随机数的使用，我们将随机函数命名为：Random。

当程序中遇到表达式 Random 时（它可以出现在任何整型常量出现的地方），它将产生一个随机数，范围从 0.0 到 1.0，其中包括 0.0，但不包括 1.0。咋看起来，这没多大用处。毕竟，有哪些地方会需要用到像 0.2506 或 0.0925 这样的数字？尽管像这样的随机数字应用的范围非常小，但是在一些特定地应用范围，它比随机整数更常见。例如，在模拟一个色子（两个色子之一）的翻转面的时候，输出结果可能是 1、2、3、4、5 或 6。因此，通常情况下我们需要把产生的数字转换成所需要范围的数字，这需要一定的步骤才行。

为了说明的目的，我们给出了一些产生的随机数字，它们保留到小数点后四位（小数点后保留的实际位数依据于计算机系统和特定编译器或解释器的不同有所差异）。例如，Random 可能产生 0.3792 或 0.0578。如果我们把产生的随机数乘以 10，那么最后得到的数字范围从 0 到 9.9999，如下所示：

- 如果 Random=0.3792，那么 Random*10=3.7920；
- 如果 Random=0.0578，那么 Random*10=0.5780；
- 如果 Random=0.1212，那么 Random*10=1.2120；
- 如果 Random=0.9999，那么 Random*10=9.9990；

此时，我们已经将随机数结果的范围变成了从 0.000 到 10，但不包括 10。不过此时仍然没有得到整数值。但是我们有 Floor() 函数！如果我们对随机数的结果取最接近的整数，我们就可以得到整数值了，如下所示：

- 如果 Random=0.3792，那么 Floor(Random*10)=3；
- 如果 Random=0.0578，那么 Floor(Random*10)=0；
- 如果 Random=0.1212，那么 Floor(Random*10)=1；
- 如果 Random=0.9999，那么 Floor(Random*10)=9；

此时我们得到的随机数取值范围为 0 到 9。如果我们系统需要得随机数范围在 1 到 10 之间，我们可以在上述表达式上加 1 即可。

- 如果 Random=0.3792，那么（Floor(Random*10)+1）=4；
- 如果 Random=0.0578，那么（Floor(Random*10)+1）=1；
- 如果 Random=0.1212，那么（Floor(Random*10)+1）=2；
- 如果 Random=0.9999，那么（Floor(Random*10)+1）=10；

在程序中使用随机数生成器的时候，把它的值赋给整型变量即可。要想得到理想范围的随机数，按需更改乘数或加数即可。例 5.10 举例说明了它的应用。

例 5.10　使用 Random 函数产生随机数

如果 NewNumber 是一个整型变量，那么，

- NewNumber = Floor(Random*10)+1 将产生结果为 1 到 10（包括 10）之间的随机数。
- NewNumber = Floor(Random*100)+1 将产生结果为 1 到 100（包括 100）之间的随机数。
- NewNumber = Floor(Random*10)+4 将产生结果为 4 到 13（包括 13）之间的随机数。
- NewNumber = Floor(Random*2)产生的结果为 0 或 1。
- NewNumber = Floor(Random*2)+1 产生的结果为 1 或 2。
- NewNumber = Floor(Random*6)+7 将产生结果为 7 到 12（包括 12）之间的随机数。

认真观察这些例子，我们可以看出，要想产生从整数 M 开始的，N 个随机数，可以使用公式为：

$$Floor(Random*N)+M$$

例 5.11 抛硬币

下面这个简单的程序通过使用随机函数来仿真抛硬币。如果随机函数产生数字 1，那么程序就输出 Heads（硬币正面），如果随机函数产生数字 0，程序就输出 Tails（硬币背面）。我们将抛硬币的过程放到循环中，可以按照用户的意愿循环任意多次。

```
1 Declare Number As Integer
2 Declare Response As Character
3 Write "Do you want to flip a coin ? "
4 Write "Enter 'y' for yes, 'n' for no: "
5 Input Response
6 While Response == "y"
7   Set Number = Floor(Random * 2)
8   If Number = 1 Then
9       Write "Heads"
10  Else
11      Write "Tails"
12  End If
13  Write "Flip again? Enter 'y' for yes, 'n' for no: "
14  Input Response
15  End While
```

第 7 行使用 Random 函数来产生 0 或 1。产生的值存储到变量 Number 中，然后用于判断硬币的正反面。

例 5.12 给出了更进一步的示例，来说明如何将随机数用于产生可能的预期结果。

例 5.12 掷色子

假设我们抛掷一对色子，并记录它们抛掷结果的和。例如，第 1 个色子的抛掷结果为 3，第 2 个色子的抛掷结果为 6，那么我们把它们的和 9 记录下来。假设你是一个计算机专家，你的朋友建议你使用计算机来预测抛掷色子的结果。她让你编写一个程序来推测出抛掷色子最可能出现的结果。她想知道，抛掷一对色子的结果和为 5 或 8 的可能性是否较大一些。

我们可以用随机数程序来仿真抛掷色子实验。对于每一次抛掷色子来说，都会产生两个随机数——每个色子对应一个结果——结果范围从 1 到 6。然后我们把这两个随机数相加，并记录它们和为 5 或 8 的次数。如果我们抛掷色子（产生一对随机数）数千次，而和为 5 或 8 的次数非常多，那么我们就可以推断这个结果是很可能的结果。下面是实现上述实验的程序伪代码。

```
1 Declare FiveCount As Integer
2 Declare EightCount As Integer
3 Declare K As Integer
4 Declare Die1 As Integer
5 Declare Die2 As Integer
6 Declare Sum As Integer
7 Set FiveCount = 0
8 Set EightCount = 0
9 For(K = 1; K <= 1000; K++)
10    Set Die1 = Floor(Random * 6) +1
11    Set Die2 = Floor(Random * 6) +1
12    Set Sum = Die1+Die2
13    If Sum == 5 Then
14        Set FiveCount = FiveCount+1
15    End If
16    If Sum == 8 Then
17        Set EightCount = EightCount+1
18    End If
19 End For
20 Write "Number of times sum was 5: " + FiveCount
21 Write "Number of times sum was 8: " + EightCount
```

对于这个程序来说，如果用具体的编程语言编写一下然后运行，最好的事情就是它能够在几秒内算出结果。如果用手工完成这个实验的话，可能需要花费好多个小时才行。当然，如果你觉得抛掷 1000 次色子得到的结果不足以得到合适判断结果的话，那就把 1000 改成 10000 或者 2000000，不过程序仍然会在几秒内得到结果。

是什么与为什么（What & Why）

你是怎么看呢？如果我们把上述伪代码编写成实际的程序，然后运行，最可能的结果和会是什么呢？你能够找到合理的解释呢？

考虑一下抛掷色子得到和为 5 时的数字组合方式，并对比一下抛掷色子得到和为 8 时的数字组合方式。

当抛掷一对色子的时候，它们的结果和可能为 2、3、4、5、6、7、8、9、10、11 或 12。但是，它们可能的组合方式如下：

得到 11 种可能结果值的组合						得到 5 的可能组合	得到 8 的可能组合
1+1=2	2+1=3	3+1=4	4+1=5	5+1=6	6+1=7	(1,4)	(2,6)
1+2=3	2+2=4	3+2=5	4+2=6	5+2=7	6+2=8	(4,1)	(6,2)
1+3=4	2+3=5	3+3=6	4+3=7	5+3=8	6+3=9	(2,3)	(3,5)
1+4=5	2+4=6	3+4=7	4+4=8	5+4=9	6+4=10	(3,2)	(5,3)
1+5=6	2+5=7	3+5=8	4+5=9	5+5=10	6+5=11		(4,4)
1+6=7	2+6=8	3+6=9	4+6=10	5+6=11	6+6=12		

我们可以得到 36 种可能的组合，以及 11 种可能的结果和。因为从 36 种可能的组合中得到结果和为 5 时，有 4 种可能的组合，因此抛掷一对色子结果和为 5 的概率为 4/36（大约为 11.1%）。类似地，因为从 36 种可能的组合中得到结果和为 8 时，有 5 种可能的组合，因此抛掷一对色子结果和为 8 的概率为 8/36（大约为 13.9%）。

也就是说，当你抛掷一对色子非常非常多次时，无论次数有多么多，对于每抛掷 100 次色子来说，这对色子的结果和为 5 的可能性大约为 11 次，而这对色子的结果和为 8 的可能性大约为 14 次。

在本章的前面部分例 5.3 中，我们创建了一个简单的猜数字游戏。现在，我们可以在随机函数的帮助下，创建一个更为有趣的猜数字游戏。例 5.13 给出了如何实现这种程序。

例 5.13　新的猜数字游戏

本程序让用户（假设是年纪小的小孩）使用计算机进行猜数字游戏。本程序从 1 到 100 之间产生一个随机整数（存储在变量 Given 中），然后让这个小孩猜测这个数字是多少。

```
1 Declare Given As Integer
2 Declare Guess As Integer
3 Set Given = (Floor(Random * 100)) + 1
4 Write "I'm thinking of a whole number from 1 to 100. "
5 Write "Can you guess what it is? "
6 Do
7   Write "Enter your guess: "
8   Input Guess
9   If Guess < Given Then
10     Write "You're too low. "
11   End If
12   If Guess > Given Then
13     Write "You're too high. "
14   End If
15 While Guess != Given
16 Write "Congratulations! You win!"
```

程序如何运行以及各行伪代码的意义

在这段伪代码中，一旦程序产生了一个随机整数，程序的循环体部分将让用户不断猜测这个未知的整数是多少。大致看一下猜数字程序，这里的 If-Then 语句告诉用户他或她猜测的数字同实际产生的随机数相比是大了还是小了。当用户猜测的数字同程序产生的随机数字相等时，循环体退出，程序执行结束。

是什么与为什么（What & Why）

你能发现例 5.13 的伪代码中的问题吗？例如，假设程序产生的随机数为 64，小孩猜测的数字为 87，程序将打印出猜测的数字比实际数字大这种提示信息。聪明的小孩立即会想到再猜测的话，猜测数字一定要比 87 小。第二次小孩会猜 18，这时计算机会打印出猜测的数字比实际数字小。然后，聪明的小孩会认识到实际数字应该在 19 到 86 之间，然后他或她将在这个范围内继续猜测，充分利用程序的打印输出信息来猜测出正确的数字。如果小孩没有注意到程序的提示信息，而不断的随意猜测数字，会有什么结果呢？该程序很可能无限的运行下去。例如，程序可以在循环体中设定最大的猜测次数为 20 次或者增加用户提示，询问是否愿意结束程序运行，并显示出正确结果。我们将在问题求解部分再次讨论本程序。那时我们将重写并扩展该伪代码以确保没人会陷入到该程序中，无法停止程序并在程序中增加一些新功能。

5.3.2 不完全随机：伪随机数

产生一个随机数的实际含义是什么呢？对于真正意义上的、随机地选择一个数字（在一个给定的集合中）来说，包含在选择范围内的每一个数字被选中的概率应该都是一样的。

不过，我们不能这样告诉计算机，"请在 1 到 20 之间选择一个数字"。计算机只能接收来自程序的指令。程序员必须编写这样一个程序，告诉计算机如何从一个给定范围内选择一个数字出来。随机数字通常都是由数学算法产生的——一个具体计算公式告诉计算机如何从一个特定范围内挑选数字。这个算法可能包含这样的指令，将一个数字乘以某一个数，然后除以某一个数，然后再把得到的结果求平方等等。但是算法需要一个初始值才能开始上述计算过程。这个初始值我们称为种子值。

由该算法产生的数字将作为下一次计算生成随机数字的种子值。如果程序每次都使用同样的种子值来产生随机数，那么此时的随机就不是真正的随机。因此，这时产生的随机数就不是不可预知的，即使它们都有可能出现。这样产生的随机数称为伪随机数，但是它们同真正的随机数一样有用。

当程序中使用这样的函数时，除非特别指明，一些编程语言将使用同样的种子值来产生伪随机数。因此，如果算法的起始值没有更改的话，程序在运行的时候将产生一系列同样的值。这对于调试程序时非常有用，但是当程序功能完善之后，必须强制计算机使用不同的种子值以使得产生的随机数是不可预知的。这通常是通过在程序的开头添加一些语句或者一个程序模块在每次执行时更改种子值。让伪随机数难以预知的一种方式就是让种子值不可预知。例如，你可以使用从今年开始到现在的毫秒数作为种子值。尽管这个值不是真正的随机数，不过它在一年内只会出现一次，因此它是不会重复的。这种类型的种子值强制随机数生成器每次运行都使用一个不同的种子值。

5.3 节 自测题

5.12 请给出下列语句产生的随机数范围：

a. Set Num1= Floor(Random * 4)

b. Set Num2= Floor(Random * 2) + 3

c. Set Num3= Floor(Random * X) −2，其中 X=5

5.13 编写一个程序打印出 100 个随机整数，范围从 10 到 20 之间（包括 20）。

5.14 编写一个程序使用随机数来模拟抛掷单个色子的游戏，并显示色子的显示结果。程序可以允许用户定义抛掷色子的次数。

5.15 使用下列条件重新编写例 5.13 的伪代码：

a. 使用一个 If-Then-Else 语句来代替两个 If-Then 语句

b. 使用一个 Select 语句来代替两个 If-Then 语句

5.16 什么是伪随机数？它同真正的随机数有何不同？

5.4 嵌 套 循 环

有时候程序使用的循环被完全包容在另一个循环里面。这种情况下，我们称它们为嵌套循环。两者中较大的循环叫做外层循环，处于它里面的那个叫做内层循环。当遇到嵌套循环的时候，通常学生们会觉得难以理解程序执行的逻辑顺序。因此，这里我们将花费一点时间编写一个使用嵌套循环的简短的程序片段，并细致分析这个程序段的每一步执行情况。现在，可以通过纸和笔来分析程序中每一步执行过程中每个变量值变化的情况，能够使用这种（手动检查）分析伪代码的方法就显得非常重要了。

5.4.1 嵌套的 For 循环

在嵌套循环程序中，外层循环像前面介绍的一般循环一样的执行，而内层循环作为了外层循环的一部分在执行。图 5.5 所示的流程图说明了嵌套循环的执行流程，其中内层循环完成了三次迭代，外层循环完成了两次迭代。我们将详细分析一下该流程图的逻辑情况。

在图 5.5 中，外层循环通过检测整型变量 OutCount 的值开始执行。测试条件表明，当变量 OutCount 的值小于或等于 2 的时候，程序进入循环体。在程序起始部分，OutCount=1，因此程序进入循环体中。此时，程序完成的第一件事情是将整型变量 InCount 初始化为 1。

接下来，程序进入内层循环。整个内层循环体必须完全包含在外层循环体之中。本例中，内层循环的测试条件表明，当 InCount 的值大于 3 时，程序将退出内层循环。因此，这里内层循环将迭代 3 次。内层循环在执行的时候，首先将打印出 OutCount 的值，然后再在下面一行打印出 InCount 的值。

在内层循环的第一次执行中，OutCount=1，InCount=1。这个结果将在屏幕上显示出来。在内层循环的第二次执行时，OutCount 仍旧为 1，而此时 InCount 的值为 2，此时，屏幕上会再次打印出来一个 1，然后下面跟着显示一个 2。在第 3 次执行的时候，OutCount 的值仍旧为 1，而 InCount 的值此时为 3。因此屏幕上第 5 行和第 6 行将分别打印出 1 和 3。然后，InCount 的值将变为 4，此时内层循环测试条件的检测结果为假，内层循环将退出。

接下来，将跳过一行，然后 OutCount 的值加 1 后变为 2。现在进入外层循环的第二次执行。这里请注意内层循环的计数器。此时，变量 InCount 的值再一次被设置为 1。如果这里的赋值语句没有执行的话，内层循环将不会再一次执行，因为内层循环再上一次执行的最后，变量 InCount 的值已经变成了 4。

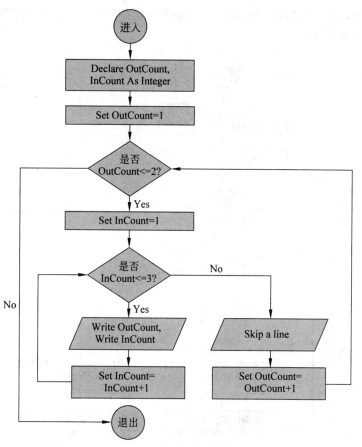

图 5.5　嵌套 For 循环的流程图

　　因此这时内层循环将再次完成三次迭代过程。这次程序在打印输出的时候，OutCount 的值都为 2，而 InCount 的值分别为 1、2 和 3。在 InCount 的值变为 4 的时候，内层循环退出，程序跳过一行，变量 OutCount 的值将变为 3。

　　此时变量 OutCount 的值不满足外层循环的测试条件，程序退出。将该程序编码并运行之后，输出结果如下所示：

```
1
1
1
2
1
3

2
1
2
2
2
3
```

例5.14和例5.15使用For循环进一步说明在嵌套循环中循环迭代发生顺序问题。例5.14的流程图见图5.6所示。

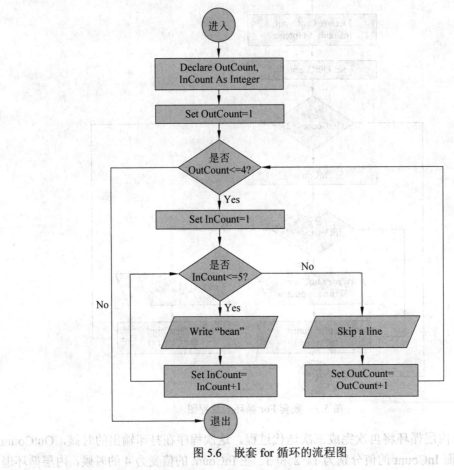

图 5.6　嵌套 for 循环的流程图

例 5.14　使用嵌套的 For 循环来输出大量的豆子

假设我们想要写一个程序，该程序数出 20 个豆子，然后将它们排成 4 行，每行 5 个豆子。

内层循环数出 5 个豆子。我们在第 4 章已经看过如何写这样的循环。我们可以将这个循环重复 4 次，以得到我们想要的结果，但是那样将会是冗长无聊的过程。相反，我们可以将排放每行 5 个豆子的小循环放在一个外层循环中，外层循环只是将内层循环运行 4 次。

程序片段的伪代码如下：

```
1 Declare OutCount As Integer
2 Declare InCount As Integer
3 For(OutCount=1; OutCount<=4; OutCount++)
4   For(InCount=1; InCount<=5; InCount++)
5       Write "bean"
6   End For(InCount)
7   Write " "
```

```
8 End For(OutCount)
```

程序如何运行以及各行伪代码的意义

- 第 3 行开始外循环。我们想让外循环进行 4 次迭代，因为每次迭代显示一组 5 个豆子。因此，第 3 行检查并确保外循环的计数器（OutCount）不大于 4。如果 OutCount 大于 4，程序就会跳至第 8 行。否则，程序继续执行第 4 行。

- 第 4 行开始内循环。内循环每次迭代时，显示一个豆子并把 InCount 加 1。我们想让它完成 5 次迭代，显示 5 个豆子。当 InCount 的值超过 5 时，循环限制条件为假，内循环结束完成第一次循环，程序执行到第 7 行。

- 第 5 行简单地显示单词豆子（bean）。下一个豆子将会显示在同一行上，在上一个豆子的右边，直到退出循环。

- 第 7 行，简单地说就是"转下一行"。如果我们去掉这一行，所有的 20 个豆子就会排在同一行上。这之后，OutCount 加 1，程序将会检查它是否小于或等于 4，如果是的话，内循环就又开始了。

- 注意当内循环每次开始的时候，也就是外循环进行了一次新的迭代，InCount 总是被设置为 1，这样内循环总是会迭代 5 次。

- 每次内循环运行时，一行 5 个豆子就会被显示出来。每次外循环运行时，内循环显示一行 5 个豆子并转到下一行。这样，我们就得到了 4 行每行 5 个豆子。

具体编程实现（Making It Work）

嵌套 FOR 循环的两种方式

假如两个 FOR 循环有相同的语句，那么其中一个必须完全嵌套在另一个循环中。它们不可以部分交叉！在程序控制再次回到外循环之前，内循环必须结束，而且它们的计数器变量必须互不相同，举个例子，下面的伪代码展示了三个 FOR 循环嵌套在一起的两种不同方式。

```
例A                    例B
For(I=…)               For(I=…)
   For(J=…)               For(J=…)
   End For(J)                For(K=…)
   For(K=…)                 End For(K)
   End For(K)            End For(J)
End For(I)             End For(I)
```

在例 A 中，两个完全不同的循环（J 和 K）嵌套在外循环（I）中。在例 B 中，循环 K 完全嵌套在内循环 J 中，而循环 J 完全嵌套在循环 I 中。两种方式都是正确的，但是程序运行的结果通常是不一样的。编程时具体该选择哪种嵌套的方式，依据于需求的不同而有所不同。

5.4.2 嵌套其他类型的循环

例5.14举例说明了如何嵌套For循环。不过，将一种类型的循环嵌套到另一种类型的循环中也是可以的。下面的示例说明了如何嵌套使用While循环、Repeat…Until、Do…While和For循环。

在第4章中，我们使用循环将一个班里的一个学生的所有功课的成绩输入到程序中，然后计算该学生的平均成绩。那里仅仅对一个学生求平均成绩，现在可以使用外层循环将一个班里每一个学生的成绩信息都输入到程序中，并求平均成绩。例5.15给出了如何使用嵌套循环让用户求出多个学生的平均成绩。本例中将把一个For循环嵌套在一个While循环中。本例的程序执行流程图见图5.7所示。

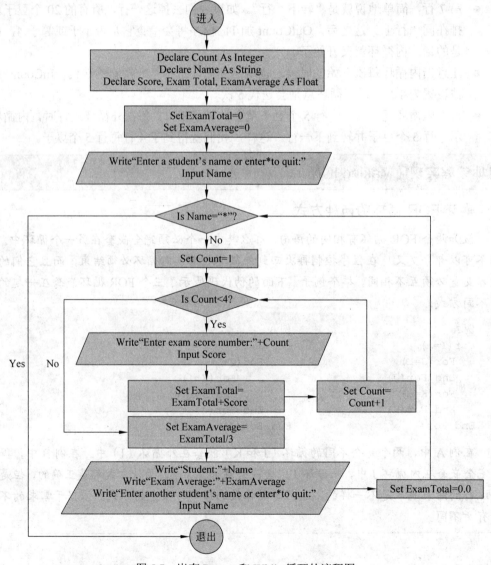

图5.7 嵌套Repeat和While循环的流程图

例 5.15 每个同学的考试平均成绩

该程序段伪代码使用 While 循环，允许用户输入并计算任意多个学生的考试成绩。在本程序中，假设班里的每个学生只有三门考试成绩，不过程序可以非常方便地增加或减少考试科目的多少，只需要更改内层循环 For 循环的限制条件即可，然后把代码第 16 行的除数也一同更改一下即可。本程序段的伪代码如下：

```
1  Declare Count As Integer
2  Declare Name As String
3  Declare Score As Float
4  Declare ExamTotal As Float
5  Declare ExamAverage As Float
6  Set ExamTotal = 0.0
7  Set ExamAverage = 0.0
8  Write "Enter a student's name or enter * to quit:"
9  Input Name
10 While Name != "*"
11  For (Count = 1; Count < 4; Count++)
12      Write "Enter exam score number " + Count
13      Input Score
14      Set ExamTotal = ExamTotal + Score
15  End For
16  Set ExamAverage = ExamTotal/3
17  Write "Student: " + Name
18  Write "Exam average: " + ExamAverage
19  Write "Enter another student's name or enter * to quit: "
20  Input Name
21  Set ExamTotal=0.0
22 End While
```

程序如何运行以及各行伪代码的意义

- 这里的外层循环是 While 循环，它从代码的第 10 行起始，在第一个学生名字被输入后开始。如果用户在前面输入了星号，这个循环将不会被执行，什么也不会显示出来。否则，程序将立即进入循环体的内层循环，从第 11 行开始执行。

- 内层循环是一个 For 循环。具体到本例子来说，我们已经假设每个学生只参加了三门功课的考试，计数器的初始值被设置为 1，循环将进行三次迭代。在循环的每一次迭代时，用户输入一门功课的成绩，并将总成绩累加。

- 第 12 行将计数器的值显示了出来。在内层循环的第一次执行时，计数器的值为 1，因此提示用户"Enter exam score number 1"。在内层循环的第二次执行时，计数器的值变为 2，因此提示用户"Enter exam score number 2"，以此类推。

- 第 14 行计算总成绩。

- 当三门功课的成绩都输入完毕，计数器的值变为 4，测试条件的结果不再为成立，因此内层循环退出。此时程序控制流执行到外层循环中的下一行。

- 第 16 行计算该学生的平均成绩，第 17 行和第 18 行显示计算结果。

- 第 19 行和第 20 行打印提示信息询问用户是继续输入另一个学生成绩进行计算还是

退出程序。第 21 行将变量 ExamTotal 的值设置为 0，因此下一个学生的成绩总分将从 0 开始累加。程序控制流此时范围到外层循环的开始处。如果此时用户输入的学生姓名不是星号，内层循环将再次开始执行。

● 这一过程将一直持续到三门考试成绩都被输入，平均成绩计算完成，所有学生平均成绩结果被显示完成为止。

例 5.16 中包含了嵌套的 Reap…Until 循环和 While 循环。本例子的程序执行流程图见图 5.8 所示。

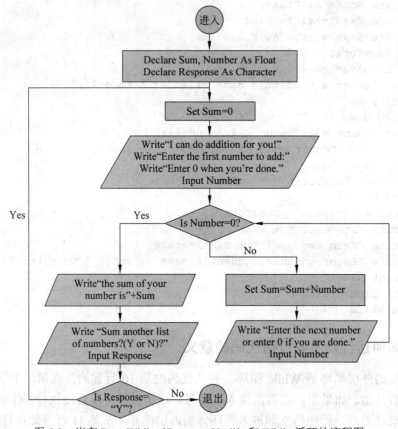

图 5.8　嵌套 Do…While（Repeat…Until）和 While 循环的流程图

例 5.16　使用 Repeat…Until 和 While 循环嵌套

本例的伪代码使用了后置检测的 Repeat…Until 循环，以允许用户在一次执行中求出多组数据的总和。实际上，如果用户愿意，外循环可以使整个程序再次运行。这个程序还包含一些语句，用来把 Sum 初始化为 0，输入第一个数字，提示 0 是一个哨兵值，以及显示由内层 While 循环计算出来的总和。

```
1 Declare Sum As Float
2 Declare Number As Float
3 Declare Response As Character
4 Repeat
5   Set Sum=0
6   Write "I can do addition for you! "
```

```
7    Write "Enter the first number you want to add: "
8    Write "Enter 0 When you're done. "
9    Input Number
10   While Number != 0
11       Set Sum = Sum + Number
12       Write "Enter your next number or 0 if you are done: "
13       Input Number
14   End While
15   Write "The sum of your numbers is " + Sum
16   Write "Sum another list of numbers? (Y or N) "
17   Input Response
18 Until Response == "N"
```

注意除了最后两条语句，外层循环 Repeat…Until 包含的是一段常见的伪代码，它将用户输入的一组数字相加求和。循环中的最后两条语句询问用户，他/她是否想进行另一次求和，用户输入答案，然后用它来测试外层 Repeat 循环的测试条件。

例 5.17　使用嵌套循环绘制正方形

例 5.9 介绍了如何将循环结构与 If-Then-Else 语句结合使用在用户名字下面绘制一行特殊符号。在本例中，我们将在前面这个程序概念的基础上，使用嵌套循环在屏幕上绘制出正方形。你可以在该程序上添加其他选项；其中一些是本节自测题的一部分，以及本章末尾的编程问题的一部分。本例对应的伪代码如下：

```
1 Declare Count1 As Integer
2 Declare Count2 As Integer
3 Declare Symbol As Character
4 Declare Side As Integer
5 Write "Choose a symbol (any character from the keyboard): "
6 Input Symbol
7 Write "Enter the length of a side of the square: "
8 Input Side
9 Set Count1 = 1
10 Set Count2 = 1
11 While Count1 <= Side
12 While Count2 <= Side
13       Print Symbol
14       Set Count2 = Count2+1
15   End While
16   Print <NL>
17       Set Count2 = 1
18       Set Count1 = Count1+1
19   End While
```

程序如何运行以及各行伪代码的意义

在本程序段中，用户可以选择键盘上任意的符号作为变量 Symbol 的值。同时用户可以选择正方形的边长，将该值存储到整型变量 Side 中。

因为正方形的四条边的长度是一样的，因此程序需要在屏幕上打印出 X 行，每行 X 个用户选择的符号（假设 X 代表变量 Side 的值）。内层循环负责绘制出一行符号，外层循环负责将内层循环重复执行正确的次数即可。

注意代码第 13 行内循环中的 Print 语句，允许所有的符号在同一行显示出来。不过，第 16 行有一个 Print <NL>。该语句告诉计算机下次在屏幕打印输出的时候从下一行开始。当程序遇到像这样的语句时，不会在屏幕上打印任何东西。

5.4.3　思维训练：智力游戏

到现在你可能已经意识到了，计算机处理信息的方式同人类是不一样的。人类可以理解像："去商店的时候，带些面包回来"或"把书放下"或"给我来杯带糖和牛奶的咖啡"这样的语句。但是计算机却不能够理解这些语句。计算机需要具体并精确的指令。某种程度上来说，这样也更容易编写指令，因为不容易出错。计算机不会给你提供一杯太甜或者一点牛奶的咖啡。除非你精确指明需要的牛奶和糖的数量，否则什么都得不到。另一方面，如果你编写一个正确的咖啡制作程序的话，你可能总会得到一杯满意的咖啡。你可能已经发现了，这种"思维"方式有好处也有坏处。坏处是对人类来说，创建和理解这样的程序通常比较困难。好处是当它工作的时候，它将总是、一直都是正确无误的。

例 5.14～例 5.17 使用嵌套循环。计算机会非常容易的处理这些指令，但是对初学者来说可能有一些挑战。下面的例子将让你通过实践来理解编写自己想要的程序时所需要的循环、嵌套循环和纯逻辑思考。

例 5.18　训练 1：初级

下面的伪代码利用了嵌套的 While 循环：

```
1 Declare X As Integer
2 Declare Y As Integer
3 Declare Z As Integer
4 Set X = 1
5 While X < 4
6   Write "Pass Number " + X
7   Set Y = 1
8   While Y < 10
9     Set Z = X+ Y
10    Write X+" + " + Y + " =" + Z
11    Set Y = Y+3
12  End While(Y)
13  Set X = X+1
14 End While (X)
```

程序如何运行以及各行伪代码的意义

将这段伪代码进行实际编码并运行之后，结果如下：

```
Pass Number 1
1+1=2
1+4=5
1+7=8
Pass Number 2
```

```
2+1=3
2+4=6
2+7=9
Pass Number 3
3+1=4
3+4=7
3+7=10
```

下面我们将详细查看上面的伪代码，看看程序都完成了什么工作。在你开始使用实际的编程语言将这段伪代码编写成具体的程序之前，请拿出纸和笔，手工执行一下程序看看这个程序都完成了什么工作。最好的方法就是逐行执行程序，看看每一个变量值的变化。这个程序有 3 个变量，因此我们将构建一个小图表来看看逐行执行代码时每个变量值的情况。

```
外循环，第一次循环：X=1
显示：Pass Number 1
        内循环,第一次循环：Y=1
        X=1,Y=1,Z=2
        显示：1+1=2
        Y=Y+3,因此 Y=4
        内循环,第二次循环：Y=4
        X=1,Y=4,Z=5
        显示：1+4=5
        Y=Y+3,因此 Y=7
内循环,第三次循环：Y=7
        X=1,Y=7,Z=8
        显示：1+7=8
        Y=Y+3,因此 Y=10
        内循环结束,X 递增为 2
外循环,第二次循环：X=2
显示：Pass Number 2
        内循环,第一次循环：Y=1
        X=2,Y=1,Z=3
        显示：2+1=3
        Y=Y+3,因此 Y=4
        内循环,第二次循环：Y=4
        X=2,Y=4,Z=6
        显示：2+4=6
        Y=Y+3,因此 Y=7
内循环,第三次循环：Y=7
        X=2,Y=7,Z=9
        显示：2+7=9
        Y=Y+3,因此 Y=10
        内循环结束,X 递增为 3
外循环,第三次循环：X=3
显示：Pass Number 3
        内循环,第一次循环：Y=1
        X=3,Y=1,Z=4
        显示：3+1=4
        Y=Y+3,因此 Y=4
```

内循环,第二次循环：Y=4
　　X=3,Y=4,Z=7
　　显示：3+4=7
　　Y=Y+3,因此 Y=7
内循环,第三次循环：Y=7
　　X=3,Y=7,Z=10
　　显示：3+7=10
　　Y=Y+3,因此 Y=10
　　内循环结束,X 递增为 4

现在 X 的值不满足外层循环的测试条件,因此程序段退出执行。

例 5.19 给出了使用嵌套循环的更为复杂的例子。

例 5.19　训练 2：中级

在这个伪代码中,一个前置测试 While 循环嵌套在一个后置测试 Do…While 循环中。

为了节省空间,我们假设下面的五个变量已经被定义为整型变量：X,Y,Z,Count1 和 Count2。这些变量的定义后面是如下代码：

```
1 Set Y=3
2 Set Count1=1
3 Do
4    Set X=Count1+1
5    Set Count2=1
6    Write "Pass Number "+Count1
7    While Count2 <= Y
8        Set Z = Y*X
9        Write "X= " + X+", Y=" +Y+ ", Z=" + Z
10       Set X=X+1
11       Set Count2 = Count2+1
12   End While
13       Set Count1 = Count1+1
14 While Count1<Y
```

程序如何运行以及各行伪代码的意义

将这段伪代码进行实际编码并运行之后,结果如下：

```
Pass Number 1
    X=2, Y=3, Z=6
    X=3, Y=3, Z=9
    X=4, Y=3, Z=12
Pass Number 2
    X=3, Y=3, Z=9
    X=4, Y=3, Z=12
    X=5, Y=3, Z=15
```

现在我们将详细分析上面的伪代码,看看该程序都完成了什么工作。请用笔在纸上进行手工执行程序,看看结果是否同上。如果不一样,请看如下注释。

- 第 1 行将变量 Y 的值赋为 3。整个程序执行中,Y 的值一直保持为这个常量值。
- 第 2 行初始化外层循环的计数器的值为 1。注意外层循环的计算器不需要在程序执行中被重置，因此一旦外层循环结束执行，该程序就结束执行。但内层循环不是这样的，具体情况如下。

- 外层循环 Do…While 从第 3 行开始。该循环至少会被执行一次，因为第一次迭代完成的时候，才会执行到循环体的测试条件处。不过，如果我们向下看到第 14 行，我们将看到该循环的测试条件为 Count1<Y。Y 的值一开始是 3，且在整个程序的执行过程中没有变化，因此外层循环将执行两次迭代——当 Count1=1 和 Count1=2。
- 第 4 行设置 X 的值。在第一次循环中，X 的值从 2 开始（Count1+1），在第二次循环中，X 的值从 3 开始，在第三次循环时，X 的值从 4 开始。
- 第 5 行初始化内层循环 While 的计数器。这一步非常重要。当计数器达到某一个值的时候内层循环结束。如果内层循环的计数器没有被重新初始化的话，内层循环将不会再次执行。
- 第 6 行依据于 Count1 的值，显示第一次循环和第二次循环的标题。
- 第 7 行开始内层循环。该循环的测试条件为 Count2<=Y。因为在整个程序执行过程中，Y 的值一直为 3，因此内层循环将进行 3 次迭代，而 Count2 的值分别为 1、2 和 3。
- 内层循环体（第 8 行到第 11 行）给 Z 指派一个值，并输出 X、Y 和 Z 的值，递增内层循环的计数器 Count2，递增 X 的值，具体情况如下：
  - 在内层循环的第一次循环中，程序处于外层循环的第一次执行，Z 被赋值为 Y*X 的值，即 3*2。
  - 第 9 行显示 X=2，Y=3 和 Z=6。
  - 第 10 行递增 X 的值，因此 X 的值为 3。
  - 此时 Count2 的值为 2，测试条件仍旧成立，内层循环再一次执行。此时 Z=3*3，程序输出 X=3，Y=3 和 Z=9。在第 10 行，X 的值递增为 4。
  - Count2 的值递增为 3。内层循环再一次执行。此时 Z=3*4，程序输出 X=4，Y=3 和 Z=12。
  - Count2 的值递增为 4，此时没有通过循环的测试条件。内层循环退出，程序控制流在第 13 行返回到外层循环。
  - Count1 的值现在递增为 2，但是它仍旧小于 Y 的值，外层循环将执行第二次。
  - 第 4 行重设 X 的值。此时当内层循环开始的时候，X 的值将为 3。
  - 第 5 行将重设 Count2 的值为 1，因此内层循环将再次运行。
  - 第 6 行打印输出新的标题：Pass Number 2。
  - 在第二次循环时，X 的值从 3 开始。因此，打印输出（第 9 行）的第一行为 X=3，Y=3 和 Z=12。X 的值将递增为 5。
  - 当 Count2 的值递增为 3 时，内层循环将进行第三次执行。显示结果为 X=5，Y=3 和 Z=15。
  - 当 Count2 递增为 4 时，内层循环退出。
  - Count1 此时递增为 3，此时外层循环的测试条件的测试结果为假，外层循环退出，程序退出。

再进行一个练习。例 5.20 将包括两个 While 循环和一个 If-Then-Else 语句。这里的数学运算比较简单，逻辑上有点复杂。在阅读后续的分析之前，请拿出笔和纸手动分析一下下面的伪代码。在执行每一行的时候请记录每一个变量的值。同时，请写下程序的输出内容，同本书的结果比较一下是否一样。

例 5.20　训练 3：高级

下面的伪代码使用了嵌套的 While 循环和 If-Then 语句。已知定义了 3 个整型变量 A，B 和 C。

```
1  Set A=1
2  Write "Cheers! "
3  While A<3
4    Set C=A
5    Write A
6    Set B=1
7    While B<4
8       Set C=C+A
9       Write C
10      If(A==1 AND C>=4) Then
11          Write "Let's do this some more! "
12      Else
13          If(A==2 AND C>=8) Then
14              Write "Who do we appreciate?"
15          End If
16      End If
17      Set B=B+1
18    End While(B)
19    Set A=A+1
20 End While(A)
```

程序如何运行以及各行伪代码的意义

将这段伪代码进行实际编码并运行之后，结果如下：

```
Cheers!
1
2
3
4
Let's do this some more!
2
4
6
8
Who do we appreciate?
```

下面我们将详细分析上面的伪代码，看看程序都完成了什么工作。

- 第 1 行初始化变量 A。
- 第 2 行显示标题。
- 外层循环从第 3 行开始。变量 A 被测试看是否其小于 3。由于该变量的值从 1 开始递增，因此外层循环将执行 2 次——A=1 和 A=2。

- 第 4 行设置变量 C 的值等于变量 A 的值，第 5 行显示变量 A 的值。此时 A=1，C=1。此时屏幕上仅仅一行显示 Cheers!，第 2 行显示 1。

- 第 6 行设置变量 B 的初始值为 1。注意在进入内层循环之前进行该设置，因此每进行一次外循环它的值都从 1 开始。

- 内层 While 循环从第 7 行开始。由于 B 的值小于 4，因此测试条件表明循环将继续执行，内层循环将继续执行 3 次。

- 第 8 行将变量 C 同变量 A 相加后赋值给 C。现在 C 等于 2，因此在屏幕上 1 的下面将显示 2。

- 第 10 行是 If-Then-Else 语句的第一部分。它将检测是否 A=1 且 C 大于等于 4。在第一次执行时，尽管第一个测试条件为真，但是第二个为假。我们知道，逻辑运算符 AND 只有当两个条件都为真时，返回结果才会真，因此第 11 行被跳过。

- 第 12 行开始 Else 子句。第 13 行测试是否 A=2 且 C>=8。由于没有一个条件为真，第 14 行被跳过。

- 在第 17 行 B 递增为 2，程序控制流返回到第 8 行，其中 C 被设置为新值：C 等于 2+1 或 3。屏幕上 2 的下面一行显示 3。

- 在第 10 行和第 13 行，If-Then-Else 语句被再一次测试，但是由于测试条件的结果为假，第 11 行和第 14 行被跳过。

- B 递增为 3，程序控制流回到第 8 行。C 的值递增为 4，屏幕上 3 的下面一行显示 4。

- 第 10 行再一次检测 A 和 C 的值。此时 A=1 且 C=4，因此第 11 行被执行。因此屏幕上 4 的下面一行显示 "Let's do this some more!"。

- 由于 If 子句为真，第 12 行到第 14 行的 Else 子句被跳过。

- B 的值递增为 4，内层循环结束。

- 程序控制流返回到第 3 行，外层循环再一次开始。所有的变量此时的值为：A=2，B=5 和 C=4。

- 不过在第 4 行，C 的值被重置为 2。

- 第 5 行将在屏幕上 "Let's do this some more!" 下面一行显示 2。

- 现在内层循环从第 7 行再次开始执行，不过在第 6 行变量 B 的值被重置为 1。

- 内层循环同前面一样重复执行，只是此时 C 的第一个值为 4（第 8 行），因此 C=C+4 即为 C=2+2。屏幕上 2 的下面一行显示 4（第 9 行）。

- 在内层循环的下面几次迭代中，由于此时 A=2，第 10 行的 If 子句始终不为真。

- 在内层循环的第 2 次迭代中（B=2），C 的值将变为 6（第 8 行），6 将被显示出来。

- 在内层循环的第 3 次迭代中（B=3），C 的值将变为 8，8 将被显示出来。

- 此时，A=2，B=3，C=8。当程序控制流到第 13 行时，由于 A=2，C=8，Else 子句的两个条件都为真。因此，第 14 行的语句被执行。屏幕上 8 下面的一行显示 "Who do we appreciate?"。

- 现在变量 B 的值变为 4（第 17 行），内层循环结束。

- 最后，在第 19 行变量 A 的值变为 3，外层循环结束。

- 注意，当该程序结束时，变量的最终值为 A=3，B=4 和 C=8。

如果读者使用纸和笔详细分析了上面的伪代码片段，并确切理解上程序的执行情况，那么现在你就可以试着完成本节的自测题了。

5.4 节 自测题

5.17 下面的伪代码对应的程序执行后，输出是什么？

```
Declare I, J As Integer
For(I=2; I<=4; I++)
  For(J=2; J<=3; J++)
      Write I+" "+J
  End For(J)
End For(I)
```

5.18 下面的伪代码对应的程序执行后，输出是什么？

```
Declare I, J, K As Integer
For(I=1; I<=5; I+3)
    Set K=(2*I)-1
    Write K
    For(J=I; J<=(I+1); J++)
      Write K
    End For(J)
End For(I)
```

5.19 请绘制自测题 5.15 的伪代码对应的流程图。

自测题 5.20 和 5.21 涉及例 5.17 的内容。

5.20 对于本节中的例 5.17，请增加伪代码来验证输入变量 Side。

5.21 对于本节中的例 5.17，请修改伪代码使得用户可以绘制出正方形或矩形。

5.22 编写一段伪代码包含两个嵌套的 Repeat…Until 循环，用于输入和验证数值变量 MyNumber 的值为大于 0 小于 10。

5.23 如何更改例 5.19 的伪代码以使得外层循环能够完成四次迭代？

5.24 如果例 5.19 的第 7 行为 Set Z=Y+X，程序执行后显示的结果是什么？

5.5　问题求解：猜数字游戏

在本章中（例 5.13），我们使用了一个循环、两个选择结构和随机数创建了一个非常简单的猜数字游戏。一家小型教育软件公司的项目经理看到了这个程序，决定帮孩子们编写一个更好玩的游戏。这个游戏可以帮助小朋友认识数字、理解"更大"或"更小"的概念，帮助他们使用逻辑的方法解决问题。由于我们在例 5.13 中已经编写了该程序的基本雏形，因此我们很乐意完成该项目。

该程序是一个很好的开始，我们将在这里再现前面的伪代码，以方便讨论。

```
1 Declare Given As Integer
2 Declare Guess As Integer
3 Set Given = Floor(Random * 100) + 1
```

```
 4 Write "I'm thinking of a whole number from 1 to 100. "
 5 Write "Can you guess what it is ? "
 6 Do
 7   Write "Enter your guess: "
 8   Input Guess
 9   If Guess < Given Then
10      Write "You're too low. "
11   End If
12   If Guess > Given Then
13      Write "You're too high. "
14   End If
15 While Guess != Given
16 Write "Congratulations! You win! "
```

但是一个真正的程序员是不会使用上面的程序。在问题求解这一节中，我们将仔细推敲这个问题以增加相关功能使得该程序更加实用。在将这个简单程序变得更有市场价值之前我们有许多工作要做，你需要对一个有市场价值程序的开发过程有所了解。我们将为该程序增加如下功能：

- 由于这个程序每运行一次只能玩一遍，因此我们需要添加一些代码以允许该程序能够随意运行。
- 这个程序需要合法的输入数据。
- 这个程序需要在用户达到一定猜测次数后终止。
- 我们还要添加能够让用户控制该程序如何运行的功能：
  - 该程序使用 1 到 100 之间的随机数。我们将把这改为用户可以控制随机数的范围。
  - 我们将让用户来决定在其猜测多少次之后程序终止。

问题描述

对于这个问题来说，我们没必要从期望的输出结果倒推出所需要的数据输入。我们通过添加模块和代码来更改框架程序以实现我们期望的功能。在现实的工作中这种做法比较常见。程序员很少完全从头开始编写代码。相当多的编程工作都是由调试、重用或修改完善其他人的代码组成的。

首先，我们需要一个 Welcome 欢迎模块来介绍该游戏。然后我们需要一个 Setup 设定模块来定义程序可用的选项。这些选项是：

- 是否数值范围是默认的从 1 到 100 之间，还是玩家可选的？
- 是否默认的猜测次数为 20 次，还是玩家可选的？

我们需要在必要的地方添加验证机制。最后，我们需要把实际的游戏功能放入到 Game 游戏模块，并增加一个循环让用户选择是否继续玩游戏。

问题分析

如问题描述部分所述，该程序的核心是这样的，让用户凭空猜测一个神秘数字，然后依据于猜测值同神秘数字相比是大还是小这个线索再次猜测。使用模块化的方法，我们将使用下列模块完成整个程序的开发工作：

（1）Main 模块，调用所有子模块执行的模块。

（2）Welcome_Message 模块，显示欢迎信息的模块。

（3）Setup 模块，允许用户个性化的设置游戏细节，用户可以选择被猜数字的取值范围，也可以选择游戏规则允许的猜测次数。

（4）Game 模块，实际的游戏模块，提供玩家选择重玩的选项。

图 5.9 所示的层次图给出了该程序的模块功能分解情况。

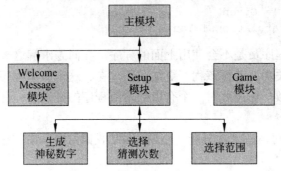

图 5.9　猜数字游戏的功能分解层次图

程序设计

使用模块法设计本程序时，我们先来描述一下每个模块的主要功能。首先，我们给出该程序的大致框架，然后逐步完善它。

Main 模块

Main 模块只负责调用相应的子模块，这些子模块负责完成具体的工作。在 Main 模块中，我们将声明多个子模块公用的一些变量。在本书的后面章节，当我们讨论函数和子模块（第 7 章）时会学习如何在子模块中声明变量，并学习如何在一个子模块中将该变量的值传递到另一个子模块中。这是编写代码更为恰当和实际的方式，但是，对于现在来说，我们仅仅在 Main 模块中声明我们所需的变量，假设它们都是子模块所用的。相应的伪代码如下：

```
Begin Program
    Declare Given As Integer
    Declare HighRange As Integer
    Declare LowRange As Integer
    Declare NumGuess As Integer
    Declare Guess As Integer
    Declare Response As Character
    Call Welcome_Message module
    Call Setup module
End Program
```

Welcome_Message 模块

本模块负责显示一般性信息，简短的描述本程序的基本情况。它只包括一些 Write 语句，如下：

```
Begin Welcome Message
    Write "Guess My Secret Number! "
    Write "This game allows you to guess a secret number by using"
    Write "information provided for you each time you guess. "
    Write "You only get a limited number of guesses, "
    Write "so think carefully about each guess. "
End Welcome Message
```

Setup 模块

本模块让用户个性化地设置程序的一些参数。它接受来自用户的、关于设置游戏参数的一些数据，然后调用 Game 模块开始游戏。本模块相关任务如下：

- 设置需要用到的整型变量的默认值：神秘数字（Given），数字范围（LowRange 和 HighRange），猜测次数（NumGuess），玩家回答问题时用到的字符变量（Response）。
- 询问玩家产生神秘数字的取值范围是使用默认值 1 到 100，还是由用户自己另行指定。如果用户选择自行选择其他范围，程序要确保用户输入的数字范围是整数值范围，且范围边界的最大值要大于范围边界的最小值。这里需要三部分验证代码。第一，要验证变量 LowRange（数字范围的下界）的值是否为整数值。第二，要验证变量 HighRange（数字范围的上界）的值是否为整数值。最后，要确保 HighRange 的值大于 LowRange 的值。注意我们在循环中使用两个 If-Then 语句来完成这部分验证工作。
- 询问玩家猜测神秘数字的次数（NumGuess）是否设定为默认次数 20 次呢，还是重新指定。再一次，如果用户选择了自行指定猜测次数值时，我们需要验证用户输入的次数值是否合法，即用户输入的猜测次数值必须是大于 0 的整数值。
- 在指定的范围内由计算机随机产生一个神秘数字。
- 调用 Game 模块开始游戏。

我们需要特别关注一下列表中从第 2 项到最后一项的内容。在例 5.13 中，神秘数字只是从 1 到 100 中挑出的一个随机数。使用了 Random 函数来完成这个工作。但是，在这里的扩展版程序中，我们并不知道要选择的随机数的取值范围是多少。如果玩家自己选择范围的话，范围的下界值和上界值分别为变量 LowRange 和变量 HighRange 的值。

现在我们需要找到使用 Random 函数在给定范围内选择数字的方法。首先，我们知道 Random 函数产生一个从 0 到 1 之间的随机数，但不包括 1。

现在我们通过一个例子，看看如何推导出一个通用的公式，从这个公式得到给定范围内的一个随机数。假设玩家选择的生产随机数的取值范围为 4 到 12。因此，LowRange=4，HighRange=12。程序将从 4、5、6、7、8、9、10、11 和 12 中取得一个随机数。这里总共有 9 个数字。

本例中，HighRange − LowRange=8，而（HighRange − LowRange + 1）=9。我们知道 Floor(Random * 9)将从 0 到 8 之间取一个随机数，总共是 9 个整数。这个公式对 HighRange 和 LowRange 的任何取值都有效。差异在于，一个需要加 1，才能得到我们想要的结果。

但是，Random* (HighRange − LowRange + 1)将产生一个从 0 到 8 之间的随机数。我们需要让起始值从 4 开始。我们在上述公式上加 4 可以得到：

Floor(Random * (HighRange − LowRange + 1)) + 4 将得到 4、5、6、7、8、9、10、11 和 12。

当然，这里得到的并不是通用公式。我们需要找到一个通用的公式出来。如果我们把 LowRange 的值加到产生的随机数上，我们就可以得到从 LowRange 值起始的随机数。

因此，产生两个整数之间的随机数的最终公式为：

```
Given = Floor(Random * (HighRange - LowRange + 1)) + LowRange
```

如果你对上述公式有怀疑，可以随意给定一些 HighRange 和 LowRange 的值，检查一下产生随机数的情况。例如，如果 HighRange=35，而 LowRange=22，神秘数字就是：

```
Given = Floor(Random * (HighRange - LowRange + 1)) + LowRange
      = Floor(Random * (35-22 +1)) +22
      = Floor(Random * 14) + 22
      = 22、23、24、25、26、27、28、29、30、31、32、33、34 和 35
```

读者可以再拿一些其他值测试一下，你就会确信这个公式是正确的。

现在我们可以编写这个模块的伪代码了。由于本模块的代码比较长，且它需要完成多个不同的任务，这里在伪代码中添加了注释以帮助理解本模块中不同部分的含义。伪代码如下：

```
Begin Setup
    Set HighRange = 100          // 默认值的上界
    Set LowRange = 1             // 默认值的下界
    Set NumGuess = 20            // 猜测次数的默认值
    Set Response = " "
    Set Given = 0
    /* 注释：下面的伪代码让用户选择神秘数字的取值范围。当程序询问用户答复的时候,如果用
户输入的不是'y',取值范围的默认值(HighRange = 100, LowRange = 1)不会变化。*/
    Write "A secret number will be generated between 1 and 100. "
    Write "You can change these values to any values "
    Write "that you want (whole number only) . "
    Write "Do you want to select your own range ? "
    Write "Type 'y' for yes or 'n' for no: "
    Input Response
    If Response == 'y' Then
        Write "Enter the low value of your desired range: "
        Input LowRange
        While Int(LowRange) != LowRange
            Write "You must enter a whole number. Try again: "
            Input LowRange
        End While
```

```
        Write "Enter the high value of your desired range: "
        Input HighRange
        While (Int(HighRange)!=HighRange) OR (HighRange<= LowRange)
            If Int(HighRange)!=HighRange Then
                Write "You must enter a whole number. Try again: "
                Input HighRange
            End If
            If HighRange<= LowRange Then
                Write "The upper value must be greater than "
                Write "the lower value. Try again: "
                Input HighRange
            End If
        End While
    End If
```
/* 注释：下面的伪代码让用户选择在程序每次运行时，能够猜测神秘数字多少次。当程序询问用户
答复的时候，如果用户输入的不是'y'，猜测次数的默认值(NumGuess=20)不会变化。*/
```
    Write "The game normally allows a player 20 guesses. "
    Write "Do you want to change the number of guesses allowed? "
    Write "Type 'y' for yes or 'n' for no. "
    Input Response
    If Response == "y" Then
        Write "Enter the number of guesses you want to allow: "
    Input NumGuess
    While (Int(NumGuess) != NumGuess) OR (NumGuess < 1)
        Write "You must enter a whole number greater than 0. "
        Write "Try again: "
        Input NumGuess
    End While
End If
```
/* 注释：下面的伪代码产生给定范围内的随机数。*/
```
    Set Given = Floor(Random * (HighRange - LowRange + 1)) + LowRange
    Call Game Module
End Setup
```

Game 模块

本模块是程序的核心部分。它将使用 Setup 模块传递过来的变量值。本书的后面部分
我们将学习如何将变量值从一个模块传递到另一个模块，然后再传递回来，不过，现在我
们只需要知道变量 Given、HighRange、LowRange 和 NumGuess 的值从 Setup 模块传递到了
Game 模块。因此，这些变量在 Setup 模块中的最终值将是 Game 模块中的起始值。Game
模块的伪代码如下：

```
Begin Game
    Declare Count As Integer
    Set Count=1
    Write "I'm thinking of a whole number "
Write "between " + LowRange + " and " + HighRange
    Write "Can you guess the number? "
```

```
        Write "You have " + NumGuess + " Chances to guess. "
        Input Guess
        If Guess == Given Then
            Write "Wow! You won on the first try! "
        Else
            While (Count <= NumGuess OR Guess != Given)
                While(Int(Guess ) != Guess)
                    Write "You must guess a whole number. "
                    Write "Guess again: "
                    Input Guess
                End While
                If Guess < Given Then
                    Write "Your guess is too low . Guess again: "
                    Input Guess
                Else
                    If Guess > Given Then
                        Write "Your guess is too high. Guess again: "
                        Input Guess
                    Else
                        Write "congratulations! You win! "
                    End If
                End If
            Set Count=Count+1
    End While
    End If
    /* 注释:接下来,如果玩家的猜测次数已经达到允许猜测的最大次数,但是还没有正确猜测出神秘数
    字的话,程序将会显示出一定的提示信息。此时,在任意情况下(玩家赢或输),程序将给出再玩一次
    的选项。*/
    If (Count > NumGuess AND Guess != Given) Then
        Write "Sorry. You have used up all your guesses. "
    End If
    Write "Do you want to play again? "
    Write "Type 'y' for yes, 'n' for no: "
    Input Response
    If Response != "y" Then
        Write "Goodbye"
    Else
        Call Setup
    End If
End Game
```

程序编码

　　现在可以使用设计阶段的信息来指导程序代码编写工作了。这一阶段,将在每个模块
中添加总注释和更多的分步注释,以提供程序的内部文档。

　　计算机游戏类程序很可能需要图形化的环境,因此可能需要艺术人员和图片设计人员

参与到图形界面的开发中。

程序测试

开发本程序时，程序测试阶段是非常重要的。通常情况下，我们需要使用多组不同的数据来测试程序运行情况。我们要确保每个程序选项都有一组测试数据能够测试它。例如，我们需要测试出当神秘数字的取值范围为默认值时，玩家第一次就猜出了神秘数字会发生什么；当神秘数字的取值范围由用户指定时，会发生什么；并使用多个可能的范围值来测试，以及当猜测次数为默认值时，是什么情况；猜测次数由玩家指定时，是什么情况。在这样的程序中，有如此多的、由玩家自定义的选项，其中错误可能出现在一个选项组合中，而在其他大多数选项组合中并不出现。程序测试工作应当是系统化的、有规划的进行。作为这一层级的程序员，需要使用所有可能的数据通过手工检查的方法来一步步检查代码，如下：

- 在这一测试阶段，程序员应当添加临时代码，当神秘数字值赋给变量 Given 的时候，应当将该值显示出来。

  这样程序员可以用正确的数据和不正确的数据来测试程序的结果。当然，这部分临时代码可以在最终版的程序中删除掉。

- 使用默认值进行测试如下：
  - 在 Setup 模块中，检查当用户输入'n'或者其他非'y'的字符作为程序询问数值范围和猜测次数问题答案时，会发生什么。
  - 检测 Game 模块，输入比神秘数字大的数值，比神秘数字小的数字以及同神秘数字一样的数值。
  - 检查当第一次猜测时就猜出神秘数字会发生什么。
  - 检查当猜测了 20 次都没有猜测出神秘数字会发生什么。

- 使用非默认值时，测试如下：
  - 检查当正确的或者不正确的取值范围上界值和取值范围下界值被输入时程序时会发生什么。这些测试包括输入正整数、负整数、0 和小数值时的情况。
  - 检查当正确的或者不正确的猜测次数值被输入时程序会发生什么。同前面检测取值范围值时一样。
  - 检查下列每一种情况，Game 模块的情况：
    - ★ 用户更改取值范围上下界值，但是没有更改默认猜测次数值时的情况；
    - ★ 用户更改猜测次数值，但是没有更改取值范围上下界值时的情况；
    - ★ 用户更改了所有默认值的情况。

5.5 节 自测题

所有下列自测题都是关于本节介绍的猜测游戏编程问题。

5.25　如果 HighRange=13，LowRange=10，下列公式得到的可能值是什么？

Given= Floor(Random * (HighRange–LowRange +1)) + LowRange

5.26　如果 HighRange=7，LowRange=0，下列公式得到的可能值是什么？

Given= Floor(Random * (HighRange–LowRange +1)) + LowRange

5.27　在自测题 5.25 和 5.26 的公式中，要想产生如下可能值：40、41、42、43、44、45，HighRange 和 LowRange 的值应当是多少？

5.28　如何更改自测题 5.26 的公式让可能值得取值从 0 开始？

5.29　请使用 Select Case 语句代替 If-Then-Else 语句，编写 Game 模块中输出测试一次猜测结果的伪代码。

5.30　在 Setup 模块中增加一段伪代码，让用户输入问题"你愿意更改猜测次数吗"的答案，如果用户没有输入'y'，请给出相应的提示信息。你的伪代码应当保证用户不会因为失误而输入错误的答复。换句话说，验证用户的输入，确保用户是真的想要输入"no"。

5.6　本章复习与练习

本章小节

本章中，我们讨论了如下主题：

1. 如何将循环同选择结构结合使用：

● If-Then 和 If-Then-Else 结构可以同所有类型的循环结合使用：For 循环、While 循环、Do…While 循环和 Repeat…Until 循环。

2. 循环的一些应用：

● 用于接收用户输入数据，直到用户输入哨兵值时结束；

● 验证数据——确保数据在合适的范围；

● 计算总和和平均数。

3. Length_Of()函数用于返回字符串中字符的个数。

4. 如何将循环结构同 Select Case 语句结合使用。

5. 随机数如下：

● 使用 Random 函数在一个给定范围内产生随机数，如果需要，可以变换取值范围；

● 在计算机程序中，随机数生成器没有产生真正的随机数，但是使用正确的编程方法，可以生产伪随机数，产生类似的结果。

6. 如何使用嵌套循环，即在一个循环体内部使用另一个循环。

7. 如何将嵌套循环同选择结构相结合来创建复杂程序。

8. Print 语句，<NL>换行符用于在程序中需要在新的一行打印输出程序时。

复习题

填空题

1. _____是这样的一些数字，它们出现的顺序是未知的，而且每个数字出现的概率是相同的。

2. _____是这样的一些数字，它们属于一个序列，由一个数学算法产生，且每个数字出现的概率是相同的。

3. 一个算法中用于产生一定范围数字的起始值是_____。

判断题

4. 请指出下列语句的真与假。

    a. T F 不能够在一个循环中既有 Select Case 语句，又有 If-Then 语句

    b. T F 不能将循环放到 If-Then 结构中

    c. T F 只能在外层循环中嵌套一个内层循环

5. 如果 Number=3，请指出下列语句的真与假。

    a. T F Int(Number * Number) = Number * Number

    b. T F Int(Number/2) = Number/2

6. 如果 Number=3.5，请指出下列语句的真与假。

    a. T F floor(Number * Number) = Number * Number

    b. T F floor(Number/2) = Number/2

7. 如果 Number=16，请指出下列语句的真与假。

    a. T F Sqrt(Number) = Floor(Sqrt(Number))

    b. T F Floor(Sqrt(Number/2)) = Sqrt(Floor(Number/2))

8. T F 如果 Number 是整型变量，那么下面语句执行之后，Number=5。

```
Number = Length_Of("Wow!")
```

9. T F 如果 Number 是整型变量，MyString="One potato"，那么下列语句执行之后：

```
Number = Length_Of(MyString)
```

10. 如果 Number=7，请指出下列语句的真与假。

```
a. T F Sqrt(Number) = Int(Sqrt(Number))
b. T F Sqrt(Number*Number ) = Int(Sqrt(Number*Number))
```

11. 如果 Number=5，请指出下列语句的真与假。

```
a. T F Random * Number = 1、2、3、4 or 5
b. T F Floor(Random * (Number -2 )) = 3,4,or 5
c. T F Floor(Random * (Number + 2))+Number = 7,8,9,10,11,12, or 13
```

12. T F 如果一个 For 循环嵌套在另一个循环中，此时两个循环的计数器变量应该是不一样的。

13. T F 如果一个 For 循环嵌套在另一个循环中，此时两个循环的边界值必须是不一样的。

14. T F While 循环不能够嵌套在 For 循环中。

15. T F 两个不相交循环不能够嵌套在第三个循环中。

简答题

16. 如果 Number=6，给出下列表达式可能产生的整数范围：

    a. Floor(Random * Number)

    b. Floor(Random * Number) + 3

    c. Floor(Random * (Number+3))

17. 请写出能够产生如下范围的随机数的表达式：
    a. 1、2、3、4、5、6
    b. 0、1

18. 使用变量 Range=4，请写出能够产生如下范围的随机数的表达式：
    a. 1 到 4
    b. 0 到 3
    c. 2 到 7

19. 编写一段程序来仿真抛掷一个硬币 25 次，产生并显示出 25 个随机数，每个随机数要么是 1，要么是 2。

20. 编写一段程序来仿真抛掷一个色子 50 次，它将产生并显示 50 个随机数，每个随机数的取值范围从 1 到 6。

21. 在如下伪代码中添加一段代码，创建一个后置检测循环来验证输入数据：

```
Write "Enter a negative number: "
Input Number
```

22. 使用前置检测循环重做第 21 题。

23. 令 Num1=2，Num2=3.2。给出下列表达式的值。
    a. Int(Num2–Num1)
    b. Floor(Num1 – Num2)

24. 令 Num1=5.6，Num2=3。给出下列表达式的值。
    a. Floor(Num1 * Num2)
    b. Int(Num1 * Num2)

25. 假设 N 和 X 是整型变量，如下伪代码对应的代码运行后输出是什么？

```
Set N=4
Set X=0
While N < 12
    Set X=12/N
    Write X
    Set X=Floor(X)
    Write X
    Set N=N+4
End While
```

26. 假设 N 和 X 是整型变量，如下伪代码对应的代码运行后输出是什么？

```
For(N=4; N<=9; N+4)
    Set X=10/N
    Write X
    Set X=Int(X)
    Write X
End For
```

27. 在程序段中，使用 While 循环从用户获取数据，直到用户输入整数为止。

28. 下面的伪代码对应的代码运行之后输出是什么？

```
Declare I, J As Integer
For (I=1; I<=3; I++)
    For(J=4; J<=5; J++)
        Write I*J
    End For(J)
End For(I)
```

29. 假设第 28 题中，变量 I 和 J 进行互换（每个 I 都换成 J 且每个 J 都换成 I）后，程序输出是什么？

30. 下面的伪代码对应的代码运行之后输出是什么？

```
Declare HelloCount As Integer
Set HelloCount=1
Repeat
    Repeat
        Write "Hello"
    Until HelloCount >=1
    Set HelloCount = HelloCount +1
Until HelloCount == 3
```

31. 如果将第 30 题中的第一个语句换成如下，程序的输出是什么？

```
Set HelloCount=2
```

32. 下面的伪代码对应的代码运行之后输出是什么？

```
Declare Dash As Character
Declare A,B,C As Integer
Set Dash = " _ "
For(A=1; A<=3; A++)
    Write A
    For(B=1; B<=A; B++)
        Write B
    End For(B)
    For(C=1; C<=A; C++)
        Write Dash + Dash + Dash
    End For(C)
End For(A)
```

33. 下面的伪代码对应的代码运行之后输出是什么？

```
Declare Dash As Character
Declare A As Integer
Declare B As Integer
Declare C As Integer
Set Dash ="_"
Set A=1
While A<=3
    Write A
    Set B=1
    While B<=A
```

```
        Write B
        Set B=B+1
    End While(B)
    Set C=1
    While C<=A
        Write Dash + Dash + Dash
        Set C=C+1
    End While (C)
    Set A=A+1
End While(A)
```

34. 绘制第 32 题和第 33 题的流程图，并比较它们，它们是否一样？

35. 如果用户的名字是 Sammy，下面的伪代码对应的代码运行之后输出是什么？

```
Declare Dash As Character
Declare Count As Integer
Declare Number As Integer
Declare Name As String
Set Dash="_"
Set Count=1
Write "What's your name ? "
Input Name
Set Number= Length_Of(Name)
While Count<=Number
    Write Dash
    Set Count =Count +1
End While
Write Name
Set Count=1
While Count<=Number
    Write Dash
    Set Count =Count +1
End While
```

编程题

本部分的所有编程题都可以使用 PARTOR 来完成。

对以下各个程序设计问题，使用自顶向下的模块化方法和伪代码，来设计一个合适的程序解决它。如果需求请检验输入数据是否有效。

1. Alberta Einstein 在 Podunk 大学教授工商课程。为了评估班级学生的学习情况，她设计了三门测试。现在学期末了，Alberta 需要一个程序来输入每个学生的测试成绩，然后输出每个学生的平均分数，以及整个班级的平均分数（提示：外层循环应该使 Einstein 女生能够逐个的输入所有学生；内层循环应当接收每个学生的三门测试成绩并计算平均分数）。

2. 找出并显示出来用户输入的一组正数中的最大数，用户应当在输入数字完成的时候输入 0 来表示结束。

3. 对于一组由用户输入的数字，用户输入 0 时结束。找出这组数字中正数的和以及负数的和（提示：本题类似于本章的一个例子。请注意例子中要求求出用户输入的正数的个数和负数的个数，而本题要求求出正数的和以及负数的和）。

4. 用程序来仿真从一副 52 张的扑克牌中发牌的过程，从 1 到 52 之间产生 1000 个随机数。假设数字 1 到 13 表示梅花，14 到 26 表示方块，27 到 39 表示红桃，40 到 52 表示黑桃。请给出在这 1000 次发牌过程中，每个花色出现的次数。

5. 使用嵌套循环编写一个小型的猜数字游戏。允许用户选择什么时候结束一局游戏，以及是否开启新的一局游戏。内层循环要产生一个从 1 到 10 之间的随机数。允许用户选择猜测的次数。对每一个数字，显示出来该数字同随机数相比是大了、小了还是相等。如果用户猜测正确，程序应当显示赢家的状态，并让用户选择开始新的一局游戏。如果用户猜测错误，应当给出提示信息。当用户使用完允许的猜测次数或者猜测正确时，游戏结束。如果用户使用完了所有的猜测机会但是仍然没有猜测正确时，程序将显示出来正确的随机数。请确保每局新的游戏都会产生一个新的随机数。

6. 使用 Length_Of()函数，编写一个程序格式化的输出用户的名字。你需要使用 Print 语句和换行符<NL>来编写伪代码。用户要选择名字周围的边界符号。假设用户的名字是 **Howard Heisenberg**，且他选择的符号是*，那么程序的输出应该是如下这样子。

```
***********************
**  Howard Heisenberg  **
***********************
```

7. 儿童扑克游戏——战争，有两个玩家，每人手拿一副扑克牌。每一局游戏开始时，两个玩家把自己最上面的牌翻开，牌面值大的一方赢得这一局比赛，赢家拿走这两张翻开的牌。游戏一直重复上述过程，直到一个玩家拿到了对手的所有扑克牌时结束。编写一个程序模拟出一个简单的、稍加修改的“战争”扑克游戏。计算机负责两个玩家，作为 **PlayerOne** 和 **PlayerTwo**。每一局比赛时，计算机产生两个随机数，并比较它们。如果第一个随机数大，**PlayerOne** 得一分，如果第二个随机数大，**PlayerTwo** 得一分。如果两者相等，两方都不得分。当一个玩家的分数先达到 10 时，就认为这个玩家赢得了比赛，游戏结束。随机数的范围从 1 到 13，类似于一副扑克牌中的牌面值。

第 **6** 章

数组：列表与表格

虽然变量的值可以在程序运行期间动态设置。但是到目前为止，在我们所有的程序中，每个变量在任意给定的时间都只能赋予单个值。这一章中我们将讨论数组的概念——变量的集合，这些变量有相同的类型，使用相同的名字。我们将详细讨论一维数组（列表），简要介绍二维数组（表格）。你将会学到如何设置和使用数组来完成不同的任务。

学完本章之后，你将能够：

- 声明和使用一维数组[第 6.1 节]；
- 操作平行数组[第 6.1 节]；
- 使用顺序搜索技术，在数组中搜索一个特定的元素[第 6.2 节]；
- 使用冒泡排序技术将一个数值排列成指定顺序[第 6.2 节]；
- 使用二分搜索技术，在一个数值中定位一个数据项[第 6.3 节]；
- 使用选择排序过程对数组排序[第 6.3 节]；
- 用字符数组表示字符串[6.4 节]；
- 声明和使用二维数组[6.5 节]。

在日常生活中：数组

在日常生活中，你会意识到经常在使用列表。下面就是一个常见的例子：

购物列表

1. 牛奶
2. 面包
3. 鸡蛋
4. 奶油

或者，如果你曾经做过家庭装修工程，那么你或许已经写过一个列表，如下所示：

需要的工具列表

1. 锤子
2. 锯子
3. 螺丝刀

如果把这些列表中的每一项单独写在一些杂乱无章的纸片上，你有可能会把它们搞乱，结果将以去杂货店只购买了锯子而告终。通过提供方便办法来组织和分离数据，列表可以让你避免这些事情的发生。

有时，单个列表还不足以解决问题。在这种情况下，我们会用到表格——关联列表的集合——如下所示：

电话本

A. 姓名	B.住址	C.电话
1. Ellen Cole	1. 341 Totem Dr.	1. 212-555-2368
2. Kim Lee	2. 96 Elm Dr.	2. 212-555-0982
3. Jose Rios	3. 1412 Main St.	3. 212-555-1212

注意：在这个表格中，包含有三个互相分离的（竖直的）列表，而这三个列表在水平方向上是有关联的。举例来说，为了给某人打电话，你可以首先在姓名列表中找到要找的名字，然后在同一行上，从电话列表中找到那个人的电话号码。没有比这更方便的了。借助于这种数据组织方式和结构，即使各个列表有许多条目，你也可以轻松地找到你要找的条目。

每一个人，从农民（天气表格）到会计（账簿）到运动迷（选手统计），都需要使用列表和表格。这里还有一些与计算机相关的例子：如果你使用表格程序，你就正在使用电子化表格；如果你编写的计算机程序有许多聚集到一起的数据，你可能会使用列表或者表格（在程序中被称为数组）来处理这些数据。

6.1 一 维 数 组

一维数组是一系列相互有关联的数据，它们类型相同（如都是整数或都是字符串），由单个变量名来引用，用索引值来区分每个元素。在这一节中，我们将讨论如何设置和操作数组，阐述使用数组的优点。

6.1.1 数组的基础知识

由于数组在同一个名字下面储存着很多数据值，我们需要某种方法来引用数组中包含的各个元素。每个元素都是数组中的一项，有自己的值。程序设计语言把下标用括号括起来跟在数组名后面，用来指明某个特定的元素。例如，如果数组的名字是 Month，索引编号为 3，那么相应的数组元素为 Month[3]。

数组名和变量名非常相似。例如，数组 Scores 中存有某个班 25 个人的期末考试成绩。这样，Scores 数组中有 25 个分数。每个分数就是一个元素，并且在任何时候，数组都必须能表明程序要访问的是哪个特定元素。这时通过使用索引来引用。数组的第一个元素由索引值 0 来引用。一个包含 25 个元素的数组的索引值范围是从 0 到 24。这是一个比较重要的信息，尤其当你在循环中使用数组时要注意。

数组的单个元素通过在数组名字后面跟一个方括号，并在方括号里面标明索引值来表示。例如，由于数组的第一个元素的索引值是 0，因此数组 Scores 的第一个元素为 Scores[0]，那么这个数组的第二个元素为 Scores[1]，第三个元素为 Scores[2]。表达式读作"Score 中下标为 0 的元素"、"Score 中下标为 1 的元素"、"Score 中下标为 2 的元素"，这里的 0、1、2 被称为数组元素的下标或索引。

程序把数组元素（如 Scores[2]）看作普通变量（或简单变量），可以按常规方式在输入语句、赋值语句，以及输出语句中使用。因此，要显示第三个学生的期末考试成绩，可以使用如下语句：

```
Write Scores[2]
```

例 6.1 给出了如何向数组中输入元素值。

例 6.1　给数组元素赋值[1]

如果想使用具有 25 个元素的数组 Scores 存储 25 个学生的期末考试成绩，可以使用如下的循环：

```
For(K=0; K<25; K++)
    Write  "Enter  score: "
    Input  Scores[K]
End For
```

程序如何运行以及各行伪代码的意义

- 在第一遍循环中，显示输入提示信息（"Enter score: "），Input 语句使程序暂时停下来等待用户输入第一个考试分数。因为此时 K=0，所以输入值将赋给 Scores 数组的第一个元素 Scores[0]。
- 在第二遍循环中，K=1，下一个输入值被赋给 Scores[1]，即 Scores 的第二个元素。
- 在第三遍循环中，K=2，下一个输入值被赋给 Scores[2]。

因为循环是从 K=0 开始的，所以我们仅需要执行到 K=24 就可以完成所有 25 遍循环，加载所有 25 个值。

在这个循环片段执行 25 次循环之后，所有的分数都已经被输入了。比起把 Write 语句和 Input 语句重复 25 次来处理 25 个不同的数值，用这个方法写代码，当然要高效得多！我们将看到，使用数组，不仅使大量数据的加载变得更简单，而且也使数据的处理变得更简洁和更高效。

声明数组

数组存放在计算机内存的一串连续的存储区域中。当你声明一个变量时，计算机将开辟一小块存储区域来储存变量的值。变量数据类型，变量名字和变量数值，三者组成一个整体，存放在一小块内存中。当你创建一个数组时，你要先告诉计算机数组元素的数据类型是什么，包含的元素有多少个。然后计算机才为该数组分配相应的内存空间。如果一个数组有 5 个元素，计算机分配的空间就是 5 个大小相等的内存块，每块对应数组的一个元素。因此，数组的每个元素有相同大小的计算机内存空间，相同的名字，以及相同的数据类型，而且，所有的数据都是在内存中连续存放的。索引（下标）值使数组元素相互分开；下标区分元素的特定值。

1　附录 D 中介绍了如何在 RAPTOR 中创建和使用数组。

具体编程实现（Making It Work）

在 C++和 Visual Basic 中声明数组

在第一次使用数组之前，计算机必须知道要为该数组分配多少空间，所以数组声明语句必须包含数组的名字和数组需要的空间大小。为此，在程序代码中，要在使用数组的程序或程序模块的开头用语句声明数组。当然也可能在声明数组的时候没有指明数组的大小，这种情况用于那种数组大小在程序运行过程中变化的情况。这个声明语句在不同计算机语言中是不尽相同的。下面的例子展示了在两个流行的程序设计语言中，如何声明一个名为 Age 的数组，该数组最多含有 6 个整数值：

- 在 C++中，下面的语句：

```
Int Age[6]
```

将分配 6 个内存空间，分别用 Age[0]，Age[l]，…，Age[5]来引用。

- 在 Visual Basic 中，下面的语句：

```
Dim Age(6) As Integer
```

将分配 6 个内存空间，分别用 Age(0)，Age(1)，…，Age(5)来引用。

注意，数组开始的下标是 0，所以它结束的下标比数组元素数目小 1。

在本书中，对于整型数值，我们将使用下面的伪代码：

```
Declare  Age [6] As Integer
```

将分配 6 个内存空间，分别用 Age[0]，Age[1]，…，Age[5]来引用。在内存中，数组占据了六个连续的存储空间。假设数组元素为 5，10，15，20，25，30，则该数组可以形象地表示为：

地址	Age[0]	Age[l]	Age[2]	Age[3]	Age[4]	Age[5]
内容	5	10	15	20	25	30

当然，创建六个不同的变量来存储 5、10、15、20、25 和 30 等值，也是可能的。甚至还可以把变量命名为 Age5，Age10，Age15 等等。但是用数组会有很多优点。数组使一次操作多个变量变得容易了，而且代码量也少。例 6.2 说明了数组的声明和使用。

例 6.2　用数组计算降雨量

在用户输入了每个月的降雨量后,本程序使用数组来统计 Sunshine 市在 2011 年的月度平均降雨量。首先，程序计算这一年的月度平均降雨量，然后输出一个列表，显示月份、月度降雨量，以及这一年的平均月度降雨量，列表中的月份用数字表示（如，1 月表示为 Month 1，2 月表示为 Month 2，依此类推）。在程序代码中，我们将看到所有需要的变量声明，而不仅仅只有数组声明。

```
1 Declare Rain[12] As Float
2 Declare Sum As Float
3 Declare Average As Float
```

```
4  Declare K As Integer
5  Set Sum=0
6  For(K=0; K<12; K++)
7     Write "Enter rainfall for month " + (K+1)
8     Input Rain[K]
9     Set Sum=Sum+Rain[K]
10 End For
11 Set Average=Sum/12
12 For(K=0; K<12; K++)
13    Write "Rainfall for Month " +(K+1) +"is" + Rain[K]
14 End For
15 Write "The average monthly rainfall is " + Average
```

程序如何运行以及各行伪代码的意义

- 第 1 行，声明一个名为 Rain 的数组，包含 12 个元素，都是实数类型。

- 第 2 行和第 3 行，声明两个实数型变量 Sum 和 Average。其中 Sum 在第 5 行被初始化为 0。

- 第 4 行，声明了一个整型变量 K。这个变量将作为一个循环计数器，同时在后面输出时还用来标识月份。

- 第 6～10 行包含第 1 个 For 循环，用户输入 12 个降雨量数据（每月一个）存入 Rain 数组。循环同时统计了 12 个月的总降雨量。这时，需要注意以下问题：

  - 变量 K 的值一开始被初始化为 0，然后被计数到 11。这会使循环执行 12 次，这些循环正是我们所需要的，用来加载一年 12 个月的降雨量。因为我们想把 Rain 数组的每个元素跟对应的 K 值建立联系，所以循环要从 K=0 开始。

  - 但是，一年的第一个月是用 Month 1 来表示的，这就是为什么在第 7 行我们要用户输入 Month（K+1）的降雨量的原因。在第一遍循环时，Write 语句提示用户输入 Month 1 的降雨量，而在第 12 次循环时，Write 语句则提示用户输入 Month 12 的降雨量。

- 第 8 行获取并保存输入值。在第一遍循环时，用户输入的值是 Month 1 的降雨量，因为 K+1=1；这个值会被存储到 Rain[0]中，因为 K=0。在接下来的循环中，用户输入的值是 Month 2 的降雨量，因为 K+1 现在是 2 了，但是数值是存储在 Rain 数组的第二个元素中的，即 Rain[K]或 Rain[1]。在最后一次循环中，用户输入的值是 Month 12 的降雨量，它将被存储在 Rain[11]中。

- 第 11 行，计算全年的月平均降雨量。

- 此时，计算机已经用 12 个变量存储了全部月降雨量——但是所有变量都是 Rain 数组的元素。计算机还得到了一年的月平均降雨量。剩下的就只是把这些结果输出出来了。

- 第 12～14 行的第 2 个 For 循环，显示月份信息（第 K+1 月）和该月的降雨量（在第 8 行时被存储在 Rain[K]中），这一行相当重要；当执行到 Write Rain[K]时，实际上是表示输出存储在 Rain 数组第 K 个元素中的值。

- 第 15 行，输出全年所有月份的平均降雨量。

是什么与为什么（What & Why）

如果你希望更深刻地体会使用数组的好处，可以试着将例 6.2 中的伪代码改写为不使用数组的形式。声明 12 个变量（January，February，March，April，May，June，July，August，September，October，November，December）来代替数组 Rain，以保存各月的降雨量。然后改写伪代码，显示各个月份名称、降雨量，以及平均降雨量。

是什么与为什么（What & Why）

在例 6.2 中，变量 K 作为计数器来使用，既可以用于读入数组的值，也可以用于标识引用月份的序号。开始，我们把 K 的值设为 0，这意味着必须满足某个特定的条件。我们不能简单地用 K 来代表某个月，而是要用 K+1，因为不存在 Month 0。我们还需要把循环的结束值设为 11 以保证循环 12 遍。不过，我们也可以改写程序代码，把 K 初始化为 1。如果用 K=1 来改写伪代码，那么，你需要做哪些修改，才能使程序做与例 6.2 完全相同的事情呢？

在我们继续学习之前，我们用例 6.2 来说明月降雨量计算的伪代码在两种程序设计语言中看起来会是怎么样的？下面的程序段显示了用 C++和 Java 的代码实现，如何读入 Rain 数组，显示其内容，计算并输出数组元素的平均值。为了清晰起见，两个代码段中的变量名与之前伪代码中的变量名完全一样。

具体编程实现（Making It Work）

使用 C++计算降雨量

例 6.2 的 C++实现如下：

```
1  int main()
2  {
3  float    Sum;
4  float    Average;
5  float    Rain[12];
6  int K;
7  Sum=0;
8  Average=0;
9  for(K=0; K<12; K++)
10 {
11     cout << "Enter rainfall for month " << (K+1) << endl;
12     cin >> Rain[K];
13     Sum=Sum + Rain[K];
14 }
15 Average = Sum/12;
16 for(K=0; K<12; K++)
17 {
18     cout << "Rainfall for month " << (K+1) << " is " << Rain[K] << endl;
```

```
19  }
20  cout << "The average monthly rainfall is " << Average << end1;
21  return 0;
22 }
```

使用 Java 计算降雨量

例 6.2 的 Java 实现如下：

```
1 public static void main(String args[])
2 {
3 float Sum;
4 float Average;
5 Rain[] = new float[12];
6 int K;
7 Scanner scanner =new Scanner(System.in);
8 Sum=0;
9 Average =0;
10 for(K=0; K<12; K++)
11 {
12     System.out.println("Enter rainfall for month" + (K+1));
13     Rain[K]=scanner.nextFloat();
14     Sum=(Sum + Rain[K]);
15 }
16 Average = Sum/12;
17 for(K=0; K<12; K++)
18 {
19     System.out.println("Rainfall for month" + (K+1) + " is " + Rain[K] );
20 }
21     System.out.println("The average monthly rainfall is " + Average);
22 }
```

如下几点需要注意：

在实际的逻辑代码中，C++和 Java 的大多数语法是一样的。它们主要的差异性在于具体的编程语言如何开始程序以及如何获取和显示数据。在 C++中，程序以语句 int main()为开始，而在 Java 代码中，程序以 public static void main(String args[])为开始。

在 C++中，cout 和 cin 语句用于输入和输出工作。而在 Java 中，一个称为 scanner 的对象被创建。它允许输入数据放入缓存中。括号中的内容（这里是 System.in）告诉计算机输入数据从哪里来（这里为键盘）。例如：

```
System.out.println("Enter rainfall for month" + (K+1) );
```

告诉计算机输入括号中的内容。Println 语句的作用同 C++中的 end1 一样，告诉计算机在执行完该行之后进行换行。然后下面这一行：

```
Rain[K]=scanner.nextFloat();
```

告诉计算机查找 scanner 对象，得到缓存中的下一个浮点数据并存储到 Rain[K]中。

6.1.2 平行数组

在实际编程中，我们经常会用到平行数组，它们是一些大小相等的数组，它们相同下标所对应的元素是关联的。例如，假设我们想修改例 6.2 中的程序，用来计算平均月降雨和降雪量。如果我们把每个月的降雪量保存在一个名为 Snow 的数组里，那么 Rain 和 Snow 就是平行数组。对于每个 K，Rain[K]和 Snow[K]表示同一个月份，它们是有关联的数据项。例 6.3 将说明这种关联概念。

例 6.3 你将热衷于平行数组

下面的程序段完成这样的功能：输入销售员的名字和他们的月度销售额，数据保存到两个平行数组（Names 和 Sales）里，然后找出哪个销售员的销售额最高（Max）。图 6.1 是程序伪代码的流程图。浏览此流程图能帮助理解程序的解题逻辑。

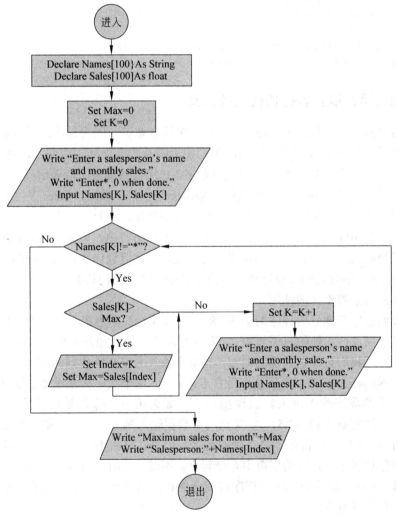

图 6.1 使用平行数组的流程图

```
1  Declare Names[100] As String
2  Declare Sales[100] As Float
3  Set Max=0
4  Set K=0
5  Write "Enter a salesperson's name and monthly sales."
6  Write "Enter *, 0 when done."
7  Input Names[K]
8  Input Sales[K]
9  While Names[K]!= "*"
10     If Sales[K]>Max Then
11         Set Index=K
12         Set Max=Sales[Index]
13     End If
14     Set K=K+1
15     Write "Enter name and sales(enter*,0 when done)."
16     Input Names[K]
17     Input Sales[K]
18  End While
19  Write "Maximum sales for the month: "+ Max
20  Write "Salesperson: "+ Names[Index]
```

程序如何运行以及各行伪代码的意义

- 在这段程序中，我们没有使用 For 循环来读入数据，因为每次运行时销售员的人数可能发生变化。取而代之的是，我们使用哨兵控制循环，以星号(*)和零(0)来表示哨兵值。用户只要输入星号(*)代表名字，0 代表销售额，就表示程序结束输入了。

- 第 1 行和第 2 行声明了两个数组。Names 是字符串数组，Sales 是实数数组。你可能想知道，既然允许用户输入任意数量的销售员，又为什么将这两个数组的大小声明为只有 100 个元素呢？实际上，在一些编程语言中，你必须指定数组的大小。最好把数组大小设成比你计划要用的还要大。在这段程序中，销售员的人数虽然最大只有 100，不过我们假设这个数目是足够的。如果我们只有 38 个销售员，那么数组剩下的元素将不会被使用。

- 让我们更仔细地分析程序的第 5~8 行。第 5 行简单地提示要输入的信息（销售员的名字以及他 / 她的月销售额）。第 6 行向用户解释如何结束数据输入。第 7 行和第 8 行是我们有特别兴趣的地方。当用户输入名字和销售额的时候，第一个值被存放在 Names 中，第二个则被存放在 Sales 中。这个次序非常重要！这些数据必须按照正确的顺序输入进来。试设想一下，如果第五个输入数据是销售员 Josephine Jones，销售额为$4283.51。如果这两个数据输入顺序弄反了，那么 Names[4]中存储的为 4283.51，这肯定不是正确的名字，但是计算机不会关心输入的文本是什么，它会把数字作为合法的字符串存储起来。不过，当用户输入"Jones"存入浮点数数组 Sales 时，好的情况时，程序可能会终止或者给出一个错误信息，更糟糕的情况是，程序将崩溃。

- 第 9 行开始程序的主要工作。它执行循环直到用户输入了星号。

- 第 10 行检查当前销售员的月销售额是否大于目前已知的最大值（Max）。变量 Max

保存最大值，在用户输入所有数据的过程中，每次输入比 Max 大的销售额，Max 都会随之更新。

- 第 11 行令变量 Index 等于 K 的值。K 是一个整数。程序运行中，如果 Sales[K] 的值比 Max 的值大，就让 Max 的新值等于 Sales[K] 的当前值。举个例子，假定 Sales[3] 是程序运行过程中某一时刻的最大金额。我们需要一种办法把这个金额与其销售者联系起来。可以用变量 Index 来跟踪这个信息。无论 K 的值随着程序运行发生怎样的变化，在找到一个更高的金额 Sales[K] 之前，Names[Index] 所代表的销售员（对这个例子，是 Name[3]）始终是销售额最高的销售员。

- 在第 12 行，如果当前的销售员拥有比 Max 的值更高的销售额，则新的 Max 值将被设为当前销售员的销售额。如果当前的销售员的销售额并不比 Max 的值高，就什么也不改变。

- 第 14～17 行把计数器加 1 并获取下一组数据。在用户输入两个哨兵值之前，循环将一直运行。

- 第 18 行简单地退出 While 循环，第 19 行和第 20 行输出结果。

是什么与为什么（What & Why）

在例 6.3 中，如果有个销售员当月的销售额为 0，那会发生什么呢？销售员的名字输入给数组 Name，0 输入给数组 Sales，这会出问题吗？不会的，因为测试条件只检测销售员的名字。只要什么都没卖出去的销售员不叫星号（*），程序就会继续。

还有，如果用户想要结束程序，他输入了星号给 Name 数组，可是输入给 Sales 数组的是 23 而不是 0，那会怎样呢？程序会停止吗？是的，程序会停止，因为第 9 行的测试条件（Names[K] ! = "*"）将不再为真，While 循环不再执行，而 23 也不会和其他值进行比较。

你可能会想，如果程序段只关心销售员的名字，我们为什么还要要求用户输入一个 0 作为销售额呢？这是因为，当程序运行时，每次输入都需要两个参数。用户必须为销售员输入销售额。我们可以在第 6 行和第 15 行简单地说明 "Enter *, −8, 983 when done"，选择 0 比较有意义，因为销售员不可能在一个月里什么都卖不出去。然而，我们必须指定一个数值，因为 Sales 是一个实数。

6.1.3　使用数组的好处

在本节结束时，我们来说明一下使用数组的一些好处。正如你已经看到的，可以使用一个数组代替简单变量来存储有关联的数据，从而减少程序中变量名的数量。同时，数组可以帮助设计出更高效的程序。一旦数据进入一个数组，它可以被处理许多次而不需要重新输入。为了阐明这一点，请看例 6.4。

例 6.4　数组为你节省时间和精力

Merlin 教授请你帮忙。他任教的 4 个班共有 100 名学生，但他不清楚这些学生是否都参加了最后的考试。他想求出所教课程学生的期末考试平均成绩，然后统计有多少人的成绩在平均分以上，多少人在平均分以下或等于平均分。如果没有数组，你就必须输入所有的考试成绩，求平均值，然后再重新输入一遍考试成绩以统计有多少人超过了平均分。但现在你知道如何使用数组了，于是你就不需要进行第二遍输入。下面的伪代码完成了这个任务：

- 整型变量：Sum、Count1、Count2 和 K
- 浮点型变量：Score 和 Average

```
1  Declare Medieval[100] As Float
2  Set Sum=0
3  Set Count1=0
4  Write "Enter a test score(or 999 to quit): "
5  Input Score
6  While Score != 999
7      Set Medieval[Count1]=Score
8      Set Count1=Count1+1
9      Set Sum=Sum+Score
10     Write "Enter another score or 999 to quit: "
11     Input Score
12 End While
13 Set Average=Sum/Count1
14 Set Count2=0
15 Set K=0
16   While K< Count1
17     If medieval[K]>Average Then
18        Set Count2=Count2+1
19     End If
20     Set K = K+1
21   End While
22 Write "The average is:" + Average
23 Write "The number of scores above the average is: "+ Count2
24 Write "The number of scores below the average is: "+ (Count1-Count2)
```

程序如何运行以及各行伪代码的意义

在输入成绩的 While 循环内，变量 Count1 既充当了数组 medieval 的下标，又统计了输入成绩的个数。由于我们不能确切知道多少学生参加了考试，因此这里我们必须使用一个哨兵控制的循环。不过，当统计高于平均分的分数数目（Count2）时，我们就知道了数据项的数量。第 2 个 While 循环可以使用限制值为（Count1-1）（第 15～21 行）来统计高于和低于平均分的成绩数目。

我们思考一下这个限制值。在第 12 行的 Count1 的值，也就是 While 循环的结尾处，它的值等于输入的分数的个数。例如，在第 3 行，Count1 的值初始化为 0，每当 Merlin 教授输入一个学生的分数，此时 Count1 的值等于输入的学生分数的个数加 1。不过，Count1 的值在第 8 行进行了加 1 操作。因此当所有的分数输入完毕之后，以及 While 循环退出的时候，Count1 的值等于已经输入的学生成绩的个数。例如，如果教授的班里有 23 个学生，他将会把这些学生的成绩存储到 Medieval[0]到 Medieval[22]之间的数值元素中，在退出 While 循环时，Count1 的值将等于 23。

从第 16 行开始的 While 循环将会把每一个输入的分数（Medieval 数值的每个元素）同平均分数相比较。因此，如果从 Medieval[0]到 Medieval[22]有 23 个分数，该循环将进行 23 次。该循环的计数器为 K，它从 0 开始，由于每经过一个循环它的值增 1，最后 K 的值将变为 22。此时循环进行 23 次。这就是为什么我们在第 16 行将判断条件设置为 K<Count1。

使用数组的另一个好处是，它可以让我们创建的程序更通用。如果我们用 30 个简单变量存储 30 个考试成绩，我们的程序就只能处理 30 个成绩。如果后来有 5 名学生插班进来，那么就需要为 35 名学生建立变量，也就是说要多声明 5 个变量。然而，因为我们不必用完数组声明时分配给数组的所有元素，数组能给予我们更大的灵活性，例 6.5 向我们展示了这一优点。我们可以把一个存放分数的数组预设为 50 个元素，即使我们只需用 30 个，又或者在开学一段时间以后用 35 个。这样，每当有新数值输入时，就从未使用的内存空间里腾出一个，并为它赋值。

例 6.5　数组让编程变得容易且简洁

Merlin 教授从系主任那里得到了一份学生的列表。名字从 A 到 Z 按字典顺序排列好。但 Merlin 教授喜欢逆向思维。他更愿意看到名字从 Z 到 A 按相反的字典序出现在列表中。他请你写一个程序实现以下功能：输入列表中的名字，程序把它们按字典倒序输出。借助数组，即使写程序时不知道名字的数目，完成这个任务也很容易。

```
 1 Declare Names[100] As String
 2 Set Count=0
 3 Write "Enter a name. (Enter * to quit.)"
 4 Input TempName
 5 While TempName != "*"
 6      Set Names[Count]=TempName
 7      Set Count=Count+1
 8      Write "Enter a name.(Enter * to quit.)"
 9      Input TempName
10 End While
11 Set K=Count-1
12 While K>=0
13      Write Names[K]
14      Set K-K-1
15 End While
```

程序如何运行以及各行伪代码的意义

该程序段将一份学生名单输入到数组 Names 中，然后通过逆向思维，利用 While 循环中的控制变量 K 作为数组元素的下标，将数组中的元素逆序显示。变量 TempName 的作用是暂时存储用户输入的字符串。如果该字符串是一个正在的名字，不是哨兵值"*"，此时就进入第一个 While 循环，并将该字符串赋值给下一个数组元素。

注意，当第一个 While 循环结束时，Count 的值比 Names 数组的下标最大值大 1。这就是为什么在第 2 个 While 循环开始的时候，使用新的计数器变量 K，且 K 的值等于 Count–1。

6.1 节 自测题

自测题 6.1 和 6.2 涉及例 6.2。

6.1 请使用 K=1 作为变量 K 的初始值，重写伪代码，使用 12 个降雨量数据装载数组 Rain[]。

6.2 请使用 For 循环代替 While 循环，重写例 6.2 的伪代码。

在 6.3 题和 6.4 题中，请问在把相应伪代码编成程序并执行后，将显示什么？

6.3 Declare A[12] As Integer

```
Declare K As Integer
Set A[2]=10
Set K=1
While K<=3
    Set A[2*K+2]=K
    Write A[2*K]
    Set K=K+1
End While
```

6.4 在这个练习中，假设 Letter 是一个字符数组并且输入的字符为 F、R、O、D、O。

```
Declare Letter[5] As Character
Declare J As Integer
For(J=0; J<=4; J++)
    Input Letter[J]
End For
For(J=0; J<=4; J+2)
    Write Letter[J]
End For
```

6.5 下面程序被认为是在计算一些数的平均数，但它有一个错误，请找出并更正它。

```
Declare Avg[10] As Integer
Declare Sum, K As Integer
Set Sum=0
For (K=0; k<=9; K++)
    Input X[K]
    Set Sum=Sum+X[K]
End For
Set Average=Sum/10
```

6.6 写一个程序：输入 20 个数，按输入的逆序输出它们。

6.7 说明使用数组代替多个简单（无下标）变量的两个好处。

6.2 数组查找与排序

当我们写程序的时候，经常发现：我们需要查找一个一维数组（或者链表）以确定一个给定元素的位置，或者以一定顺序将数组排序。因此，必然有很多可行的算法能完成这些任务。在这一节中，我们将要阐述一些对数组进行查找以及排序的简单技术。在第 6.3

节中，我们将介绍另外几个搜索和排序的技术。

6.2.1　串行查找技术

假设你到机场去会见你最好的朋友，他从海外飞到这里度假。你知道她的航班号但是不知道飞机的到达时间以及他会从哪个门出来，所以你需要查看公布出来的航班信息。公布出来的航班信息如下表：

航　班　号	出　发　地	到　达　时　间	出　口　号
43	Kansas City	下午 4:15	5
21	St. Louis	下午 5:05	4
96	London	下午 5:23	2
35	Dubuque	下午 5:30	7
…	…	…	…
…	…	…	…
…	…	…	…

为了找到你朋友的航班和出口号，你需要不停浏览最左边一栏直到你找到了他航班号所在的位置，然后你再移动视线看同一行中最后两列以确定达到时间和出口号。

在计算机术语中，你可以实现一个表格查找。在数据处理术语中，你查找的数据项（你朋友的航班号）叫做查找关键字。查找关键字是所有数据项列表中（所有的航班号）的一个特殊项；我们称这些数据项为表格关键字。一般来说，表格中的数据称为表格值。为查找一个你所需要的航班号，按照列表给定的顺序来检查那些数字，这个算法就称为串行查找。

串行查找的基本步骤

（1）读入表格：这一步是为了读入表格中的数据。通常是从文件读入数据（见第 8 章），存放到平行数组，每个数组对应表格中的一列。

（2）查找表格关键字所在的数组：这一步，将查找的关键字与数组中的元素逐个进行比较，直到成功匹配或者数组被查找完。

（3）输出查找关键字与对应的表格值：如果在数组中没有找到查找关键字，则输出信息说明查找失败。

用标记来表明查找成功

在上述查找过程的第二步中，我们循环遍历了表格关键字的数组，检查是否有数组元素与给定的查找关键字一致。这有两种可能的结果：查找成功——即我们查找的元素（查找关键字）匹配了表格关键字中的某一个——或者查找失败——没有匹配发生。

当我们退出循环开始查找过程的步骤 3 时，我们必须知道上述两种可能性中哪一种发生了，从而可以输出恰当的信息。一个不错的方法就是用一个被称为标记的变量来指示查找是否成功。

标记是一个变量，它可以取两个值中的一个，比较典型的是 0 或者 1。它被用来指示某个动作是否发生。通常，0 表示没有发生；1 表示已经发生。在串行查找中，在开始查找前先将标记置为 0。如果在循环遍历中匹配发生了，那么就将标记的值改为 1。这就意味着，如果查找循环没有找到待查找的数据，则标记的值就不会被改变，到最后它还是 0。但是，如果查找循环找到了待查找的数据，则标记就会改成 1。这样，当我们退出循环时，标记的值就能被用来区分查找是否成功，进而输出正确的信息。

串行查找的伪代码

考虑一个名为 KeyData 的数组，它包含了一个表格关键字列表。这个数组有 N 个元素。我们想查找一个数据项叫做 Key，它是数组中的一个元素。图 6.2 中的流程图描述了这个串行查找中的程序逻辑。在这个流程图中，变量 Found 是一个搜索标记，Index 是数组下标。

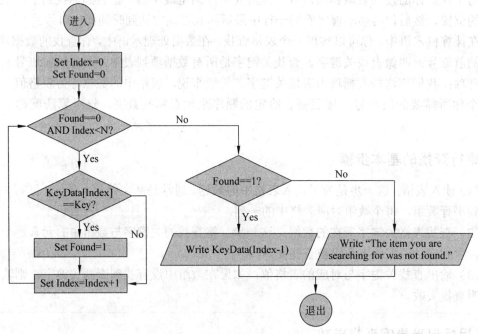

图 6.2　串行搜索的流程图

实现这个串行查找的伪代码如下。

```
//设置当前表格关键字的下标(Index)等于 0
Set Index=0
//Set a flag (Found) equal to 0
Set Found=0
While(Found==0)AND(Index<N)
```

```
        If KeyData[Index]== Key Then
            Set Found=1
        End If
        //Increment Index by 1
        Set Index=Index+1
    End While
    If Found==1 Then
        //显示下标等于 Index-1 的数组元素
        Write KeyData[Index-1]
    Else
        //显示查找失败的消息
        Write "The item you are searching for was not found. "
    End If
```

在这个伪代码中，变量 Index 用来在循环遍历中保存当前的数组下标。变量 Found 是一个标记，用来指示查找是否成功。注意，作为一种选择，我们还可以使用 For 循环，以 Index 为计数器，从 0 累加到 N-1 来完成程序任务。但是 While 循环能让我们一发现匹配就退出循环。当我们从 While 循环退出时，我们检查 Found 的值。值为 1 就表示查找成功了，数据 Key 在表格关键字中找到了。Index-1 的值就是 Key 在 KeyData 中的位置，因为 Index-1 是该元素的数组下标。如果在我们退出循环时 Found 的值是 0，我们就知道要查找的数据 Key 没有被找到，于是我们输出这个查找失败的信息。例 6.6 给出了一个关于串行查找的特殊实例。

例 6.6　平行数组的串行查找

当用户输入一个学生证号后，程序段输出该学生的考试成绩。程序查找一个叫做 **IDNumbers** 的数组，它包含所有学生的学生证号；**IDKey** 是用户输入的待查找学生证号。然后，程序完成如下工作：

- 如果在 IDNumbers 数组中找到了 IDKey，则输出它对应的学生名字和考试成绩，这些内容包含在 Names 和 Scores 两个平行数组中。
- 如果在 IDNumber 中没有找到 IDKey，就输出相应的查找失败信息。

我们假设数组 **IDNumbers**、**Names** 还有 **Scores** 都已经被声明并读入了必要的数据，并且每个平行数组的元素个数都是 N，变量 **IDKey**、**Index** 和 **Found** 都已经被声明为整型变量。

```
 1 Write "Enter a student ID number: "
 2 Input IDKey
 3 Set Index=0
 4 Set Found=0
 5 While(Found==0)AND(Index<N)
 6   If IDNumbers[Index]==IDKey Then
 7       Set Found=1
 8   End If
 9   Set Index=Index+1
10 End While
11 If Found==0 Then
12   Write "Student ID not found"
13 Else
14   Write "ID Number: "+IDKey
```

```
15  Write "Student name: "+Names[Index-1]
16  Write "Test score: "+Scores[Index-1]
17 End If
```

程序如何运行以及各行伪代码的意义

- 程序第 1 行和第 2 行，提示并输入待查找的学生的证件号码。注意，该学生的证件号码是一个变量（IDKey）。

- 变量（Index），在第 3 行被声明和初始化，被用作 While 循环中计数器，同时也是遍历数组时的数组索引（或下标）。

- 变量（Found），在第 4 行被声明和初始化，作为标记使用。如果在 While 循环中找到了待查找学生的学生证号，则 Found 被赋值为 1（第 7 行），这样我们就知道在后面程序中应该输出什么信息了。

- 注意，第 4 行把 Found 置为 0。单等于号(=)将值 0 赋给 Found 变量。但是，第 5 行中的双等于号(==)却是一个比较操作符。语句 While(Found==0)检查 Found 变量的值是否为 0。换句话说，双等于号表示询问，"左边的值是否和右边的值一样？"单等于号则是将等号右边的值赋值给等号左边的变量。这里就是一个说明这两者如何在程序中使用的例子。

第 5～10 行是一个 While 循环，它完成以下一些任务。

- 这里，先设置循环继续下去的条件。第 5 行包含了一个含有 AND 操作符的复合条件，我们知道，这意味着复合条件的两部分必须同时为真循环才会继续。这一行代码的意思是说，只要 IDKey 没有还被找到（Found 的值还是 0）并且 Index 小于数组（存储学生证号）中的元素个数（即 Index<N），就继续循环。一旦两个条件中有一个条件不为真，那么循环就结束。这就使循环能够一找到匹配就立即退出。

- 第 6～8 行的 If-Then 语句检查数组中下标为 Index 的学生，看他的证件号码是否与 IDKey 匹配。如果匹配，就将标记（Found）置为 1。这里没有用到 Else 语句，因为如果不匹配的话，我们什么也不需要做。

- 第 9 行递增计数器（Index），这个计数器记录了循环的次数，以保证循环的次数与数组中学生的个数一样，并为下一次循环要进行的比较设置正确的元素下标。

- 第 10 行结束 While 循环。这时，有两种可能。一种可能是，循环已经进行了 N 次，因此所有 IDNumbers 数组中的学生证号都已经被检查过了，没有找到匹配。在这种情况下，Found 仍然是 0。另外一种可能是，找到了匹配并且 Found 的值是 1。当找到匹配时，Index 的值比匹配元素的下标大 1。

- 第 11～17 行根据是否找到匹配来输出相应的信息。

6.2.2 冒泡排序技术

数据排序就是将数据按规定顺序进行组织。对于数字来说，"规定顺序"是指升序（从最小到最大）或者降序（从最大到最小）。对于名字，规定顺序通常是指字典序。

只要待排序的元素个数比较少（比如说，小于 100），就可以使用冒泡排序算法，该算法提供了一个相当快捷而简单的方法进行排序。为了应用这个技术，我们对数据进行数次扫描（或者遍历），在每一次遍历中，比较所有相邻数据对，如果两个数据元素不符合顺序关系，就交换它们的位置。我们不停地进行遍历，直到在某一次遍历时没有数据交换发生，这就表示对数据的排序已经完成。

交换数值

如果你带了一个花生酱三明治作为午餐，而你的朋友带了一个奶酪三明治，你们两个通过一个动作就能把午餐进行交换。你拿出你的三明治，你朋友拿出他的；他拿走你的三明治，你拿走他的。即便是只持续几秒钟的时间，也会出现你们两个人有人拿着两个三明治而另一个人什么也没有的情况。计算机不能进行这样的交换。在计算机中，每个值都被存储在它自己的内存位置中。如果你把奶酪三明治放在一个原本放花生酱三明治的位置上，那么花生酱三明治就会消失。所以，在我们讨论冒泡排序算法之前，首先我们得理解计算机如何交换两个元素的数值。

你如何交换两个大小不同的盒子的内容，如果每个盒子在任意时刻只能保存一项物品。我们一开始时，Box1 中是蓝色，Box2 中是白色，我们希望最终 Box1 中是白色，Box2 中是蓝色。但是如果我们将蓝色放进 Box2，我们将丢失掉白色。这就是程序员经常需要遇到的问题。因此，我们需要创建一个临时的存储空间来保存 Box1 中的内容，当我们需要将它的内容变更为白色时，如图 6.3 所示。

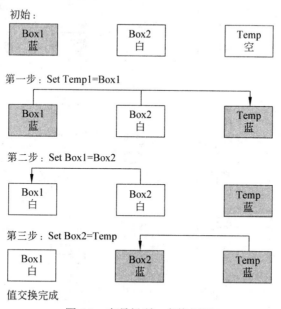

图 6.3 交易场所：交换规则

例 6.7 给出了盒子交换的伪代码。我们声明了变量 Box1 和 Box2，假设 Box1 中在起始的时候包含了字符串“Blue”，Box2 在起始的时候，包含了“White”。另外我们需要一个变量 Temp，它在起始时，包含一个空格。

例6.7　盒子交换

```
Set Temp=" "        /*注释：变量 Temp 初始化，包含一个空格 */
Set Temp=Box1       /*注释：现在"Blue"值存储于两个位置,它仍旧保存在变量 Box1 中,
                       现在也在变量 Temp 中 */
Set Box1=Box2       /*注释:现在变量 Box1 的值变为"White",Box2 中仍存储着"White",
                       不过现在 Temp 中保存着"Blue" */
Set Box2=Temp       /*注释：变量 Box2 的值被置为"Blue",交换工作完成。变量 Box1 和
                       Box2 交换了它们的值。变量 Temp 的值仍旧为"Blue",但是我们不关心
                       它的内容,因为现在不需要使用它了*/
```

在例 6.3 和例 6.7 中用到的交换两个变量值的方法称为交换规则。它将从现在起在本书中用到多次，另外它也是在你今后编程时需要经常用到的最重要的工具之一。如果你现在花费一些额外的时间来确保自己完全理解了交换规则如何使用，你肯定会为此而感到开心的。

运用冒泡排序算法

为了阐明冒泡排序，我们先来手动做一个例子。图 6.4 演示了如何对一个有 5 个数的数据集合从小到大进行排序。这些数字如下：

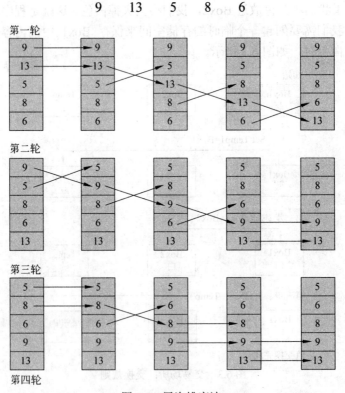

图 6.4　冒泡排序法

计算机每一时刻只能做一件事，所以首先它必须比较两个数并决定它们是否需要交换位置。在确定是否需要交换后，才能继续处理下一对数据。这就是为什么本例中有三轮操作并且每一轮分成四步的原因。在图 6.4 中，对于每一轮，最左边的一列是这一轮操作开

始时数据，而随后的四列分别是四次比较的操作结果。如果有交换发生，那么箭头就有交叉，指出了哪些元素被交换了。

在第一轮中（图 6.4 的顶行），比较了第一个数字(9)与下一个数字(13)，看第一个数是否大于第二个数。由于 9 比 13 小，所以没有发生交换。然后，比较第二个数字(13)与第三个数字(5)。这时，因为 5 比 13 小，这两个数字就被交换了。记住——计算机在每一时刻只能做一件事情。在图 6.4 中看到的每一次交换，都会用到一个临时变量作为存储空间。另外，计算机并不像你想象的那样，你或许会想"嗯，5 也比 9 小，所以我还应该交换 5 和 9"。计算机会在下一轮再做这件事，但是目前它还做不了这件事。在 5 和 13 被交换以后，第三个位置上的数字（现在是 13）与第四个位置上的数字(8)会进行比较。同样，因为 8 比 13 小，它们就被交换了。现在，13 在第四个位置上，把 13 与最后一个位置的数字做比较(6)。因为 13 比 6 大，它们就被交换了。于是，一轮完成了。

在第二轮，我们回到第一个数字。它仍然是 9，但第二个数字现在是 5，因此当比较过这两个数字后，5 就被移到了第一个位置。现在，像以前一样继续进行比较和交换。在第二轮结束时，你将会发现第二大的数字已经被移到了第四个位置。

冒泡排序的名字得自于这么一个事实：较大的数字"下沉"到了序列的底部（尾部），而较小的数字则"冒泡"到顶部。在第一轮后，最大的数字将在序列的底部；第二轮后，第二大的数字将在底部之上的那个位置。在这个例子中，要把数字排序好只需要做三轮。这只是给定的原始序列的结果。如果序列的内容不同，则有可能需要进行四轮才能完成排序。一般来说，要将 N 个元素排序，最多要对序列进行 N-1 轮扫描（再附加一轮用来判断它们是否已经排好序）。

下面的伪代码描述的是冒泡排序的过程，用于将一个有 N 个数的数组 A 排成升序。图 6.5 展示了冒泡排序算法逻辑的流程图。

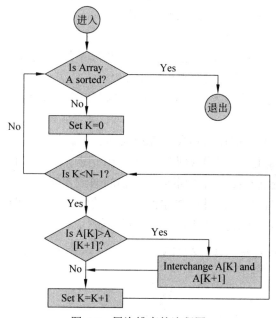

图 6.5　冒泡排序的流程图

```
While 数组 A 没有排好序
    For（K=0；K<N-1；K++）
        If A[K]>A[K+1] Then
            交换 A[K]和 A[K+1]
        End If
    End For
End While
```

这个伪代码有些地方不够清晰。我们不能仅仅说"交换两个值"，因为就像我们已经看到的，我们需要用到交换过程。在图 6.4 中我们看到，虽然将 N 个数排序所需的最大轮数是 N–1，但某些数据也能在更少的轮数内排好序。如果我们要对 100 个数的序列排序，而它只有两个数的顺序不对，这时仍然让循环做 99 轮就不是很有效率。因此，我们应该加入某种方法来表明数据已排好序并且循环可以结束。我们可以将前面的伪代码做如下改进：

（1）用 swap 过程来交换数组元素 A[K]和 A[K+1]，方法是暂时把它们中的一个存放到一个临时位置，然后交换它们的值。

```
Set Temp=A[K]
Set A[K]=A[K+1]
Set A[A+1]=Temp
```

以 A[K]=3 和 A[K+1]=5 为例，试着执行这些语句。

（2）为了判断序列是否已经排好序，我们借用这一节早些时候给出的串行查找算法中的技巧，使用一个标记变量。在冒泡排序算法中，标记值为 0 表示在上一轮排序中，有交换发生。因此，我们把标记变量初始化为 0，并且只要标记值仍然是 0 就再次进入 While 循环。一进入就把标记变量置为 1，并且如果有交换发生，就把它改回为 0。如果没有交换发生（这表示数据已经排好序了），标记变量的值将保持是 1 并且结束循环。

例 6.8 对经典的冒泡排序给出了详细的伪代码。

例 6.8 输入数字，排序输出

这段程序实现了以上所述的冒泡排序过程。程序从用户读入数字，将它们排成降序，然后显示结果。想象一下这将给 Merlin 教授带来多大的方便。他可以以任意顺序输入学生的测试分数，而且几秒钟内所有的分数就被排好序了。这将帮助他确定如何划分成绩等级。

在这个程序段里，数字被输入到数组 TestScores 中。每次输入的测试分数先被存到变量 OneScore 中。无论数组是存满了数据（有 100 个元素）还是只有部分存有数据，在对整个数组进行排序时，变量 Flag 用来指示何时扫描的遍数才够。

在你读完伪代码和解释后，挑一些你自己的测试分数，模拟伪代码的执行过程，检验它是不是正确，以及你是否理解了代码的每一行在做什么。

```
1 Declare TestScores[100] As Float
2 Declare Count As Integer
3 Declare Flag As Integer
4 Declare K As Integer
5 Declare OneScore As Float
6 Declare Temp As Float
7 Write "Enter a test score; enter -9999 when done: "
```

```
 8 Input OneScore
 9 Set Count=0
10 While OneScore != -9999
11   Set TestScores[Count]=OneScore
12   Set Count=Count+1
13   Write "Enter a test score; enter -9999 when done: "
14   Input OneScore
15 End While(OneScore)
16 Set Flag=0
17 While Flag==0
18   Set Flag=1
19   Set K=0
20   While K<= (Count-2)
21     If TestScores[K]<TestScores[K+1] Then
22       Set Temp=TestScores[K]
23       Set TestScores[K]=TestScores[K+1]
24       Set TestScores[K+1]=Temp
25       Set Flag=0
26     End If
27     Set K=K+1
28   End While(K)
29 End While(Flag)
30 Write "Sorted list..."
31 Set K=0
32 While K<=(Count-1)
33   Write TestScores[K]
34   Set K=K+1
35 End While(K)
```

程序如何运行以及各行伪代码的意义

- 1～15 行声明并载入数组 TestScores，最多可以有 100 个分数。计数器 Count 被初始化为 0。第一个 While 循环（10～15 行）完成所有分数的输入并统计用户输入了多少个分数。数组 TestScores 最初被声明为只有 100 个元素，所以这个程序段只能对最多 100 个数字排序。然而，当用户输入了哨兵值–9999 时，循环将会停止要求用户输入数字，因此 Merlin 教授可以使用这个程序来处理 20 人、50 人或任何不超过 100 人的班级考试成绩。

- 在这个循环的最后，Count 的值和输入到数组的分数个数相同。换句话说，如果教授 Merlin 已经输入了 45 个分数，Count 也等于 45。你知道这是为什么吗？第 3 行输入了第一个分数，而在第 4 行 Count 被置为 0。然后，在循环中（10～15 行），OneScore 的值被存入 TestScores[0]，之后 Count 的值增加 1。现在，数组里有了一个元素，而 Count 也等于 1。实际上，Count 会"紧跟"TestScores 数组元素个数的变化而变化。然而，在程序后面，我们希望 Count 和数组元素的下标保持一致。例如，假如数组里有 45 个元素，这些元素的下标，正如你所知道的，是从 0 到 44。当我们继续执行程序时，我们必须记住这一点。

● 第 16 行开始了程序有趣的部分。Flag 被置为 0。接着的 While 循环（17～28 行）实现了在本例前面介绍过的冒泡排序的通用过程。

我们用少量数值来模拟执行程序的 17～28 行。假设你已经输入了如下四个测试分数：82、77、98 和 85。

什么将会发生呢

第 17 行为外层循环（While 循环）判断条件。当 Flag 不再是 0 时循环就结束。第 18 行把 Flag 值改为 1。第 20 行开始内循环。它从变量 K 开始，先把 K 置为 0，并在每次循环时把 K 加 1。循环测试条件所表达的意思是，不断循环直到 K=Count–2。要记住，Count 等于数组中的元素数目，而数组下标则是从 0 开始直到 Count–1。冒泡排序是一个元素与它的下一个元素进行比较，所以最后一次比较是在倒数第二个元素与最后一个元素之间进行的。这就是为什么我们只需要 K 向上计数到倒数第二个元素（即 Count–2）的原因。在我们的测试样例中，数组只有 4 个元素，所以循环在 K–2 时结束。

第 21 行测试 TestScores[0]是否小于 TestScores[1]。在这个例子中，TestScores[0]=82，而 TestScores[1]=77，所以第一个元素不比第二个小，不需要进行交换。现在 K=1。

在第二轮循环中，我们比较 TestScores[1](77)和 TestScores[2](98)。由于 77 比 98 小，于是进行交换（22～24 行），并且 Flag 被置为 0。Flag 的值此时不会起什么作用，它要到更后面才会有意义。现在，TestScores[1]存的值是 98，而 TestScores[2]存的值是 77。

现在 K=2，循环开始比较 TestScores[2](77)和 TestScores[3](85)。由于 77 比 85 小，这两个数要进行交换。Flag 仍旧等于 0。然而，K 现在是 3 了，已经比测试条件限定的值要大了，所以循环结束。这时，数组包含的值如下：

```
TestScores[0]=82
TestScores[1]=98
TestScores[2]=85
TestScores[3]=77
```

注意，在所有比较结束之后，最小的元素被"冒泡"到最后一个位置。

现在程序控制回到第 17 行。检查 Flag 的值是否为 0，因为它仍然是 0，所以内层循环再次开始。第 18 行把 Flag 设置为 1，第 20～28 行再次比较所有数值。在外层循环的迭代中，内层循环将 TestScores[0] 和 TestScores[1] 交换，然后将 TestScores[1] 与 TestScores[2]交换。Flag 被设置回 0。当 K 变得大于 2 时，内层循环再次结束，此时数组变成下面这样：

```
TestScores[0]=98
TestScores[1]=85
TestScores[2]=82
TestScores[3]=77
```

程序控制又一次回到第 17 行。因为 Flag 等于 0，所以外层循环再次开始。Flag 现在被置成 1。这一次，内层循环中将不会有交换发生。这意味着 Flag 再也不会被设置回 0，因为 21～26 行的 If-Then 语句不会被执行。

现在，当程序控制回到 17 行时，测试条件为假。Flag 现在不等于 0 了，所以外层循环停止。所有的数值都被排好序了。程序控制运行到第 30 行，然后运行 While 循环，输出排序后的结果。

其他排序方法

略加修改或不加修改，我们就可以使用例 6.8 的伪代码来完成如下几个有关联的排序任务。

- 使用几乎相同的伪代码，可以把名字按照字典序排序。当然，在这种情况下，TestScores 必须被声明为字符串类型的数组，我们或许会把它改成另外的名字，比如 Names。而且 OneScore 必须为字符串变量，或许也被重命名为 OneName。
- 实际上，同样的伪代码也可以用来将数字按升序排序。唯一需要修改的是将 If 语句的第一行修改为：

```
If Names[k] > Names[K+1] Then
```

6.2 节 自测题

6.8 下面程序段的代码运行之后，输出是什么？

```
Declare Bird As String
Declare Cat As String
Declare Temp As String
Set Bird = "black"
Set Cat = "green"
Set Temp = Bird
Set Bird = Cat
Set Cat = Temp
Write "My bird has " + Bird + "feathers."
Write "My cat is " + Cat + "."
```

6.9 在下列伪代码对应的程序段中，已知三个字符变量的值如下，在进行了变量值交换之后，每个字符变量对应的值是什么：

```
X="X" Y="Y" Z="Z"
Set Z=X
Set X=Y
Set Y=Z
```

6.10 判断如下陈述是否正确：

a. TF 串行查找要求表格关键字列表是按照顺序排列的

b. TF 串行查找只能用于查找数字列表

6.11 写一个程序，在一个包含 100 个名字的数组 Client 中查找 "Smith"。如果找到了，程序输出 "FOUND；否则输出 "NOT FOUND"。

6.12 如果使用冒泡排序将三个数：3，2，1 按照升序排序，要使用多少次交换操作？

6.13 写一个程序，使用冒泡排序将包含 100 个人名的数组 Client 按照字典序排序。

6.3 搜索和排序的更多内容

在前一节中，我们介绍了对数组搜索和排序的简单方法。但是，对于包含大量数据的数组来说，前面的这些方法效率不够高。本节中，我们将介绍一些更为高效的搜索和排序技术。排序和搜索是相当重要的内容。它们是关系数据库管理系统的基础，而关系数据库应用于当今世界的各个领域，从商业领域到政府领域都在用它。

6.3.1 二分搜索法

二分搜索法是一个从大规模数据中检索一个特定数据项（检索关键词）的好方法。它比第 6.2 节中讨论的串行搜索技术效率更高。不过，二分搜索法要求被检索的数据数组的关键词是事先按照数字或字母排好序的。

为了说明二分搜索法如何工作，假设你想在一本字典中找到一个特定的词（目标词）。如果你使用串行搜索技术的话，你需要从第一页开始，一个一个词的比对，它可能需要花费几个小时或者几天才会有结果。一个更合理的方法如下：

（1）打开字典，翻到目标词大致相近的页。

（2）将目标词同该页上的某一项对比，然后判断该页是靠前或者靠后。

（3）重复第 1 步和第 2 步直到找到目标词。

该例说明了二分搜索法底层的基本思想。在进行二分搜索的时候，首先将关键词同给定数组的中间部分的关键词相比较。由于该数组的数据是有顺序的，我们可以很容易判断出待检索的关键词位于数组的哪半边。接下来，我们将待检索的关键词在挑出来的半个数组中进行查找。同样，下一步在四分之一的数组元素中再一次进行查找。然后，再在四分之一数组的一半中进行查找，一直这样进行下去，直到我们找到该关键词对应的数据项为止。

下面的通用伪代码给出了二分搜索法的具体细节，假设数组 Array 是按照升序排列的，变量 Key 表示我们要查找的项，数组 Array 是一个存有一定数量的关键字的已知数组。回忆一下前面的内容：

● Int(X)函数将 X 的小数部分去掉后，取其整数部分。

● 程序标记是一个变量，它用来表明是否一个特定地动作已经发生。通常情况下，标记值为 1 时，表明动作已经发生；标记值为 0 时，表明动作没有发生。

例 6.9 给出了二分搜索法的通用伪代码。

例 6.9 二分搜索法的通用伪代码

在下列伪代码中，变量 Low 和变量 High 表示当前情况下数组元素的最小和最大下标。回忆一下，前面学习过，数组元素的最小下标从 0 开始，最大元素下标等于数组元素的个数减 1。如果数组元素的最大下标为 N，那么这个数组有 N+1 个元素。一开始，我们检索整个数组，因此 Low=0，High=N。但是在第一次定位关键词 Key 之后，我们下一步将要搜索数组元素的前一半，或者后一半，因此要么是 Low=0，High=Int(N/2)；要么是

Low=Int(N/2)，High=N。变量 Index 表示了当前情况下数组的最中间元素。因此，Index 的初始值为 Int(N/2)，通常情况下，它是 Low 和 High 的平均值：Index=Int(Low+High)/2。注意，如果 N 是偶数，那么 N/2 是一个整数，如果 N 是奇数，那么 N/2 就不是一个整数。因为 Low，High 和 Index 必须是整数值，因此我们使用 Int 函数。当 N 是奇数时，Index 的值就不是完全正中间的位置值。从数学的角度来说，它差了 0.5。不过，这并不影响搜索。在下列通用伪代码中，数组 Array 可以是任意类型的数组，变量 Key 同数组元素的类型是一样的。

```
Declare Low As Integer
Declare High As Integer
Declare N As Integer
Declare Index As Integer
Declare Found As Integer
Set Low=0
Set High=N
Set Index=Int(N/2)
Set Found=0
While(Found ==0) AND (Low<=High)
    If Key==Array[Index] Then
        Set Found=1
    End If
    If Key>Array[Index] Then
        Set Low=Index+1
        Set Index=Int((High+Low)/2)
    End If
    If Key<Array[Index] Then
        Set High=Index-1
        Set Index=Int((High+Low)/2)
    End If
End While
```

程序如何运行以及各行伪代码的意义

在这段伪代码中，首先对变量 Low，High，Index 和 Found 进行初始化，然后进入 While 循环。如果判断条件满足 Found=0 且 Low<=High，那么就表明仍然没有找到待查找元素，循环将继续进行。

在这个循环中，我们处理以下三种情况：

（1）如果 Key==Array[Index]，那么就找到了该关键字元素，此时将把 Found 设置为 1。

（2）如果 Key>Array[Index]，那么我们将在数组的后半部分进行再次查询，变量 Low 进行相应的调整。

（3）如果 Key<Array[Index]，那么我们将在数组的前半部分进行再次查询，变量 High 进行相应的调整。

在第一种情况下，循环将退出。在后两种情况下，Index 将被设置成数组剩余部分元素的中间下标，然后将再次进入循环，重复上述过程，直到查找完所有的元素为止。例 6.10 说明了如何使用二分搜索法。

例 6.10 找到正确的"House"

表 6.1 给出了如何在给定的、含有 11 个词的词表中使用二分搜索法找到单词 House 的过程。

表 6.1 用二分搜索法搜索单词 House

下标	单词	第 1 轮	第 2 轮	第 3 轮
0	Aardvark	Low	Low	
1	Book			
2	Dog		Index	
3	House			Low，Index
4	Job		High	High
5	Month	Index		
6	Start			
7	Top			
8	Total			
9	Work			
10	Zebra	High		

这里的单词存储在字符串数组 Words[]中。本例的伪代码如下，假设单词已经装载到数组 Words[11]中，它们按照字母顺序排列，整型变量 Low，High，Index，N 和 Found 已经进行了声明。字符串变量 Key 也已经声明了。

```
1 Set N=10
2 Set Key="House"
3 Set Low=0
4 Set High=N
5 Set Found=0
6 Set Index=Int(N/2)
7 While(Found==0) AND (Low <= High)
8   If Key < Words[Index] Then
9       Set High =Index -1
10      Set Index =Int((High + Low)/2)
11  Else
12      If Key > Words[Index] Then
13          Set Low=Index +1
14          Set Index=Int((High+Low)/2)
15      Else
16          Set Found=1  //Key must=Word[Index]
17      End If
18  End If
19 End While
```

程序如何运行以及各行伪代码的意义

在 While 循环的第一轮中：

- N=10，因此 Index=Int(N/2)=5。

- 因为当数组 Words[]的下标为 5 时，它的元素是 Month，因此"House"<Words[5]。
- 由于 High=Index−1，所以 High 等于 4。
- 此时 Index 等于 Int((0+4)/2)=2。

现在下一步需要进行搜索的范围是从数组元素 Words[0]到数组元素 Words[4]，它们的中间元素是 Words[2]。在循环的第二轮中：

- 由于 Words[2]="Dog"，因此"House"大于 Words[Index]。
- 现在 Low 变成了 Index+1，即 3。
- 现在 Index 等于 Int((4+3)/2)=3。

现在需要进行的搜索范围变成了从数组元素 Words[3]到数组元素 Words[4]。它们的中间位置值是 3.5，但是 Int(3.5)=3。在循环的第三轮中，搜索工作将结束：

- 由于当数组下标为 3 时，数组元素为"House"，因此 Words[3]="House"，相匹配的数据项找到了。

例 6.11　平行数组与二分搜索法一起使用

教授 Crabtree 将她的所有学生成绩存储在平行数组中。数组 Names[]存储所有学生的姓名，按照学生姓氏的字母顺序存储其中。每当她计算出一门功课的考试成绩或计算出一份家庭作业的分数时，她就创建一个平行数组并将这些成绩数据存储到相应的平行数组中：Exam1[]，Exam2[]，HW1[]，HW2[]等等。现在 Crabtree 博士需要找到一个名字叫 Julio Vargas 的学生的成绩数据。她写了一个程序帮助自己快速定位并提取这个学生的成绩。

本程序对应的伪代码如下，假设下面的平行数组已经声明过了，且它们中间已经包含了相应的数据，且下面用到的变量已经被声明。

- Names[100]是一个字符串数组，它用来保存所有学生的姓氏。
- First[100]是一个字符串数组，它用来保存所有学生的名字。
- Exam1[100]，HW1[100]和 HW2[100]是浮点型的平行数组。
- Low，High，Found，N 和 Index 是整型变量。
- Student 是一个字符串变量。

```
Set N=99
Set Low=0
Set High=N
Set Found=0
Set Index = Floor(N/2)
Write "Enter a student's name: "
Input Student
While (Found==0) AND (Low <=High)
    If Student < Names[Index] Then
        Set High =Index-1
        Set Index = Floor((High+Low)/2)
    Else
        If Student > Names[Index] Then
            Set Low=Index+1
            Set Inex = Floor((High + Low)/2)
        Else
            Set Found=1
```

```
            End If
         End If
      End While
      If Found==0 Then
         Write "Student record not found. "
      Else
         Write "Student record for: "
         Write First[Index] + " " + Names[Index]
         Write "Exam 1: " + Exam1[Index]
         Write "Homework 1: " + HW1[Index]
         Write "Homework 2: " + HW2[Index]
      End If
```

程序如何运行以及各行伪代码的意义

本程序在数组 Names[] 中搜索关键字，即变量 Student 的值。本程序不同于前面例子中的程序，因为在这里，用户可以输入自己需要查找的数据项，因此该程序可以用于搜索任意一个学生的成绩。

一旦程序定位到了要找学生的姓氏后，我们就知道了数组 Names[] 中该学生的索引值。同时由于这里的数组是平行数组，因此我们也就知道了该学生的成绩信息在相应数组中的索引值。实际上，只要对该程序进行略微的修改就可以将其用于显示所有的家庭作业成绩，考试成绩或者其他任何数据项的组合。这就是使用平行数组的价值。

另外，我们注意到本程序中使用了 Floor() 函数，而不同于例 6.10 中用到的 Int() 函数。基于本程序的目的来说，这两个函数是可以互换的。

你可以为本程序增加一些附加功能，比如计算一个学生的考试或家庭作业平均分数，计算最后一门课程的成绩等等。本节的自测题将要求你在程序中进行这些功能实现。

6.3.2　选择排序法

选择排序法同第 6.2 节介绍的冒泡排序法相比，是一种将存储在数组中的数据进行排序的更高效的方法。选择排序法的基本思路非常简单。下面是我们如何使用选择排序法对一个数组进行升序排序——按照最小到最大进行排列。我们需要对数组进行如下几轮工作：

- 在第一轮中，我们找到最小的数组元素，然后将它同数组的第一个元素进行交换。
- 在第二轮中，我们找到第二小的数组元素，然后将它同数组的第二个元素进行交换。
- 在第三轮中，我们找到第三小的数组元素，然后将它同数组的第三个元素进行交换。

等等…，如果数组包含有 N 个元素，它将最多进行 N–1 轮之后完成排序工作。

我们解释情况选择排序法，首先我们使用手工计算的方式介绍一个简单的例子。图 6.6 给出了包含有数值 9、13、5、8 和 6 的数据集进行排序的过程。图中第一列是排序之前的数据排列情况（最左边一列），右边四列是进行了四轮排序之后的结果，它们之间的箭头表示了其中数据交换情况。例 6.12 给出了选择排序法的一般过程。

（在第四轮排序工作中，没有进行任何交换操作；数值已经完成排序工作）。

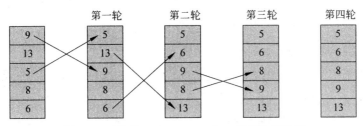

图 6.6　对数值 9、13、5、8 和 6 进行选择排序

例 6.12　选择排序法的通用伪代码

现在我们来编写将数组 Array 进行升序排序的伪代码。数组 Array 可以是整型数组，浮点型数组，字符串数组或者字符数组，最起码它们的元素数据类型要相同。为了简单起见，我们将本例的数组定义为浮点型数组。数组包含 N+1 个元素，因此数组元素的最大下标值为 N。因此，我们使用选择排序法时，需要进行 N–1 轮循环操作。

本程序段的通用框架如下：

```
For(K=0; K<N; K++)
    从数组元素 Array[K], Array[K+1], …, Array[N]之间找到一个最小值 Littlest
    If Littlest != Array[K] Then
        Swap array elements Littlest and Array[K]
    End If
End For
```

当然，For 循环中的两个语句都需要进行更详细的定义，描述如下：

- 为了在一个数据集合中找到一个最小值，我们先将这个数据集合的第一个元素定义了最小的值，然后将它与其他值进行比较，只要我们找到比当前定义的这个最小值小的元素，我们将 Littlest 的值更改为当前最小的元素值，并记录下来当前最小值的元素下标 Index。因此伪代码中相应的部分如下：

```
Set Littlest = Array[K]
Set Index =K
For(J=K+1; J<=N; J++)
    If Array[J] < Littlest Then
    Set Littlest = Array[J]
    Set Index =J
    End If
End For
```

- 要想将下标为 K 和 Index 的数组元素进行交换，我们将使用到第 6.2 节中介绍的交换技术，如下：

```
Set Temp=Array[K]
Set Array[K]= Array[Index]
Set Array[Index]=Temp
```

这样，使用选择排序法对含有 N+1 个元素的数组 Array 进行升序排序的修改后的伪代码如下：

```
Declare Array[K] As Float
```

```
Declare Littlest As Float
Declare K, N, Index, Temp As Integer
For(K=0; K< N; K++)
    Set Littlest = Array[K]
    Set Index=K
    For(J=K+1; J<=N; J++)
        If Array[J]<Littlest Then
            Set Littlest = Array[J]
            Set Index=J
        End If
    End For(J)
    If K != Index Then
        Set Temp= Array[K]
        Set Array[K]=Array[Index]
        Set Array[Index]=Temp
    End If
 End For(K)
```

例 6.13　对含有大量元素的数组进行排序

用到选择排序法的地方很多。在本例中，我们假设学生的年龄数组是 Crabtree 教授班里学生信息的一部分。教授想看一下她班里学生的年龄范围，并计划在未来的某个时间，通过这个排序后的年龄数据进行一些统计工作。她让你编写一个对数组 Ages[]进行升序排序的程序。我们为了节省空间，我们假设：

* Ages[200]是一个整型数组，它包含有每个学生的年龄信息（以年为单位）。

* Youngest，J，K，M，N，Temp 和 Index 是整型变量。

本程序对应的伪代码如下：

```
Set N=199
Set M=0
Set Temp=0
Set K=0
While K < N
    Set Youngest = Ages[K]
    Set Index=K
    Set J=K+1
    While J<=N
        If Ages[J] < Youngest Then
            Set Youngest = Ages[J]
            Set Index =J
        End If
        Set J=J+1
    End While(J)
    If K!=Index Then
        Set Temp=Ages[K]
        Set Ages[K]=Ages[Index]
        Set Ages[Index]=Temp
    End If
    Set K=K+1
End While(K)
```

```
Write "Ages sorted: "
While M<N+1
    Write Ages[M]
    Set M=M+1
End While(M)
```

程序如何运行以及各行伪代码的意义

本程序段的外层 While 循环会进行 199 次迭代。为什么对 200 个数据项排序只需要 199 次迭代呢？在外层循环的第一轮中，变量 Youngest 的初始值被色设置为数组第一个元素的值，Ages[0]。然后同第二个元素进行比较大小，Ages[0+1]。下标 J 的值比 K 的值大 1。在循环的第二轮中，变量 Youngest 的值同数组 Ages[] 的第三个元素进行比较大小。一直这样进行下去，等到循环的第 199 轮，变量 Youngest 同数组 Ages[] 的第 200 个元素的进行比较大小。这就是为什么在对 N 个元素的数组进行排序的时候，只需要进行 N–1 次外层循环迭代操作就可以了。

一旦进入外层循环，内层循环就开始了。第一个 If-Then 语句用于检查数组元素的值是否小于变量 Youngest 的值。如果条件判断的结果为真，将变量 Youngest 的值设置为该元素的值。同时，将变量 Index 的值设置为当前元素的下标值（元素的下标值将在后面用于判断）。如果条件判断的结果为假，程序什么也不做。然后变量 J 递增加 1，循环继续，并将剩余所有数值元素同变量 Youngest 进行比较，继续将变量 Youngest 的值替换为更小的值，不断发现更小的值。一旦该循环完成所有迭代过程，变量 Youngest 的值就是当前整个数组的最小值。

无论何时当变量 Youngest 的值被替换，变量 Index 就设置为变量 J 的值，J 为当前数组元素的最小值的下标。在内层循环的最后，变量 Index 的值就是当前整个数组元素中值最小的元素的下标。然后第二个 If-Then 语句被执行，它用来判断是否外层循环的起始值 K 同变量 Index 的值相同。如果相同，元素 Ages[K] 就是当前数组的最小值。如果不同，我们需要将数组元素 Ages[K] 同数组元素 Ages[Index] 进行交换。交换过程时这样的，如果不清楚，可以考虑如下场景：

假设有一个包含三个元素的数组，Ages[]：

Ages[0]=5，Ages[1]=8，Ages[2]=3

在第一轮中，K=0，因此变量 Youngest 当前的值为变量 Ages[0] 的值，也就是 5。在内层循环的第一轮结束时，变量 Youngest 已经同元素 Ages[1] 相比较，由于数组元素 Ages[1] 的值大于变量 Youngest 的值，因此没有进行交换操作。此时 J=1，然后对 J 进行加 1 操作。然后比较数组元素 Ages[2] 的值，由于它的值小于 Youngest 的值，因此变量 Youngest 的值被替换为 3。现在变量 Index 的值被设置为变量 J 的值，因此 Index 的值为 2。内层循环结束时，变量 Youngest 的值为 3，而变量 Index 的为 2（变量 J 在内循环的结尾为设置为 3，但是当下一次进入内循环的时候，这个值将被重新设置为合适的值）。

现在程序进入到第二个 If-Then 语句。它将判断变量 K 的值（为 0）是否等于变量 Index 的值（为 2）。由于这里判断结果布尔值为 True（K！=Index），将进行交换操作，Ages[0] 的新值将等于元素 Ages[Index] 的值，即 Ages[2] 的值，也就是最小的值。现在最小的数组元素值已经跑到数组的第一个位置了。

当上述工作完成，外层循环再一次进行，现在从数组的第二个元素进行比较。在第二轮完成后，第二小的数组元素将跑到数组的第二个元素位置上。在第二轮完成后，该数组元素已经完成了排序工作。在这里的伪代码中，我们在最后有一个简单的循环用于输出显示排好序的数组。

但是本程序最有趣的地方在于，计算机可以花费很少的时间就能够完成对包含数千个元素的数组的排序工作，它花费的时间比大家读完这段代码注释的时间要少得多。

6.3节 自测题

6.14　请判断下列语句的真假。

　　a. T F　二分搜索法需要表关键字列表是排好序的。

　　b. T F　二分搜索法不能够用于定位数字型搜索关键字。

6.15　请重新编写本节的二分搜索伪代码，让它在含有 N 个元素的降序排列数组中查找元素关键字 Key。

　　自测题 6.16 同例 6.11 有关。

6.16　假设 Crabtree 教授在一个学期中完成了三次测验和一次期末考试。这些考试分数放到了浮点型平行数组 Exam1[]、Exam2[]、Exam3[]和 Final[]中。学生姓名数组内容已经装载，同例 6.11 所描述。请按下列要求编写伪代码：

　　找到学生 Mary Reilly 的考试成绩记录。计算 Mary 的考试平均分数，按照 Crabtree 教授给出的平均分数计算权值标准：

　　ExamAvg=(Exam1+Exam2+Exam3+2*Final)/5

　　输出 Mary Reilly 的全名和她的考试平均分数。

6.17　请判断下列语句的真假。

　　a. T F　选择排序法要求给定的数组是排好序的。

　　b. T F　选择排序法要求编程语言包含有交换语句。

　　自测题 6.18 同例 6.13 相关。

6.18　请为例 6.13 添加伪代码以产生如下输出，假设数组 Ages[200]中的年龄值从 16 岁到 70 岁。

```
Number of students younger than 17: XXX
Number of students between 17 - 22: XXX
Number of students between 23 - 30: XXX
Number of students between 31 - 45: XXX
Number of students older than 45: XXX
```

6.4　以字符数组作为字符串

在这一章的前三节中，我们介绍了一些一维数组的例子和一些建立在一维数组上的算法。这一节中，我们将会讨论数组跟字符串是如何关联在一起的。

在第一章中，我们介绍了字符串，把它作为一种基本的数据类型。有些编程语言中没有字符串数据类型。在这些语言中，字符串是用字符数组来实现的。即使在有字符串类型的编程语言中，字符串能用字符数组来实现。在本节中，我们将会以这种观点来看待字符串。

当我们将字符数组定义为字符串时，我们通常会使用 Declare 语句来声明数据类型。当编写实际代码的时候，这个练习是必须的。例如，下面的语句：

```
Declare FirstName[15] As Character
Declare LastName[20] As Character
```

以上声明语句，定义了 FirstName 和 LastName 两个字符串类型，分别至多包含 15 和 20 个字符。

6.4.1　复习串接操作

不管我们将字符串看做是内置类型还是字符数组，在该类型上，我们都可以进行一些基本操作，就像例 6.14 中给出的那样。

例 6.14　把数组串在一起

以下程序段从用户输入两个字符类型数据，将它们串接起来并输出。回忆 1.4 节，串接的意思是将两个数据项依次连在一起，"+"号被用来表示串接操作。

```
Declare String1[25] As Character
Declare String2[25] As Character
Declare String3[50] As Character
Write "Enter two charater strings. "
Input String1
Input String2
Set String3=String1+String2
Write String3
```

这段伪代码中，注意到 String1、String2、String3 都被定义成了字符数组，但是在程序中使用的时候，代表数组的方括号并没有出现。比如，我们写作：

```
Input String1
Input String2
```

而不是：

```
Input String1[25]
Input String2[25]
```

这个用法是典型的实际编程语言中所使用的，同时也和我们之前所说的将字符串看作内置类型是一致的。

当两个字符串输入之后，语句 SetString3=Stringl+String2 将它们串接起来，然后 Write 语句将结果打印出来。我们运行这段伪代码所对应的程序，如果用户输入 "Part" 和 "Time" 作为 String1 和 String2，那么程序将会输出：

```
PartTime
```

具体编程实现（Making It Work）

串接与相加

下面这条在例 6.14 中使用的语句进行了串接操作：

```
Set String3=String1+String2
```

它的优点就是简洁。

例如，如果某个人有三个整型变量如下：

```
Var1=10, Var2=15, Var3=0
```

那么语句：

```
Set Var3=Var1+Var2
```

将得到 Var3=25。

不过，如果 Var1、Var2 和 Var3 是三个字符串变量如下：

```
Var1="10", Var2="15", Var3="0"
```

那么语句：

```
Set Var3=Var1+Var2
```

将得到 Var3="1015"。

在我们的伪代码中，以及编程语言中，在进行串接操作和相加操作时，使用的符号是一样的。数据类型的声明会告诉计算机该选择何种操作（串接或相加）。

6.4.2　字符串长度与数组大小

字符串长度是指它包含的字符个数。比如，例 6.14 中的数组 String3 被声明为一个包含 50 个元素的数组，但是当 PartTime 被赋给 String3 时，数组仅仅使用了前 8 个元素，所以，此时的字符串长度为 8。

在一些算法中（如例 6.15），对某个已经赋值给给定字符数组的字符串，要是知道它的长度就会很有用。为此，编程语言包含一个 Length 函数，它在伪代码中的写法如下：

```
Length_Of(String)
```

我们在本书的前面部分已经介绍过这个函数，现在在字符数组这里，我们再回忆一下这个函数的特点及应用。

在程序中，凡是数字常量有效的地方都可以调用这个函数。该函数的值是给定字符串的长度或者字符串变量的长度。比如，当下面伪代码对应的程序被运行时：

```
Declare Str[10] As Character
Set Str="HELLO"
Write Length_Of(Str)
```

数字 5 将会被输出，因为字符串"HELl。0"由 5 个字符组成。

回忆一下，在声明一个数组时，声明语句中指定的数字决定了在计算机内存中分配给该数组的存储空间的大小。如果该数组表示的是一个字符串（即字符数组），则每个存储位置都占一个字节的内存（见第 0 章）。当一个字符串被赋值给这个字符数组时，字符数组开头的一些元素将会被填充为组成该字符串的字符，而且一个特殊的符号还会被放置在这些字符的下一个储存位置上，该字符数组剩下的空间仍然是未分配的。比如，一个名为 Str 的字符串被声明为一个有 10 个元素的字符数组，当我们将"HELLO"赋值给 Str 时，存储空间将会如下图所示：

地址	Str[0]	Str[l]	Str[2]	Str[3]	Str[4]	Str[5]	Str[6]	Str[7]	Str[8]	Str[9]
数据	"H"	"E"	"L"	"L"	"O"	#				

其中，符号#代表自动放置在已分配字符串末端的字符。所以，当计算 Str 的字符串长度时，计算机只是从开始地址统计 Str 占用的内存空间中的字符个数，直到遇到结束符串。

例 6.15 将举例说明如何通过操作字符串所在的字符数组来修改字符串。

例 6.15 对字符数组使用 Length_Of 函数

以下程序段读入一个人的全名，要求名在前姓在后，中间有个空格，接着把这个人姓和名的首字母存储到字符变量中，最后按照如下格式输出姓名：

姓,名

这段伪代码使用了 3 个字符串。第一个 FullName 存读入的名字，另外两个 FirstName 和 LastName 分别存名和姓。程序还使用了两个字符变量 FirstInitial 和 Lastlnitial 存名和姓的首字母。在输入字符串中找到姓与名之间空格符的位置，通过这个技巧，可以确定输入字符串中哪一部分是姓、哪一部分是名。假设如下的数组和变量都已经声明过了：

- 字符数组：FullName[30]、FirstName[15]、LastName[15]
- 字符变量：FirstInitial、LastInitial
- 整型变量：J、K、Count

```
1 Write "Enter a name in the following form: firstname lastname:"
2 Input FullName
3 Set Count=0
4 While FullName[Count]!= " "
5     Set FirstName[Count]=FullName[Count]
6     Set Count=Count+1
7 End While
8 Set FirstInitial=FullName[0]
9 Set LastInitial=FullName[Count+1]
10 Set J=0
11 For(K=Count+1; K<=Length_Of(FullName)-1; K++)
12     Set LastName[J]=FullName[K]
13     Set J=J+1
14 End For
15 Write LastName+", "+FirstName
16 Write "Your initials are "+FirstInitial+LastInitial
```

程序如何运行以及各行伪代码的意义

当这个人的全名被输入后，4～7 行的计数器控制 While 循环将 FullName 中的字符赋值给 FirstName，直到遇到姓和名之间的空格。此时，Count 的值是 FirstName 的长度。因为空格在姓名全名字符串中的位置序号是 Count，所以 LastName 第一个字符的位置序号是 Count+1，这样，While 循环之后第 8 行和第 9 行的两个赋值语句就能正确存储该人名字的首字母。新的变量 J（第 10 行）确保姓的每个字符都存到 LastName 数组的正确位置上。11～14 行的 For 循环将 FullName 中对应姓的正确部分赋值给 LastName。最后，15 行的 Write 语句，使用串接运算符"+"输出了该人的名字，先输出姓，用逗号分隔姓与名。程序还输出了存储在 FirstInitial 和 LastInitial 中名与姓的首字母。

6.4 节 自测题

6.19 判断如下陈述是否正确：

a. T F 如果一个字符串 Str 被声明为一个长度为 25 的字符数组，那么 Str 的长度必为 25。

b. T F 要让用户输入一个字符串，必须先知道该字符串包含的字符个数。

6.20 假设一个字符串变量 Name 被声明为一个字符数组并且有值。写一个程序段输出 Name 的第一个和最后一个字符（提示：Length 函数能在这里派上用场）。

6.21 写一个程序段，将两个字符串变量 String1 和 String2 声明为包含 25 个字符的字符数组，让用户输入 String1 的值，然后将其赋值给 String2。

6.5 二 维 数 组

到目前为止，你所见到的数组，数组元素的值只依赖于单个因子。例如，某个数组中的一个元素存有一个学生的学生证号码，这个号码的值依赖于当前正在处理哪个学生。有时，元素由两个因子确定的数组使用起来会更方便。例如，每个学生有多门课的考试成绩，在这种情况下，我们要查找的信息是依赖于两个因子的——我们感兴趣的特定的学生和特定的考试科目。另一个例子是销售员一年的月度销售记录。每个销售员有 12 个记录（分别对应各月的销售额）与他或她相关，所以，我们要查找的信息依赖于我们感兴趣的销售员和月份。在这些情况中，我们就可以使用二维数组。

6.5.1 二维数组的介绍

二维数组是相同类型元素的一个集合，它存储在一段连续的内存地址中，所有元素都使用双下标的同一个变量名来访问的。例如 MyArray[2，3]是名为 MyArray 的二维数组中的一个元素。例 6.16 是一个使用二维数组的示例。

例 6.16 二维数组的介绍

假设我们想要将 30 个学生的 5 次测试成绩输入进来。我们可以使用单个二维数组

Scores 来存放所有的测试结果。Scores 的第一个下标表示特定的学生，第二个下标表示特定的测试。例如，数组元素 Scores[0, 0]存放着第一个学生的第一门测试的成绩，Scores[8, 1]存放着第九个学生的第二门测试的成绩。

如果画一个有水平行和垂直列的矩形来表示数组元素，也许理解起来更容易一些。第一行存放第一个学生的成绩信息，第二行存放第二个学生的成绩信息，依此类推。同样地，第一列表示所有学生第一门测试的成绩，第二列表示所有学生第二门测试的成绩，依此类推（见图 6.7）。表格中行与列相交处的方格表示对应的数组元素。图 6.7 中给出的信息如下：

- Scores[1, 3]，第 2 个学生，Boynton，第 4 门测试的成绩，73 分。
- Scores[29, 1]，第 30 个学生，Ziegler，第 2 门测试的成绩，76 分。

	Test 1	Test 2	Test 3	Test 4	Test 5
Student 1: Arroyo	92	94	87	83	90
Student 2: Boynton	78	86	64	73	84
Student 3: Chang	72	68	77	91	79
⋮	⋮	⋮	⋮	⋮	⋮
Student 30: Ziegler	88	76	93	69	52

图 6.7 例 6.16 中的二维数组 Scores

声明二维数组

与一维数组相似，二维数组也必须在使用前声明。我们使用一个声明语句来声明二维数组，该语句类似于一维数组的声明语句。例如，我们使用下面的语句来声明例 6.16 中的二维数组：

```
Declare Scores[30,5] As Integer
```

在括号中的数字 30 和 5 表示数组元素的数目。这个语句从计算机内存中分配 150（30×5）个连续的存储地址来存放数组 Scores 的 150 个元素。例 6.17 举例说明了使用二维数组的一些基本要点。

例 6.17 二维数组的基本要点
考虑如下代码：

```
1 Declare ArrayA[10,20] As Integer
2 Declare ArrayB[20] As Integer
3 Declare FirstPlace As Integer
4 Set FirstPlace=5
5 Set ArrayA[FirstPlace,10]=6
6 Set ArrayB[7]=ArrayA[5,10]
7 Write ArrayA[5,2*FristPlace]
8 Write ArrayB[7]
```

程序如何运行以及各行伪代码的意义

这里，第 1 行和第 2 行的 Declare 语句声明了两个数组——第一个是 10 行 20 列（200

个元素）的二维数组，第二个是包含 20 个元素的一维数组。由于 FristPlace 是 5，所以下面的说法是正确的：

- 第 5 行的赋值语句令 ArrayA[5，10]等于 6，换言之，ArrayA 中的第 6 行、11 列的元素数值等于 6。
- 第 6 行的赋值语句令 ArrayB[7]等于 ArrayA[5，10]的数值，即 6。所以现在 ArrayB 中的第 8 个元素数值是 6。
- 第 7 行和第 8 行的 Write 语句输出 ArrayA 中第 6 行第 11 列的元素，以及 ArrayB 中的第 8 个元素，所以 6 会被输出 2 次。

6.5.2 使用二维数组

正如你已看到的，计数器控制循环尤其是 For 循环，为我们提供了一个操作一维数组的有用工具。对于二维数组的情形，如例 6.18 所示，则使用嵌套 For 循环（见第 5 章）会特别有用。

例 6.18　使用嵌套 For 循环输入二维数组

这个程序段将数据输入到二维数组 Scores 中，该数组的元素都是测试成绩。Scores 的第一个下标表示正在处理的学生，第二个下标表示正在处理的测试。对于 30 个学生中的每个人，用户都需要输入 5 次测试成绩。伪代码如下所示：

```
Declare Scores[30,5] As Integer
Declare Student As Integer
Declare Test As Integer
For (Student=0; Student<30; Student++)
    Write "Enter 5 test scores for student " + (Student +1)
    For(Test=0; Test<5; Test++)
        Input Scores[Student, Test]
    End For(Test)
End For(Student)
```

程序如何运行以及各行伪代码的意义

这段代码为每个学生输出一段输入提示，指示用户输入该学生的 5 次测试成绩。例如，当这段伪代码对应的程序运行时，将会显示如下文本信息：

```
Enter 5 test scores for student 1
```

接着程序将会暂停等待用户输入数据。当用户输入完 5 次成绩之后，他或她将看到以下信息：

```
Enter 5 test scores for student 2
```

其余依此类推。

例 6.19　使用嵌套循环输出二维数组的内容

假设一个二维数组 Scores 已经被声明和赋值，如例 6.18 所示。Index 是一个整型变量，用来指明某个特定学生记录的 Scores 元素。注意，如果用户输入 4 作为 Index 的值，这实际上指的是 Scores 第 3 行的元素。下面的伪代码将输出用户指定的一个学生的各次测试成绩。

```
Write "Enter the number of a student, and"
Write "his or her test scores will be displayed."
Input Index
For(Test=0; Test <5; Test++)
    Write Scores[Index-1, Test]
End For
```

例 6.18 和例 6.19 中所示的伪代码对用户来说有些不太友好，因为它需要用户用数字来代表学生（学生 1，学生 2，等等）而不是用名字。例 6.20 给出了一个更综合的示例，该例通过使用一个姓名一维数组（平行数组），改正了这个不足之处。

例 6.20 一应俱全的友好版本

这个程序输入班内每个学生的名字和测试分数，并且输出每个学生的名字及其测试平均分。程序使用一个元素类型为字符串的一维数组 Names 来存放学生的名字，使用一个二维数组 Scores 来存放测试成绩。

假设班级最多只有 30 个学生，但在程序运行之前，我们并不知道确切的学生人数。因此，我们需要使用哨兵控制 While 循环来输入数据。不过，在输入过程中，我们可以知道班上有多少学生，之后就可以使用这个数字来处理和输出数组元素了。为了清楚起见，我们在程序中声明了所有用到的变量。

```
1  Declare Names[30] As String
2  Declare Scores[30, 5] As Integer
3  Declare Count As Integer
4  Declare Test As Integer
5  Declare K As Integer
6  Declare J As Integer
7  Declare StudentName As String
8  Declare Sum As Float
9  Declare Average As Float
10 Set Count=0
11 Write "Enter a student's name; enter * when done."
12 Input StudentName
13 While StudentName != "*"
14   Set Names[Count]= StudentName
15   Write "Enter 5 test scores for " +Names[Count]
16   Set Test=0
17   While Test<5
18       Input Scores[Count, Test]
19       Set Test=Test +1
20   End While(Test)
21   Set Count=Count+1
22   Write "Enter a student's name; enter * when done."
23   Input StudentName
24 End While(StuentName)
25 Set K=0
26 While K <= Count-1
```

```
27  Set Sum=0
28  Set J=0
29  While J<5
30      Set Sum=Sum + Scores[K, J]
31      Set J=J+1
32  End While(J)
33  Set Average =Sum/5
34  Write Names[K] + ": " +Average
35  Set K+K+1
36  End While(K)
```

程序如何运行以及各行伪代码的意义

至此，你可以容易地知道代码的大部分的含义——因此，我们将集中在更深层的逻辑上理解这些代码，而不是逐行地阅读程序。

- 1～12 行声明了所有变量，将计数器的初值设为 0，并为接下来的循环读入了"种子"值（第一个学生的名字）。为避免将哨兵值*输入到名字数组 Names 中，我们将每个学生的名字临时赋值给变量 StudentName。如果 StudentName 的值不是"*"，就进入 While 循环，把该字符串赋值给 Names 的下一个元素。一旦用户输入了*号，While 循环就退出，因此这个输入不会存储到 Names[]数组中。
- 第 13～24 行是 While 循环是最复杂的部分。它将学生的名字输入到一维数组 Names 中，并将 5 次测试成绩输入到二维数组 Scores 中。这是怎么做的呢？
  - 第 14 行的语句，Set Names[Count]=StudentName，将第一个学生的名字存入 Names 数组的第一个元素。下次循环时，第二个名字就将存入 Names 的第二个数组元素中，依此类推。
  - 第 15 行要求用户输入在上一行输入名字的学生的 5 次测试成绩。第 17～20 行的内循环将各次成绩存入二维数组。数组 Scores[30，5]的第一维用来标识学生的编号（Count），第二维用来标识成绩。如果 Martin 被作为第三个学生输入，他的测试成绩分别是 98，76，54，92 和 89，那么下面一些值就被存入到 Scores 中了：

```
Scores[2, 0]=98
Scores[2, 1]=76
Scores[2, 2]=54
Scores[2, 3]=92
Scores[2, 4]=89
```

- 第 21 行将计数器增加一，以读取下一个学生的数据。
- 在将某个学生的 5 次测试成绩输入二维数组后，第 22 行和第 23 行提示并输入下一个学生的名字。如果没有学生了，Count 的值就是 Names 数组中数据项的个数，Scores 中每个学生都是通过编号来标识的，该编号与他／她在数组 Names 中的编号是对应的。注意，Count 的值等于数组元素个数，它比数组下标的上界大 1。
- 当所有学生及其成绩都被输入到两个数组之后，程序控制进入 26～36 行的外层 While 循环。实际上，外层循环的意思是说"用数字 K 来标识学生，把他／她的所有测试成绩累加起来，再将总和除以 5，就得到测试平均成绩"。

- 29～32 行的内层循环读入各次测试成绩，并累加到总成绩中。
- 第 33 行计算平均值，第 34 行输出学生的姓名及其平均值。
- 当 K（标识学生的变量）小于或等于 Count−1 时，外层循环执行另一轮循环。

具体编程实现（Making It Work）

高维数组

尽管不是经常用到，在一些程序语言中也允许一个数组拥有 3 个甚至更多的下标。这些高维数组可用于储存那些依赖于两个以上因子（下标）的数据。

6.5 节 自测题

6.22 下述各条语句分别分配了多少存储空间？

```
Declare A[4, 9] As Integer
Declare Left[10], Right[10, 10] As Float
```

6.23 一个名为 Fog 的二维数组存储了 2 行 4 列元素：

```
5  10  15  20
25 30  35  40
```

a. Fog[0，1]和 Fog[1，2]的值是多少？

b. Fog 的哪些元素包含数字 15 和 25？

6.24 下述伪代码对应的程序执行后，会输出什么？

```
Declare A[2,3] As Integer
Declare K As Integer
Declare J As Integer
Set K=0
While K <= 1
  Set J=0
  While J<=2
     Set A[K, J]=K+J
     Set J=J+1
  End While(J)
  Set K=K+1
End While(K)
Write A[0,1] + " " + A[1,0] + " " +A[1,2]
```

6.25 下述伪代码的第 3 行和第 4 行会有多少次提示输出？

```
1 For（I=0；I<5；I++)
2  For(J=0；J<12；J++)
3     Write "Enter rainfall in state "+ I
4     Write " in month " + J
5     Input Rain[I, J]
6  End For(J)
```

```
7 End For(I)
```

6.26 写一个程序段确定名为 Positivelntegers 的二维正整数数组的最大元素 Max，该数组已被声明且数据已被读入。输入数据共三行五列。

6.6 问题求解：成绩管理程序

在这一节，我们将要运用本章所学的内容，为大学教授开发一个程序，帮助他查看班里每个学生的成绩信息并通过显示各种统计信息帮助教授评估班级学习情况。这个程序将使用平行数组，还包含查找和排序过程。

问题描述

Hirsch 教授要求你帮他编写一个程序来管理他的技术写作课课程成绩。他希望程序能够完成几件事情。当录入完学生的最终考试分数时，他希望程序能够将这个分数式成绩转换为字母式成绩。另外，他希望在输入任何学生的名字之后，程序能够输出该学生的相关信息（包括学生 ID 编号，分数式成绩和字母式成绩）。最后，他希望程序能够打印输出一份班级成绩信息报告，包括所有学生的个人信息、所有学生的成绩信息，以及一些班级成绩统计信息包括全班学生平均分数、最高分数和最低分数以及高于班级平均分数的学生人数、低于班级平均分数的学生人数和等于班级平均分数的学生人数。

问题分析

我们通过分析本程序要求的输出结果来进行问题分析。本程序中，要求几个类型的输出信息。

Hirsch 教授想要看到所有的学生的信息（姓名、ID 编号、数字式分数和字母式分数），以及一些成绩统计信息。成绩统计信息如下：

统计信息

本课程成绩平均分数：Class Average

本课程成绩最高分：High Score

本课程成绩最低分：Low Score

高于课程成绩平均分的学生人数：Number Above

低于课程成绩平均分的学生人数：Number Below

等于课程成绩平均分的学生人数：Number At Mean

一份典型的示例班级成绩报告如图 6.8 所示。

Hirsch 教授也希望获取任意单个学生的信息。本例中，Hirsch 教授能够输入学生的姓名并看到类似下面的学生信息：

```
Student Name:
```

成绩管理程序			
学生姓名	编号	数值成绩	字母式成绩
Venit, Stewart	1231	98.2	A
Kim, John	1245	97.3	A
Vargas, Orlando	1268	94.6	A
Lee, Nancy	1288	88.7	B
Voglio, Nicholas	1271	86.9	B
Stein, Mandy	1213	84.2	B
Ettcity, Kate	1222	83.3	B
Lopez, Maria	1263	80.0	B
Moser, Hans	1244	78.9	C
Smith, Jane	1208	78.5	C
Goshdigian, Anne	1212	78.2	C
Alerov, Mark	1216	76.3	C
Iijima, Kazuko	1225	75.4	C
Fitch, James	1275	72.8	C
Chen, Karen	1236	71.5	C
Baptiste, Etienne	1279	70.1	C
Cooper, Martha	1260	68.2	D
McDonell, Chris	1251	64.5	D
Montas, Eric	1246	62.3	D
Drake, Elizabeth	1218	59.4	F
小结			
本班的平均成绩为：78.5 本班的最高成绩：98.2 本班的最低成绩：59.4 高于平均成绩的个数：9 低于平均成绩的个数：10 低于平均成绩的个数：1			

图 6.8　成绩管理程序的样例报告

```
Student ID Number:
Student's final score:
Student's letter grade:
```

本程序中，我们将学生的信息存储到四个平行数组中：

- 字符串数组 Names[50]用来存储每个学生的姓名，形式为：lastname，firstname。
- 整型数组 IDNum[50]用来存储每个学生的 ID 编号。这个 ID 编号通常有学校为学生分配，当然如果 Hirsch 教授愿意，他也可以自行为学生指定 ID 编号。
- 浮点型数组 Final[50]用于存储学期末每个学生的数字式成绩。
- 字符型数组 Grade[50]用于存储每个学生的字母式成绩（A、B、C、D 或 F）。

本程序的数组定义为含有 50 个元素的数组，当然 Hirsch 教授可以根据实际的班级学生人数改变数组元素的个数。另外，如果教授愿意，他可以为本程序增加模块来记录家庭作业成绩、测验成绩、出勤成绩等信息。这些信息可以由一个模块在计算最终分数成绩时使用，并将计算结果传递给打印报告使用的最终结果数组。

我们需要将学生数据装载到前三个数组中（Grade 数组将在程序内部执行过程中进行装载）。为了完成装载工作，我们将使用循环以及如下几个变量：

- 字符型变量：StudentName
- 整型变量：StudentID
- 浮点型变量：StudentScore

需要如下输出变量：

- 浮点型变量：ClassAvg，用于存储课程平均分数
- 浮点型变量：HighScore，用于存储课程成绩最高分
- 浮点型变量：LowScore，用于存储课程成绩最低分
- 整型变量：NumAbove，用于存储成绩高于平均分的学生个数
- 整型变量：NumBelow，用于存储成绩低于平均分的学生个数
- 整型变量：NumAvg，用于存储成绩等于平均分的学生个数

程序设计

同其他程序一样，本程序将以欢迎信息 Welcome_Message 模块开始。本例中，Welcome_Message 模块将简要介绍本程序完成的工作，并为 Hirsch 教授提供几个选项。

我们需要一个模块让 Hirsch 教授向程序中输入学生的姓名、ID 编号和最终成绩。这个工作由 Enter_Info 模块来完成。一旦数据输入完成，程序就开始处理工作。首先，每个学生的分数式成绩将被转换为字母式成绩，并存储到平行数组 Grade 中。我们将在 Letter_Grade 模块中使用 Case 语句来完成这个工作。

Statistics 模块用于处理数据。首先，它会计算平均分数。一旦获得了这个值，我们就使用冒泡排序法将分数按照降序进行排列，这样在报告中可以按照分数的高低进行显示。以后如果 Hirsch 教授希望本程序有更多的功能的话，我们可以通过增加模块来实现，比如按照名字顺序或者 ID 编号顺序来显示学生信息。注意，当我们对一个数组进行排序的时候，别忘了对其所有的平行数组都进行调整，这样在后面访问具体学生的信息时就可以使用索引值了（下标值）。只要数值型分数在 Final 数组中排序完成，我们就很容易找到最高分和最低分了。Statistics 模块同时也会计算成绩比平均分高的学生有多少个、比平均分低的学生有多少个以及等于平均分的学生有多少个。该模块将输出一个报告，如图 6.8 所示的样例报告。

最后，Display_Student 模块会要求 Hirsch 教授输入一个学生的名字。然后使用线性搜索技术，找出并显示该学生的所有成绩信息。

这样，我们的程序将有如下模块所组成。

（1）Main 模块调用其他子模块完成具体工作。

（2）Welcome_Message 模块显示欢迎信息并说明如何使用该程序。

（3）Enter_Info 模块接收所有学生的信息并将这些信息存储到三个平行数组中。

（4）Letter_Grade 模块将每个学生的数值型分数转换为字母型分数，然后将它存储到

另外的平行数组中。

（5）Statistics 模块处理这些数据。它会计算所有学生的平均分数、最高分数和最低分数。同时，它会计算成绩高于平均分的学生的个数、成绩低于平均分的学生的个数和成绩等于平均分的学生的个数。最后输出一份关于该班每个学生的详细信息的数据报告。

（6）Display_Student 模块可以实现学生信息的查询和显示功能。

模块 2 和模块 3 由 Main 模块来调用，模块 3 会调用模块 4、模块 5 和模块 6。程序任务分工情况由图 6.9 的分层图所示。

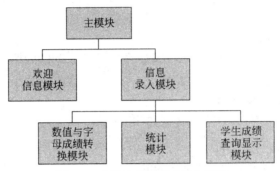

图 6.9 成绩管理程序功能分层图

为了简单起见，我们将在 Main 模块中声明本程序中用到的所有变量和数组。但是，在大多数实际的程序设计中，变量都是"局部化"声明的（在具体用到它们的模块中进行声明），在需要的时候，才会在模块之间传递它们的值。在什么地方声明变量以及如何从一个子模块中将变量值传递到另一个模块是非常重要的内容，我们将在第 8 章中详细讨论。现在，我们在 Main 模块中"全局化"的声明所有用到的变量和数组，请注意我们这么做完全是为了便于说明，这并不是最好的方法，敬请注意。每个模块的伪代码如下给出。

Main 模块

```
Begin
    Declare Names[50] As String
    Declare IDNum[50] As Integer
    Declare Final[50] As Float
    Declare Grade[50] As Character
    Declare StudentName As String
    Decalre StudentID,NumAbove,NumBelow,NumAvg,StudentCount As Integer
    Declare StudentScore,ClassAvg,HighScore,LowScore,Sum As Float
    Call Welcome_Message 模块
    Call Enter_Info 模块
End Program
```

Welcome_Message 模块

该模块给出本程序的标题信息，程序员信息以及程序数据，另外它还提供本程序代码的简介信息。它还会说明用户必须输入数据，然后他或她才会看到课程统计信息，然后还可以通过给定选项定位和查看单个学生的信息记录。本模块只有 Write 语句组成。

Enter_Info 模块

本模块通过 While 循环让 Hirsch 教授输入班里所有学生的成绩信息。当程序设定只允许输入 50 个学生的信息时，程序会使用一个哨兵值来控制少于 50 个学生。回想一下，我们前面已经声明了本程序中用到的所有的变量和数组，因此这里的伪代码以录入数据开始。变量 StudentCount 在这里初始化，在本模块的结尾，它的值就是本班学生的人数。基于本程序的情况，假设变量 StudentCount 的值一直保持着，在后面的子模块中会用到该值。本模块的伪代码如下：

```
Set StudentCount=0
Write "Enter a student's full name; enter '*' when done. "
Write "Use the form 'LastName, FirstName' for each entry. "
Input StudentName
While StudentName != "*"
    Set Names[StudentCount]=StudentName
    Write "Enter this student's ID number: "
    Input StudentID
    Set IDNum[StudentCount]=StudentID
    Write "Enter the final score for this student: "
    Input StudentScore
    Set Final[StudentCount]=Studentscore
    Set StudentCount=StudentCount+1
    Write "Enter another student's name; enter '*' when done. "
    Input StudentName
End While
Call Letter_Grade module
Call Display_Student module
Call Statistics module
```

此时，三个平行数组已经录入了数据。变量 StudentCount 的值等于每个数组的元素个数，它比每个数组的最大下标值大 1。

Letter_Grade 模块

本模块由 For 循环、Case 语句以及前面学过的平行数组方面的内容组成。数值型分数存储在 Final 数组中。现在我们将分数数值依据图 6.10 所示的 Hirsch 教授给出的标准，将其转换为相应的字母。字母型分数将被存储在第四个平行数组 Grade 中。由于变量 StudentCount 的值为班里学生的个数，我们这里可以使用变量 StudentCount 作为 For 循环的限制条件，用计数器同它的大小进行比较。本模块的伪代码如下：

```
Declare I As Integer
For(I=0; I< StudentCount; I++)
    Set StudentScore = Final[I]
    Select Case of StudentScore
        Case>=90.0:
            Set Grade[I]= "A"
        Case>=80.0:
            Set Grade[I]= "B"
```

```
        Case>=70.0:
            Set Grade[I]= "C"
        Case>=60.0:
            Set Grade[I]= "D"
        Default:
            Set Grade[I]= "F"
    End Case
End For
```

分数范围与字母成绩对应关系	
分数范围	字母成绩
90.0~100.0	A
80.0~89.9	B
70.0~79.9	C
60.0~69.9	D
低于 60.0	F

图 6.10 成绩管理程序的分数范围对应关系

Display_Student 模块

该模块使用线性搜索技术来查询一个特定学生的信息，基于平行数组的特点，将会显示出该学生的所有信息。这里的伪代码根据学生的 ID 编号来查找学生的信息，当然，也可以使用名字来查找学生的信息。本模块的伪代码如下：

```
Declare J As Integer
Declare IDKey As Integer
Declare Found As Integer
Set Found=0
Set J=0
Write "Enter the ID number for one student to"
Write "view all the information about that student: "
Input IDkey
While(Found==0)AND(J<StudentCount)
    If IDNum[J]==IDKey Then
        Set Found=1
    End If
    Set J=J+1
End While
If Found ==0 Then
    Write "Student ID was not found. "
Else
    Write "Student name: " +Names[J-1]
    Write "Student ID number: " + IDNum[J-1]
    Write "Student's final score: " + Final[J-1]
    Write "Student's letter grade: " + Grade[J-1]
End If
```

注意在 While 循环的末尾，J 会递增。因此，当找到正确的学生 ID 编号之后，循环结束，变量 J 的值比所要找的数组下标值大 1。因此，我们要输出地数组元素的下标值为 J–1。

Statistics 模块

本模块是程序中最长且最复杂的模块。这里使用冒泡排序技术将 Final 数组中的数值型分数进行降序排序。为了保持学生信息的一致性，必须更改所有平行数组的下标值以同步数组 Final 中的相应元素。

在 Final 数组完成排序之后，将把所有分数相加以计算平均分。本程序同时要计算比平均分高的分数的个数、比平均分低的分数的个数以及等于平均分的分数的个数，同时要标记出最高分数和最低分数。找出最高分和最低分这一部分是比较简单的，只要分数数组排序完成，数组 Final 的第一个元素就是最高分，最后一个元素就是最低分。

本模块的最后一件工作是按照成绩降序排列，输出一份包含所有学生信息和统计信息的报告。

本模块的伪代码如下。这里包含了解释模块工作的注释信息。

```
/*注释: 本部分对分数数组按照降序排序。同时调整平行数组的元素顺序,并找出最高分和最低分*/
Declare Flag As Integer
Declare K As Integer
Declare TempID As Integer
Declare TempFinal As Float
Declare TempName As String
Declare TempGrade As Character
Set Flag=0
While Flag==0
    Set Flag=1
    For(K=0;K<StudentCount-2;K++)
        If Final[K]<Final[K+1] Then
        //交换数组 Final[]
        Set TempFinal=Final[K]
        Set Final[K]=Final[K+1]
        Set Final[K+1]=TempFinal
        //交换数组 IDNum[]
        Set TempID=IDNum[K]
        Set IDNum[K]=IDNum[K+1]
        Set IDNum[K+1]=TempID
        //交换数组 Names[]
        Set TempName=Names[K]
        Set Names[K]=Names[K+1]
        Set Names[K+1]=TempName
        //交换数组 Grade[]
        Set TempGrade=Grade[K]
        Set Grade[K]=Grade[K+1]
        Set Grade[K+1]=TempGrade
        Set Flag=0
    End If
End For
Declare HighScore As Float
Declare LowScore As Float
```

```
       Declare Sum As Float
       Declare NumAbove As Integer
       Declare NumBelow As Integer
       Declare NumAvg As Integer
   End While
   Set HighScore=Final[0]
   Set LowScore=Final[StudentCount-1]
   /*注释: 本部分计算平均分数并确定多少个分数低于、高于和等于平均分*/
   Set Sum=0
   Set NumAbove=0
   Set NumBelow=0
   Set NumAvg=0
   Set K=0
   While K<StudentCount                    //循环计算所有分数的总和
       Set Sum=Sum+Final[K]
       Set K=K+1
   End While
   Set ClassAvg=Sum/StudentCount           //计算平均分
   For(K=0; K<StudentCount; K++)           //循环计算>&<平均分的个数
       If Final[K]>ClassAvg Then
           Set NumAbove=NumAbove+1
       Else
           If Final[K]<ClassAvg Then
               Set NumBelow = NumBelow+1
           Else
               Set NumAvg=NumAvg+1
           End If
       End If
   End For
   //注释: 本部分输出报告
   //注释: "/t"表示一个 tab
   Write "Student Name /t ID Number /t Final Score /t Letter Grade"
   For(K=0; K<StudentCount; K++)
       Write Names[K]+ "/t"+IDNum[K]+ "/t"+Final[K]+ "/t"+Grade[K]
   End For
   Write "The average score for this class is: "+ClassAvg
   Write "High score for the class: "+HighScore
   Write "Low score for the class: "+LowScore
   Write "Number of scores above the average: "+NumAbove
   Write "Number of scores below the average: "+NumBelow
   Write "Number of scores equal to the average: "+NumAvg
```

程序编码

　　程序编码将依据程序设计为指导。本阶段，总注释和分步注释将添加到每一个模块中，为程序提供内部文档。下面是一些需要考虑的重要问题。

　　欢迎信息应该在空白屏幕上面显示，因此请先使用编程语言的清屏语句进行清屏。

　　为了输出如图 6.8 所示的专业性报告，必须对输出内容进行格式化以确保数据按照行和列对齐保持一致，数字保留的小数位数要统一。如同这里的报告一样，除非 Hirsch 教授特别设定，每个学生的最终分数应该四舍五入到十位或百位。这里可以通过编程语言的特定打印格式化语句来实现。

本程序目前没有包含任何错误检查。在程序提交给 Hirsch 教授之前，需要增加错误捕获和错误检查代码。本部分的自测题部分将请你增加一些错误检查工作。

程序测试

本程序可以通过输入一个小班级信息——也许只有三个或四个学生，来进行程序测试。应该使用手工进行计算统计结果来比对程序运行的结果。更进一步的测试可以通过输入如图 6.8 所示的同样的数据来进行，并比较相应的结果。

不过，在实际编程环境中，大多数地方都需要包含错误捕获的代码。程序应当捕获的典型错误有：

输入的数据类型不对，比如输入姓名作为 ID 编号。

输入负数作为数值型分数。

程序也应该包含检查是否用户输入的数据行超过 50 项。

6.6 节　自测题

自测题 6.27～6.30 涉及本节的成绩管理程序。

6.27　在 Enter_Info 模块中添加代码以确保用户输入的学生信息不超过 50 个。

6.28　在 Enter_Info 模块中添加代码以确保用户输入合适的 ID 编号（整数）和合理的分数（浮点数）。

6.29　由于变量 ClassAvg 已经声明为浮点型，因此不可能有太多学生的成绩正好等于平均分数 ClassAvg。请在 Statistics 模块中添加代码来计算有多少个学生成绩在 ClassAvg 范围之内。这个范围应该在 ClassAvg 的 Floor() 值和 Ceiling() 值之间（第 4 章讨论过 Ceiling 函数）。

6.30　请在 Statistics 模块中添加代码以检查 Final 数组中是否有数据。如果在该数组中没有数据，那么在计算平均分数时，除 0 操作将会因此程序错误，应该避免该部分代码执行。

6.7　本章复习与练习

本章小结

本章我们讨论了如下主题。

1. 一维数组：

● 用 Declare 语句 定义一个一维数组。

● 在输入、处理和输出操作中，使用数组和平行数组。

- 使用数组的优点，包括减少程序变量的数量，创建更有效更通用的程序。

2. 一维数组的查找与排序：

- 串行查找，按顺序一个个考察数组元素直到期望的元素被找到。
- 冒泡排序对数组进行多次扫描，每次扫描时，依次比较所有的相邻元素对，当元素对顺序不正确时交换其次序。

3. 更加高效的查找和排序方法：

给出了二分搜索法的伪代码，它实现了从包含有 N+1 个元素的数组 Array 中查找元素 Key，而数组 Array 必须是按照升序排好序的或者按照降序排好序的，而数组 Array 元素下标的最大值为 N。

4. 把字符串看成字符数组：

- 字符串变量可以声明为元素为 Character 类型的数组。
- Length_Of()函数用于得到字符串的长度。
- 通过对字符串所在的数组进行操作，来实现对字符串的操作。

5. 二维数组：

- 二维数组声明为 Array[x，y]。
- 在输入、处理和输出操作中，使用二维数组。

复习题

填空题

1. 用来指示某种动作是否被执行的变量叫做_____。
2. 在用冒泡排序对数 5、30、25、15 进行升序排序的过程中，进行了_____次交换。
3. Declare 语句分配给数组 Name[25] _____个存储单元（字节）。
4. 名为 Myname 的字符串包含名字 Arnold，它的长度是_____。
5. 因为 Score1、Score2 和 Score3 的大小相同，并且相应元素包含相关数据，所以它们叫做_____数组。

判断题

6. T F 数组中的元素在计算机内存中连续存储。
7. T F 用下标变量（数组）的一个好处是，与相同数量的无下标变量相比，它占用的存储空间更少。
8. T F 一个数组中可以有一些元素是数字，另一些元素是字符串。
9. T F 如果一个声明语句分配100个存储空间给一个数组,那么程序必须给这个数组的100个元素都赋值。
10. T F 下面的语句：

```
Declare Array1[10], Array2[20] As Integer
```

为 200 个变量分配了空间。

11. T F 在两个平行数组中，所有对应的元素都必须数据类型相同。
12. T F 在进行串行查找之前，必须把表格关键字按升序排好序。
13. T F 冒泡排序方法不能用来把数值数据按照降序排序。

14. T F 二分搜索法只能用于数值型数据。

15. T F 在使用二分搜索法之前要求数据已经排好序。

16. T F 如下声明的数组 Character，它表示的字符串长度为 10：

```
Declare Chr[10] As Character
```

17. T F 一维数组和二维数组可以在同一个语句中声明。

18. T F 如果知道 100 个元素被分配到二维数组 A 中，则 A 的两个下标都必须是从 0 到 9，即 A 必须是 10 行和 10 列。

简答题

19. 写一段程序，从用户读入最多 25 个数字（整数），用 0 结束输入，把这些元素存到数组 Numbers 中。

20. 写一段程序，显示事先声明的字符串数组 Names 中的内容。假设 Names 中的最后一个元素是 "ZZZ"，该元素不要显示出来。

21. 下列伪代码对应的程序运行输出是什么？

```
Declare N As Integer
Declare K As Integer
Declare X[100] As Integer
Set N=4
Set K=1
While K<=N
    Set X[K]=K^2
    Set K=K+1
End While
Write X[N/2]
Write X[1]+" "+X[N-l]
```

22. 如果用户输入 2，3，4 和 5，那么下列伪代码对应的程序运行之后输出内容是什么？

```
Declare Number As Integer
Declare Count As Integer
Declare Sums[5] As Integer
Set Count=0
Set Sums[0]=0
While Count<4
    Write "Enter a number: "
    Input Number
    Set Sums[Count+1]=Sums[Count]+Number
    Set Count=Count+1
End While
While Count>=0
    Write Sums[Count]
    Set Count=Count-1
End While
```

23. 下列伪代码对应的程序运行输出是什么？

```
Declare A[20] As Integer
Declare B[20] As Integer
```

```
Declare K As Integer
For(K=1; K<=3; K++)
    Set B[K]=K
End For
For(K=1; K<=3; K++)
    Set A[K]=B[4-K]
    Write A[K] + " "+B[K]
End For
```

24. 下面一段程序假定是用来在包含 N 个元素的数组 A 中查找一个关键字 Key，根据是否找到关键字 Key 来将 Found 设置为 1 或者 0。这个程序包含两个错误，请你改正。假设数组 A 和其他变量已经被正确地声明了。

```
Set Index=0
Set Found=0
While(Found==1)AND(Index<N)
  If A[Index]==Key Then
    Set Found=0
    Set Index=lndex+1
  End If
End While
```

25. 在 24 题中，哪一个变量是这段程序的标识变量？

26. 在下面伪代码对应的程序运行之后，变量 A[K]和 A[K+1]的值是什么？

```
Set A[K]=10
Set A[K+1]=20
Set Temp=A[K]
Set A[K]=A[K+1]
Set A[K+1]=Temp
Write A[K]
Write A[K+1]
```

27. 在下面伪代码对应的程序运行之后，变量 A[K]和 A[K+1]的值是什么？

```
Set A[K]=10
Set A[K+1]=20
Set A[K]=A[K+1]
Set A[K+1]=A[K]
Write A[K]
Write A[K+1]
```

28. 假定下面这段程序是用来对含有 N 个元素的数组 A 按升序进行排序的。该程序有两个错误，请你改正。假设数组 A 和其他变量已经被声明过了。

```
Set Flag=0
While Flag==0
    Set Flag=1
    For(K=0; K<=StudentCount-1; K++)
        If A[K]<=A[K+1] Then
            Set Temp=A[K]
            Set A[K]=A[K+1]
```

```
            Set A[K+1]=Temp
            Set Flag=1
        End If
    End For
End While
```

简答题 29~30 参见下面程序：

```
Declare Name[20] As Character
Declare K As Integer
Set K=0
While K<8
    Set Name[K]="A"
    Set K=K+1
End While
Set Name[8]=" "
Set Name[9]="B"
```

29. 写一条语句来显示字符串 Name 的第一个和最后一个字母。

30. 写一段程序来显示 Name 中除空格以外的所有字符。

简答题 31~34，下面的语句已经声明了一个数组：

```
Declare FullName[25] As Character
```

该数组包含了一个人的名字和姓氏，中间被一个空格隔开。

31. 写一条语句来显示 FullName 数组中字符串的长度。

32. 写一段程序来显示此人的名字有多少个字符。

33. 写一段程序来显示此人的姓名首字母，每个首字母后跟一个点。

34. 写一个程序段来显示此人的姓氏。

简答题 35~38 涉及如下伪代码，它用二分搜索法在数组中查找名字 Gomez，数组中存储有名字 Arnold、Draper、Gomez、Johnson、Smith 和 Wong（假设数组和变量已经声明为相应的数据类型）。

```
Set N=5
Set Key = "Gomez"
Set Low =0
Set High=N
Set Index =Int(N/2)
Set Found=0
While (Found==0) AND (Low <=High)
    If Key==Array[Index] Then
        Set Found=1
    End If
    If Key > Array[Index] Then
        Set Low=Index+1
        Set Index=Int((High+Low)/2)
    End If
    If Key< Array[Index] Then
        Set High =Index -1
        Set Index=Int((High+Low)/2)
```

```
    End If
End While
```

35. 在第一次进入 While 循环时，Index 的值是多少？

36. While 循环在进行一轮之后，变量 Low 和 High 的值分别是什么？

37. While 循环会执行多少次迭代？

38. While 循环退出之后，Found 的值是什么？

简答题 39～42 涉及如下伪代码，它用选择排序法对数组中的名字 Wong、Smith、Johnson、Gomez、Draper 和 Arnold 按照升序排序（假设数组和变量已经声明为相应的数据类型）。

```
Set N=5
For(K=0; K<=N; K++)
    Set Min=Array[K]
    Set Index=K
    For(J=K+1; K<N; J++)
        If Array[J]< Min Then
            Set Min=Array[J]
            Set Index=J
        End If
    End For(J)
    If K != Index Then
        Set Temp=Array[K]
        Set Array[K]=Array[Index]
        Set Array[Index]=Temp
    End If
End For(K)
```

39. 外层 For 循环执行了多少次？

40. 内层 For 循环经过第一次迭代之后，Index 的值是多少？

41. 外层 For 循环经过第一次迭代之后，Array[1]中存储的名字是什么？

42. 要将包含六个名字的数组进行降序排序，本伪代码需要进行哪些更改？

43. 写一段程序声明一个数值型的二维数组 X，该数组有 5 行 5 列，由用户输入 25 个数赋给该数组。

44. 写一段程序对 43 题的数组 X 的各行元素求和，输出 5 个求和结果。

45. 下面伪代码的程序输出是什么？

```
Declare Q[10,10] As Integer
Declare R, C, As Integer
For(R=1; R<=3; R++)
    For(C=1; C<=3; C++)
        If R==C Then
            Set Q[R,C]=1
        Else
            Set Q[R,C]==0
        End If
    End For(C)
End For(R)
```

```
For(R=1; R<=3; R++)
    For(C=1; C<=3; C++)
        Write Q[R,C]
    End For(C)
End For(R)
```

编程题

对于下面每个编程问题，使用自顶向下的编程方法和伪代码，设计合适的程序来解决问题。

1. 输入一个正整数序列，序列以 0 结尾，存入数组 Numbers。然后显示该数组的元素，以及最大和最小的元素。

2. Nancy 和 Ned Norton 在经营儿童足球夏令营项目。今年它们打算组建三个队：PeeWee、Junior 和 Senior。目前有 60 个孩子报了名，Norton 需要为三个队设计出年龄段。请编写一个程序，让他们能够输入孩子们的年龄，存储到数组 Ages[]中，然后对年龄数组按照升序排序。然后找出最小年龄和最大年龄，并找出年龄范围来。最后，为三个队设计年龄范围（提示：例 6.13 的伪代码可以做参考）。你的程序输出内容应当如下格式，把其中的问号用计算出的年龄来代替。

```
PeeWee League: ages ?? through ??
Junior League: ages ?? through ??
Senior League: ages ?? through ??
```

3. 如果 X[1]，X[2]，…，X[N-1]是一个有 N 个数的序列，这些数的平均数是 M，定义它们的标准偏差是如下所示的平方根：

```
((X[0]-M)^2+(X[1]-M)^2+…+(X[N]-M)^2) / (N-1)
```

使用循环让用户最多想数组中输入 10 个数。当用户输入 0 时，表示输入结束。让程序找出用户输入的这些数字的平均值，然后用平均值求出标准差。程序的输出应当包括平均值和标准差。

按照如下要求命名变量：

- 数值数组为 X[10]
- 第一个和使用变量 Sum1
- 平均值用变量 Mean
- 第二个和使用变量 Sum2
- 标准差使用变量 StandardDeviation
- 用户输入的数值用变量 Num
- 计数器变量可以随意起名字，我通常习惯使用 K 或 J

如果你按照上述要求为变量起名字，那么你将用到如下公式：

- 计算所有数值的总和来求平均值：Sum=Sum+X[K]
- 计算平均值：Mean=Sum/(Count-1)
- 计算标准差的第一部分，需要找出每一个数值同平均值的差值，然后求平方：（X[K]-Mean）^2

- 将上述所有差值的平方进行相加得到：

  Sum2=Sum2+(X[K]−Mean)^2

- 使用如下公式计算标准差：

  StandardDeviation=Sqrt(Sum2/(Count−1))

4. 输入一系列员工姓名和薪水，计算他们的平均薪水以及高于和低于平均薪水的人数。

5. 输入 Botany Bay 公司一年之内销售房屋的数量以及房屋的销售价，将它们存储到数组中，确定销售价的中位数。N 个数的中位数定义为：

- 如果 N 是奇数，则中位数是将 N 个数排序后位于中间的数。

- 如果 N 是偶数，则中位数是将 N 个数排序后最中间两个数的平均值。

（提示：在把售价输入到数组后，给数组排序）

6. 幻方是一个二维的正整数数组，并满足以下条件：

- 行数等于列数。

- 每一行、每一列、两个对角线上所有数的和相等。

输入一个四行四列的二维数组，判断它是否为幻方。

提示：如果一个数组称为幻方，那么对角线元素的和为：

```
Diagonal1=Magic[1,1]+Magic[2,2]+Magic[3,3]+Magic[4,4]
Diagonal2=Magic[1,4]+Magic[2,3]+Magic[3,2]+Magic[4,1]
```

第 7 章

程序模块、子程序和函数

在第 2 章中，我们介绍了模块化编程思想，讨论了如何进行程序设计并编写成一系列相关的独立模块。在接下来的几章中，特别是在问题求解的章节中，我们使用模块化的思想来简化相对复杂的程序设计问题。在本章中，我们将讨论关于本主题更深层次的内容，包括形参和实参的概念、函数和递归。

读完本章之后，你将能够：

- 使用数据流程图来指明数据在程序模块之间的传递关系[第 7.1 节]；
- 使用形参和实参在模块之间传递数据[第 7.1 节]；
- 使用值参数和引用参数[第 7.2 节]；
- 声明并指定变量的作用范围[第 7.2 节]；
- 使用编程语言内建的某些函数[第 7.3 节]；
- 编写自己的函数[第 7.3 节]；
- 编写解决特定问题的递归函数[第 7.4 节]。

在日常生活中：生活中和编程中的可解部分：子程序

大家都知道，解决问题的基本思路就是将一个大问题分解成若干个小问题，然后一个一个地通过把小问题解决掉从而解决掉大问题。当使用这个方法的时候，我们通常会在解决一个子问题的过程中用到另一个子问题的答案或产生数据。例如，假设你要送给你妈妈一束鲜花，正巧你收到了一封来自 Ye Olde 花店的邮件——如果在未来几天里预定鲜花的话，有折扣。因此对于如何送给你妈妈一份鲜花礼物这个问题有如下解决办法：

（1）从 Ye Olde 花店的网站上找到适合的鲜花以及该花店的电话号码；

（2）打电话给 Ye Olde 花店；

（3）预定鲜花。

为了解决上述问题，在第 1 步中搜集到的数据（花店电话号码和鲜花的名字）将在第 2 步和第 3 步中使用到。在编程语境中，我们说花店电话号码和鲜花的名字将从 Locate_Information 模块传递到 Call_Shop 模块和 Place_Order 模块。

下面是模块之间传递数据的另一个例子。假设你要递交联邦所得税申报表。你需要完成如下工作：

（1）收集你自己的收入数据和（很可能需要）消费数据；

（2）填写表格；

（3）将申报表通过邮递和 email 发给美国国税局（Internal Revenue Service IRS）；

当你填写主表（表格 1040）时，你会发现还需要填写另外两个副表。你可能被要求递交 Schedule A（免税情况）和 Schedule B（利息和红利情况）。因此第 2 步调整之后如下：

（4）填写表格 1040。

a. 填写 Schedule A

b. 填写 Schedule B

模块 Form_1040 将从 Gather_Data 模块获取数据，然后：

- 将消费数据（如果需要的话）传递到模块 Schedule_A，而 Schedule_A 模块将会把免税数据传递给模块 Form_1040；
- 将利息和红利数据（如果需要的话）传递到模块 Schedule_B，而 Schedule_B 模块将会把利息总收入和红利总收入数据传递给模块 Form_1040。

在日常生活中，你在从一个表格向另一个表格传递数据的时候，只需要一边看着这些数据，一边记录即可。而在编程的时候，这个操作就需要通过形参和实参来实现。

7.1　数据流图和参数

在本节中，我们将介绍数据是如何在子模块之间或者子程序之间传递的 [1]。我们将讨论子程序参数，它使得程序模块之间能够交换信息；另外将讨论数据流图，它用于表示数据在子程序之间的流动情况。

大多数子程序都会用于处理数据。如果某一个子程序需要用到主程序中的数据项，那么这个数据项的值就必需传递给或者引入到子程序中。相反地，如果主程序需要用到子程序中的数据项时，同样需要把这些数据传递给或者引入到主程序中。我们说给子程序传递一个值且子程序可能会或者不会返回给调用它的程序一个值。为了解释清楚这些概念，我们来看看下面的编程问题。

7.1.1　大甩卖：销售价格计算程序

Katrina Katz 经营着一家宠物用品店。她需要一个程序能够在输入商品的原始价格和折扣率之后，计算并输出该折扣商品的最终价格。

我们将简要分析一下该问题，并设计一个程序，通过这个例子来介绍数据流图的概念以及实参和形参的概念（在第 2 章介绍过一个类似的问题用于说明自顶向下的模块化设计的概念）。

问题分析

本程序需要接受商品的原始价格（OriginalPrice）和折扣率（DiscountRate），然后程序会计算出该商品的最终售价（SalePrice）并显示出来。为了计算出最终售价，我们首先要根据折扣率，使用如下公式计算出折扣部分：

```
AmountSaved = OriginalPrice * DiscountRate/100
```

注意将 DiscountRate 除以 100 得到了一个实数，而 DiscountRate 输入的时候是按照百分制输入的。由于 AmountSaved 表示现金值，因此在计算的时候，我们要用到实数。也就是说，这里所有的变量将声明为浮点型（Float），然后按照下列公式计算出最终售价：

```
SalePrice = OriginalPrice - AmountSaved
```

程序设计

本问题如果使用模块化设计法来设计的话，可以由一个主模块（Main）和四个子模块组成，如下：

[1] 我们将使用子程序这个词来表示实现程序子模块的代码；然后将介绍一个特定类型的子程序——函数。请注意有时子程序和函数在某些编程语言中可能会有其他意思。

主模块（Main）

调用 Welcome_Message 模块
调用 Input_Data 模块
调用 Compute_Results 模块
调用 Output_Results 模块

Welcome_Message 模块
简要的介绍本程序。

Input_Data 模块
提示用户输入商品的原始价格，OriginalPrice；
提示用户输入商品的折扣率，DiscountPrice。

Compute_Results 模块

```
Set AmountSaved = OriginalPrice * DiscountRate/100
Set SalePrice = OriginalPrice - AmountSaved
```

Output_Results 模块

```
Write "The original price of the item is $ " + OriginalPrice
Write "The discount is: " + DiscountRate + "%"
Write "The sale price of the item is $ " + SalePrice
```

输入数据与输出数据

在售价计算程序中，将发生：

- Welcome_Message 模块不会输入和输出任何数据。也就是说不需要给它传入任何数据，它也不需要返回任何数据到 Main 模块。
- Input_Data 模块从用户获取数据，OriginalPrice 和 DiscountRate，然后将这些数据返回给主模块（Main），这样其他模块可以使用这些数据。
- Compute_Results 模块从主模块中引入变量 OriginalPrice 和 DiscountRate 的值，然后向 Main 模块返回变量 SalePrice 的值。换句话，我们可以这样说，变量 OriginalPrice

和 DiscountRate 的值被传递到了 Compute_Results 模块，而变量 SalePrice 的值被传递到了 Main 模块。变量 AmountSaved 的值既不需要从其他模块引入，也不需要从 Compute_Results 模块导出。它只需要在 Compute_Resultes 模块中计算即可。

- Output_Results 模块显示变量 OriginalPrice、DiscountRate 和 SalePrice 的值，因此它需要从主模块中引入这些变量的值。但它不需要向其他任何模块中输出这些变量的值。

7.1.2 数据流图

在设计上述程序的过程中，我们可以使用数据流图来记录数据在不同模块之间的流向情况。这里的图是一个分层图，它能够显示出每个模块的数据流入和流出情况。例如，图 7.1 所示为售价计算程序的数据流图。箭头表明了数据流动的方向。

图 7.1 售价计算程序的数据流图

7.1.3 实参和形参

当数据在调用模块和子模块中传递时，编程语言会使用形参来传递数据。我们将使用售价计算程序作为示例来讨论形参。在本程序的设计中，Output_Results 模块引入并显示出变量 OriginalPrice、DiscountRate 和 SalePrice 的值。在调用 Output_Results 模块时，这些变量值将从其他子模块中引入，然后传递给主模块。例如，Katrina Katz 可能决定要销售狗屋。狗屋的原始价格可能是$150.00 美元，折扣率为 30，因此，狗屋的最终售价为$105.00 美元。因此，这些变量的值如下：

```
OriginalPrice=150.00,DiscountRate=30.0,and SalePrice=105.00
```

这些值可以从一个模块传递到另一个模块。

我们可以使用如下的伪代码来调用子程序 Output_Results，同时将变量 OriginalPrice，DiscountRate 和 SalePrice 的值传递给子程序：

```
Call Output_Results(OriginalPrice, DiscountRate, SalePrice)
```

注意，我们将相关的变量名放到了括号中间，以逗号分割。该伪代码将程序的控制交由子程序 Output_Results，同时将相应的变量值传递给它。

如果要使用这个调用（Call）语句伪代码，那么在 Output_Results 子程序声明的第一行

（头部）必须包含如下三个变量的列表：

```
子程序 Output_Results(OldPrice, Rate, NewPrice)
```

注意调用（Call）语句中变量名不必与子程序头部中的变量名一样。实际上，最好它们的名字不一样，本章后面将解释为什么。但是，调用（Call）语句中的变量和子程序头部中的变量必须满足：数量相等、类型相同以及顺序相对应。本例中，我们需要传递三个变量（变量名为 OriginalPrice，DiscountRate，SalePrice），因此，在调用（Call）语句和子程序头部列表中必须要包含三个变量。同时，在调用语句（Call）中，一个特定变量必须与子程序头部中相应的变量的类型一致。例如，如果在调用语句（Call）中第四个变量的类型为整型，那么子程序头部中的第四个变量也必须为整型变量。本例中，我们用到的三个变量（OriginalPrice，DiscountRate，SalePrice）都是浮点型 Float，因此子程序头部中的三个变量（OldPrice，Rate，NewPrice）也必须都是浮点型 Float。

调用子模块时，变量放置的顺序是非常重要的。本例中，被调用的子模块头部声明如下：

```
子程序 Output_Results(OldPrice, Rate, NewPrice)
```

调用语句的第一个变量的值将传递给变量 OldPrice，第二个变量的值将传递给变量 Rate，第三个变量的值将传递给变量 NewPrice。详细解释如下。

在调用语句（Call）中，括号中列出的对象我们称为实参，而子程序头部中对应的对象我们称为形参。实参（出现在调用语句 Call 中）可以是常量、变量或表达式，而形参（出现在子程序头部中）必须是变量。也就是说，你可以向子程序传递变量、常量和表达式的值。这些值只能由子程序头部列表中的变量，形参来接收。

模块之间是如何传递数据的

当一个子程序被调用时，实参的当前值将赋给相应的形参。这里的相应关系仅仅基于两个列表的出现顺序。例如，子程序的头部为：

```
子程序 Output_Results(OldPrice, Rate, NewPrice)
```

被调用语句：

```
Call Output_Results(OriginalPrice, DiscountRate, SalePrice)
```

所调用，将发生：

- 第一个实参（OriginalPrice）的值将赋给第一个形参（OldPrice）。
- 第二个实参（DiscountRate）的值将赋给第二个形参（Rate）。
- 第三个实参（SalePrice）的值将赋给第三个形参（NewPrice）。

例 7.1 和例 7.2 详细说明这里的概念。

例 7.1 模块之间数据传递

假设变量 OriginalPrice、DiscountRate 和 SalePrice 的值分别为 200.00、20.0 和 160.00。调用子程序 Output_Results 后，子程序 Output_Results 中的变量值如下：

```
OldPrice = 200.00
```

```
Rate= 20.0
NewPrice = 160.00
```

使用图示化的方式，我们可以将调用语句中实参的值传递给子程序头部形参的方式进行如下描述：

```
Call Output_Results(OriginalPrice, DiscountRate, SalePrice)
                          ↓                ↓              ↓
子程序 Output_Results(OldPrice,          Rate,         NewPrice)
```

具体编程实现（Making It Work）

实参和形参命名

请注意，我们并不要求实参和相应形参的名字必须是不一样的，但是通常情况下它们的名字最好是不相同的。例如，子程序 Output_Results 的头部可以如下：

子程序 Output_Results(OriginalPrice, DiscountRate, SalePrice)

不管如何为实参和形参命名，请确保子程序头部中的变量列表要与子程序描述中声明的形参列表相一致。

例7.2　模块之间数据传递的更多内容

子程序 Output_Results（使用参数 OldPrice，Rate 和 NewPrice）的伪代码如下：

```
子程序 Output_Results(OldPrice, Rate, NewPrice)
    Write "The original price of the item is $ " + OldPrice
    Write "The discount is: " + Rate + "%"
    Write "The sale price of the item is $ " + NewPrice
子程序结束
```

换句话说，如下形式的子程序效果是一样的：

```
子程序 Output_Results(OriginalPrice, DiscountRate, SalePrice)
    Write "The original price of the item is $ " + OriginalPrice
    Write "The discount is: " + DiscountRate + "%"
    Write "The sale price of the item is $ " + SalePrice
子程序结束
```

请记住出现在子程序调用语句中的实参可以是常量、变量或者表达式。如果在调用语句中使用的实参是变量，那么对于大多数编程语言来说，需要在包含调用语句的模块中对这些变量进行声明。而出现在子程序体内部的形参，需要在子程序头部进行声明。

例 7.3 使用包含字符串（String）类型值的调用语句，为子程序传递两个参数。本示例说明了以正确的顺序为子程序传递参数的重要性。

例7.3　完全是另一回事

宠物用品店老板 Katrina Katz 需要这样一个子程序，能够显示客户订购的宠物的类型和颜色。如下的程序段使用一个调用语句来传递两个实参给子程序。这两个实参是宠物的颜色和类型。在调用语句中，传递给子程序的是值，而不是变量，而子程序头部的形参是变量。在这个例子当中，这两个值是黄色（yellow）和鸭子（duck）。子程序的功能只是将调用语句传递给它的信息显示出来，如下：

```
Call Animal("yellow","duck")
Subprogram Animal(Color,Beast)
    Write "The pet you are buying is a "+Color+" "+Beast
End Subprogram
```

本例子程序的打印输出为：

```
The pet you are buying is a yellow duck
```

但是，如果调用语句的参数顺序反过来，那么程序打印输出的结果将完全变了样。

```
Call Animal("duck","yellow")
Subprogram Animal(Color,Beast)
    Write "The pet you are buying is a "+Color+" "+Beast
End Subprogram
```

如果上述伪代码被编写成实际代码并运行后，程序打印输出的结果将不是编程人员所希望看到的，因为它的打印结果为：

```
The pet you are buying is a duck yellow
```

例 7.3 说明了在使用调用语句为子程序传递参数的时候，如果参数顺序给错了，会导致非常愚蠢的错误。但是，如果形参的数据类型与传递给它的数据类型不一致的话，造成的问题就会更严重一些。试图将字符串类型的值存储到整型变量或浮点型变量中将引起程序错误，甚至可能导致程序中断。

具体编程实现（Making It Work）

使用实参和形参的好处

有时候编程新手会问，为什么不把主程序中的实参名字命名为同子程序形参的名字一致。在售价计算程序中，调用语句 Call 中的变量命名为：OriginalPrice，DiscountRate 和 SalePrice。但是在子程序 Output_Results 中，形参的名字为 OldPrice，Rate 和 NewPrice。前面讲过，它们的命名不一样并不是必须的；如果形参和实参的名字完全一样，子程序同样可以完成工作。只不过，更愿意让子程序的形参名字独立于程序其他部分。

在程序模块之间使用实参和形参来传递数据是编程中非常重要的内容，原因如下：

增强了子程序的可用性。子程序可以单独设计并编码，这样它可以独立于主程序；如果需要，甚至可以将它用到其他程序中。重要的是子程序的结构，而不是它的变量的命名。

使得不同程序员设计和编写不同子程序更加容易。特定子程序的编程人员只需要知道哪种类型的变量传递过来或从什么模块传递过来。他或她不必关心这些变量是如何命名的，如何在主程序中使用或其他子程序中使用的。

它使得子程序独立于主程序，从而方便了子程序的测试和调试。

在介绍完本节之前，例 7.4 给出了一个简单的、完整的示例介绍子程序参数的使用问题，然后我们将继续讨论 7.2 节中的售价计算程序。

指定形参的类型

在本节前面部分讨论了，在向子程序传递参数时，正确的顺序是非常重要的，以及实参和形参类型的不一致将会导致程序错误的发生。还介绍了从调用程序向子程序进行值的传递、子程序的声明还有子程序的出现位置问题。不过，还没有介绍如何在伪代码中声明形参的类型。本书中，我们将使用如下伪代码来指定形参的数据类型：

子程序 Subprogram_Name(String Var1, Integer Var2, Float Var3)

因此，当 Katrina Katz 需要一个能够打印客户购买的宠物数量、颜色和类型信息的子程序时，子程序首行的伪代码可以如下：

子程序 Animal(Integer Number, String Color, String Beast)

例 7.4 说明了如何在子程序中声明形参的数据类型。

例 7.4 指定形参的数据类型

本程序将打印输出用户输入的信息，并在该信息前后添加一串星号（*****）一并显示出来。本程序将用到一个子程序（名字为 Surround_And_Display），它从主程序接收用户输入信息，然后连同星号一起显示出来。在如下伪代码中，我们将显式地声明程序所要用到的变量：

```
Main
    Declare Message As String
    Write "Enter a short message: "
    Input Message
    Call Surround_And_Display(Message)
End Program
Subprogram Surround_And_Display(String Words)
    Write "***** " + Words + " *****"
End Subprogram
```

程序如何运行以及各行伪代码的意义

照例，主程序从第一行开始执行，然后相应的伪代码执行后，提示用户输入信息，用户输入的信息存储到变量 Message 中；然后，语句：

```
Call Surround_And_Display(Message)
```

调用了子程序，并将程序控制交由子程序控制，同时把实参 Message 的值传递给形参 Words。请注意，子程序头部中关于形参 Words 的类型声明。在本程序中，子程序的打印语句为：

```
Write "***** " + Words + " *****"
```

它在 Message 值的前后分别打印出了 5 个星号。然后程序控制权回到主程序，接着执行主程序中后面的语句，即 End Program。

7.1 节 自测题

7.1 请绘制如下问题的数据流图：销售人员的销售任务是总销售额的 15%。当输入总销售额时，请计算并显示出销售人员的销售任务。

自测题 7.2～7.4 涉及如下伪代码：

```
Main
    Declare Name As String
    Declare Age As Integer
    Write "Enter your name: "
    Input Name
    Write "Enter your age as a whole number: "
    Input Age
    Call Voting_Age(String Name, Integer Age)
End Program
Subprogram Voting_Age(String Voter, Integer VoterAge)
    If VoterAge >= 18 Then
        Write Voter + ", you are eligible to vote. "
    Else
        Write "Sorry, " + Voter + ", you are too young. "
End Subprogram
```

7.2 请指出本程序段中的实参。

7.3 请指出本程序段中的形参。

7.4 如果子程序中的变量 Voter 和 VoterAge 变成 Person 和 PersonAge，那么本程序的输出会不会有什么变化？

7.5 编写一个程序，让用户输入一个名字，然后使用如下子程序来显示用户输入的名字三次。

```
Subprogram Display_Name(String Name)
    Write Name
End Subprogram
```

7.6 当如下伪代码对于的程序运行后，输出是什么？

```
Main
    Declare Num1 , Num2, Num3 As Integer
    Set Num1=1
    Set Num2=2
    Set Num3=3
    Call Display(Num3, Num2, Num1)
End Program
Subprogram Display(Integer Num3, Integer Num2, Integer Num1)
    Write Num3 + " " +Num2 +" "+ Num1
End Subprogram
```

7.7 假设将自测题 7.6 中子程序的头部改为如下：

```
Subprogram Display(Integer A, Integer B, Integer C)
```

子程序的描述需要进行哪些改变？

如果要输出结果同自测题 7.6 一样，主程序需要进行哪些改变？

7.2 子程序的更多内容

在 7.1 节中，我们介绍了子程序实参和形参的概念。在本节中，我们将讨论关于本主题更深层次的内容。

7.2.1 值参数与引用参数

前面部分我们使用实参和形参的全部目的就是将数据从主程序传递到子程序。这里将讨论它的相反过程——将数据从子程序传递到主程序中。当子程序结束时，程序的控制权会自动交回到主程序中，但是对于不同的编程语言来说，这个过程有非常大的差异性。我们将通过例 7.5 来说明这种差异性。

例 7.5 在哪里改变变量的值

考虑如下伪代码：

```
Main
    Declare NumberOne As Integer
    Set NumberOne=1
    Call Change_Value(NumberOne)
    Write NumberOne
End Program
Subprogram Change_Value(Integer Number)
    Set Number=2
End Subprogram
```

程序如何运行以及各行伪代码的意义

上述伪代码对应的代码运行后的输出会依据编程语言的不同有所不同。在所有编程语言中，变量 NumberOne 在主程序中被赋值为 1，当调用了子程序后，将 NumberOne 的值传递给了子程序中的变量 Number。然后在子程序中，变量 Number 的值被更改为 2，子程序结束。接下来会发生什么呢？依据于不同的程序：

- 在某些编程语言中，当程序的控制权回到主程序时，Number 的新值将会赋给变量 NumberOne，因此这种情况下，程序输出为 2。
- 在另一些编程语言中，当程序的控制权回到主程序时，除非特别指定，变量 Number 的改变不会影响变量主程序中 NumberOne 的值，因此这种情况下，程序输出为 1。

在本书中，我们将遵从大多数编程语言的习惯，区分如下两种类型的子程序参数。

- 值参数：在子程序中这些参数值的更改不会影响到相应的调用模块中的参数值的改变。这些参数只用于向子程序中输入数据。
- 引用参数：在子程序中这些参数值的更改将会引起调用模块中的相应参数值的改变。这些参数既可以用于向子程序中输入数据，也用于从子程序中输出数据。

内在差异：值传递与引用传递

值参数与引用参数的差异性是相当重要的，因为它对程序如何工作有非常大的影响。当你理解清楚了计算机内部发生了什么时，你将会知道如何以及什么时候使用这两种参数。

前面已经介绍过，当声明一个变量时，计算机就在内存中为这个变量保留一个特定空闲空间。当变量通过值传递向子程序传递数据时，子模块接收到的是该变量的拷贝。也就是说，计算机在内存中找了一个新的存储空间，然后将该变量的值存储到这个存储空间中。因此，该变量的值在内存中的两个位置进行存放。一个是原先变量的位置，另一个是子程序变量的位置。给子程序传递变量的模块使用的是原先位置的变量，而子程序使用的是第二个位置的变量——拷贝值。如果子程序对该变量进行了操作，改变了它的值，也只是更改了拷贝的值。当子程序结束的时候，对于该变量的任何更改都在拷贝位置进行。主程序模块的变量存储在原先的位置，没有任何改变。

另一种是引用传递，子模块接收到的是变量值在计算机内存中的实际存储位置。这样当子模块对于该变量的任何操作，主模块（调用模块）中该变量的值都会随着一同改变。

具体编程实现（Making It Work）

值参数的值

你可能想知道为什么子程序对形参的更改不应该同时更改调用模块中的实参。似乎值参数没有任何用处。值参数增强了主模块中子程序和其他部分的独立性，这是模块化编程方法的重要特性。具体来说，值参数的使用避免了子程序中的代码对变量的无意识更改，从而导致主程序或者其他子程序执行中的非预期行为。

7.2.2　如何区分值参数和引用参数

每一种编程语言区分值参数和引用参数的方式都是在子程序头部中声明该参数属于哪一类。在本书中，我们将把符号 As Ref 放到参数名后面用以表明它是引用参数，因此它的值的改变将导致调用模块中相应的参数值的改变。如果这个符号没有出现，说明这个参数时值参数。例如，如下头部信息：

```
Subprogram Switch(Integer Number1, Integer Number2 As Ref)
```

其中 Number1 和 Number2 是引用参数。例 7.6 和例 7.7 进一步说明和使用这种用法。

例 7.6　引用传递和值传递

考虑如下代码：

```
1 Main
2    Declare MyNumber As Integer
3    Declare YourNumber As Integer
4    Set MyNumber = 156
```

```
5    Set YourNumber = 293
6    Call Switch(MyNumber, YourNumber)
7    Write MyNumber + " "+ YourNumber
8 End Program
9 Subprogram Switch(Integer Number1, Integer Number2 As Ref)
10   Set Number1=293
11   Set Number2=156
12 End Subprogram
```

程序如何运行以及各行伪代码的意义

- 第 1 行表明本程序段有主程序开始。第 4 行中整型变量 MyNumber 的值被设置为 156，第 5 行中整型变量 YourNumber 的值被设置为 293。

- 第 6 行将程序控制权交由子程序 Switch 控制。

- 现在我们看看第 9 行发生了什么。MyNumber 的值传递给了 Switch 的第一个参数 Number1。YourNumber 的值传递给了 Switch 的第二个参数 Number2。此时，Switch 的形参 Number1 和 Number2 已经被赋值了，Number1=156 和 Number2=293。但是 第 9 行声明了 Number1 是值参数，而 Number2 是引用参数。

- 第 10 行将 Number1 的值更改为 293，第 11 行将 Number2 的值更改为 156。

- 第 12 行子程序 Switch 结束。程序控制权返回到主程序，从第 7 行开始执行。注意 程序控制返回到调用语句后紧接着的一行开始执行，本例为第 7 行。

- 第 7 行将 MyNumber 和 YourNumber 的值打印到屏幕，以空格分隔。由于 Number1 是值参数，MyNumber 的值没有变化，同子程序调用之前一样，仍然为 156；而 Number2 是引用参数，YourNumber 的值更改为 Number2 的值 156。因此，伪代码 对应的程序运行后，输出结果为：

```
156 156
```

实际上，我们并没有将数值进行交换，不是吗？要想将 MyNumber 的值同 YourNumber 的值进行交换，Number1 和 Number2 都必须是引用参数才行。

例 7.7 售价计算程序之再设计

作为使用值参数和引用参数的另一个例子，我们可以看看第 7.1 节一开始讨论的售价 计算程序。为了方便回忆和讨论，下面重述一遍：

- Katrina Katz 经营着一家宠物用品店。她需要程序能够在输入商品的原始价格和折 扣率之后，计算并输出该折扣商品的最终价格。注意如下。

- Input_Data 模块从用户获取原始价格和折扣率（OriginalPrice 和 DiscountRate），然 后将这些数据返回给主模块（Main），因此这两个参数必须是引用参数。或者说，我们希望在 Input_Data 模块中，OriginalPrice 和 DiscountRate 获取的值能够在主模 块中后续的步骤中所使用。

- Compute_Results 模块从主模块中引入变量 OriginalPrice 和 DiscountRate 的值，然后 向 Main 模块返回计算后的售价（变量 SalePrice 的值）。每当 Katrina 重新运行程序，本模块将获取新的 OriginalPrice 和 DiscountRate 值。由于这两个值不需要从本模块中输出，因此在本模块中，它们是值参数。但是，本模块计算出的 SalePrice 值需要输出到主模块中，Output_Results 需要用到它，因此，这个参数是一个引用参数。

- Output_Results 模块从主模块中引入变量 OriginalPrice、DiscountRate 和 SalePrice 并显示它们的值。但它不需要向其他任何模块中输出这些变量的值，因此这里的所有变量都是值参数。

整个程序段的伪代码如下：

```
Main
    Declare OriginalPrice As Float
    Declare DiscountRate As Float
    Declare SalePrice As Float
    Call Welcome_Message
    Call Input_Data(OriginalPrice, DiscountRate)
    Call Compute_Results(OriginalPrice, DiscountRate, SalePrice)
    Call Output_Results(OriginalPrice, DiscountRate, SalePrice)
End Program
SubProgram Welcome_Message
    Write "This program is a sale price calculator. "
    Write "When you enter the original price of an item and how much"
    Write "it has been discounted, the program will display the"
    Write "original price, the discount rate, and the new sale price. "
End Subprogram
Subprogram Input_data(Float Price As Ref, Float Rate As Ref)
    Write "Enter the price of an item: "
    Input Price
    Write "Enter the percentage it is discounted: "
    Input Rate
End Subprogram
Subprogram Compute_Results(OrigPrice, DisRate, Sale As Ref)
  Declare AmountSaved As Float
  Set AmountSaved = OrigPrice * DiscRate/100
  Set Sale = OrigPrice - AmountSaved
End Subprogram
Subprogram Output_Results(Float OldPrice, Float Rate, Float NewPrice)
  Write "The original price of the item is $ " + OldPrice
  Write "The discount is: " + Rate + "%"
  Write "The sale price of the item is $ " + NewPrice
End Subprogram
```

程序如何运行以及各行伪代码的意义

- 程序一启动，控制交由 Welcome_Message 子程序，它将打印输出欢迎信息，然后将控制权交回主程序。
- 程序控制权交由 Input_Data 子程序。由于 Input_Data 子程序中的实参没有初始化（没有赋值），所以形参 Price 和 Rate 此时也没有初始化。不过，它们将通过子程序的输入语句 Input 由用户赋值，又因为它们都是引用参数，它们的值将输出到主程序中，赋给变量 OriginalPrice 和 DiscountRate。

- 程序控制权此时交由子程序 Compute_Results，它将计算 Sale 的值并将结果返回给主程序变量 SalePrice。
- 然后程序控制权交由子程序 Output_Results。OriginalPrice、DiscountRate 和 SalePrice 的值将赋给变量 OldPrice、Rate 和 NewPrice 用于打印输出。
- 最后，程序控制权回到主程序手中，程序运行结束。

总结一下，当子程序被调用的时候，参数的类别（值参数或引用参数）决定了内存空间的分配方式。如果参数是值参数，按照如下方式分配内存空间：

- 在内存中分配一块临时空间，来存储子程序运行所需的形参值。
- 然后将相应的实参的值拷贝到上述临时内存空间中。
- 无论何时子程序对形参值进行更改，只有临时存储空间中的值会跟着改变，相应的实参值是不会变化的。

如果参数时引用参数，按照如下方式分配内存：

- 将形参的存储位置指定为相应的实参在内存中的存储位置，此时实参必须是变量。
- 无论何时子程序对形参进行更改，上述存储空间中的值都将变化，因此实参的值也会跟着变化。

7.2.3　两个非常有用的函数：ToUpper()和 ToLower()

从另一个角度讨论值传递和引用传递之间重要差异之前，我们先介绍一下在大多数编程语言中存在的两个函数：ToUpper()和 ToLower()。

在本书的练习题中你可能注意到了，提示用户输入信息的时候，字母输入是大小写敏感的。例如，如果用户希望程序继续，请输入"y"或者"yes"，此时，如果用户输入了"Y"或者"YES"，程序会认为用户输入的是"no"。在计算机技术发展的早期阶段，人们只知道用户必须按照计算机要求的信息格式进行输入。但是当今的计算机使用起来已经非常友好了。搜索引擎会忽略拼写错误，除非特别声明，默认情况下，用户可以不考虑字母大小写形式来回复计算机提问的问题。这个技术的兼容性主要依赖于编程语言的自带函数将用户的回复整个转换为全部大写或者全部小写[2]。然后程序以此来判断用户的回复内容并选择是否继续程序。这里简要介绍一下这两个函数，它们将用以说明值传递和引用传递的重要差异。

当一个字符串或者变量放到函数 ToUpper()的括号中时，该函数将把该字符串中的所有字母全部转换成大写形式。与之类似，当一个字符串或者变量放到函数 ToLower()的括号中时，该函数将把该字符串中的所有字母全部转换成小写形式。例 7.8 对其进行详细解释。

[2] 大多数编程语言中还有一种函数，它只读取一个词的第一个字母，比如"yes"，它只读取第一个字母"y"，认为用户输入的内容为"y"，在本例中，我们不考虑这种函数。

例 7.8　使用 ToUpper()和 ToLower()函数

如下程序段将介绍 ToUpper()函数和 ToLower()函数用法。程序要求用户输入"Y"表示回复 "yes"，但是大多数用户会输入"y"。ToUpper()函数将把用户回复的内容转换为大写。本程序有个小游戏，将把用户输入的内容以方框型打印出来。用户输入单词的字符数将使用 Length_Of()函数计算出来，这个值将用于循环控制来绘制方框。函数 ToLower()将用户的输入内容转换为全部小写的形式。本示例的伪代码如下：

```
1  Declare Response As Character
2  Declare Words As String
3  Declare Box As String
4  Declare Count As Integer
5  Declare X As Integer
6  Writer "Do you want to draw a word-box? Enter 'Y' or 'N'"
7  Input Response
8  While ToUpper(Response)== "Y"
9    Write "Enter any word: "
10   Input Word
11   Set X=Length_Of(Word)
12   Set Box=ToLower(Word)
13   Set Count=1
14   While Count<=X
15       Write Box
16       Set Count=Count+1
17   End While(Count)
18   Write "Create a new box? Enter 'Y' or 'N' "
19   Input Response
20 End While(Response)
```

程序如何运行以及各行伪代码的意义

本程序有几个有意思的地方。第 8 行将用户的输入转换成大写形式。由于 ToUpper("Y") 和 ToUpper("y") 产生的结果一样，因此在外层循环中用户输入大写或小写形式效果是一样的。用户输入的其他任何内容被认为是 "no"。

第 12 行使用的 ToLower()函数有所不同。此处，将该函数的结果赋值给变量 Box，它将在程序后面部分用到。同前面讨论过的其他内置函数一样，这两个函数可以一同使用。

假设用户第一次输入为 "Y"，第二次输入为 "HelpMe"，第三次输入为 "N"，上述程序段的输入结果为：

```
helpme
helpme
helpme
helpme
helpme
helpme
```

例 7.9 举例说明当用户不小心将值传递用成引用传递时，会造成什么后果？

例 7.9 请小心参数传递

Natalie 和 Nicholas 是玩家俱乐部的共同会长。他们创建了一个网站，希望这个网站比较安全。Nick 建议每个会员应当有一个秘密登录名，Natalie 负责编写一个程序来完成这个工作。不幸的是，Natalie 没能很好地学习本章的知识，她没有很好的理解值参数和引用参数的差异性。她编写了如下伪代码：

```
1  Main
```

```
2   Declare Response As String
3   Declare First As String
4   Declare Last As String
5   Write "Do you want to start? Enter 'yes' or 'no': "
6   Input Response
7   Set Response = ToLower(Response)
8   While Response == "yes"
9       Writer "Enter this member's first name: "
10      Input First
11      Write "Enter this member's last name: "
12      Input Last
13      Call Secret_Login(First, Last)
14      Write "Member name: "+ First +" "+Last
15      Write "Enter another member? "
16      Input Response
17      Set Response =ToLower(Response)
18   End While
19  End Program
20  Subprogram Secret_Login(Part1 As Ref, Part2 As Ref)
21      Declare Login As String
22      Declare Temp As String
23      Set Temp = Part1
24      Set Part1=ToLower(Part2) + "**"
25      Set Part2=ToLower(Temp)
26      Set Login=Part1+Part2
27      Write "Your secret login is: " +Login
28  End Subprogram
```

程序如何运行以及各行伪代码的意义

Nick 对程序运行的结果不满意，告诉 Natalie 看看是不是程序有错误。Natalie 运行了程序 2 次，分别输入 Mary Lamb 和 Jack Sprat。当她看到如下输出结果时，她立刻明白怎么回事了：

```
Your secret login is: Lamb**mary
Member name: lamb** mary
Your secret login is: sprat**jack
Member name: sprat** jack
```

幸运的是，她很容易地就修改了程序的错误。你知道如何修改吗？Natalie 将引用参数传递给子程序 Secret_Login。名字（First name）的值传递给了 Part1，但是 Part1 的任何更改都会导致名字（First name）值的改变。姓（Last name）的情况也一样。因为，它的值传递给了子程序 Secret_Login 的引用参数，引用参数的任何更改都会导致 Last 值的更改。

因此，只要更改伪代码第 20 行即可：

```
Subprogram Secret_Login(Part1, Part2)
```

然后输入 Mary Lamb 和 Jack Sprat，程序输出如下：

```
Your secret login is: Lamb**mary
```

```
Member name: Mary Lamb
Your secret login is: sprat**jack
Member name: Jack Sprat
```

7.2.4 变量的作用域

在程序模块中，当一个变量的值由用户输入、被程序处理或者被输出处理时，我们称为该变量在这个模块中被引用了。在特定情况下，在一个模块中声明的变量不能在另一个模块中被引用。试图在一个模块中使用其他模块中声明的变量将得到编译器给出的"未知变量"的错误信息。一个给定变量能够在程序中被引用的代码范围称为变量的作用域。

对于大多数编程语言来说，在特定模块中声明的变量，其作用域包含该模块本身以及所有它的子模块。在本书中，我们将按照这样编程规定。例如，在前面介绍的售价计算程序中：

- 主模块中声明了变量 OriginalPrice、DiscountRate 和 SalePrice。由于所有其他程序模块都是主程序的子程序，我们可以认为上述三个变量的作用域为整个程序范围；它们可以在任何一个程序中被引用。
- 子程序中声明了变量 AmountSaved，它的作用域仅限于该子程序本身，不能在其他程序模块中引用该变量。

全局变量与局部变量

请注意，在本书中，主程序中声明的变量的作用域为整个程序范围。我们称这类变量为全局变量。另外，在某些编程语言中，如果一个变量在所有程序模块之外（包括主程序）或者前面进行了声明，那么该变量就是全局变量。

在售价计算程序中，变量 OriginalPrice、DiscountRate 和 SalePrice 都是全局变量。在某一子程序中声明的变量，比如子程序 Compute_Results 中的变量 AmountSaved，我们称它为该模块的局部变量。局部变量有如下特点：

- 当子程序中，局部变量的值更改时，在子程序外部同这些局部变量名相同的变量的值不会跟着改变。
- 当程序中一个变量的值更改时，在子程序中同该变量名称相同的局部变量的值不会跟着改变。

有时，局部变量和全局变量会发生冲突的情况。例如，在主程序中声明了一个变量 MyName，同时在子程序中也声明了一个变量 MyName。我们称变量 MyName 多重声明。在主程序中声明的变量 MyName 是全局变量，它的值可能会在子程序中被更改。但是在子程序中声明的变量 MyName 是局部变量，因此，它的值的更改不应该导致子程序外部同名变量的值也跟着更改。为了解决这个冲突，采用局部声明优先的原则。即子程序变量 MyName 的值更改的时候，主程序变量 MyName 的值不会跟着改变。

请注意，除了计数器之外，在一个程序中将两个变量同名不是一个好的编程习惯。事实上，有些编程语言完全不支持全局变量。

例 7.10　观察变量 MyNumber 值的变化

考虑如下伪代码：

```
Main
    Declare MyNumber As Integer
    Set MyNumber = 7654
    Call Any_Sub
    Write MyNumber
End Program
SubProgram Any_Sub
    Declare MyNumber As Integer
    Declare YourNumber As Integer
    Set MyNumber=2
    Set YourNumber=MyNumber*3
    Write YourNumber
End Subprogram
```

程序如何运行以及各行伪代码的意义

- 本段伪代码编写成实际代码运行之后，输出内容是什么？在主程序中，将变量 MyNumber 的值赋为 7654。然后程序控制权交由子程序控制。在子程序中，MyNumber 是一个局部变量，它的值被赋为 2。这个赋值操作在子程序 Any_Sub 内部发生，不影响主程序中同名变量 MyNumber 的值。

- 但是，局部变量 MyNumber 的作用域为子程序，因此，YourNumber 的值将被赋值为 2*3。其中 MyNumber 的值为 2，在 Any_Sub 中按照这个值来计算 YourNumber 的值。Any_Sub 的打印语句 Write 将输出 6。

- 当程序控制权返回给主程序后，全局变量 MyNumber 的值没有变化，仍旧是它的原始值，Write 语句将输出 7654。

计算机在处理局部变量时，同处理值参数的方式一致。无论何时声明一个局部变量，即使前面已经声明了一个同名的变量，那么计算机仍旧会在内存中找一个新的空闲空间分配给这个新的局部变量。因此，在例 7.10 中，从计算机的视角来看，主程序中的变量 MyNumber 和子程序中的变量 MyNumber 是两个不同的变量。更改其中一个变量的值不会影响另一个变量的值。

具体编程实现（Making It Work）

在模块之间传递数据时，请使用参数，不要使用全局变量

在大多数编程语言中，使用全局变量在模块之间传递数据是可以实现的。因为，全局变量可以在每一个程序模块中被引用。不过，这种用法是一个非常不好的编程习惯，因为它降低了程序模块之间的独立性。更好的方法是使用实参和形参在模块之间传递数据，如同第 7.1 节介绍的方式或本节前面那样。

我们可以利用局部变量的特点为自己提供便利，这里通过例 7.11 中计数器的用法来举例说明。

例 7.11　局部化地使用计数器变量

在程序和子程序中经常会用到计数器。幸运的是，子程序中计数器值的变化并不会影响到主程序或其他子程序中计数器的值，如下伪代码所示，它是一个小公司用来计算雇员周薪（税前）的程序：

```
1 Main
2   Declare Name As String
3   Declare NumEmployees As Integer
4   Declare Count As Integer
5   Write "How many employees do you have? "
6   Input NumEmployees
7   For(Count=1; Count<=NumEmployees; Count++)
8       Write "Enter this employee's name: "
9       Input Name
10      Call Pay_Employee(Name)
11  End For
12 End Program
13 Subprogram Pay_Employee(EmpName)
14  Declare Rate As Float
15  Declare Hours As Float
16  Declare Sum As Float
17  Declare Pay As Float
18  Declare Count As Integer
19  Set Sum=0
20  Write "Enter the pay rate for " + Name
21  Input Rate
22  For(Count=1; Count<=7; Count++)
23      Write "Enter hours worked for day " +Count
24      Input Hours
25      Set Sum=Sum+Hours
26  End For
27  Set Pay=Sum*Rate
28  Write "Gross pay this week for " +EmpName
29  Write "is $ " +Pay
30 End Subprogram
```

程序如何运行以及各行伪代码的意义

本程序用于计算雇员的周薪。程序开始部分，要求用户输入雇员的人数。第 7 行到第 11 行获取雇员的名字（变量 Name），然后将名字提交给子程序 Pay_Employee（EmpName）来处理。子程序使用 For 循环来获取该雇员 7 天（1 周）的工时数量。每次子程序结束的时候，计数器 Count 的值都等于 8，不过，它并没有影响主程序中变量 Count 的值。由于变量 Count 在主程序中进行了声明，另外在子程序 Pay_Employees 中进行了局部化声明，因此，这两个变量是独立的，子程序中变量 Count 的值更改时，主程序中的变量 Count 的值不会随着更改。

7.2 节　自测题

自测题 7.8～7.10 将用到如下程序段：

```
Main
    Declare X, Y, Z As Integer
    Set X=1
    Set Y=2
    Set Z=3
    Call Display(Z, Y, X)
    Write X+" "+Y+" "+Z
End Program
Subprogram Display(Integer Num1, Integer Num2, Integer Num3 As Ref)
    Write Num1+" " +Num2 +" "+Num3
    Set Num1=4
    Set Num2=5
    Set Num3=6
    Write Num1+" "+Num2 +" "+Num3
End Subprogram
```

7.8 上述伪代码对应的程序运行之后，输出内容是什么？

7.9 假设将上述程序中的变量 Num1、Num2 和 Num3 分别更改为 X、Y 和 Z。修改后的程序的输出内容是什么？

7.10 如果子程序头部更改为如下情况，上述程序的输出结果是什么？

```
a. Subprogram Display(Integer Num1, Integer Num2, Integer Num3)
b. Subprogram Display(Integer Num1 As Ref, Integer Num2 As Ref, Integer
   Num3 As Ref)
```

7.11 假设所有的变量已经声明为字符串类型，如下程序段对应的程序运行后输出内容是什么？

```
Set MyName="Marty"
Set PetName="JoJo"
Write ToUpper(MyName)+ " and "+ToLower(PetName)
```

7.12 假设在主程序中，变量已经声明为全局变量。如下伪代码对应的代码运行之后，输出结果是什么？

```
a. Main
   Declare X As Integer
   Set X=0
   Call Simple()
   Write X
   End Program
   Subprogram Simple()
   Set X=1
   End Subprogram
b. Main
   Declare X As Integer
   Set X=0
   Write X
   Call Simple()
   End Program
   Subprogram Simple()
```

```
        Set X=1
        End Subprogram
```

7.3 函　　数

如前所述，函数是一种特殊类型的子程序——可以为函数名赋一个值。在本节中，我们将讨论编程语言自带的函数——内置函数，以及编程人员自行设计的程序模块——自定义函数。

7.3.1 内置函数

通常编程语言会提供一些内置函数。这些函数通常被称为函数库。这些函数的代码包含在独立的模块中，不必将它们包含到自己编写的代码中即可使用。在本书中，我们已经学习过如下内置函数：

- Sqrt(X)函数用于计算数值 X 的平方根（见第 3 章）。
- Int(X)函数将数值 X 的小数部分去掉，提取出它的整数部分（见第 4 章）。
- Ceiling(X)函数计算出比数值 X 大的最小整数值（见第 4 章）。
- Floor(X)函数计算出比数值 X 小的最大整数值（见第 4 章）。
- Random 函数产生一个从 0.0 到 1.0 之间的随机数，包括 0.0，但不包括 1.0（见第 5 章）。
- Length_Of(S)函数计算字符串 S 的长度（见第 5 章）。
- ToUpper(S)函数将字符串 S 中所有的字母转化成大写形式（见 7.2 节）。
- ToLower(S)函数将字符串 S 中所有的字母转化成小写形式（见 7.2 节）。

可以将内置函数看成是子程序，它包含一个或多个参数，能够至少返回一个值。同子程序一样，调用内置函数时，实参可以是常量、变量或者合适类型的表达式。但是内置函数（包括上述函数）同 7.1 节和 7.2 节的子程序有如下不同：

- 调用函数时，内置函数的头部声明和函数体不需要在程序中出现。
- 当内置函数被调用时，函数名可以用来返回一个值（该函数特定的数据类型）。
- 可以在程序中任意位置使用函数名来调用内置函数，包括同类型的常量位置也是可以的。

例如，Sqrt()函数属于 Float 类型。当调用它的时候，该函数返回值的类型为 Float 型。Sqrt()函数可以在程序中任意位置使用（调用），包括同类型的常量位置。因此，如下对于 Sqrt()函数的调用都是合法的（假设 Num 是数值类型的变量且该参数的值是非负的）：

- Set X=Sqrt(10)
- Write Sqrt(2*(Num+1))
- Call Display(Sqrt(Num))

下面是另外一些在编程语言中常见的内置函数。对于不同的编程语言来说，这些函数的名字和形式可能有所不同，但对于大多数编程语言来说，都包含有完成类似工作的内置函数：

- Abs(X)函数计算并返回实数 X 的绝对值。一个数的绝对值是除去其符号后，其他的部分。该函数的类型是浮点型（Float）。
- Round(X)函数返回实数 X 进行四舍五入后的整数值，该函数的类型为整型。
- Str(X)函数将数字 X 转换成相应的字符串，并返回这个字符串，该函数的类型为字符串类型。
- Val(S,N)函数对字符串 S 进行转换，如果 S 是数字，将其转换为相应的类型（整型或浮点型）并将 N 设置为 1；如果 S 不是数字，该函数将把 Val 和 N 设置为 0。Val 是浮点型，N 是整型参数且是引用类型的。

例 7.12 举例说明了内置函数的使用。

例 7.12 内置函数

如下示例给出了内置函数作用于特定实参的返回结果。

```
Abs(10) 返回 10
Abs(-10) 返回 10
Round(10.5) 返回 11
Round(100*10.443)/100 返回 10.44
Str(31.5) 返回"31.5"
Str(-100) 返回"-100"
Val("31.5", N) 返回数值 31.5, N=1
Val("abc",N) 返回数值 0, N=0
```

数字字符串与数值

尽管字符串"31.5"和数值 31.5 看起来非常类似，但是从编程的角度来看，它们是完全不同的：

- 数值 31.5 在计算机内存中按照 31.5 等价的二进制值进行保存。另外由于它是数值型的，可以对它进行加减乘除运算。而字符串"31.5"在计算机内存中按照字符"3"，"1"，"."和"5"的 ASCII 码进行保存。
- 由于"31.5"是字符串，因此不能对其进行加减乘除运算，只能按照字符串对其进行字符串连接操作。

Val()函数在编程过程中是非常重要的，因为对于合适的字符串来说，它可以将该字符串转换成数值，对于不合适的字符串，它可以提示程序该字符串不能被转换成数值。在编程过程中，很多时候会用到这个函数。

例 7.13 给出了使用 Val()函数进行数据验证的示例。该示例说明了，如果用户输入的内容不是合法的数字，而是字母的话，该方法能够避免程序崩溃。

例 7.13 有用的 Val()函数

如下伪代码提示用户输入一个整数。它将用户输入作为字符串进行接收，然后检查该字符串是否表示的数字，如果不是数字，继续提示用户输入。

```
1 Declare InputString As String
2 Declare N As Integer
3 Declare Number As Integer
```

```
4 Repeat
5   Write "Enter an integer: "
6   Input InputString
7   Set Number = Val(InputString, N)
8 Until(N!=0)AND(Number==Int(Number))
```

程序如何运行以及各行伪代码的意义

第 4 行到第 8 行的 Repeat-Until 循环利用 Val 函数和 Int 函数来验证用户数据输入。如果用户输入的字符串是整型的，第 8 行 Until 语句的两个条件都满足了，循环退出。如果用户输入的字符串不是数值，第一个判断条件为假，如果用户输入的字符串不是整数，第二个判断条件为假。无论哪种情况发生，循环将继续，用户被要求再次输入整数。

具体编程实现（Making It Work）

访问内置函数

虽然在编写程序的时候，不需要将内置函数的代码包含到程序中，但是要想程序能够正常运行，需要将包含内置函数代码的文件连接到自己的程序才行。通常需要在程序的头部插入一条语句以告诉编译器，当它将程序编译成机器指令的时候，要定位到函数的代码，并将这些代码加载到程序中。这些文件在函数库中存储，在程序头部调用它们即可。在编程的时候，函数库是一些预编译例程的集合，可以被程序所使用。

下面是 C++程序头部的样例。它们用来调用 C++的库，这些库中包含了特定程序所需用到的一些函数（或其他信息）。在 C++中，我们称这些调用为预处理指令（preprocessor directives）。

```
//** preprocessor directives
#include <iostream>        //** Header for stream I/O (input/output)
#include <string>          //** Header for string type
#include <vector>          //** Header for vector class
#include <cstdlib>         //** Header for standard C library
#include <cctype>          //** Header for CType library functions
```

7.3.2 自定义函数

编程语言也允许用户编写自己的函数子程序，我们称为自定义函数（user-defined functions）3。

在某些编程语言中，所有的子程序都是函数；在另一些编程语言中，函数是特定类型的子程序。在本书中，我们讨论了子程序和函数。可以称为函数的子程序与不能称为函数的子程序（有时称为过程）有两点差异：

（1）函数名可以在代码中为其赋一个值（特定类型的）；

（2）可以将函数名放在程序中的任意位置来调用它，包括符合函数类型的常量位置。

在本书中，我们将在函数的头部使用 Function（代替 Subprogram）这个词。例 7.14 举例说明了这种用法。

例 7.14　立方函数

下面的程序声明并调用了一个立方函数，它从主程序接收一个数值，变量 Side 的值，然后返回该值的立方值，Side^3，并在主程序中打印出该值。

```
1 Main
2   Declare LittleBox As Float
3   Set LittleBox=Cube(10)
4   Write LittleBox
5 End Program
6 Function Cube(Side) As Float
7   Set Cube=Side^3
8 End Function
```

程序如何运行以及各行伪代码的意义

第 1 行表明主程序开始。第 2 行声明了一个浮点型变量 LittleBox，但是没有为其赋值。程序第 3 行为变量 LittleBox 赋值，详情如下。

函数调用发生在第 3 行，函数 Cube()对数值 10 作用后，将结果值赋给了变量 LittleBox，如下：

```
Set LittleBox=Cube(10)
```

当上述语句运行后，程序控制权跳转到第 6 行，函数子程序 Cube()处开始执行。请注意该函数有 1 个参数，Side。程序第 3 行的语句将数值 10 传递给参数 Side。另外，请注意函数头部声明了函数类型——声明 Cube()的类型为浮点型。然后，语句：

```
Set Cube=Side^3
```

将值 1000（即 10^3）赋给函数。当函数运行结束，该将被返回给主程序，并指派给变量 LittleBox，然后打印出来。

何时使用函数

如果你所使用的编程语言既包含函数，也包含非函数的子程序；那么在实现一个特定子模块时，该选择哪一种呢？在面对一个具体问题时，该使用哪一种取决于问题的类别。如下是一些关于是否选择函数来实现特定模块的建议：如果子模块用于完成计算工作，并返回单个值给调用模块，此时就可以用函数来实现它。注意例 7.14 中的函数就满足这个标准。

为了阐明这一点，我们通过另一个例子，这里使用自定义函数，我们将再次研究一下第 7.1 节和第 7.2 节中讨论过的售价计算程序。为了便于讨论，下面重新描述一下问题。

Katrina Katz 经营着一家宠物用品店。她需要一个程序能够在输入商品的原始价格和折扣率之后，计算并输出该折扣商品的最终价格。注意如下：

图 7.2 所示的数据流图清晰地说明了只有子模块 Compute_Results()向主模块返回了一个值。因此，按照上述标准，我们将使用子程序来实现 Welcome_Message，Input_Data()和

Output_Results()模块（如第 7.1 节和第 7.2 节所示），然后使用函数来实现 Compute_Results() 模块。修改后的主程序和 Compute_Results()子程序（现在变为 NewPrice()函数）伪代码如下所示。其他三个模块的伪代码同 7.2 节一样。

图 7.2　售价计算程序的数据流图

```
Main
    Declare OriginalPrice As Float
    Declare DiscountRate As Float
    Declare SalePrice As Float
    Call Welcome_Message
    Call Input_Data(OriginalPrice, DiscountRate)
    Set SalePrice=NewPrice(OriginalPrice, DiscountRate)
    Call Output_Results(OriginalPrice, DiscountRate, SalePrice)
End Program
Function NewPrice(OriginalPrice, DiscountRate ) As Float
    Declare AmountSaved As Float
    Set AmountSaved = OriginalPrice * DiscountRate/100
    Set NewPrice = OriginalPrice - AmountSaved
End Function
```

结束本节之前，我们来看一下例 7.15，本示例给出了一个较长的程序，它同时用到了平行数组和自定义函数。

例 7.15　使用函数找出最省油的路段

Penelope Pinchpenny 非常在意她在汽油上面的花费。她想让你帮她写一个程序，用来比较一下，在十个不同的旅程中，每加仑油能够使用的英里数。她希望比较一下高速路、城市路、平坦路段、崎岖路段等等。经过深思熟虑之后，你做出了如下设计：

程序输出结果是表格的形式，一列为路段类型、一列为总里程数、一列为每加仑油所用的英里数。这种情况下，最好使用平行数组来存储信息，因此确定如下：

- 一个字符串数组：TripName[10]
- 两个浮点型数组：TripMiles[10]和 TripMPG[10]

在 Penelope 输入完每一个路段的信息后，程序能够计算出每加仑油所用的英里数。你决定编写一个函数 Answer()来完成这项工作。这里需要给函数传递两个参数——路段总英里数和所用的汽油加仑量。函数 Answer()的计算结果将存储到数组 TripMPG[]中。注意在打印输出的时候，使用符号'\t'表示制表位。

为了节省空间，假设在 Main 模块的开头我们已经声明了如下变量，以及前面提到的三个数组：Count As Integer，K As Integer，Name As String，Miles As Float，Gallons As Float：

```
1 Main
2    Set Count=0
3    While Count<10
4        Write "Enter a description of this trip: "
5        Input Name
6        Set TripName[Count]=Name
7        Write "How many miles did you drive? "
8        Input Miles
9        Set TripMiles[Count]=Miles
10       Write "How many gallons of gas did you use on this trip? "
11       Input Gallons
12       Set TripMPG[Count]=Answer(Miles, Gallons)
13       Set Count=Count+1
14   End While(Count)
15 Set K=0
16 Write "Trip Name \t Miles Traveled \t MPG"
17 While K<10
18       Write TripName[K]+"\t"+TripMiles[K]+"\t"+TripMPG[K]
19       Set K=K+1
20 End While(K)
21 End Program
22 Function Answer(Num1, Num2) As Float
23       Set Answer=Num1/Num2
24 End Function
```

程序如何运行以及各行伪代码的意义

第 1 行表明主程序开始。第 3 行到第 14 行为第 1 个 While 循环，它完成大部分工作。第 5 行要求 Penelope 输入一段关于路段的简单描述信息，这个值被保存到数组 TripName[] 的第一个元素中。然后，在程序第 8 行，她输入行驶英里数，该值存储到数组 TripMiles[] 中的第一个元素中。接着程序进行到第 11 行，她输入行驶油耗量，单位为加仑。第 12 行调用函数 Answer()，并将英里数和加仑值传递给它。这些值传递给程序第 22 行的参数 Num1 和 Num2。该函数使用英里数除以加仑数量以得出每加仑行驶的英里数量。该结果存储到数组 TripMPG[] 的第一个元素中，在程序第 12 行发生。然后计数器 Count 加 1。程序进入下一次循环，要求 Penelope 进行输入数据。

当所有数据输入完毕之后，第二个 While 循环将打印出数据表。注意符号 \t 将格式化输出内容。

具体编程实现（Making It Work）

让函数的功用最大化

你可能会问，为什么将函数的名字命名为 Answer()，参数的名字命名为 Num1 和 Num2，使用这种通用化的名字，而不是更具体一些的名字。不是应该将函数的名字起得更便于看出它的功能吗，比如 mpg（numMiles, numGals）。因为，给函数更通用化的名字，可以方便函数在其他程序中重用。例如，当你知道 10 磅土豆的价格时，可以利用这个函数计算出一磅土豆的价格，或者当你知道了学生的考试总分和考试科目数量时，可以利用这个函数计算出学生的平均成绩。在自测题 7.18 中，将要求你完成这样的工作。

7.3 节　自测题

7.13　计算如下表达式的值：

  a. Sqrt(4)

  b. Int(3.9)

7.14　计算如下表达式的值：

  a. Abs(0)

  b. Round(3.9)

  c. Str(0.1)

  d. Val("−32", N)

7.15　如下伪代码对应的代码运行后，输出结果是什么？

```
Main
   Write F(1,2)
   Write G(-1)
End Program
Function F(X,Y) As Integer
   Set F=5*X+Y
End Function
Function G(X) As Integer
   Set G=X*X
End Function
```

7.16　a. 编写一个名为 Area 的函数，完成如下功能：

```
Function Area(L,W) As Float
```

  计算出正方形的面积，其中正方形的长为 L，宽为 W。

  b. 编写一个调用上述函数的赋值语言，长方形的长和宽的值可以任意指定。

  自测题 7.17 和 7.18 涉及例题 7.15。

7.17　为例 7.15 添加部分伪代码，请使用另一个平行数组来存储每一段行程中所用掉的汽油加仓量，并将它与其他信息一同输出。

7.18　编写一个程序让用户输入三门课程的考试成绩，然后使用函数 Answer(Num1, Num2)计算并显示出考试平均分。

7.4　递　　归

  我们将子程序调用自身的过程称为递归，这样的子程序称为递归子程序。某些编程语言允许递归，而有些编程语言不允许递归。递归算法（Recursive algorithms）指的是用到递归子程序的算法。有时，递归算法能够快速地、很容易地找出复杂问题的答案。

7.4.1 递归过程

为了阐释递归的概念，我们来看一个简单的编程问题：给定一个整数 N，我们编写了一个函数 Sum(N)，它能够计算出前 N 个正整数的总和。对于该问题，我们可以使用第 4 章介绍的方法来解决。我们将使用计数器控制循环，每次将一个整数添加到总和计算中。伪代码如下：

```
Function Sum(N) As Integer
    Set Total=0
    For(K=1; K<=N; K++)
        Set Total=Total+K
    End For
    Set Sum=Total
End Function
```

这段伪代码使用了非递归法来解决问题。如果要用递归法来解决问题，我们可以问个问题，"如果我们已知前 N–1 个正整数的总和，那么如何求出前 N 个正整数的总和呢？"将整数 N 加到前 N–1 个正整数的总和上，可以如下表示：

```
Sum(N)=(1+2+···+N-1)+N
```

或

```
Sum(N)=Sum(N-1)+N
```

例如，如果 N=4，那么

```
Sum(4)=(1+2+3)+4 或 Sum(4)=Sum(3)+4
```

这是递归法解决问题的关键。我们将原问题用更容易被解决的问题形式呈现出来。现在，我们需要找出前 N–1 个正整数的总和；即我们需要找到 Sum(N–1)。以此类推可以得出：

```
Sum(N-1)=Sum(N-2)+N-1
```

并且我们将使用这个方法直到得到：

```
Sum(2)=Sum(1)+2
```

请注意不能计算 Sum(1)=Sum(0)+1，因为 Sum(0)没有任何意义——我们不能去计算前 0 个正整数的总和。但是由于 Sum(1)表示前 1 个正整数的总和，因此可以得出：

```
Sum(1)=1
```

因此，我们可以使用如下公式定义函数 Sum(N)：

```
If N=1,Sum(N)=1;
If N>1,Sum(N)=Sum(N-1)+N。
```

此时，我们可以使用上述公式来计算任意 N 值的 Sum(N)。例如，N=4 时，我们要计算 Sum(4)，前 4 个正整数的总和。应用上述公式可以依次得出 N=4，N=3，N=2 和 N=1 的总和值，计算过程如下：

```
N=4: Sum(4)=Sum(3)+4
N=3: Sum(3)=Sum(2)+3
```

将 Sum(3)代入后得出如下等式：

```
N=4: Sum(4)=[Sum(2)+3]+4=Sum(2)+7
N=2: Sum(2)=Sum(1)+2
```

将 Sum(2)代入后得出如下等式：

```
N=4: Sum(4)=[Sum(1)+2]+7=Sum(1)+9
N=1: Sum(1)=1
```

将 Sum(1)的值代入后，得到：

```
N=4: Sum(4)=1+9=10
```

如下为非递归法求 Sum(4)的方式：

```
N=4: Sum(4)=1+2+3+4=10
```

从上面来看，递归法有点让人尴尬、甚至疑惑，但是请注意你之所以这么想是从人类的角度来考虑问题的。当从程序的角度看待递归问题时，只需要非常少的代码便可以快速找到问题的答案。例 7.16 进行了举例说明。

例 7.16　递归方案

下面的伪代码给出了使用递归法来求出前 N 个正整数的总和，其中 N 为给定的正整数。

```
1 Function Sum(N) As Integer
2   If N==1 Then
3       Set Sum=1
4   Else
5       Set Sum=Sum(N-1)+N
6   End If
7 End Function
```

程序如何运行以及各行伪代码的意义

为了解释清楚上述伪代码是如何运行的，假设该函数被如下语句调用：

```
Set Total=Sum(4)
```

其中 Total 是整型变量，在程序的前部已经声明。当该语句运行的时候，程序控制权转移到函数 Sum()。N 被设置为 4（第 1 行），然后执行过程如下：

● 第一次调用函数：由于 N=4，程序第 2 行和第 3 行没有执行，程序控制到第 4 行。然后第 5 行运行。赋值语句的右边被处理：

```
Set Sum=Sum(N-1)+N
```

此时，由于 N=4，那么(N-1)=3。因此等号右边等于：

```
Sum(3)+4.
```

当时，在该表达式的值赋给变量 Sum 之前，Sum(3)引起函数 Sum()再次被调用，其中 N=3。

● 第二次调用函数：此时实际上是函数调用了其自身。在第二次调用函数时，由于 N 不等于 1，程序第 2 行和第 3 行仍然没有执行，不过 Else 子句运行了，其中 N=3。此时(N-1)=2，因此赋值语句的右边被处理，得到：

```
Sum(2)+3.
```

它引起函数 Sum()再一次被调用，其中 N=2。

● 第三次调用函数：此次调用过程中，程序第 2 行和第 3 行仍然没有执行，Else 子句再次运行，其中 N=2。赋值语句的右边被处理后我们得到：

```
Sum(1)+2.
```

现在它引起函数 Sum()再一次被调用，其中 N=1。

● 第四次（最后一次）调用函数：由于 N=1，此时第 2 行和第 3 行被执行，Sum 的值被设置为 1。这里函数没有调用自身，此时函数调用完成。

● 现在程序控制返回到第 5 行的赋值语句：

```
Set Sum=Sum(1)+2
```

这是第三次函数调用的赋值语句（最后一次函数调用全部完成）。此时 Sum(1)用 1 代入，Sum（等号左边的变量）得到值 3。现在第三次调用函数全部完成。

● 然后程序控制权返回到如下赋值语句：

```
Set Sum=Sum(2)+3
```

这是第二次函数调用的赋值语句。此时 Sum(2)用 3 代入，Sum（等号左边的变量）得到值 6。现在第二次函数调用全部完成。

● 最后程序控制权返回到如下赋值语句：

```
Set Sum=Sum(3)+4
```

这是第一次函数调用的赋值语句。此时 Sum(3)用 6 代入，Sum（等号左边的变量）得到值 10。现在第一次函数调用全部完成。变量 Total（第一次函数调用）的值被设置为 10。

表 7.1 总结了 N=4 时，主程序中调用函数 Sum()的执行过程。

表 7.1 N=4 时，调用 Sum(N)的过程

If Execution Is Here	N 的值	总 和 值
第一次调用 sum()开始	4	不确定
第二次调用 sum()开始	3	不确定
第三次调用 sum()开始	2	不确定
第四次调用 sum()开始	1	不确定
第四次调用 sum()结束	1	1
第三次调用 sum()结束	2	3
第二次调用 sum()结束	3	6
第一次调用 sum()结束	4	10

例 7.17 给出了使用递归的另一个示例。

例 7.17 使用递归法求数的 N 次方值

我们将使用递归函数来求出数字 X 的 N 次方值，X^N，其中 N 是给定的正整数值。我们将该函数命名为 Power()。为了使用递归法，可以使用 X^{N-1} 来表示 X^N：

$$X^N = X * X^{N-1}$$

此时，如果我们调研函数 Power(X,N)，其中 X 表示底数，N 表示指数，将得到：

```
If N>1,Power(X,N)=X*Power(X,N-1)
If N=1,Power(X,N)=X(因为 X¹=X)
```

例如，当 X=2，N=5 时，

$$2^5 = 2*2*2*2*2 = 2*(2*2*2*2) = 2*2^4$$

因此，我们将把求 X 的 N 次方问题转换成求出 X 的 N-1 次方问题。这是递归法的关键。将例 7.16 中的方法应用到这里，得到如下伪代码：

```
1 Function Power(X,N) As Float
2   If N==1 Then
3       Set Power=X
4   Else
5       Set Power=Power(X,N-1)*X
6   End If
7 End Function
```

假设我们按照如下语句对函数进行调研，来看一下程序运行情况：

```
Set Answer=Power(5,3)
```

程序如何运行以及各行伪代码的意义

上述语句将把 $5^3=125$ 赋给变量 Answer。这个赋值语句将程序控制权转交给函数 Power()，其中 X 设置为 5，N 设置为 3。这里是递归函数的第一次调用，该函数总共调用自身 3 次，如下：

- 第一次函数调用发生在第 1 行：由于 N=3，程序第 2 行和第 3 行被跳过，没有执行，第 5 行的 Else 语句执行。赋值语句的右边部分将进行求值。

```
Set Power=Power(X,N-1)*X
```

得到如下结果：

```
Power(5,2)*5
```

此时引起函数 Power() 被第二次调用，其中 X=5，N=2。

- 第二次函数调用是该函数第一次调用其自身：由于 N=3，程序第 2 行和第 3 行被跳过，没有执行，第 5 行的 Else 语句再次执行。赋值语句的右边部分将进行求值，得到如下结果：

```
Power(5,1)*5
```

此时引起函数 Power()再次被调用，其中 X=5，N=1。

● 函数再次调用其自身。第三次函数调用：由于 N=1，程序第 2 行和第 3 行被跳过，没有执行，第 5 行的 Else 语句再次执行。此时函数不在调用其自身，函数 Power() 第 3 次调用结束。

● 程序控制权返回到第 5 行赋值语句处，如下：

```
Set Power=Power(5,1)*5
```

此时是第 2 次函数调用（即第 3 次函数调用发生的地方）。在这里，Power(5,1)被值 5 取代，因此 Power 的值等于 25。函数第 2 次调用完成。

● 程序控制权再次返回到第 5 行赋值语句处，如下：

```
Set Power=Power(5,2)*5
```

此时是第 1 次函数调用（即第 2 次函数调用发生的地方）。在这里，Power(5,2)被值 25 取代，因此 Power（上述语句等号左边的变量）的值等于 125。函数第 1 次调用完成。变量 Answer 的值求出来了，等于 125。

7.4 节　自测题

请按照如下信息完成自测题 7.19～7.22。

正整数 N 的阶乘表示为 N!，读作"N 的阶乘"。它等于前 N 个正整数的乘积值，即：N!=1×2×…×N。当 N=1 时，N!=1。2!=1×2=2，3! =1×2×3=6 等等。"八的阶乘"写成 8!，即 8! =8×7×6×5×4×3×2×1。

7.19　请用(N−1)!来表示 N!

7.20　请编写一个递归函数 Factorial(N)，用它计算并返回 N!的值。

7.21　请按照例 7.16 的方式记录函数 Factorial(N)的执行过程，假设它按照如下语句执行：

```
Set Answer=Factorial(3)
```

7.22　请使用 For 循环编写一个非递归函数 Fac(N)，来计算并返回 N!的值。

7.5　问题求解：成绩管理程序

本节我们将开发一个程序，不仅要用到本章中学到的子程序方面的知识，而且还要用到前面一些章节中学习的内容，以及第 8 章中将要学习的一些知识。为了更好地理解本程序，请先阅读一下第 8 章的内容。本程序是一个菜单驱动式程序，它可以利用数组来创建并修改顺序数据文件。

问题描述

教授 Allknowing 需要这样一个程序，它能够创建电子成绩单以帮助自己检查学生的考试成绩。该程序让教授输入学生的姓名和三门考试成绩。它能够计算出每个学生的考试平均分，并且能够将这些信息打印出来给 AllKnowing 教授查看。

问题分析

该程序需要一个成绩文件来保存所需的信息——班里每个学生的名字、考试成绩和平均分（见第 8 章）。因此，该文件将记录如下信息：

姓名、第 1 门课程成绩、第 2 门课程成绩、第 3 门课程成绩、平均分。

为了创建成绩文件，用户需要输入学生的姓名和课程考试成绩（不必 1 次全部输入），并计算每个学生的平均分。这里将用到如下变量：

```
Name, Score1, Score2, Score3 和 Average,其中
Average=(Score1+Score2+Score3)/3
```

本程序的输出将以成绩文件的形式来呈现。为了创建和显示该文件，我们将用到第 8 章介绍的内容。

程序设计

为了搞清楚本程序需要完成的基本工作，假设你就是这个教授。在学期开学时，你可能需要创建一个成绩文件，然后将学生姓名输入到该文件中。待考试结束后，将学生的考试成绩输入到该文件中。以后可以随时查阅学生的考试成绩。因此本程序的基本工作如下：

（1）创建一个成绩文件，其中包含有班里所有学生的姓名。

（2）将所有学生某门课程的考试成绩录入到该文件中。

（3）计算每个学生所有考试的平均分，并记录到该文件中。

（4）打印输出该成绩文件的内容。

依据这些任务的特点，我们将设计一个菜单驱动的程序，它将包含完成上述 4 项工作的选项，以及退出程序的选项。它同时引出了另一项基本工作，如下，该工作需要在所有其他工作之前完成：

允许用户选择菜单选项

在任务 1 中，我们将数据写入成绩文件。在任务 2 和任务 3 中，我们需要读出每个学生的姓名，然后将其相应的考试成绩或平均分数写入成绩文件。在任务 4 中，将读取成绩文件并打印输出。因此，在任务 2、3 或 4 执行之前，需要做的就是将成绩文件数据导入到数组中。基于此，我们将任务 2、3 和 4 放入子模块 Retrieve_Grade_Sheet。该模块将完成一定的事务管理工作，比如打开成绩文件以录入数据、将成绩文件数据导入数据中以及完成工作后关闭该文件。因此本程序框架如下：

```
Main module
    Select_From_Menu() module
    Create_Grade_Sheet module
    Retrieve_Grade_Sheet() module
        Enter_Test_Scores() module
        Compute_Averages() module
        Display_Grade_Sheet() module
```

图 7.3 给出了上述模块之间的关系的分层图。每个模块的伪代码如下。

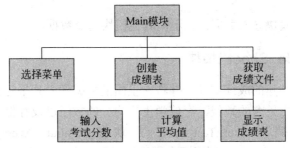

图 7.3　成绩管理程序的模块分层图

主模块

欢迎信息输出后，主模块将调用 Select_From_Menu()模块以确定其他哪个模块将被调用。如下是大致的伪代码：

```
Main
    Display a welcome message
    Call Select_From_Menu() 模块
    Call Create_Grade_Sheet 模块 或 Retrieve_Grade_Sheet()模块
    End Program
```

Select_From_Menu()模块

本模块将打印输出菜单选项并要求用户进行选择。大致的伪代码如下：
显示菜单项：

- 创建成绩表
- 输入成绩
- 计算平均分
- 显示成绩表
- 退出

请用户选择，Choice

该子模块将把变量 Choice 的值返回给主模块。

Create_Grade_Sheet 模块

本模块用来创建成绩文件；它会记录学生姓名并将（每个学生）考试成绩和平均成绩初始化为 0（见第 8 章关于如何创建顺序文件）。本模块的伪代码如下：

```
Open "grades" For Output As DataFile
Write "Enter student name; enter * when done. "
Input Name
While Name != "*"
    Write DataFile, Name,0,0,0,0
    Write "Enter student name; enter * when done. "
    Input Name
```

```
End While
Close DataFile
```

本模块不从其他模块导入数据，也不向其他模块递交数据。

Retrieve_Grade_Sheet()模块

本模块将打开已创建的成绩文件，并将它里面的数据导入到平行数组中。这里的平行数据包括——存储学生姓名的数组、存储学生平均分的数组以及存储三门功课成绩的二维数组，然后程序要么调用 Enter_Test_Scores()模块和 Compute_Average()模块，要么调用 Display_Grade_Sheet()模块。具体调用哪个模块依据于用户的选择 Choice。最后，当程序控制返回到调用模块后，文件被关闭（第 8 章中介绍了顺序文件的读取以及将文件数据导入到数组的方法）。本模块的伪代码如下：

```
Open "grades" For Input As DataFile
Declare Names[40], Averages[40], Scores[3,40]
Declare Count As Integer
Set Count=0
While NOT EOF(DataFile)
    Read DataFile, Names[Count], Scores[0,Count], Scores[1,Count],
        Scores[2,Count],Averages[Count]
    Set Count=Count+1
End While
/* 将 Count 的值减 1,这样它将表示数组元素的最大合法下标 */
Set Count=Count-1
/* 根据用户的选择,即变量 Choice 的值来决定调用哪个模块——Enter_Test_Scores 模块,
   Compute_Averages 模块或 Display_Grade_Sheet 模块 */
Close DataFile
```

本模块需要从主模块中获取变量 Choice 的值，并将 Count 的值（该值比班级学生人数小 1，它表示了数组的最大下标值）以及数组 Names、Scores 或 Averages 的值传递给调用它的模块。

Enter_Test_Scores()模块

本模块决定要录入哪门功课的成绩，然后将每个学生的姓名以及输入的相应考试成绩打印出来。本程序负责把正确的成绩录入到数组中正确的位置上，例如第 1 个学生的第 1 门考试成绩应该存储到 Scores 数组的元素 Scores[0,0]中，其中 TestNum=1；第 5 个学生的第 3 门考试成绩应该存储到 Scores 数组的元素 Scores[2,4]中，等等（第 6 章介绍过二维数组）。

```
Write "Enter the test number: "
Input TestNum
Write "When a name is displayed, enter the test score. "
For(K=0; K<=Count; K++)
    Write Names[K]
    Input Scores[TestNum-1, K]
End For
```

本模块将从 Retrieve_Grade_Sheet()模块获取变量 Count 的值以及数组名字，然后导入和导出数组 Scores。

Compute_Averages()模块

本模块将每个学生的三门功课成绩求和，然后除以 3 来求出成绩平均分。

```
For(K=0; K<=Count; K++)
    Set Sum =Scores[0,K]+Scores[1,K]+Scores[2,K]
    Set Averages[K]=Sum/3
End For
```

本模块需要从 Retrieve_Grade_Sheet()模块导入变量 Count 的值以及数组 Scores，然后将平均分数组 Averages 传递给 Retrieve_Grade_Sheet()模块。

Display_Grade_Sheet()模块

本模块用来打印输出成绩文件的内容，当 Display_Grade_Sheet()模块被调用时，成绩文件中的数据已经装载到数组中了，如下：

```
For(K=0; K<=Count;K++)
    Write Names[K]+ " "+Scores[0,K]+ " "+Scores[1,K]+ " "+Scores[2,K]+ "
    "+Averages[K]
End For
```

本模块从 Retrieve_Grade_Sheet()模块引入变量 Count 的值、数组 Names、Scores 和 Averages 的值，但是它不导出任何数据。

我们可以将图 7.3 的分层图转换成图 7.4 的数据流图。参照每个子模块伪代码下面的讨论内容思考一下每个模块的数据引入和导出情况。

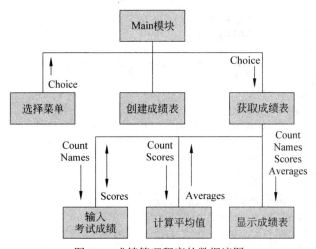

图 7.4　成绩管理程序的数据流图

接下来，我们将使用第 7.1 节和第 7.2 节学习的实参/形参的知识来修改一下几个模块的伪代码。回忆一下，从子程序中导出的变量需要声明为引用类型（例如，As Ref）。我们将在程序模块中声明变量来表明这些变量是局部变量。如下是程序修改的细节内容：

- 在 Main 模块（主程序）中，我们将把调用子模块的工作放到循环体中，这样程序的一次运行可以完成多个任务。
- 在 Select_From_Menu()模块（子程序）中，我们将验证用户的选择是否合法，即用户的选择值是否在指定范围之内。
- 在 Retrieve_Grade_Sheet()模块中，我们将显式地指定哪三个子模块将被调用。

整个程序修改后的伪代码如下：

```
Main
    Declare Choice As Integer
    Display a Welcome message
    Repeat
        Call Select_From_Menu(Choice)
        If Choice==1 Then
            Call Create_Grade_Sheet
        End If
        If (Choice==2)OR(Choice==3) OR (Choice==4)Then
            Call Retrieve_Grade_Sheet(Choice)
        End If
    Until Choice ==0
End Program
Subprogram Select_From_Menu(Choice As Ref)
    Repeat
        Write "0 - Quit the program"
        Write "1 - Create grade sheet"
        Write "2 - Enter test scores"
        Write "3 - Compute test averages"
        Write "4 - Display grade sheet"
        Input Choice
    Until (Choice ==Int(Choice)) AND (Choice >=0) AND (Choice<=4)
End Subprogram
Subprogram Create_Grade_Sheet
    Declare Name As String
    Open "grades" For Output As DataFile
    Write "Enter student name; enter * when done."
    Input Name
    While Name != "*"
        Write DataFile, Name , 0, 0, 0, 0
        Write "Enter student name; enter * When done. "
        Input Name
    End While
    Close DataFile
End Subprogram
Subprogram Retrieve_Grade_Sheet(Choice)
    Open "grades" For Input As DataFile
    Declare Names[40], Averages[40], Scores[3,40]
    Declare Count As Integer
    Set Count=0
    While NOT EOF(DataFile)
        Read DataFile, Names[Count], Scores[0,Count], Scores[1,Count],
            Scores[2,Count],Averages[Count]
        Set Count=Count+1
```

```
      End While
      Set Count=Count-1
      Select Case of Choice
          Case 2:
              Call Enter_Test_Scores(Count, Names, Scores)
          Break
          Case 3:
              Call Compute_Averages(Count, Scores,Averages)
          Break
          Case 4:
              Call Display_Grade_Sheet(Count, Names,Scores,Averages)
          Break
      Default
          Write "Invalid entry"
      End Case
      Close DataFile
End Subprogram
Subprogram Enter_Test_Scores(Count, Names,Scores As Ref)
      Declare TestNum, K As Integer
      Do
          Write "Enter the test number: "
          Input TestNum
      While(TestNum<1)OR(TestNum>3)
      Write "When a name is displayed, enter the test score."
      For(K=0; K<=Count;K++)
          Write Names[K]
          Input Scores[TestNum-1, K]
      End For
End Subprogram
Subprogram Compute_Averages(Count, Scores, Averages As Ref)
      Declare Sum, K As Integer
      For(K=0; K<=Count;K++)
          Set Sum=Scores[0,K]+Scores[1,K]+Scores[2,K]
          Set Averages[K]=Sum/3
      End For
End Subprogram
Subprogram Display_Grade_Sheet(Count,Names, Scores,Averages)
      Declare K As Integer
      Write "Each student's name is displayed followed by "
      Write "the 3 test scores and the student's test average. "
      //制表符用于输出内容格式化
      Write "Student Name \t Exam 1 \t Exam 2 \t Exam 3 \t Average"
      For(K=0; K<=Count;K++)
          Write Names[K] + "\t" + Scores[0,K]+ "\t"+Scores[1,K]+
              "\t"+Scores[2,K]+"\t"+Averages[K]
      End For
End Subprogram
```

程序编码

程序编码将依据程序设计为指导。本阶段，总注释和分步注释将添加到每一个模块中，为程序提供内部文档。下面是一些需要考虑的重要问题：

- 主程序菜单和成绩表应该在空白屏幕上进行显示。因此请先使用编程语言的清屏语句进行清屏。清屏语句应该是主程序中 Repeat-Until 循环中的第一条语句，以及子程序 Display_Grade_Sheet 中的第一条语句。
- 如果希望成绩文件的内容输出整齐易读，Display_Grade_Sheet 模块在输出的时候需要进行格式化操作。姓名、考试成绩和平均分应该按列来显示。如果不方便使用制表符，可以使用编程语言的格式化输出语句来实现。
- 另一个改进输出效果的办法就是插入空行，在一定数量的学生信息输出后，请在中间加入一些空行。可以在 Display_Grade_Sheet 子程序的 For 循环中使用 Int()函数来完成这个工作。

```
For(K=0; K<=Count;K++)
        Write Names[K] + "\t" + Scores[0,K]+ "\t"+Scores[1,K]+
            "\t"+Scores[2,K]+"\t"+Averages[K]
If(Count+1)/3==Int((Count+1)/3) Then
        Write
        End If
End For
```

此时，每输出三行内容将输出一个空行。即(Count+1)等于 3 的倍数时，(Count+1)/3 是整数值，否则 (Count+1)/3 不是整数值。回想一下本书中的伪代码，一个语句只有 Write 时，光标将移动到下一行开始输出（每种编程语言都有自定义的开启新行的方式）。这样，每输出三行内容，程序就输出一个空行。你明白为什么我们使用 Count+1 而不是 Count 来吗？因为 Count 的第一个值为 0，Int(0)是整数，这样第一行数据显示之前将会输出空行。

另外，在成绩表打印输出的时候还有个小问题。内容输出后，程序控制权将返回到 Retrieve_Grade_Sheet()子程序，然后是主程序。接下来，清屏语句将执行（见第 1 个考虑要点），内容还没来得及读就被清除掉了。为了延迟程序控制返回到 Retrieve_Grade_Sheet()子程序以便于用户阅读刚才输出的内容，请把如下代码放到 Retrieve_Grade_Sheet()模块的末尾，此时成绩表打印输出之后，将显示如下内容：

```
Write "To return to the main menu, press the Enter key."
Input Response
```

变量 Response 只能是字符或字符串类型的。此时程序会中止，便于用户浏览成绩表，直到用户按下回车键，屏幕才会清空。

程序测试

测试本程序最好的方法是假设自己是一个小班级的教师（假设 2 个或 3 个学生的班级），然后使用本程序来创建成绩表，输入每个学生的三门课程成绩，然后计算平均分。完成任意一项工作后，显示成绩表，以确保工作已经完成。在进行测试的过程中，你应该输入无效的菜单选项（在 Select_From_Menu()子模块中）和测试数据（在 Enter_Test_Scores()子模块中）。

当你以自己创建的数据开始测试程序时，请仔细考虑自己的输入数据。大多数编程人员编写的程序都是为他人所有。因此，请思考非编程人员会输入什么样的数据，然后确保程序能够应付这种情况。在本例中，请考虑要求输入数值的地方，用户输入了字符串时，程序该如何处理，以及要求输入字符串的地方，用户输入了数值该怎么办。通常情况下，对于第一种情况相比，在要求输入字符串的地方用户输入了数值，问题还不算太大。例如教授 Allknowing 也许把学生的姓名写成了成绩 96，这对程序本身没有多大危害，只不过程序本应该接收一个字符串，却接收了数值。但是反过来的话，在需要接收数值的地方，用户输入了字符串的情况问题就大多了。Val(S,N) 函数可以帮助解决这个问题。回忆一下例 7.3 对于该函数的介绍，它对字符串 S 进行转换，如果 S 表示数值，就将它转换成相应类型的数值（整数或浮点数）并设置 N=1；如果 S 不表示数值，该函数将 Val 和 N 都设置为 0。

在输入测试数据的时候，请输入上述情况的数据来试试，确保程序能够处理上述情况。另外，请注意除零错误。对于数值输入的地方，输入正数和负数是非常好的测试方法，越多的"非常规"数据被输入到程序中进行测试，你的程序健壮性就越强。

7.5 节 自测题

自测题 7.23 和 7.24 涉及本节的成绩管理程序。

7.23 假设你打算编写一个子程序 Display_Student_Record() 作为模块 Retrieve_Grade_Sheet 的子模块。该子程序要求用户输入学生的姓名并显示出学生的姓名、考试成绩和平均分。

a. 本子程序需要导入和导出什么数据。

b. 编写这个子程序的伪代码。

7.24 假设你打算编写一个子程序 Change_Test_Score() 作为模块 Retrieve_Grade_Sheet 的子模块。该子程序要求用户输入学生的姓名、测试课程编号（1,2 或 3）以及考试成绩，然后更改相应课程的考试成绩并纠正该学生的平均分。

a. 本子程序需要导入和导出什么数据。

b. 请编写这个子程序的头部内容。

7.6 本章复习与练习

本章小节

本章我们讨论了如下主题：

1. 形参与实参：

- 从一个程序模块向另一个程序模块进行数据传递指的是从前一个数据模块将数据导出，然后将数据导入到后一个数据模块的过程。

- 数据流图显示出了程序模块之间的关系，指明了数据在程序模块之间的导入和导出关系。
- 要想从一个模块向子模块传递数据的话，调用语句（调用模块）需要包含实参，而子程序（被调用子程序）头部需要包含形参。
- 调用语句中的实参数量和类型必须与被调用程序头部的形参数量和类型一一对应。实参与形参之间的数据传递完全依赖于实参列表与形参列表的位置关系。

2. 值参数与引用参数：

- 子程序中值参数值的变化不会影响到相应实参值的变化，但是子程序中引用参数值的变化会导致相应实参值一起变化。
- 值参数用于向子程序中导入数据。
- 引用参数用于从子程序中导出（或导入导出）数据。
- 为了指明子程序实参列表中参数的引用类型，本书在变量名字后面跟上 As Ref 来指明它为引用参数。
- ToUpper()函数和 ToLower()函数用来创建更友好的用户程序体验。

3. 变量的作用域：

- 变量的作用域指的是一定的程序范围，在这个范围内变量可以被引用。
- 全局变量的作用域是整个程序范围。
- 局部变量的作用域是声明它的子程序范围以及包含在该子程序内的所有子程序的范围。
- 如果一个变量既被声明为局部变量又被声明为全局变量，我们认为它是两个不同的变量，并且在使用的时候采取局部声明优先原则。

4. 函数：

- 函数是一个子程序，并且可以向调用它的子程序返回一个值。函数可以出现在程序中的任意位置，包括与函数类型一致的常量位置也可以。
- 内置函数是编程语言软件自带的函数；本章中我们介绍了如下内置函数，以及 ToUpper(S)和 ToLower(S)：
  - Abs(X)函数返回数值 X 的绝对值。
  - Round(X)函数返回数值 X 进行四舍五入后的整数值。
  - Str(X)函数将数值 X 转换成相应的字符串。
  - Val(S,N)将字符串 S 转化成相应的数值。
- 自定义函数是由程序员自己编写的函数；它们是子程序，可以返回一个值，调用方式与内置函数一样。

5. 递归：

- 递归子程序指的是能够调用自身的子程序。
- 如果要编写一个递归函数 F(N)，用它来计算一个表达式的值，该表达式取决于正整数 N，需要满足如下条件：
  - 将 F(N)用 F(N−1)表示出来；
  - F(1)的值是确定的；

- 在函数声明中，使用 If-Then-Else 语句来设置，如果 N=1，那么 F 等于 F(1)；如果 N>1，那么 F 等于 F(N–1)。

复习题

填空题

1. 如果数据从子程序传递到主程序，那么可以称为数据被返回到或_____到主程序。
2. 如果数据从主程序传递到子程序，那么可以称为数据被传递到或由子程序_____。
3. 表示程序模块之间数据传递关系的图称为_____。
4. 表示数据由模块引入、处理和导出的图称为_____。
5. 具体变量在程序中的使用范围称为该变量的_____。
6. _____变量的范围是整个程序。
7. _____是一种子程序，它能够返回一个值。
8. _____函数是由编程语言提供的，使用它的时候不需要包含其代码。
9. 子程序调用其自身的过程称为_____。
10. 如果 N=2，Sum(N)是一个函数，且 Sum(1)=5，那么语句：

```
Set Sum=Sum(N-1) +N
```

将把值_____赋给 Sum。

判断题

11. T F 子程序中值参数的变化将导致调用模块中相应实参的变化。
12. T F 子程序中引用参数的变化将到导致调用模块中相应实参的变化。
13. T F ToUpper()函数和 ToLower()函数可以作用于任何类型的变量。
14. T F 语句：Display ToUpper("Yes")是不允许的，因为"Y"已经是大写了。

简答题

练习题 15～20 涉及如下程序：

```
Main
    Declare X As Integer
    Set X=1
    Call Display(2*X, X, 5)
End Program
Subprogram Display(Integer Num1, Integer Num2, Integer Num3)
    Write Num1+" "+Num2+" "+Num3
End Subprogram
```

15. 从主程序传递到子程序的数据是什么？
16. 子程序 Display 导入的数据是什么？
17. 画出该程序的数据流图。
18. 如果本程序伪代码对应的实际代码运行，其中 X 初始化为 4，那么程序输出结果是什么？
19. 本程序伪代码对应的实际程序运行后，输出结果是什么？
20. 假设在子程序中，所有出现 Num1、Num2 和 Num3 的地方都由 A、B 和 C 代替。如果变化后的伪代码对应的程序运行，输出结果是什么？

21. 编写一个子程序 Input_Data()，它将从用户处获取两个数值，然后将这两个值传递给主程序。

22. 编写一个子程序 Flip()，它将从主程序中获取两个变量的值（存入形参 X 和 Y 中），然后交换它们的值，并将它们返回给主程序。

练习题 23～28 涉及如下程序。假设主程序中声明的变量都是全局变量，同本书中的情况一样。

```
Main
    Declare X As Integer
    Declare Y As Integer
    Set X=1
    Set Y=2
    Call Sub(X,Y)
    Write X
    Write Y
End Program
Subprogram Sub(Integer Num1, Integer Num2 As Ref)
    Declare X As Integer
    Set Num1=3
    Set Num2=4
    Set X=5
    Write X
End Subprogram
```

23. 如下变量的作用域是什么？

a. 主程序中声明的变量 X？

b. 子程序中声明的变量 X？

24. 请列出本程序中的全局和局部变量。

25. 请列出子程序 Sub 中的值参数和引用参数。

26. 如果本程序伪代码对应的程序运行后，输出结果是什么？

27. 假设子程序头部变更为如下形式：

```
Subprogram Sub(Integer Num1 As Ref, Integer Num2)
```

如果变更后伪代码对应的程序运行，输出结果是什么？

28. 假设子程序头部变更为如下形式：

```
Subprogram Sub(Integer Num1, Integer Num2)
```

如果变更后伪代码对应的程序运行，输出结果是什么？

在练习题 29～35 中，请指出内置函数的返回值（这些函数是在 7.2 节和 7.3 节中介绍的）。

29. a. Abs(0)

b. Abs(−1.5)

30. a. Round(3.8)

b. Round(Abs(−1.4))

31. a. Str(10.5)

    b. Val("ten",N)

32. a. Str(Val("−1.5",N))

    b. Val(Str(87.6),N)

33. a. ToUpper("N")

    b. ToUpper("Nancy Newley")

34. a. ToLower("N")

    b. Length_Of(ToLower(Name))，其中 Name 为字符串变量，Name="Nancy Newley"

35. 如果浮点变量 Charge= −87.23 和 Cost=456.87，那么

    a. Val(Str(Cost),N)

    b. Abs(Round(Charge))

36. 参照例 7.15。将如下函数添加到程序中。让用户输入每段路程的汽油单价（以加仑为单位），然后使用函数 Cost() 来计算出路段的汽油花费。将这些数据同其他数据一起在表格中显示出来。你需要使用到额外的平行数组 TripCost[] 来保存这些信息。

37. 假设程序包含如下函数：

```
Function F(X) As Float
    Set F=X+1
End Function
```

当主程序中的语句 Write F(3) 运行后，输出结果是什么？

38. 对于练习题 37 中的函数来说，如果主程序中的语句 Write F(F(0)) 运行后，输出结果是什么？

39. 假设程序包含如下函数：

```
Function G(X,Y) As Float
    Set G=X+Y
End Function
```

当主程序中的语句 Write G(4,5) 运行后，输出结果是什么？

40. 对于练习题 37 和 39 中的函数来说，如果主程序中的语句 Write G(1,F(1)) 运行后，输出结果是什么？

41. 请编写函数 Function Average(Num1,Num2) As Float 来求出平均值，(Num1+Num2)/2，其中 Num1 和 Num2 为数值型。

42. 编写一个 Main 模块（主程序），让用户输入两个数值，然后调用练习题 41 中的函数 Average()，求出这两个数的平均值并显示出来。

    练习题 43~46 涉及如下程序：

```
Main
    Declare K As Integer
    Input K
    Set Result=F(K)
    Write Result
End Program
Function F(N) As Integer
```

```
        If N==1 Then
            Set F=1
        Else
            Set F=N*F(N-1)
        Set N=N-1
            End If
    End Function
```

43. 如果 K=1，本程序的输出结果是什么？

44. 如果 K=3，函数 F()将被调用多少次？

45. 如果 K=3，本程序的输出结果是什么？

46. 请编写一个非递归函数（使用 For 循环）来完成 F()的工作。

47. 请编写一个递归函数 Mult(M,N)，它将求出正整数 M 和 N 的乘积值，基于如下计算方法：

$$M×N=M+M+\cdots+M(N 次)$$

48. 请编写一个非递归函数（使用循环），完成练习题 47 中递归函数 Mult(M,N)同样的工作。

编程题

对于下面每个编程问题，请使用合适的程序来解决它。在你编写的程序中，请使用带有实参和形参的子程序。

1. 请输入一组正数（输入 0 时结束），存储到数组中，在数组中找出最大的数值并输出出来。请使用子程序来输出数值，使用函数来找出最大值，使用子程序来输出结果。

2. 请输入一组正数（输入 0 时结束），存储到数组中，求出这组数的平均值并输出出来。请使用子程序来输出数值，使用函数来找出平均值，使用子程序来输出结果。

3. 请编写一个菜单驱动式程序，输入一个数值 X，按照用户的选择，输出如下面积 area(A)值：

正方形的边长为 X，A=X^2

圆形的半径为 X，A=3.14*X^2

等边三角形的边长为 X，A=Sqrt(3)/4*X^2

4. 正整数 N 的阶乘表示为 N!，它的定义如下：

N!=1×2×\cdots×N (注意 0! =1)

请使用子程序和函数来编写一个递归程序以计算 N!值。用户需要输入一个正整数，子程序来检查用户输入是否合法（是否为正整数），然后使用递归法来计算出阶乘值。编写一个子程序通过调用其自身来完成计算工作，直到 N=1 时调用结束。最后在主程序中输出结果。

5. 请计算并输出 East Euphoria 州的所得税，用户输入应纳税所得额，按照下表进行计算：

应纳税所得额		应付税金
大于	小于	
$0	$50 000	$0+超过$0 部分的 5%
$50 000	$100 000	$2 500+超过$50 000 部分的 7%
$100 000	...	$6 000+超过$100 000 部分的 9%

第 **8** 章

顺序数据文件

在本章内，我们将介绍一个非常重要的概念——数据文件，并讨论顺序文件在输入数据时的用途。还将讨论管理文件记录的多种方法。

在读完本章之后，你将能够：

- 辨别数据文件的类型[第 8.1 节]；
- 辨别数据文件中的记录和域[第 8.1 节]；
- 创建顺序文件，向顺序文件写入数据并从顺序文件读取数据[第 8.1 节]；
- 顺序文件中记录的删除、修改和插入[第 8.2 节]；
- 使用数组来维护文件[第 8.2 节]；
- 合并两个文件，使记录有序[第 8.3 节]；
- 在某些编程环境下使用控制中断处理技术[第 8.4 节]；
- 综合使用目前所需的多种技术——数据文件、数组、搜索和排序，来编写更为复杂的程序[第 8.5 节]。

在日常生活中：数据文件

一直以来，你多半是把想记住的事情写在一些小纸片上，对于许多情况，这是个不错的主意。但是，如果你把这个方法用于商务运作，可能就会遇到麻烦。因为你要从一大堆纸片中查找你的支付信息、雇员状况以及供应商状况等等，是很困难的。如果你弄丢了一枚写有支付电子账单的备忘的信封，那麻烦可就大了。这就是为什么办公室里有许多装满文件的档案柜，以及为什么许多人用目录（文件夹）来管理计算机文件的原因：通过将大量的数据统一组织和储存起来，可以使文书的查找和处理变得更加容易。举例来说，某个小公司的文件柜中可能有一个标记为"工资名单"的抽屉，里面放置着该年各月的文件夹。文件夹里有雇员的上班时间卡和其他工资记录。而另外一些抽屉则可能放有订购单，支付记录等等。即便是公司已完全用计算机管理了，但在公司的办公机器中还是存有相同类型的文件夹和文件档案。

不管文件内容如何，要简单有效地处理文件信息需要有良好结构。例如，一个简单的员工信息文件，无论是记在纸上还是存在磁盘中，对每个员工都会包含如下记录信息：

文件号

员工姓名

员工号

地址

部门

聘用时间

薪水

每个员工的信息都按相同的顺序储存。对某些员工把员工号放到员工姓名后面，而对另一些员工则放到聘用时间后面，这样做是毫无意义的，而且非常混乱。相反，如果把这些记录集合按字母顺序归档，那么任何有权限访问文件柜的人，都能够快捷地找出某个特定员工的记录信息。一旦找到相应记录，便可以对它进行操作，例如在报告中引用它的内容、修改它，甚至将它扔掉（"删除"）。另一方面，有时需要处理整个文件。比如，发薪水时，每个员工都会有一份，所以薪水单据的管理人员只需要简单地将档案文件取出，从第一个开始到最后一个结束，顺序地处理其中的记录就可以了。

有许多组织文件系统的方法可以节省时间和劳动，不过有一点必须记住，光有大量的相关数据是没有用的，除非它们组织得很好——这样你才能快速顺利地找到所要的信息。

8.1　数据文件介绍

到目前为止，我们都假定所有的程序输入都由用户用键盘输入的，所有的程序输出都显示到屏幕上或者用打印机打印。我们用伪代码"Input"和"Write"来表示输入和输出信息。数据文件提供了另一种手段来提供输入与生成输出。

8.1.1　文件基础

计算机文件是信息的集合，它有一个名字，并跟创建它的程序是分开存放的。文件可以存放程序代码，这时它们被称为程序文件；也可以存放程序要用的数据，这时它们被称为数据文件。

在程序运行时，用户的输入（例如，通过键盘或者鼠标）被称为交互式输入。而从数据文件输入数据到程序，则被称为批处理。你已经在很多例子中看到了，交互式输入非常有用；不过，批输入（使用数据文件）同样也有优点，比如：

- 在输入大规模数据时，数据文件通常更适合。
- 在某些编程环境中，数据文件可以避免重复地输入相同的数据。
- 数据文件可以被多个程序共用。
- 数据文件可以储存程序输出，以便将来查看，或作为另一个程序的输入。

文本文件和二进制文件

所有文件可分为两种一般的类型：文本文件和二进制文件。文本文件仅包含标准字符，简单地说，就是能用键盘输入的字符。文本文件的例子有：某些系统文件，简单的文字处理文件，程序源代码文件，以及由某些程序产生的特殊文件等等。

不能归类为文本文件的文件通常被称为二进制文件。除标准字符外，二进制文件还能包含其他符号和代码。现在，多数的操作系统文件，程序文件和应用程序生成的数据文件都是二进制文件。

与二进制文件相比，文本文件的最大优点就是简单，原因如下。

● 创建文本文件很容易，既可以使用编程语言软件（本节后面会有介绍），也可以用文本编辑器输入内容。文本编辑器是一种简单的字处理软件，它的输出会被存成文本文件。

● 能直接把文本文件输出到屏幕上或打印机而不用任何特别的软件。

● 文本文件在格式上是统一的。差不多每台计算机系统都能正确地表示文本文件，而无需任何特殊软件。例如，每个字处理软件都可以创建和显示文本文件，某个字处理软件创建的文本文件，可以被其他任意字处理软件访问。另一方面，各种字处理软件常常以自己特有的文件格式来存储数据。其后果是，一个字处理软件创建的非文本文件不能被另外的字处理软件浏览和修改。

记录和域

数据文件中的信息通常可以按相关性分成组（称为记录）。考虑一个储存航空公司旅客预定数据的文件，每条预定信息包含航班日期，航班号码，旅客名字，也许还有旅客的信用卡号、电话号码或 E-mail 等等。所有这些与某个旅客的航班预订相关的信息就组成了一条记录。记录中的数据项称为域。在这个例子中，旅客姓名、航班日期、航班号码等等，就是记录的域。

关于有记录和域的文件，这里还有另外一个例子。某个教师有一个数据文件，存储着班上学生的姓名和测试分数。文件的记录由学生姓名和测试分数组成。如果老师将学生的名和姓分开存储，则名和姓就成为分离的域。但是，如果老师愿意，每个学生的全名也可以存放在单个域中，而每次测试的成绩则作为另外一个域。总而言之，文件是由记录组成的，记录则是由域组成的。

图 8.1 描述了数据文件中存储数据的一种方法。表中的文件包含了某个老师班上学生的名字和四次考试成绩。文件有 30 个记录，每个记录包含 5 个域。在这里姓名是单独的域，包含学生姓和名。另外四个域都是考试成绩。老师知道域 1 是学生的姓名，域 2 对应考试 1 的成绩，域 3 对应考试 2 的成绩，以此类推。举个例子，文件第一个记录包含的域内容如下：

```
"R. Abrams", 86, 64, 73, 84
```

	域1	域2	域3	域4	域5
记录1	"R.Abrams"	86	64	73	84
记录2	"J.Chavez"	94	87	83	90
记录3	"H.Crater"	68	77	91	79
⋮	⋮	⋮	⋮	⋮	⋮
记录30	"A. Zelkin"	76	93	69	52

图 8.1　数据文件中的记录和域

实际上，表 8.1 所示的数据会被当作一串连续的字符储存在磁盘上。域之间通过逗号来分隔，记录通过一个特殊符号来结束，用<CR>来表示。这样，在磁盘上，文件前两个记录看起来如下所示：

```
"R. Abrams", 86, 64, 73, 84<CR>"J. Chavez",94,87,83,90<CR>
```

注意存储字符串值（本例中名字域）的域，在数据文件中用双引号来区分；而存储数值数据（本例中成绩值的域）的域，在文件中直接存储数值。如果在我们的例子中包含有每个学生的电话号码域，那么电话号码将存储为字符串（例如，"555-1234"），它将不能按照整型数据或浮点数据来处理。

顺序文件与直接访问文件

数据文件也可以被分为两类。

- 顺序文件包含的记录必须按照被创建的顺序来处理。它们像磁带上的音乐轨道一样只能线性读取。举例来说，要打印顺序文件第 50 个记录，必须先读取（扫描）完前面的 49 个记录。
- 直接访问文件有时也被称为随机访问文件。在这种类型的文件中，每个记录都可以独立于其他记录被访问。定位一个直接存取文件中的记录就好像查找 DVD 上的某个轨道一样，不用去访问其他数据。

这两种文件都可以用来解决给定的问题。当需要频繁地对整个文件进行显示和修改时，顺序文件一般来讲是比较好的选择，例如包含学生成绩的文件。另一方面，如果有大量的记录要存储，而一次只修改或显示其中一小部分时，直接访问文件会更有效，例如航班预订管理程序。

本章后面的部分，我们将只讨论顺序文本文件。

8.1.2　创建和读取顺序文件

现在我们将讨论顺序数据文件的两种基本操作——创建文件和读取文件内容。

创建顺序文件

编写程序创建一个顺序文件需要如下三个步骤。

1. 打开文件。这听起来有些奇怪——因为你需要打开一个尚不存在的文件。但"打开文件"实际的意思是创建它，并为它设定一些信息。

- 你必须给文件起一个外部文件名——文件存到磁盘上的名字。不同的操作系统有着不同的文件名规范。最安全的文件命名办法是使用不超过 8 个字母长的文件名，并且所有字母都是小写的。不同的操作系统对文件名大小的处理有不同的规则，但无论使用何种操作系统，所有小写字符总是等同的。
- 你必须给文件起一个内部文件名——程序代码用于识别该文件的文件名。这个文件名必须遵守程序语言关于变量命名的规范。
- 你必须指定一个文件模式，表示着你打开文件的目的。比较典型的模式有：用于将数据写入文件的输出模式，读取（访问）已有文件的内容的输入模式。

2. 写入数据到文件中，创建文件的内容。

3. 文件必须被关闭以结束处理过程。这样，文件就会被保存至磁盘中，同时外部文件名与内部文件名之间的联系也被中止。关闭文件会把一个特殊的符号（文件结束符）放到文件尾部。当我们开始处理文件数据时，你就会理解文件结束符的重要性。

执行这些步骤的语句，非常依赖于实现它们的编程语言。为了说明处理过程如何运作，我们使用一般性的伪代码。

● 要打开一个文件，方法如下：

```
Open"外部文件名"For Output As 内部文件名
```

例如，为了创建一个在磁盘上名为 grades，在程序内名为 NewFile 的文件，可以这样做：

```
Open"grades" For Output As NewFile
```

● 要把一个记录数据（一行字符）写入文件，可以使用 Write 语句，这跟我们向屏幕输出信息的做法类似，我们只需要在输出数据前加入待写入数据的文件名即可：

```
Write 内部文件名,data
```

例如，假设内部文件名为 NewFile，使用如下语句可以将学生名字"John Doe"和该生的测试成绩 85 分添加到文件里。

```
Write NewFile "John Doe", 85
```

这段代码新建了一个文件记录，这个记录有两个域——第一个域包含姓名全名，第二个域包含学生的测试成绩。此外，我们还写入了一个记录结束符，它是一个特殊的符号，用<CR>来表示，跟在数据项后面把当前记录与下一个记录分隔开。

● 要关闭一个文件，方法如下：

```
Close 内部文件名
```

例如，要关闭名为 NewFile 的文件，方法如下：

```
Close NewFile
```

具体编程实现（Making It Work）

编程逻辑胜过语法

在向数据文件中输入数据时，知道每个域中需要什么类型的数据是非常重要的。如果想文本类型（或字符串类型）的域中输入数值数据，那么该数值数据将被看做文本数据，不能对它进行任何算术运算。这里引出了另一个重要的概念。当你变成一个真正的程序员时，你将学会一些与编程语言或平台相关的具体特性或语法。不过，编程时用到的基本逻辑概念同具体语言是无关的。数据总是按照某种具体的数据类型来存储的，与所用到的编程语言或软件是无关的，数据类型又总是与数据的处理方式相关的。这与是否将数据存储到变量中、存储到数组中或存储到文件中是无关的。你越是熟悉和理解编程技术的基本逻辑知识，你就越容易学会新的编程语言。

例 8.1 将举例说明如何使用这些语句来创建一个顺序文件。

例 8.1　创建顺序文件[1]

这个程序段创建了一个名为 grades 的文件，该文件包含一些记录，每个记录信息有两个域。第一个域是学生姓名（一个名为 Student 的字符串型变量），第二域是学生的测试成绩（一个名为 Score 的整数型变量）。

```
1 Declare Student As String
2 Declare Score As Integer
3 Open "grades" For Output As NewFile
4 Write "Enter the student's name and test score."
5 Write "Enter 0 for both when done."
6 Input Student, Score
7 While Student != "0"
8   Write NewFile, Student, Score
9   Write "Enter the student's name and test score."
10  Write "Enter 0 for both when done."
11 Input Student, Score
12 End While
13 Close NewFile
```

程序如何运行以及各行伪代码的意义

- 第 3 行语句：

```
Open "grades" For Output As NewFile
```

给文件分配一个内部文件名 NewFile，该文件的在磁盘上的外部文件名为 grades，使用输出模式 Output（即创建文件）。

- 第 4 行和第 5 行向用户解释需要输入哪些数据以及如何结束输入。

- 第 6 行，用户输入学生与成绩的初始值。用户的输入以逗号分隔。对于程序来说，将第一个数据项存储到第一个域中，将第二个数据项存储到第二个域中。因此，这里输入数据的顺序就显得非常重要。

- 第 7 行开始 While 循环。在循环中，第 8 行的语句：

```
Write NewFile, Student, Score
```

把输入数据写入 grades 文件（内部文件名为 NewFile）。

- 第 9、10 和 11 行，读入另一个记录数据，这个读 / 写记录的过程将一直持续下去，直到用户输入的学生名和成绩都为 0 使循环退出为止。

- 最后，第 13 行的代码：

```
Close NewFile
```

关闭文件，结束输出模式，并将文件名 NewFile 和 grades 之间的联系断开。该语句

1　注意：RAPTOR 处理文件的方式与大多数编程语言不太一样。如何使用 RAPTOR 来创建和读取数据文件可以参与附录 D。使用 RAPTOR 对数据文件进行排序、插入和合并操作需要一些复杂的操作，这些内容超过了本书的讲解范围。不过，如果读者有兴趣，仍然可以学习这些操作。

同时会在文件的末尾放置一个<EOF>标记。

为了查看这个程序的效果，假设用户的输入如下所示：

```
Jones, 86
Martin, 73
Smith, 84
0,0
```

程序执行完毕以后，磁盘上就创建了一个名为 grades 的文件，它包含如下数据：

```
"Jones",86<CR>, "Martin",73<CR>"Smith",84<CR><EOF>
```

这里，<CR>表示记录结束符，每次执行 Write 语句都会生成了一个。<EOF>是一个文件结束符，当 grades 关闭时被写入文件。

具体编程实现（Making It Work）

小心不要丢失了你的数据！

如果一个文件使用输出模式打开，并且在同一目录中已经存在一个同名的文件，则在这个已存在的文件中的所有数据都会丢失！这种情况，尽管在修改文件时有时会有用，但如果不注意，一个意外的操作就会导致灾难性的后果。

读入文件中的数据

一旦文件已经创建好了，我们就能把它包含的数据输入（或读取）到程序中来。要做到这一点，需要按照下述步骤操作。

（1）打开文件。我们可以使用与创建文件相同类型的语句来执行这个操作，但必须将模式设置为 Input 模式，如下所示：

```
Open "外部文件名" For Input As 内部文件名
```

例如，要打开磁盘中的 grades 文件，把它关联到内部（程序中）文件名 GradeFile，以便在程序中能访问它的内容，使用语句：

```
Open "grades" for Input As GradeFile
```

注意，当一个文件以输入模式被打开时，文件指针（指向文件的当前数据项）将指向第一个记录的开始位置。或者，如果文件中没有任何记录，那么就指向文件结束符。回忆一下这个标识符，它用<EOF>表示，是在文件创建时被自动添加到文件末尾的。

（2）把文件记录中的数据赋值给程序的变量。完成这个任务的 Read 语句的形式如下：

```
Read 内部文件名,变量 1,变量 2,…
```

假设有一个内部文件名为 GradeFile 的文件，你想从该文件中读入当前记录，以便把该记录第一个域中的字符串数据赋值给名为 StudentName 的字符串变量，把第二个域中的整数数据赋值给名为 Score 的整型变量，则可以使用下面的语句：

```
Read GradeFile, StudentName, Score
```

Read 语句执行完以后，文件指针移到下一个记录的开始处，如果最后一个文件记录刚刚被读取完，则文件指针移动到文件结束符上。

EOF()函数

为了把文件中的所有记录都读到程序中，我们可以把 Read 语句放到循环中。在循环的连续执行过程中，记录也被连续地读入到程序变量中。为了终止读入过程并退出循环，大多数的程序语言都包含 EOF（end-of-file）函数。函数格式如下：

EOF（内部文件名）

这个 EOF()函数可以作为判断条件出现在循环语句或选择语句中，如果已经到了文件结尾，即文件指针位于文件结束符上，则函数值为真。否则，函数值为假。例 8.2 说明了 EOF 函数的用法。

例 8.2 使用 EOF()函数

下面的程序段展示了在例 8.1 中建立的文件 grades 的内容，该文件记录的格式如下：

```
1 Declare Student As String
2 Declare Score As Integer
3 Open "grades" For Input As GradeFile
4 While NOT EOF(GradeFile)
5   Read GradeFile, Student, Score
6   Write Student+" "+Score
7 End While
8 Close GradeFile
```

程序如何运行以及各行伪代码的意义

- 上面的程序段中，第 3 行的 Open 语句为 Input 准备好文件 grades。这一语句既使得文件中的数据将来能够传送到程序中，同时也为文件分配了一个内部名称 GradeFile。

- 然后，从第 4 行开始，程序进入 While 循环。如果还没有到达 grades 的文件结束符处，则下面的条件：

```
NOT EOF(GradeFile)
```

为真。

- 在第一遍循环（第 5、6 行）时，上面的条件也为真，除非文件为空。

- 在 While 循环里面，第 5 行的语句：

```
Read GradeFile, Student, Score
```

从文件读入紧接着的两个数据项（域）。同时，该语句把数据项分别赋值给变量 Student 和 Score，然后再把文件指针向后移动到下一个记录或者到文件结束符上（如果刚刚读入了文件最后一个记录）。

- 第 6 行的 Write 语句在屏幕上输出变量 Student 和 Score 的值，两者之间用两个空格隔开。

● 然后，在第 7 行，如果文件中还有剩余的数据，则再次进入 While 循环中。否则，如果已到达文件结尾，就退出循环。

假设文件 grades 包含了以下内容：

```
"Jones",86<CR>"Martin",73<CR> "Smith",84<CR><EOF>
```

那么，该程序段的（屏幕）输出将如下所示：

```
Jones 86
Martin 73
Smith 84
```

8.1 节 自测题

8.1　a. 文本文件是什么？

　　b. 与非文本（二进制）文件相比文本文件有何优势？

8.2　顺序文件和直接访问文件有何不同？

8.3　写一个程序，输出已有文件 employee 的内容，该文件包含了员工名字列表，名字存放在记录的字符串类型的域中，它是记录的唯一域。

8.4　写一个程序，创建自测题 8.3 中的 employee 文件，由用户通过键盘输入员工名字的序列。

8.2　修改顺序文件

在本节中，我们将继续讨论从 8.1 节开始提到的顺序文件。我们将描述三种基本的文件操作：在一个已存在的顺序文件中，进行记录的删除、修改，以及插入操作。无论进行哪种操作，整个文件都会被改写。文件中所有的记录都必须读出来，如果需要的话还可能会被修改，暂时存到某个地方，在所有记录都被处理后，再把它们重新写回给定的文件。有一个标准的方法来完成这个任务，就是使用第二个文件（也被为"草稿文件"），临时存储给定文件的内容。也可以用数组代替草稿文件，本节稍后再介绍。使用这个技术修改文件的过程如下所示。

（1）打开给定文件作为输入，打开草稿文件作为输出。

（2）用户输入要修改的数据。

（3）从给定文件读出记录，并把它们输出到草稿文件中，直到到达需要修改的记录。

（4）进行修改：把一个新的或者修改过的记录写入草稿文件，如果需要删除该记录，就跳过这个记录，这样它就不会被写入草稿文件。

（5）从给定文件中读出剩余的记录，并把它们写入草稿文件。

（6）关闭所有文件。

（7）用草稿文件的内容替换给定文件的内容。

图 8.2 给出了上述处理过程的可视化表示，流程图。

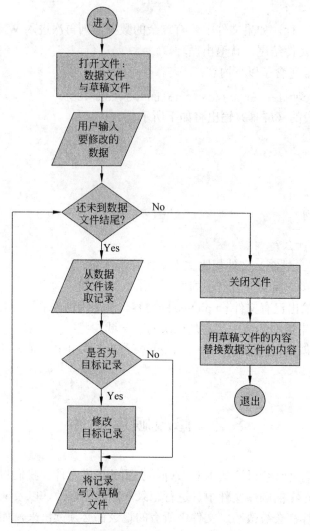

图 8.2 文件修改过程的常见流程图

打开文件：DATA 和 SCRATCH

用户输入需要修改的记录

未到达 DATA

从 DATA 中读入记录 / 1关闭所有文件

按用户要求修改指定记录

把记录写到 SCRATCH 中

例 8.3～例 8.6 介绍了如何把这个通用过程应用到对记录的删除、插入、修改等具体操作上。在这些例子中，我们假定文件 grades 在磁盘上已存在，文件记录由以下域组成：

学生姓名，测试成绩

（grades 文件在例 8.1 中已经创建）

8.2.1 删除记录

为了从文件中删除记录，在这段程序中，我们创建一个叫 scratch 的文件。它与 grades 基本相同，唯一区别是有一个记录根据用户要求删除了。下面是程序的基本思想，很简单：

（1）不断地从 grades 中读入记录。

（2）如果当前记录不是要被删除的那个，就把它写入 scratch 文件；如果是要被删除的记录，则不写入 scratch 文件。

例 8.3 给出了这个过程的详细伪代码。

例 8.3 从顺序文件中删除伪代码

```
1 Declare Student As String
2 Declare DeleteName As String
3 Declare Score As Integer
4 Open "grades" For Input As GivenFile
5 Open "scratch" For Output As TempFile
6 Write "Enter name of student to be deleted:"
7 Input DeleteName
8 While NOT EOF(GivenFile)
9   Read GivenFile, Student, Score
10  If Student != DeleteName Then
11      Write TempFile, Student, Score
12  End If
13 End While
14 Close GivenFile, TempFile
```

程序如何运行以及各行伪代码的意义

在这段程序中，While 循环（第 8～13 行）从文件 grades（它的内部名为 GivenFile）中逐一读入所有记录，除了用户指定要删除的记录之外，把所有的记录都写到文件 scratch（它的内部名称为 TempFile）中。程序运行结束时，除了那个被删除的记录外，scratch 与 grades 内容是完全一样的。举个例子，假设 grades 在处理前的内容是这样的：

```
"Jones", 86<CR>"Smith",94<CR>"Martin,"73<CR><EOF>
```

用户输入的名字是 Martin，则程序运行结束后，含有 Martin 的姓名与成绩的记录就被删除了，文件 scratch 的内容如下：

```
"Jones", 86<CR>"Smith",94<CR><EOF>
```

在上述程序段的运行过程中，grades 文件没有变化发生。要把 grades 作为更新（修改）后的文件，只需要把文件 scratch 中的所有记录复制到 grades 中。例 8.4 将介绍如何做到这一点。

例 8.4 在删除记录后更新文件

这段伪代码生成 scratch 文件的一个拷贝，名为 grades。

```
1 Open "grades" For Output As TargetFile
```

```
2  Open "scratch" For Input As SourceFile
3  While NOT EOF(SourceFile)
4      Read SourceFile, Student, Score
5      Write TargetFile,Student,Score
6  End While
7  Close SourceFile, TargetFile
```

程序如何运行以及各行伪代码的意义

回忆一下用 Output 模式打开一个文件将清空该文件的所有数据。因此，在第 1 行的 Open 语句执行后，文件 grades（即程序中的 TargetFile）实际上是空的。然后，While 循环（第 3～6 行）从 scratch（内部名为 SourceFile）中读取每一条记录，并把它们依次写到 grades 中，从而高效地创建后者作为 scratch 的拷贝。把临时文件 scratch 留在硬盘上不会有任何不良影响。如果你在另一个程序或者在同一程序后面需要再次使用 scratch 文件，那么，当你用 Output 模式再次打开 scratch 文件时，这个旧文件中的所有内容都将被清空得一干二净。

8.2.2 修改记录

要修改顺序文件中一个或多个记录，首要的工作是把原文件复制一份。新的文件——复制文件——与原文件是完全一样的，除了那些你要修改的记录在复制文件中被改变了之外。然后，把原文件用修改过的复制文件替换掉。例 8.5 展示了如何在顺序文件中修改指定记录的某个数据域。

例 8.5 修改顺序文件中指定记录的某个域

本程序段修改文件 grades 中的一个指定记录。用户将给定学生的成绩用新值来替换。程序的基本思想仍然很简单：

- 从文件 grades 中连续地读取记录。
- 如果当前记录就是要被修改的，则把新记录写到 scratch 文件，否则把该记录直接写到 scratch 文件中。
- 把文件 scratch 复制到 grades 文件中。

下面是详细的伪代码：

```
1  Declare Name As String
2  Declare NewScore As Integer
3  Open "grades" For Input As GivenFile
4  Open "scratch" For Output As TempFile
5  Write "Enter the name of the student: "
6  Input Name
7  Write "Enter new test score: "
8  Input NewScore
9  While NOT EOF(GivenFile)
10     Read GivenFile, Student, Score
11     If Student==Name Then
12         Write TempFile, Student, NewScore
13     Else
```

```
14          Write TempFile, Student, Score
15      End If
16   End While
17 Close GivenFile, TempFile
18 复制 scratch 文件至 grades 文件
```

程序如何运行以及各行伪代码的意义

在这个程序段中，While 循环将 grades 中所有的记录除了需要修改的之外都复制到 scratch，后者会被包含输入数据的文件替换掉（因为有 If-Then-Else 语句）。因此，如果在程序执行之前 grades 包含的内容为：

```
"Jones", 86<CR>"Post", 71<CR>"Smith",74<CR><EOF>
```

并且用户输入了名字 Smith 和分数 96，则在程序执行之后，grades 文件将包含下面的内容：

```
"Jones", 86<CR>"Post", 71<CR>"Smith",96<CR><EOF>
```

8.2.3　插入记录

将一条记录插入到顺序文件的指定位置是三个文件修改操作中最复杂的操作。例 8.6 将告诉我们如何做到这一点。

例 8.6　将记录插入到顺序文件中

假设 grades 文件所包含的记录是按学生名字的字典序排列的。假定有一名新生将加入到该班级中。现在，我们需要插入一个新记录，并且必须在该记录的各个域中放置数据。在本例中，grades 有两个域，一个是学生的名字，另一个是学生的分数。我们要插入的值是存放在变量 NewName 和 NewScore 中的。这些值由用户输入，并被插入到文件中到合适位置上，保持记录的字典序不变。由于在顺序文件中完成这个操作有些困难，我们先使用一段粗略的伪代码，给出解题的一般性思路：

（1）打开 grades 文件和 scratch 文件。

（2）用户输入 NewName 和 NewScore。

（3）从 grades 读取记录（Student，Score），写入 scratch 文件，直至找到想要插入数据的位置。

（4）把新记录（NewName，NewScore）写到 scratch 文件中。

（5）读取 grades 中剩余的记录，写入 scratch 文件中。

尽管上面的设计思路相当直接，但是在细化伪代码之前，需要考虑好下面的一些问题。

● 在步骤 3 中，我们如何知道是否到达了 grades 文件中正确的插入数据位置呢？由于 grades 中的学生名字是按照字典序排列的，当从文件中读取记录时，字符串变量 Student 的值是递增的，所以，当我们遇到第一个满足 NewName<Student 的记录时，我们就知道新记录必须被插入到当前记录的前面。这样，我们可以如下所示改写步骤 3：

3 从 grades 读取记录，写入 scratch 文件，直至 NewName<Student．

● 如果 NewName<Student 永远不发生呢？这意味着 NewName 应该跟在文件中所有姓名的后面（按字典序）。因此，在这种情况下，新记录应该被添加到文件的最后。

把这些问题都考虑清楚后，我们就可以使用以下细化后的伪代码，来完成记录的插入操作：

```
1   Declare NewName As String
2   Declare NewScore As Integer
3   Open "grades" For Input As GivenFile
4   Open "scratch" For Output As TempFile
5   Write "Enter name and score for the new student:"
6   Input NewName, NewScore
7   Set Inserted=0
8   While (NOT EOF(GivenFile)) AND (Inserted==0)
9       Read GivenFile, Student, Score
10      If NewName<Student Then
11          Write TempFile, NewName, NewScore
12          Set Inserted=1
13      End If
14      Write TempFile, Student, Score
15   End While
16   If Inserted==0 Then
17       Write TempFile, NewName, NewScore
18  End If
19  While NOT EOF(GivenFile)
20      Read GivenFile, Student, Score
21      Write TempFile, Student, Score
22  End While
23  Close GiveFile, TempFile
24  Copy scratch onto grades
```

程序如何运行以及各行伪代码的意义

第 8 行开始的 While 循环从 grades 文件读取记录并写入到 scratch 文件中，直到新记录已经被插入文件（第 11 行）——此时变量 Inserted 的值被置为 1（第 12 行）——或者到达文件结尾，循环才结束。

如果第 2 个条件（即到达文件结尾）发生了，那么新记录还没有被插入循环就退出了。这种情况下，Inserted 仍然等于 0，于是，跟在 While 循环后面的 If-Then 结构（第 16～18 行）就会把新记录插入到 scratch 文件的结尾。另一方面，如果是因为前一个条件（即新记录已经被插入了）而退出循环，则变量 Inserted 已经被置为 1 了。因此，第 16 行的 If-Then 条件就为假，Then 语句体会被跳过。然后，第 19～22 行的 While 循环将从 grades 文件中读取剩余的记录（如果还有的话），并把它们写入到 scratch 文件中。最后，第 23 行的语句关闭 GivenFile 和 TempFile 两个文件，第 24 行的语句把更新后的 scratch 文件复制到 grades 文件。

以上就是运行的过程。如果 grades 文件在运行前包含如下内容：

```
"Jones",86<CR>"Smith",94<CR><EOF>
```

用户输入名字 Martin 和分数 71，那么，在程序运行后，grades 文件将包含如下内容：

```
"Jones",86<CR>"Martin",71<CR>"Smith",94<CR><EOF>
```

这是一个理解起来有些难度的程序，所以要花些时间一步一步地模拟运行整个程序，直到你确信你已经完全明白了每一行语句的意义。写一些样本数据来模拟运行程序会非常有用。这里有些样本数据，你可以试一下（这也是 8.2 节的一个自测题）。

```
"Drake",98<CR>"Jones",86<CR>"Martin",71<CR>"Smith",94<CR>"Venit",
99<CR><EOF>
```

试着插入这些新记录，一次一条，观察程序段的每个部分是如何运作的。对下面 3 个记录，请切实留意伪代码中的哪些行会执行，哪些则会被跳过。

```
"Cornswaller", 77
"Throckmorton", 67
"Zigler", 88
```

具体编程实现（Making It Work）

使用添加模式插入新记录

有些编程语言，比如 C++，简化了在已经存在文件和末尾插入记录的操作。在这些语言中，我们所需要做的工作仅仅是：

● 用"添加模式"打开目标文件；

● 用户输入数据；

● 将数据写入文件。

新记录会自动加到（添加）文件的末尾。

8.2.4　使用数组来维护文件

在文件的修改过程中，有时候我们更愿意把给定文件的内容全部加载（即输入）到计算机内存的数组中，而不是使用草稿文件。在文件大小足够小，能被内存容纳的情况下，这种技术是可行的。如果原文件需要进行大量的修改，这个技术也正是我们所期待的。比起使用草稿文件，内存相对较高的读写速度可以使这样的修改操作更有效率。一般过程如下。

（1）打开指定文件作为输入（读取数据）。

（2）将输入文件的记录读入到多个平行的数组中，每个域对应一个数组。

（3）关闭文件（这样就能在以后再次打开它作为输出）。

（4）对数组进行想要的修改。

（5）打开文件作为输出（这将清除该文件中所有原始数据）。

（6）把数组的内容（即已修改好的数据）写入到给定文件。

（7）关闭文件。

例 8.7 将举例说明上述过程。

例 8.7　使用数组进行文件维护

以下程序段将允许用户为 grades 文件中的每个学生添加第二次测试的成绩。grades 文件现在储存记录的格式如下：

学生姓名（一个字符串类型），第一次测试成绩（一个整数）

我们将把这些信息读入到两个平行数组中，Student（字符串类型数组）和 Test1（整数类型数组）。然后，我们输入第二次测试的成绩，存到第三个并行数组 Test2 中。最后，我们把所有这些数据重新写回 grades 文件，这样，每个记录现在就有了三个域，如下所示：

学生姓名，第一次测试成绩，第二次测试成绩

伪代码如下：

```
Declare Student[100] As String
Declare Test1[100] As Integer
Declare Test2[100] As Integer
Declare Count As Integer
Open "grades" For Input As DataFile
Set Count=0
While NOT EOF(DataFile)
    Read DataFile, Student[Count], Test1[Count]
    Set Count=Count+1
End While
Close DataFile
Open "grades" For Output As DataFile
For(K=0;K<Count;K++)
    Write "Enter Test 2 score for " + Student[K]
    Input Test2[K]
    Write DataFile, Student[K], Test1[K], Test2[K]
End For
Close DataFile
```

程序如何运行以及各行伪代码的意义

因为我们修改的记录有三个域，所以我们声明了三个数组分别储存这些域的值。While 循环将已有的记录（含有两个数据域）读入到指定数组中，同时，统计记录的个数（Count）。最后 For 循环读入用户输入的修改内容（第二次测试的成绩），并且将修改后的记录写入到 grades 文件中。要注意的是，通常因为编程语言的要求，在文件内容被加载到内存之后，在文件被改写前要先关闭文件，然后才能再打开它作为输出。

如果在执行这个程序段之前，grades 文件包含如下内容

"Jones",86<CR>"Post",71<CR>"Smith",96<CR><EOF>

对于文件中已有的三名学生，用户输入的成绩为 83,79，88，那么在程序执行之后，grades 文件将会包含如下内容：

"Jones",86,83<CR>"Post",71,79<CR>"Smith",96,88<CR><EOF>

8.2 节　自测题

对于自测题 8.5～8.7，假定存在一个名为 payroll 的文件，占有 500 条记录，记录格式如下：

员工编号(整型),姓名(Name,字符串),报酬率(浮点型)

这些记录按照员工编号升序排列。请使用如下变量名：IDNum 作为员工编号，Name 作为员工姓名，Rate 作为报酬率。写一个程序，完成以下各操作：

8.5　删除编号为 138 的员工。

8.6　将编号为 456 的员工的报酬率调整到 7.89

8.7　插入以下记录：

```
167,"C.Jones", 8.50
```

到文件合适的位置使得记录顺序得以保持。

8.8　模拟运行例 8.6（将记录插入到顺序文件中），使用提供的样本数据，插入 3 条新记录。假定 grades 文件中包含以下内容：

```
"Drake",98<CR>"Jones",86<CR>"Martin,"71<CR> "Smith",94<CR>"Venit",99<CR>
<EOF>
```

将下面的新记录插入文件，一次一条，写下哪些伪代码运行了，哪些没有运行：

```
"Cornswaller",77
"Throckmorton",67
"Zigler",88
```

8.9　使用草稿文件进行文件维护工作与使用数组进行文件维护工作有何不同？ 为什么你会选择使用数组来代替使用草稿文件呢？

8.3　合并顺序文件

在 8.2 节，我们讨论了如何管理顺序文件，即如何删除、插入和修改文件记录。在这一节中，我们将讨论顺序文件的另一种操作：合并（归并）有相同记录类型的两个文件中的数据到单个文件中，要求记录次序保持不变。

为了执行这个合并过程，我们使用第三个文件来保存两个给定文件的记录的合并结果。创建这个归并文件的一般过程如下。

（1）打开两个给定文件（File1 和 File2）作为输入。打开保存归并记录的第三个文件 File3 作为输出。

（2）从 File1 和 File2 中连续读取记录。

（3）如果 File1 的当前记录在 File2 的前面，则把 File1 的记录写入 File3；否则，把 File2 的记录写入 File3。

（4）关闭三个文件。

第 2 步和第 3 步是合并操作的核心，完成它们需要借助于循环。当两个给定文件中的任意一个到达结尾时，循环就退出。然后，另一个文件中的剩余记录将被读取并写入到合并文件中。这两步细化后如下所示：

```
从每个文件中读取第一个记录
While (NOT EOF(File1)) AND (NOT EOF(File2))
    比较 File1 和 File2 的当前记录
    If File1 的记录在 File2 的记录的前面
        将 File1 的记录写入 File3
        读取 File1 的下一个记录
    Else
        将 File2 的记录写入 File3
        读取 File2 的下一个记录
    End If
End While
如果 File1 中还有剩余记录,全部读取出来,写入到 File3 中
如果 File2 中还有剩余记录,全部读取出来,写入到 File3 中
```

上述文件合并过程的详细伪代码如例 8.8 所示。

例 8.8 大合并：合并两个文件

某公司想把两个工资文件（payroll1 和 payroll2）合并成一个。假设这些文件中的记录有如下格式：

员工号码(整数)、员工姓名(字符串)、薪水(实数)

假定所有记录是按员工号码升序排列的，每个文件的最后一个记录是 0，"0"，0.0。我们要把这两个文件合并到一个名为 **payroll** 的新文件中。程序如下所示。

```
1 Declare Number1 As Integer
2 Declare Number2 As Integer
3 Declare Name1 As String
4 Declare Name2 As String
5 Declare Rate1 As Float
6 Declare Rate2 As Float
7 Open "payroll1" For Input As File1
8 Open "payroll2" For Input As File2
9 Open "payroll" For Output As File3
10 Read File1, Number1, Name1, Rate1
11 Read File2, Number2, Name2, Rate2
12 While(Number1 !=0) AND (Number2 !=0)
13  If Number1<Number2  Then
14      Write File3, Number1, Name1, Rate1
15      Read File1, Number1, Name1, Rate1
16  Else
17      Write File3, Number2, Name2, Rate2
18      Read File2, Number2, Name2, Rate2
19  End If
20 End While
21 While Number1 !=0
22     Write File3, Number1, Name1, Rate1
23     Read File1, Number1, Name1, Rate1
24 End While
```

```
25 While Number2 !=0
26    Write File3, Number2, Name2, Rate2
27    Read File2, Number2, Name2, Rate2
28 End While
29 Write File3,0,"0",0.0
30 Close File1, File2, File3
```

程序如何运行以及各行伪代码的意义

上面的程序是按例 8.8 前面介绍的设计要点来编写的。伪代码的第一部分，声明了域变量并打开了工资单文件。伪代码的剩余部分按照前面讨论的思路对文件进行归并。需要注意的是，最后两个 While 循环只会读取原始文件的剩余记录，并把它们写到归并文件中。所以，无论何时执行程序，这两个循环总会有一个被跳过。另一个需要注意的是，在归并过程结束时，两个原始文件仍然保持完整，内容不会被改变。

为了更好地理解这个程序，可以使用一些数据来模拟伪代码的运行过程，两个原始文件的内容如下所示：

```
Payroll1:                      Payroll2:
115, "Art", 11.50              120, "Dan", 14.00
130, "Ben", 12.25             125, "Eva", 15.50
135, "Cal", 13.75            0, "0", 0.0
0, "0", 0.0
```

文件归并后，payroll 文件应该包含以下内容：

```
115, "Art", 11.50
120, "Dan", 14.00
125, "Eva", 15.50
130, "Ben", 12.25
135, "Cal", 13.75
0, "0", 0.0
```

是什么与为什么（What & Why）

这里，有几个问题需要思考清楚，payroll1 和 payrool2 中最后一个记录会被怎样处理？这两个记录含有相同的值（0，"0"，0）。它们会被读取到吗？它们会被写入到合并文件中吗？（见自测题 8.11）

另外，对于内容相同的记录，如果 payroll1 和 payroll2 中含有一些内容相同的记录，会有什么情况发生呢？对这种可能性，例 8.8 中伪代码是如何处理的呢？（见自测题 8.11）

比如说：如果 payroll1 和 payroll2 都含有如下记录：

```
23,Hortense,13.82
```

那会怎么样呢？用该数据模拟运行伪代码，看看归并文件中会发生什么变化？

然后，再分析一下这种情况：假设在 payroll1 中，Hortense 的员工号码是 23，但是在 payroll2 中她的号码是 68。在这两个文件中，她的薪水是一样的。那么，在归并文件中会看到什么呢？你可以想到办法来解决这个问题吗？

8.3节 自测题

8.10 判断下面各种说法是否正确。

a. T F 要合并两个已存在顺序文件，需要打开三个文件——两个已存在的文件作为输入，一个新文件作为输出。

b. T F 要合并两个顺序文件，这两个文件的记录必须有相同的域顺序。

c. T F 如果我们使用<EOF>函数来合并两个顺序文件，其中一个有 M 个记录，另一个有 N 个记录，这些记录都不相同，那么，结果文件将会有 M+N 个记录。

8.11 文件 payroll1 和 payroll2 中的最后一个记录会如何去处理？这两个记录都是（0，"0"，0.0）的话。它们会被读取吗？它们会被写入合并后的文件中吗？

8.12 如果文件 payroll1 和 payroll2 中包含有相同的记录该如何处理？例 8.8 所示的伪代码是如何处理这种情况的？

8.13 如果例 8.8 中要合并的两个文件 payroll1 和 payroll2 是按照员工号码降序（从最大到最小）存储的，那么需要如何修改上例中的伪代码呢？

8.4　问题求解：控制中断处理

在这一节，我们将给出一个编程问题，在解决它的过程中，我们还将介绍一个新的编程技术，称为控制中断处理，你可以用它处理一些与这里将讨论的问题类似的问题。这项技术的名字正取自它的工作方式。只有当控制变量的值更改或达到了一个预先认定的值时，处理过程才会停止。控制变量表示的是文件中的一个域。它会在处理过程中引发一个中断，允许执行一段中断响应程序（通常是一个计算过程）。然后，恢复原处理过程接着执行，直到另一次中断发生，再次启动中断响应程序。这个过程如此继续直至到达文件结尾。

为了学习如何使用控制中断处理技术，我们可以使用一个简单的例子，然后分析一下这个程序的开发和设计过程。

问题描述

Harvey 的 Hardware 公司在 Chippindale 镇有三个分店，各个分店都有一些销售人员。Harvey 想给这三个分店生成一个合并的月度销售报表。创建这个报表的程序需要读取的数据文件名叫 salesdata，它包含的记录有如下一些数据域：

Store(整型)、销售人员（字符串）、销售额（浮点型）

其中，store 用数字 1、2、3 来标识，salesperson 表示所在分店的销售员姓名，sales 指该销售员月度的销售金额，单位为美元。在这个数据文件中，分店 1 的所有记录在最前面，然后是分店 2 的记录，最后是分店 3 的记录。最后一个记录的分店号是 0，表示文件结束。

在计算机生成的销售报表中，每个分店要包含如下信息：

● 分店号。

- 该分店销售员的名单，以及每个销售员的月度销售额。
- 该分店总的月度销售额（实际上是公司总销售额中对应各分店的部分）。

三个分店联合在一起的总销售额要打印在报表的底部，即最后一行。

问题分析

最常见的情况是：从问题描述所需要的输出结果开始程序的编写。本题所需要的输出结果是一个销售报表，报表的主要部分是一个带有如下表头的表格：

分店　销售人员　销售额

在这个表格中，我们先列出分店 1 的所有销售员，然后是分店 2 的销售员，最后是分店 3 的销售员。于是，在表格的分店这一列，开头部分的条目都是 1，中间部分的条目都是 2，剩下的都是 3。某个分店所有销售员全部列出后，再输出该分店的总销售额。最后，在分店 3 的销售额输出后，再输出所有三个分店全部销售额的总和。报表的典型样式如图 8.3 所示。

图 8.3 Harvey 的 Hardware 公司月度销售报表

Store	Salesperson	Sales
1	T.Arnold	4444.44
1	J.Baker	5555.55
1	C.Connerly	6666.66
	Total sales for store 1:	16666.65
2	T.Dashell	7777.77
2	E.Everly	8888.88
	Total sales for store 2:	16666.65
3	B.Franklin	9999.99
3	L.Gomez	1111.11
3	W.Houston	2222.22
	Total sales for store 3:	13333.32
	Total sales for all stores:	46666.62

图 8.3　典型的销售报表

程序需要的输入变量与文件 salesdata 中记录的数据域是一一对应的，如下所示：

- Store（整型变量）。
- Salesperson（字符串变量）。
- Sales（浮点型变量）。

输出变量如下所示：

- Subtotal——各分店月度总销售额（浮点型变量）。
- Total——三个分店销售额的总和（浮点型变量）。

为了从给定输入（文件数据）出发，得到要求的输出（销售报表清单，含有分店销售额和三个分店总销售额），我们使用一项被称为控制中断处理的技术。

在本例的程序中，控制变量是分店号码（Store），执行动作为输出分店销售额小计。程序在一个循环中处理记录，直到分店号码发生改变。这时，控制转移到另一个模块，正好在分店号码发生改变前输出刚处理过的分店销售额小计值。然后，文件的处理过程继续下去，直到再次发生控制中断。这一处理过程将持续，直到达到文件结尾为止。

程序设计

如同程序分析一节所介绍的，本程序的核心模块读取文件记录、把记录写入报表，求三个分店各自的销售额小计值，直到发生一个控制中断。这时，调用另一个模块，输出分店的销售额小计值，如果已经处理完最后一个分店，则输出所有分店的总销售额。

剩余的一些任务都很小：输出欢迎信息，打开数据文件，初始化变量，输出报表表头。因此，可以把程序划分成如下一些模块：

（1）Main 模块，负责调用它的子模块。

（2）Welcome_Message 模块，输出欢迎信息。

（3）Setup 模块，执行一些"内部"任务，比如显示表格的标题和表头，打开数据文件，以及初始化变量。

（4）Process_Records 模块，读取和输出文件记录，对各分店销售额求和。

（5）Display_Totals 模块，输出各分店的销售额小计，以及所有分店的销售额总和。

模块 2、3、4 由主模块调用，当控制中断发生时，模块 5 由记录处理模块调用。对于这个程序的模块划分，图 8.4 给出了相应的层次结构图。

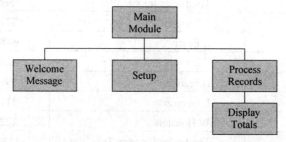

图 8.4　Harvey 的 Hardware 公司销售报表程序的层次图

下面是各个模块的伪代码：

Main 模块

```
Declare Sales As Float
Declare Subtotal As Float
Delcare Total As Float
Declare SalesPerson As String
Declare Store As Integer
Declare PreviousStore As Integer
Call Welcome_Message 模块
Call Setup 模块
Call Process_Records 模块
```

```
End Program
```

Welcome_Message 模块

这个模块输出程序的欢迎信息。它将打印程序的标题、程序员信息，以及其他一些程序数据，并且提供一个简要的程序功能说明。显然，它会包含一些 Write 语句。

Setup 模块

这个模块的工作如下：

● 为销售报表输出一个标题和表头。

● 打开 salesdata 文件，读入第一个记录。

● 初始化一些程序变量。

下面是该模块的详细伪代码：

```
Write "Harvey's Hardware Company"
Write "    Monthly Sales"
Write
Write "Store number    "+"Salesperson      "+"Sales"
Open "salesdata" For Input As DataFile
Set Total=0
Set Subtotal=0
```

Process_Records 模块

在 Main 模块中声明的 PreviousStore 变量，使我们能够确定控制变量 Store 何时被改变（在 Process_Records 模块中）。当控制变量改变时，将启动求销售额总和的计算任务。

这个模块循环遍历 salesdata 文件中的所有记录，完成的工作如下。

● 在屏幕上显示每个报表记录的数据。

● 把销售员的销售额加到分店销售额小计中。

● 读入新记录，检查分店号码是否改变（即，如果改变，就会发生一次控制中断），如果改变了，就把控制转移到 Display_Totals 模块。

当 Store=0 时，就到达了文件结尾。此时，退出循环，关闭数据文件。本模块的伪代码如下：

```
Read DataFile, Store, Salesperson, Sales
Set PreviousStore = Store
While Store != 0
   Write Store+"       "+Salesperson+"      "+Sales
   Set Subtotal=Subtotal+Sales
   Read DataFile, Store, Salesperson, Sales
   If Store != PreviousStore Then
      Call Display_Totals模块
   End If
End While
Close DataFile
```

Display_Totals 模块

当控制中断发生时，这个模块才被调用。它输出分店的销售额小计值。如果最后一个分店已经处理过了，并且又到达了文件结尾时，那么，所有分店的总销售额也会输出出来。如果最后一个分店还没有被处理，那么这个模块将把 Subtotal 重置为 0，并把变量 PreviousSotre（当前分店号码）设成新的分店号码。模块的伪代码如下：

```
Write "Total sales for store " + PreviousStore+": "+Subtotal
Write
Set Total=Total+Subtotal
If Store==0 Then
    Write "Total sales for all stores: "+Total
Else
    Set PreviousStore=Store
    Set Subtotal=0
End If
```

程序编码与程序测试

以设计为指导，现在就可以写程序代码了。在这一步，文件总注释和单步注释将被加入到每一个模块中，为程序提供内部说明文档。关于本程序，还有如下一些要点需要在编写代码时注意。

- 欢迎信息和销售报表应该输出到一个空屏幕上。回忆一下，这项工作可以用程序设计语言中的"clear screen"语句来完成的。
- 为了生成专业销售报表，类似于表 8.1 中的那个，我们需要对输出进行格式化。这意味着，要保证报表中的数据是按列排好的，美元数值则是按小数点对齐。这个任务可以用程序设计语言特定的格式化输出语句来完成。

通过创建数据文件 salesdata（它包含了表 8.1 所示的输入数据），可以对本程序进行充分测试。这个数据文件可以用本章前面部分所描述的技术来生成，或者用文本编辑器打字录入文件内容，再把结果文档保存到磁盘上，文件名为 salesdata。

8.4 节 自测题

自测题 8.14～8.17 与本节设计开发的 Harvey 的 Hardware 公司销售报表有关。

8.14　给 Setup 模块加入恰当的语句，接受用户输入月度销售额和年度销售额，计算月度总额和年度总额。

8.15　在 Setup 模块中加入一条新语句，该模块包含能显示自测题 8.14 中输入的月度销售额和年度销售额的列。表头信息应该和其他表头信息放在一起，位于报表标题的下面。

8.16　如果用表 8.1 中的数据来运行程序，则 PreviousStore 变量的第一个值和最后一个值各是多少？

8.17　如果 Harvey 开设了更多的分店，那么，Process_Records 模块是否需要修改？如果是，要做哪些修改？

8.5　问题求解：订货单计算程序

本节我们将应用本章中学到的知识以及数组相关知识来开发一个订货单计算程序，它将计算出客户从 Legendary Lawnmower 公司订购货物的账单。本程序使用一维数组和顺序文件，以及搜索和排序例程。

问题描述

Legendary Lawnmower 公司需要一个能够计算客户订购零件的账单程序。用户输入客户姓名以及所订购的零件（零件编号和订购数量），然后程序从数据文件中找到相应编号的零件以确定零件姓名和价格、最后打印输出订货单。订货单包括客户姓名、所订购的每一个零件、零件数量、零件名称、零件单价和总订货金额。客户订购的零件应该按照零件编号顺序在订货单中列出，总订货金额在最下方显示。

假设订单编号、订单名称和单价（单价列表）存储在顺序文件 pricelist 中，记录格式如下：

`PartNumber(整型)`、`PartName(字符串)`、`PartPrice(浮点型)`

问题分析

本程序有两种类型的输入，如下：

（1）从 pricelist 文件中读取的 lawnmower 零件单价列表；该文件的记录将导入到 3 个平行数组中，分别为 Numbers[]、Names[]和 Prices[]。

（2）用户输入如下数据：

● 客户姓名，存储到变量 Customer 中；

● 零件编号和所有零件的订购数量，它们将存储到数组 OrderNums[]和数组 OrderAmts[]中。

我们使用变量 ListCount 来表示 pricelist 文件中的记录数量。这个数值也是数组 Numbers[]、Names[]和 Prices[]的元素个数。变量 OrderCount 用于记录客户订购的零件种数，它的值也是数组 OrderNums[]和数组 OrderAmts[]的元素个数。

本程序的输出是订货单，大部分订货单的表头形式如下：

　　　订购数量　　零件编号　　零件名称　　单价　　总计

表中的项目——订购数量、零件编号、零件名称和单价等数据分别来自于数组 OrderAmts[]、OrderNums[]、Names[]和 Prices[]。

总计这一列的数据则是单价与订购数量相乘积的结果值。例如，一个零件的单价为 $3.24，订购数量为 10，那么该零件的总计为$32.40。

另外，订货单会打印出零件的订购总额 AmountDue，它是所有零件的总和值。典型的订货单如图 8.5 所示。

订货单				
Legendary Lawnmower 公司				
客户：Hortense Cornswaller				
数量	零件编号	零件名称	单价	总计
10	13254	Handle	$15.65	$156.50
	14000	***无效零件编号***		
5	15251	Starter(recoil)	$24.80	$124.00
4	16577	Axle(small)	$7.50	$30.00
			总额……	$310.50

图 8.5　订货单样例

程序设计

本程序需要完成三个主要工作：

（1）输入数据：需要将 pricelist 文件中的价格列表导入到平行数组中，让用户输入客户的订购情况；

（2）对零件进行排序；

（3）打印输出订货单。

第一项工作包含了两项主要的子任务——导入价格列表以及输入订购的零件。另外，它还包含了第三个子任务，根据客户订购的零件找到相应的单价。因此本程序的模块化形式如下，主模块调用三个子模块：

（1）Input_Data 模块，它调用如下子模块：

Load_Price_List 模块

Input_Parts_Order 模块

（2）Sort_Parts_Order 模块。

（3）Print_Invoice 模块，它调用如下子模块：

Search_for_Part_Number 模块

图 8.6 给出了描述本程序模块化的分层图。每个模块的伪代码如下所示。

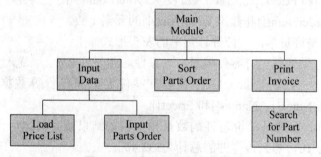

图 8.6　订货单计算程序分层图

主模块

主模块声明本程序中用到的数组和变量，打印输出欢迎信息并调用子模块。记住：数组 Numbers[]、Names[]和 Prices[]用来存储 pricelist 文件中的数据。数组 OrderNums[]和 OrderAmts[]用来记录用户输入的零件编号和订购数量。ListCount 表示 pricelist 文件中的记录的个数，OrderCount 表示用户输入的零件订购种数。本模块的伪代码如下：

```
Declare Numbers[100] As Integer
Declare OrderNums[50] As Integer
Declare OrderAmts[50] As Integer
Declare Names[100] As String
Declare Prices[100] As Float
Declare ListCount As Integer
Declare OrderCount As Integer
Declare Customer As string
Display a welcome message
Call Input_Data 模块
Call Sort_Parts_Order 模块
Call Print_Invoice 模块
End Program
```

Input_Data 模块

该模块主要的工作就是调用两个子模块：

```
Call Load_Price_List 模块
Call Input_Parts_Order 模块
```

Load_Price_List 模块

本模块从顺序文件 pricelist 中读取数据，并将数据导入到平行数组——Numbers[]、Names[]和 Prices[]中。读取文件中数据的时候，我们使用计数器 ListCount 来计算其中记录的数量。该计数器不仅可以作为数组的下标来使用，也表示了数组的元素个数且可以用作 For 循环的循环条件界限值。本模块的伪代码如下：

```
Open "pricelist" For Input As DataFile
Set ListCount=0
While NOT EOF(DataFile)
    Read DataFile, Numbers[ListCount], Names[ListCount], Prices[ListCount]
    Set ListCount =ListCount+1
End While
Close DataFile
```

Input_Parts_Ordre 模块

客户通过本模块来下订单。本模块输入客户的订购信息包括客户姓名以及所订购零件的编号和数量。所订购的每一个零件的编号保存在数组 OrderNums[]中，客户需要的零件数量保存在平行数组 OrderAmts[]中。计数器（OrderCount）做为这两个数组的下标来使用，同时它表示了订单中零件的种数。程序最后，计数器的值将变为订购零件的种数，但是在作为数组下表来使用这个值时，最大的下标值为 OrderCount-1。

```
Declare Num As Integer
Declare Amt As Integer
Write "Enter the customer's name: "
Input Customer
Set OrderCount=0
Write "Enter part number, quantity desired:"
Write "Enter 0, 0 when done."
Input Num, Amt
While Num !=0
    Set OrderNums[OrderCount]=Num
    Set OrderAmts[OrderCount]=Amt
    Set OrderCount=OrderCount+1
    Write "Enter part number, quantity desired."
    Write "Enter 0, 0 when done."
    Input Num, Amt
End While
```

Sort_Parts_Order 模块

本模块使用冒泡排序法（见第 6 章）将订购的零件按照零件编号（数组 OrderNums[]）进行升序排序。同时将平行数组 OrderAmts[]也按照 OrderNums 的排序方式进行排序，让两个平行数组的元素保持一一对应。本模块的伪代码如下：

```
Declare Flag As Integer
Declare K As Integer
Declare TempName As Integer
Declare TempAmt As Integer
Set Flag =0
While Flag==0
    Set Flag=1
    For(K=0; K<=OrderCount-2; K++)
        If OrderNums[K]>OrderNums[K+1] Then
            Set TempNum=OrderNums[K]
            Set OrderNums[K]=OrderNums[K+1]
            Set OrderNums[K+1]=TempNum
            Set TempAmt=OrderAmts[K]
            Set OrderAmts[K]=OrderAmts[K+1]
            Set OrderAmts[K+1]=TempAmt
            Set Flag=0
        End If
    End For
End While
```

Print_Invoice 模块

本模块打印输出订货单（见图 8.4 所示样例）。这里将会打印输出表名，客户姓名、表头，以及订货单列表和总订货金额。对于每一个订购的零件，我们要从定价单中找到它的名称和单价，完成如下工作中的一种：

如果找到了相应的零件，在订货单中显示出订购数量、零件编号、零件名称、单价和总计，把这些信息在一行上面显示出来。

如果没有找到相应的零件，在订货单的单独一行上打印出客户输入的零件编号和相应的提示信息。

另外，在打印上述信息的循环中还要计算出总订货金额，它把每个零件的总计额相加即可算出总订货金额，并把它显示在订货单的最下面。本模块的伪代码如下：

```
Declare AmountDue As Float
Declare ItemCost As Float
Declare K As Integer
Declare Found As Integer
Declare Index As Integer
Set AmountDue==0
//打印输出订货单题头
Write "Customer: " + Customer
Write "Quantity \t Part Number \t Part Name \t Unit Price \t Item Price"
For(K=0; K<OrderCount; K++)
    //从零件列表中找到 OrderNums[K]
    Call Search_for_Part_Number 模块
    //Found =1 表明搜索到了相应零件
    //Index 为该零件在数组中的下标值
    If Found==1 Then
        Set ItemCost=OrderAmts[K]*Prices[Index]
        Write OrderAmts[K]+"\t"+OrderNums[K]+"\t"+
                Names[Index]+"\t"+Prices[Index]+"\t"+ItemCost
        Set AmountDue=AmountDue +ItemCost
    Else
        Write OrderNums[K]+" Invalid Part Number"
    End If
 End For
 Write "TOTAL DUE …"+AmountDue
```

回忆前面介绍过，符号\t 表示制表符，用于将输出信息格式化、按列进行显示。

Search_for_Part_Number 模块

本模块对数组 Numbers[]进行线性搜索（见第 6 章），找到相应零件编号在数组 OrderNums[K]中的下标值 K。如果在数组中找到相应的零件编号，将变量 Index 的值设置为当前的下标值，并将变量 Found 设置为 1；如果没有找到该零件编号，将变量 Found 设置为 0。本模块的伪代码如下：

```
Set Index=0
Set Found=0
While(Found=0) AND (Index<=ListCount-1)
    If Numbers[Index] == OrderNums[K] Then
        Set Found=1
```

```
            Set Index=Index+1
        End If
End While
```

程序编码

以设计为指导，现在就可以写程序代码了。在这一步，总注释和分步注释将被加入到每一个模块中，为程序提供内部说明文档。关于本程序，还有如下一些要点需要在编写代码时注意。

- 欢迎信息和订货单应该输出到一个空屏幕上。回忆前面所学，这个任务是用程序设计语言中的 "clear screen" 语句来完成的。
- 为了生成专业订货单，类似于图 8.4 中的那个，我们需要对输出进行格式化。这意味着，要保证订货单中的数据是按列排好的，美元数值则是按小数点对齐。这个任务可以用程序设计语言特定的格式化输出语句来完成。

程序测试

通过创建数据文件 pricelist 来对本程序进行充分的测试，该文件包含如下内容：

```
13254, "Handle", 15.65
14153, "Wheel (6 in.)", 5.95
14233, "Blade (20 in.)", 12.95
14528, "Engine (260 cc)", 97.50
14978, "Carburetor", 43.00
15251, "Starter (recoil)", 24.80
15560, "Adjusting knob", 0.95
16195, "Rear skirt", 14.95
16345, "Grass bag", 12.95
16577, "Axle (small)", 7.50
```

这个数据文件可以用本章前面部分所描述的技术来生成，或者用文本编辑器打字录入文件内容，再把结果文档保存到磁盘上，文件名为 pricelist。当程序运行后，如果程序员从键盘输入了零件编号 13254、14000、15251、16577，那么程序的输出结果应该类似于图 8.4 所示的样例订货单。

8.5 节 自测题

自测题 8.18～8.20 涉及本节开发的订货单计算程序。

8.18　如果在 Input_Parts_Order 模块的第一次输入提示时，用户输入了 0，请描述订货单的内容。

8.19　请把 Input_Parts_Order 模块中的前置检测循环使用后置检测循环来代替。

8.20　请编写一个 Welcome_Message 模块，并重新编写 Main 模块，让它只包含 Declare 语句和 Call 语句。

8.6　本章复习与练习

本章小结

本章我们讨论了以下内容。

1. 文件的类型：

● 文本文件，全部由标准字符组成。

● 二进制文件，包含非标准符号的非文本文件。

● 顺序文件中的记录必须按记录在文件中出现的顺序读取。

● 直接访问文件运行独立地读取其中任意记录而与其他记录无关。

2. 要创建一个顺序文件，需要遵循如下步骤：

● 用 Open 语句以 Output 模式打开文件。

● 用 Write 语句把记录写到创建的文件中。

● 用 Close 语句关闭文件。

3. 要读取顺序文件的内容，遵循如下步骤：

● 用 Open 语句以 Input 模式打开文件。

● 用 Read 语句把记录数据赋值给程序变量。

● 用 EOF 函数判断文件结束。

● 用 Close 语句关闭文件。

4. 要修改顺序文件的内容，遵循如下步骤：

● 删除、修改、插入一个文件记录的一般过程是：

a. 以 Input 模式打开给定文件，以 Output 模式打开草稿文件。

b. 用户输入待修改的数据。

c. 从给定文件读取数据，并把它们写到草稿文件中，直到到达一个需要修改的记录。

d. 修改该记录。

e. 从给定文件读取剩余的数据，并把它们写到草稿文件中。

f. 关闭这两个文件。

g. 用草稿文件的内容替换给定文件的原始内容。

● 删除、修改、插入某个指定记录的特定流程。

5. 要把两个顺序文件合并成第三个文件，遵循如下步骤：

● 以 Input 模式打开文件 File1 和 File2，以 Output 模式打开合并文件 File3。

● 读取 File1 和 File2 的初始记录。

● 此时记录仍然在两个文件中，如果 File1 的记录在 File2 的记录前面，则把 File1 的记录写到 File3 中，并从 File1 中读取另一个记录。否则，把 File2 的记录写到 File3 中，并从 File2 中读取另一个记录。

● 从 File1 或 File2 中读取剩余记录，并把它们写到 File3 中。

● 关闭所有文件。

6. 控制中断处理使用一个控制变量周期性的退出循环或模块，并执行一次中断响应程序。

复习题

填空题

1. _____是一个数据集合，有给定的名字，存储在硬盘中。

2. 数据文件通常是由记录组成的，其中包含一个或多个数据项，这些数据项叫做_____。

3. _____文件仅仅包含标准字符。

4. _____文件可能包含非标准的字符。

5. 要想读取_____文件中的第五个记录，必须先读取前四组记录。

6. 要读取_____文件中的第五个记录时，不需要先读取前四组记录。

7. 在运用_____技术时，一旦指定变量的值改变或到达一个预定的级别，程序就退出循环或模块，执行中断响应程序。

8. 问题 7 中"指定变量"被称为过程的_____变量。

判断题

9. T F 程序文件包含的数据可以被不同的程序使用。

10. T F 数据文件可以被一个以上的程序使用。

11. T F 数据文件可以保存程序的输出，以备将来使用。

12. T F 文字处理软件被设计成能读入所有的二进制文件。

13. T F 如果一个文件以 Output 模式打开，但是该名字的文件已经在硬盘目录中存在，那么后者的所有内容都会被删除。

14. T F 下面的语句

```
Write DataFile, Number
```

会把一个 Number 的值传到一个内部名为 DataFile 的文件中。

15. T F 当文件以 Input 模式打开时，数据可以被程序写入到这个文件中。

18. T F 当文件关闭时，文件内部名和外部名之间的联系就会中止。

17. T F 如果要改变顺序文件中的单个记录，那么整个文件都要被改写到一个临时文件中。

18. T F 有些程序设计语言包含可以删除和改变文件名的语句。

19. T F 将两个按照升序存放数据的顺序文件合并后，合并出来的结果文件也将是按照升序存放的。

20. T F 要合并两个顺序文件，则必须先以 Output 模式打开它们。

简答题

21. 编写一个程序生成一个顺序文件，文件包含如下内容：

```
"Arthur"<CR>"Michael"<CR>"Sam"<CR><EOF>
```

姓名由用户输入。

22. 编写一个程序，在用户屏幕上显示 21 题的顺序文件的内容。

在简答题 23～27 中，请给出每个程序段运行后 update 这个文件所包含的内容。假设每个程序运行前存在一个叫 **original** 的文件，所包含的内容是：

"A", 25<CR>"C",20<CR>"E", 15<CR><EOF>

并且每个程序段的开头有下列语句：

```
Open "original" For Input As GivenFile
Open "update" For Output As TempFile
```

23.
```
Read GiveFile, Item, Number
Write TempFile, Item, Number
Close GivenFile，TempFile
```

24.
```
While NOT EOF(GivenFile)
    Read GiveFile, Item, Number
    Write TempFile, Item, Number
End While
Close GivenFile,TempFile
```

25.
```
While NOT EOF(GivenFile)
    Read GiveFile, Item, Number
    If Item ! ="C" Then
        Write TempFile, Item, Number
    End If
End While
Close GivenFile, TempFile
```

26.
```
Set Input Item="D"
Set Input Number=90
While NOT EOF(GivenFile)
    Read GiveFile, Item, Number
    If InputItem<Item Then
        Write TempFile, InputItem, InputNumber
    End If
End While
Close GivenFile, TempFile
```

27.
```
Set Input Item="C"
Set Input Number=75
While NOT EOF(GivenFile)
    Read GiveFile, Item, Number
    If InputItem==Item Then
        Write TempFile, InputItem, InputNumber
    Else
        Write TempFile, Item, Number
    End If
End While
Close GivenFile, TempFile
```

28. 在简答题 23 的程序段中：

a. 对于变量 **Item**，给出两种可能的数据类型。

b. 对于变量 **Number**，给出两种可能的数据类型。

简答题 29～34 使用到了下面的伪代码，将内部名为 FileOne 和 FileTwo 的两个文件合并成第三个文件 Merged（FileOne 和 FileTwo 中的每个记录都包含单个数据域，类型为字符串类型）。

```
Read FileOne, Name1
Read FileTwo, Name2
While(NOT EOF(FileOne)) AND(NOT EOF(FileTwo))
    If Name1<Name2 Then
        Write Merged, Name1
        Read FileOne, Name2
    Else
        Write Merged, Name2
        Read FileTwo, Name2
    End If
End While
```

假设 FileOne 和 FileTwo 的内容如下：

```
File One:
"Corinne"<CR>"Marjorie"<CR>"Shirley"<CR>"Tamara"<CR><EOF>
FileTwo:
"Arthur"<CR>"Michael"<CR>"Sam"<CR><EOF>
```

29. 在第一次 While 循环后，文件 Merged 的内容是什么？
30. While 循环进行了多少次？
31. 当 While 循环退出时，文件 Merged 的内容是什么？
32. 必须在 Merged 文件的结尾添加什么名字，才能完成两个文件的合并？
33. 如果文件 FileOne 和 FileTwo 是按照字典序的逆序来排序的，则为了进行这两个文件的合并，上面的伪代码必须如何修改？
34. 如果文件 FileOne 和 FileTwo 是按照字典序的逆序来排序的，并且伪代码也按照第 33 题的要求修改了，那么，在 While 循环结束后，Merged 文件会包含什么内容呢？

   对于练习题 35～37，假设文件 test 包含 25 条记录，记录内容如下：

   score 1 (整型), score 2 (整型), score 3 (整型),

   假设我们想要把 test 文件中的记录导入到数组 Score1[]、Score2[]和 Score3[]中。

35. 请编写声明三个数组的语句。
36. 请编写一段程序将文件中的记录导入到数组中。
37. 请编写一段程序打印出第 36 题中数组的全部数据，分成 25 行，每行包含三个测试分数。对于第 38 题，假设文件 data 包含如下记录：

```
"Huey", 1, 2
"Dewey", 4, 5
"Louie", 7, 8
```

38. 如下伪代码对应的程序运行后，输出结果是什么？

```
Declare Ducks[10] As String
Declare Numbers[10,20] As Integer
```

```
Open "data" For Input As DataFile
For(K=0; K<3; K++)
    Read DataFile, Ducks[K]
    For(J=0; J<2; J++)
        Read DataFile, Numbers[K,J]
    End For(J)
End For(K)
For(J=0; J<2; J++)
    For(K=0; K<3; K++)
        If K==1 Then
            Write Ducks[K]+" "+Numbers[K,J]
        End If
    End For(K)
End For(J)
Close DataFile
```

编程题

对于下面每个编程问题，用自顶向下的模块化方法和伪代码来设计合适的程序解决它。

1. a. 用户输入一些学生的名字，以 "ZZZ"，0，0，0 结束，产生一个数据文件 grades，该文件中的记录格式如下：

   student(字符串),test1(整型),test2(整型),test3(整型)

   b. 显示由问题 a 中的程序产生的数据文件 grades，一行输出一个学生的记录信息，包含他的总成绩（三门考试的成绩总和）。例如，输出中的一行可能如下所示：

   R. Abrams 76 84 82 242

   c. 修改问题 b 中的程序，使它能根据用户选择，要么输出 grades 中的全部数据，要么输出某个指定学生的记录。无论何种情况，在输出学生记录时，都要输出他或她的考试总成绩。

2. 假设存在一个名为 inventory 的文件，它存储了 Legendary Lawn Mower 公司（第 8.5 节）的零件清单，它的记录格式如下：

   partNumber(整型),partName(字符串),quantity(整型)

   假设文件中的数据是按照 partNumber 的升序来排序的。对于以下每个问题，写程序来解决指定的任务。

   a. 用户输入零件号码，从文件 inventory 中删除对应的记录。

   b. 用户输入零件号码和数量，修改对应该零件号码的记录项，把它的最后一个数据域改为输入的数量值。

   c. 用户输入一个新的零件号码，零件名称和数量，把对应的记录插入到 inventory 文件中合适的位置上。

3. Last National 银行有两个支行，每个支行使用一个顺序文件来存储客户活期存款账号的摘要信息，记录的格式如下：

   AccountNumber(整型), CustomerName(字符串), Balance(浮点型)

有两个名为 account1 和 account2 的文件，它们的数据按照账户号码升序排序。（假设没有两个账户号码是相同的）。由于银行财政困难，必须撤销其中一个支行，这两个文件需要被合并成名为 account3 的单个文件。请编写程序来完成这个操作。

b. 假设 account1 和 account2 两个文件中有一些记录是相同的。请修改程序的相应模块，使相同的记录只会有一个被写到文件 account3 中。

4. Eversoft Eraser 公司有一个 customer 文件，它记录了客户姓名（不一定按照字母顺序排序）和电话号码，记录格式如下：

姓，名，电话号码

用户输入姓之后，程序能够搜索文件，并打印出所有该姓氏的客户姓名和电话号码。将该文件中的记录导入到平行数组中，然后按照姓名字母的排列顺序打印输出客户姓名和电话号码。

5. Euphoria 州的机动车管理部门决定对本州的驾驶员情况进行一些核算。你编写的程序应该使用已有的文件 licenses，它包含的记录形式如下：

驾驶员姓名 (字符串)
驾驶证编号 (字符串)
违章次数 (整型)

当用户输入驾驶证编号，程序能够打印出相应的驾驶员姓名和违章次数（提示：将 licenses 文件中的记录导入到三个平行数组中，搜索其中一个数组以找到对应的驾驶证编号）。

第 **9** 章

面向对象程序设计入门

到目前为止，本书一直使用自顶向下模块化的程序设计方法来处理复杂的编程问题。本章我们将学习一种新的程序设计方法——面向对象程序设计。首先，我们学习一下面向对象程序设计的基本思想和概念，然后应用学到的内容完成一个复杂的程序设计问题。另外，本章还将学到如何使用建模技术开发出精巧和复杂的程序。

读完本章之后，你将能够：

- 学会面向对象程序设计的基本术语[第 9.1 节]；
- 定义类、创建构造函数、创建对象[第 9.1 节]；
- 理解 OOP 的特性：封装、继承和多态[第 9.2 节]；
- 理解子类（衍生类）如何扩展父类（基类）[第 9.2 节]；
- 学会如何编写 OOP 程序[第 9.3 节]；
- 学会使用伪代码进行面向对象程序设计[第 9.3 节]；
- 理解清楚 UML 是什么，如何使用它来开发复杂的程序[第 9.3 节]。

在日常生活中：对象

本章的主题是对象。而本书的主题是程序设计，程序是由一系列指令组成的。因此，按照程序设计的术语来说，对象与编写程序有何关系呢？答案很简单：任何具有属性和功能的事物都可以称为对象。属性指的是一个具体事物（或对象）的质量、品质或属性。在这里的上下文环境下，功能指的是该对象的处理过程或操作过程。我们周围到处都是对象——你的椅子、本书、你的洗衣机都是对象。甚至你自己本身就是对象。

我们来看一下洗衣机。它必然具有一些属性——它由金属组成、它有一个桶、电机和齿轮箱；另外它还有一个具体的尺寸大小。当我们罗列出一系列洗衣机的属性后，我们大致可以知道洗衣机的情况如何（配置是否好），不过对于想要定义它来说，这些信息还是不充分的。我们必须介绍一下它的功能——它的工作过程：机器开启后，加入水、机筒滚动、抽水、漂洗、甩干、机器关闭。最后，我们需要清楚洗衣机的作用对象。本例中，洗衣机这个对象作用于衣服、毛巾和毛毯。综合所有这些信息——属性、功能、作用的对象，我们就可以完整地描述了一个有用的对象。

如下是洗衣机的重要特性，也可以说是任何有用的对象的重要特性：

- 你不必懂得洗衣机工作的内部机理；
- 如果某人制作了一台洗衣机，你可以买来用（或者免费拿来用），你不必自己制作一台洗衣机来用。

在程序设计中，包含属性（数据）和功能（处理）的对象可以提供打包好的解决方案来帮助我们解决一定的问题。定义和创建对象初看起来确实有点复杂，但是使用他们可以让复杂的问题更容易处理和解决。更进一步来说，由于其特点，对象最终是简化了程序设计过程并确保了我们不必重复发明创造转轮（或洗衣机）。

9.1　类 和 对 象

对象是由数据（或属性）及其作用于数据的处理过程（功能）组成的。面向对象程序设计（OOP）是一种程序设计和编码的方法，该方法的重点在于对象（解决问题所要用到的）以及对象之间的关系。本节，我们将介绍面向对象程序设计的一些基本概念。

9.1.1　类

开始学习全新知识的时候，想要理解清楚它所涉及的相关术语并不是一件很容易的事。对于面向对象程序设计来说，更为复杂的情况是，经常会遇到使用不同的术语来描述同一个概念的情况。好在这里大部分的术语和概念与你已熟悉的那些术语和概念是类似的。

在面向对象程序设计中，类是最基本的实体。类是一种数据类型，可以用它来创建对象。类通过描述属性（数据）和作用于数据的方法（动作）来定义了对象集合。例如，如下手机类的定义：

- 它的属性包括品牌、机型、尺寸、重量、颜色、应用等等；
- 它的方法包括开机关机、调整音量、选择铃声、照相、发短信、语聊、存储信息等等。

手机类只描述了手机是什么，使用手机能做什么。而手机类的对象就是手机类的实例，比如黑莓珍珠手机、摩托罗拉 Android 手机。

如前所述，类是一种数据类型。我们前面学过的数据类型有整型（Integer）、浮点型（Floats）、字符串型（Strings）和字符型（Characters）。它们都是基本数据类型。基本数据类型是编程语言预定义好的数据类型，它们的名字是保留字。类是由程序员创建的数据类型。另外也可以认为类是我们要创建的对象的蓝图或原型。

定义类的目的就是为了创建对象。对象是类的具体实例。类和对象的关系类似于数据类型和相应类型变量的关系。例如，如下语句：

```
Declare Number As Integer
```

类型 Integer 指明了我们能够处理的数据类型以及作用于它的操作是什么。变量 Number 就是 Integer 类型的具体实例。在程序中可以给这个变量指定一个整型数值。但是基本数据类型，比如整型和类还是有差别的。程序员通过声明与类相关的属性和方法来创建类。这样一来，程序员就获得了巨大的自由度，当你开始进行面向对象程序设计的时候你就理解这一点了。

对象

下面我们看一下对象本身。我们知道，对象由两个部分组成：数据以及作用于数据上的操作。我们可以说对象把数据和操作封装在一起了。也就是说，对象就像一个包裹，这个包裹里有关这个对象的数据以及操作。操作在类中来定义；数据对应于具体的对象，当然数据的具体类型也是在类中进行声明的。

我们继续分析一下手机类，手机类的蓝图指明了它的属性（品牌、机型、尺寸、重量、颜色、应用等等）和它的方法（开机关机、调整音量、选择铃声、照相、发短信、语聊、存储信息等等）。我们可以通过指定具体的属性值和方法来创建手机类的实例。

例如，我们可以说手机类的实例黑莓珍珠手机封装了如下的属性（数据）和方法（操作）。

属性：品牌（黑莓）、机型（珍珠 8120）、尺寸（105mm×50mm）、重量（3.25 盎司）、摄像头（200 万像素）、操作系统（黑莓操作系统）、电池续航（支持 4 小数语音通话）等等；

方法：开机、关机、收发短信息、打接电话、收发 EMAIL、拍照、录像、听音乐等等。

但是，摩托罗拉 Android 手机与上面的黑莓珍珠手机就是完全不同的对象，即使它们的数据一样、操作也一样。它的属性和方法如下：

属性：品牌（摩托罗拉）、机型（不定）、尺寸（115mm×60mm）、重量（6 盎司）、摄像头（500 万像素）、操作系统（Android 操作系统）、电池续航（支持 6.4 小数语音通话）等等；

方法：开机、关机、收发短信息、打接电话、收发 EMAIL、手机上网、拍照、录像、听音乐等等。

注意对于对象的两个组成部分的称谓有多种：

- 对象的数据可以称为属性、特性或状态。
- 对象的方法可以称为方法、行为、服务、过程、子程序或功能函数。

在本书中，我们使用术语属性（数据）和方法（操作）。

9.1.2　定义类与创建对象

如果需要在程序中使用到对象，那么第一步就是为这种类型的对象定义类。类的定义给出了对象的结构（或蓝图）——即该类对象包含的属性以及它能使用的方法。例 9.1 举例说明了如何使用伪代码来定义类[1]。

例 9.1　立方体类

立方体是所有边长都等长的箱型实体。立方体的体积值是其边长的三次方，Volume=（Side）^{3}。假设我们要定义一个立方体类，它包括：

- 属性：边长（Side）、体积（Volume）
- 方法：
  设置边长值：SetSide()；
  计算立方体体积：ComputeVolume()；
  获取边长的值：GetSide()；
  获取立方体的体积值：GetVolume()；

本节稍后部分将介绍这些方法的细节内容。本例的代码为子程序，通过主程序来调用它们。例 9.2 举例说明这些子程序如何使用。

这里使用如下伪代码来定义立方体类：

```
1 Class Cube
2   //立方体类的属性
3   Declare Side As Float
4   Declare Volume As Float
5   //立方体类的方法
6   Subprogram SetSide(NewSide)
7         Set Side=NewSide
8   End Subprogram
9   Subprogram ComputeVolume()
10       Set Volume=Side^3
11  End Subprogram
12  Function GetVolume() As Float
13       Set GetVolume=Volume
14  End Function
15  Function GetSide() As Float
16       Set GetSide=Side
17  End Function
18 End Class
```

程序如何运行以及各行伪代码的意义

本伪代码中用到的 Subprogram 和 Function 在第 7 章中学习过。请回忆一下，函数是一种特殊类型的子程序，它的名字可以被指派一个值。本例中，SetSide()和 ComputeVolume()是子程序，而 GetSide()和 GetVolume()是函数。在主程序中对这两个函数进行了调用并使用了它们的返回值，而这两个子程序只在类内部完成一定的操作。

- 请回忆一下，子程序头部（例如伪代码第 6 行 NewSide()）括号中的变量我们称为形参。
- 注意如果子程序没有形参，我们仍旧要写上括号()，例如第 9 行的子程序 ComputeVolume()。
- 请回忆前面所学，函数可以放在变量、常量或表达式有效的位置处进行调用。例如，第 12~14 行的函数 GetVolume()将 GetVolume 的值设置为变量 Volume 的值。而子程序主要是对数据进行操作，例如，第 9~11 行的子程序 ComputeVolume()通过计算变量 Side 的立方值来求立方体的体积，并把最终结果赋给变量 Volume。
- 第 6 行的方法 SetSide()、第 12 行的方法 GetVolume()和第 15 行的方法 GetSide()称为访问方法；它们让程序的其余部分能够访问到对象的属性。
  - SetSide()方法能够从主程序中获取边长 Side 的值；
  - GetSide()方法和 GetVolume()方法能够让主程序来使用边长 Side 和体积 Volume 的值。

最后这一点大家可能会问：为什么不把变量 Side 和变量 Volume 作为形参来使用呢？这就是理解 OOP 的关键了。在面向对象程序设计中，我们希望类变量独立于程序的其他部分。这种数据隐藏有两个目的：

- 它增强了对象数据的安全性。数据不能被随意使用，只能通过具体的方法来使用它。任何对象都可以在整个程序中使用。例如，你编写了一个探险游戏，有一个怪兽类，这个类定义这样一种对象，它有一个头和一个尾巴，你希望任何时候创建新的怪兽对象时，它不会因为其他人编辑了怪兽对象而导致它变成了两个头没有尾巴的怪物。
- 它让对象的内部工作机理对程序员来说是透明的。在 OOP 中，对象的工作方式就像黑盒子。尽管它的接口对于外部的程序世界是开放的，但是方法完成工作的方式以及它所处理的变量是私有的、内部的。

公有的与私有的属性与方法

我们肯定希望某些属性和方法对该类对象外部来说是公开的，而另外一些属性和方法是私有的、隐藏的，只在对象内部所使用。我们称前一种类的成员（属性和方法）是公有的（在类对象的外部可用），后一种类的成员是私有的（类的外部不可用）。大多数程序设计语言使用关键字 Public 和 Private 来声明这两种类型。把相应的关键字放在变量或方法的前面来指明这些类成员的状态。例如，在例 9.1 中，我们把所有的属性都声明为私有的，把所有的方法都声明为公有的，修改后的伪代码如下：

```
Class Cube
    Declare Private Side As Float
    Declare Private Volume As Float
    Public Subprogram SetSide(NewSide)
        Set Side=NewSide
    End Subprogram
    Public Subprogram ComputeVolume()
        Set Volume=Side^3
    End Subprogram
    Public Function GetVolume() As Float
        Set GetVolume=Volume
    End Function
    Public Function GetSide() As Float
        Set GetSide=Side
    End Function
End Class
```

属性通常会声明为私有的，以保证其完整性。如果方法是对象和程序之间的接口，通常把这样的方法声明为公有的，如果方法仅仅在类内部所使用，通常把这类方法声明为私有的。在面向对象程序设计中成员还有第三种类型。如果类的属性对于其衍生类（见第 9.2 节）来说是可用的（公有的），而对于程序的其他部分是隐藏时（私有的），我们把这样的属性声明为 Protected 类型。在本书中，我们假设所有的属性都是 Private 或 Protected 类型，而所有的方法都是 Public 类型。

9.1.3　创建对象

前面介绍过，定义类就像定义数据类型一样，而数据类型（如整型）不能在程序中直接使用，当然类也不能在程序中直接使用。一旦我们完成了类的声明，我们可以通过创建该类的一个或多个对象，在程序中使用这些对象。按照 OOP 语言来说，每当我们创建了一个类的对象，我们可以说创建了这个类的一个实例。也就是说我们必须进行实例化操作。实例化通常在主程序中通过声明语句来实现。例如，本书中，可以使用如下语句来声明：

```
Declare Cube1 As New Cube
Declare Cube2 As New Cube
```

上面两条语句创建了两个对象，名字分别为 Cube1 和 Cube2，它们是 Cube 类的实例。关键字 New 用于指定想要创建哪个类的新对象。

对象创建完成后，只需要通过一个引用符号，就可以在程序中使用对象 Cube1 和 Cube2 了。同大多数面向对象程序设计语言中一样，本书中使用点符号来引用对象的属性和方法。例如，如果要将值 10 指派给 Cube1 的属性 Side（见例 9.1），我们将使用如下语句：

```
Call Cube1.SetSide(10)
```

该语句将调用方法 SetSide，将值 10 指派给它的实参 NewSide。为了保证该方法把对象 Cube1 的边长 Side 设置为 10，我们将 Cube1 放到该方法的前面，中间以点符号连接。另一个例子是，打印出 Cube2 对象的 Volume 属性，使用如下语句：

```
Write Cube2.GetVolume()
```

通常情况下，要引用对象 ObjectName 的公有成员（属性和方法）MemberName，可以使用如下形式：

```
ObjectName.MemberName
```

例 9.2 举例说明如何使用。

例 9.2　使用类的对象

如下程序用到了 Cube 类的对象 Cube1。Cube 类在例 9.1 中进行了定义。本程序要求用户输入一个数值，这个数值表示立方体的边长值，最后打印输出立方体的体积。

```
1 Main
2   Declare Cube1 As New Cube
3   Declare Side1 As Float
4   Write "Enter the length of the side of a cube: "
5   Input Side1
6   Call Cube1.SetSide(Side1)
7   Call Cube1.ComputeVolume()
8   Write "The volume of a cube of side "+Cube1.GetSide()
9   Write "is "+Cube1.GetVolume()
10 End Program
```

程序如何运行以及各行伪代码的意义

注意上述伪代码中有四次对方法的调用，这些方法是对象 Cube1 的方法：SetSide()（第 6 行）、ComputeVolume()（第 7 行）、GetSide()（第 8 行）和 GetVolume()（第 9 行）。在 OOP 语言中，这些调用认为是相应实例的消息。参照例 9.1，下面解释了当 Cube 类的对象被调用时发生了什么。

- 在伪代码的第 5 行，用户输入了立方体的边长值。例如，用户输入了 2，那么立方体的边长值就是 2。
- 在伪代码的第 6 行发生了第一次子程序调用，Call Cube1.SetSide(Side1)，它将第 5 行获取的数值传递给子程序变量 Side。因此 Side 的值现在变成了 2。
- 第 7 行又一次子程序调用，Call Cube1.ComputeVolume()，Volume=Side^3，体积值 Volume 等于 23 或 8。
- 第 8 行的语句，Write "The volume of a cube of side"+Cube1.GetSide()将打印输出如下内容：

```
The volume of a cube of side 2
```

- 第 9 行的语句，Write "is"+Cube1.GetVolume()将打印输出：

```
is 8
```

9.1.4　构造函数

在例 9.2 中，当主程序调用子程序 ComputeVolume()时，如果属性 Side 没有具体的值，程序将会报错。为了避免这种情况发生，面向对象程序设计语言提供了一种简单的解决方案，使用构造函数（constructors）来初始化对象的属性。可以把构造函数看做构建对象的模板或方法。在编程的时候，构造函数是一种在类定义中声明的特殊方法，当创建对象的时候，它将自动地被程序调用以完成相应的初始化工作。构造函数会初始化对象的属性，并将对象设置为某种不变状态。正确编写的构造函数会将对象设置为可用状态。也可以这么说，类中的构造函数是这样一种特殊函数，它用于创建该类的对象。

在创建对象（类的实例）的时候，构造函数被自动化地调用。构造函数为了与一般方法进行区分，它的名字与对象所属的类名是一样的。创建类的时候，构造函数就被创建了。有时，类会有不止一个构造函数。在设计比较复杂的 OOP 程序时，我们将介绍为什么类有必要具有多个构造函数，在第 9.4 节中将会介绍如何使用类的多个构造函数。

如下例 9.3 所示，例如，在立方体类中，构造函数可能会设置对象的两个属性值，Side 和 Volume，把它们的值都设置为 1。这时，当主程序调用子程序 ComputeVolume()时，即使程序没有为 Side 属性赋值，程序仍然可以使用这个属性，因为构造函数已经将它的值设置为 1，不会在引起程序错误。

例 9.3　编写立方体类的构造函数

如下程序给出了在定义立方体类的时候，如何编写它的构造函数。例 9.1 中的 Cube 类将修改为如下形式：

```
1  Class Cube
2     Declare Private Side As Float
3     Declare Private Volume As Float
4     //Cube 类的构造函数
5     Public Cube()
6        Set Side=1.0
7        Set Volume=1.0
8     End Constructor
9     Public Subprogram SetSide(NewSide)
10        Set Side=NewSide
11    End Subprogram
12    Public Subprogram ComputeVolume()
13        Set Volume=Side^3
14    End Subprogram
15    Public Function GetVolume() As Float
16        Set GetVolume=Volume
17    End Function
18    Public Function GetSide() As Float
19        Set GetSide=Side
20    End Function
21 End Class
```

9.1 节 自测试

9.1 对象有哪两个主要的组成部分？

9.2 类与该类的对象是什么关系？

9.3 公有的类成员与私有的类成员有什么不同？

9.4 什么是数据隐藏？请举例说明为什么在 OOP 程序中，它非常重要？

9.5 请定义一个类，名字为 InAndOut，包含构造函数，它包含属性 Value（浮点类型），以及两个方法，如下：

SetValue() 是一个子程序，它从主程序中获取属性 Value 的值；

GetValue() 是一个函数，它将属性 Value 的值返回给主程序。

9.6 什么是构造函数？为什么要使用构造函数？

9.2 面向对象程序设计的其他特性

本节我们将继续讨论面向对象程序设计的其他特性，它为 OOP 提供了多样性、更强大的功能。

9.2.1 面向对象语言的优点

面向对象程序设计工具已经被使用了好几十年，但是直到 20 世纪 80 年代晚期才流行起来。它的发展有两个基本原因：

（1）在 20 世纪 80 年代，市场对于功能强大的应用程序需求增长，比如文字处理程序，图形程序和计算机游戏等，从而导致了开发出来的程序越来越复杂。这类程序有太多的选项以及可能的输出结果，如果继续使用子程序的方式来处理的话，将是一场噩梦。由于对象的自包含特性（封装）以及我们下面将要讨论的继承和多态的特点，OOP 同自顶向下模块化的程序设计方法相比，能够更好地应对极为复杂的程序设计问题。

（2）在 20 世纪 80 年代中期，苹果 Macintosh 系统提供的广受欢迎的图形用户接口（GUI Graphical User Interface）逐渐地变成了几乎所有系统必备的用户接口。今天，包括苹果公司的 Macs 以及微软公司的 Windows PC，几乎所有的现代计算机都在使用 GUI。GUI 由对象组成（窗口、方框、按钮等等），因此 OOP 自然成为编写这些接口的方法。

9.2.2　继承与多态

同 OOP 相比，使用自顶向下的模块化程序设计方法称为过程式程序设计（procedural programming）。 大多数早期的程序设计语言，比如 FORTRAN 和 BASIC 并不支持类和对象，它们都是过程式程序设计语言。另外，除了提供过程式程序语言工具，大多数现代的程序设计语言，比如 C++和 Java，允许程序员使用对象。要想充分利用 OOP 的优势——真正地完全支持面向对象程序设计——编程语言必须具有如下特点：

- 封装，将数据与操作数据的方法捆绑到一起，这样数据只能由这些方法来操作。这个特性是类和对象的基础。
- 继承，指的是基于已有的类创建新类的能力。原有类的属性和方法都将被新类所继承，而且新类也可以具有自己的属性和方法。
- 多态，指的是能够创建实现通用方法的一种能力，它能够自动地选择与不同类的对象相对应的方法。

在第 9.1 节中，我们讨论了封装的概念；下面我们将介绍继承和多态的概念。

继承

日常生活中，我们经常会对事物进行归类。例如，卡车和汽车都归类为交通工具，而旅行车、敞篷车和轿车都归类为汽车。按照数学的术语来说，我们将汽车称为交通工具的一个子集，将敞篷车称为汽车的一个子集。如图 9.1 所示，给出了上述关系的分层图。

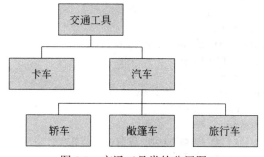

图 9.1　交通工具类的分层图

将对象进行归类可以帮助我们分析它们是什么以及它们能够进行何种操作。如果我们清楚汽车是什么，那么当一个朋友告诉我们他购买了一辆敞篷车的时候，它就不必向我们解释敞篷车与汽车有何共同的属性和方法了。由于敞篷车是汽车的一个子集，因此它继承了汽车的属性和方法。即使某个人从来没有听说过敞篷车，只需告诉他敞篷车是一种汽车，那么他自然会清楚汽车的属性和方法。此时，我们的朋友只需要说清楚敞篷车特别之处，它与其他类型的汽车的差异在哪里即可。

归类和继承的概念同样应用于面向对象程序设计之中。面向对象程序设计语言允许我们创建已有类的子类。此时，这个已有类称为父类或基类，而子类称为孩子类或衍生类。在创建子类的时候，基类的方法和属性自动地被子类所继承，而子类也可以定义自己的属性和方。这种方式，我们称为孩子类扩展了父母类。新创建的衍生类可以使用基类中已定义的方法。例如，回忆一下第 9.1 节中的立方体类，它的成员如下：

- 属性：Side，Volume。
- 方法：SetSide()，ComputeVolume()，GetSide()，GetVolume()。

我们可以认为立方体是一种特殊类型的长方体——它的所有边长都相等。如果想要定义另一种长方体，它的底是正方形，它的高与底边的长度不相等，这个工作我们不必从头开始。我们可以把这个新类定义为立方体类的子类。

在定义子类的时候，我们将它声明为父类的类型。因为它扩展了父类，因此我们使用如下语句进行声明：

```
Class ChildName Extends ParentName
```

例 9.4 举例说明了它的用法。

例 9.4　使用立方体类的子类，它实际上不是立方体

下面的伪代码给出了 Cube 类的定义以及它的子类 SquareBox 的定义。SquareBox 类可以使用 Cube 类的所有属性和方法，不过，它修改了 ComputeVolume() 方法的定义，并增加了一个自己的属性和两个自己的方法。本例中，为了让衍生类 SquareBox 能够使用 Cube 类的属性，需要将 Side 和 Volume 声明为 Protected，而不是 Private。

```
1  Class Cube
2       Declare Protected Side As Float
3       Declare Protected Volume As Float
4       //编写构造函数
5       Public Cube()
6           Set Side=1.0
7           Set Volume=1.0
8       End Constructor
9       Public Subprogram SetSide(NewSide)
10          Set Side=NewSide
11      End Subprogram
12      Public Subprogram ComputeVolume()
13          Set Volume=Side^3
14      End Subprogram
15      public Function GetVolume() As Float
16          Set GetVolume=Volume
17      End Function
```

```
18      Public Function GetSide() As Float
19          Set GetSide=Side
20      End Function
21  End Class
22  Class SquareBox Extends Cube
23      Declare Private Height As Float
24      //构造函数
25      Public SquareBox()
26          Set Height=1.0
27          Set Side=1.0
28          Set Volume=1.0
29      End Constructor
30      Public Subprogram SetHeight(NewHeight)
31          Set Height=NewHeight
32      End Subprogram
33      Public Function GetHeight() As Float
34          Set GetHeight=Height
35      End Function
36      Public Subprogram ComputeVolume()
37          Set Volume=Side^2 * Height
38      End Subprogram
39  End Class
```

程序如何运行以及各行伪代码的意义

注意在这段伪代码中，我们使用如下语句将 SquareBox 指定为 Cube 类的子类：

```
Class SquareBox Extends Cube
```

（当然，不同的编程语言声明子类的方式可能不一样）

衍生类 SquareBox 具有如下成员：

- 继承于 Cube 类的属性 Side 和 Volume，它自己声明的属性 Height；
- 继承于 Cube 类的方法 SetSide()和 GetSide()，自定义的方法 SetHeight()，GetHeight() 和 ComputeVolume()。

语句：

```
Declare Box As New SquareBox
```

用来创建类 SquareBox 的对象 Box，该对象可以使用上述属性和方法。关键字 New 表示创建一个指定类型（SquareBox）的新对象（Box）。例如，如下语句将分别把属性 Side 和 Height 的值设置为 10 和 20：

```
Call Box.SetSide(10)
Call Box.SetHeight(20)
```

在例 9.4 中，请注意方法 ComputeVolume()既出现在基类 Cube 中，也出现在衍生类 SquareBox 中。对于这种情况，衍生类中该方法的定义将覆盖掉基类中关于该方法的定义。例 9.5 将举例说明这种情况。

例 9.5　使用子类来计算长方体的体积

基于例 9.4 中关于 SquareBox 类的定义，如下伪代码要求用户输入长方体的 Side 和 Height 值，然后计算并打印输出长方体的体积：

```
1    Main
2        Declare Box As New SquareBox
3        Declare BoxSide As Float
4        Declare BoxHeight As Float
5        Write "For a box with a square base and arbitrary height,"
6        Write "enter the length of the sides of its base:"
7        Input BoxSide
8        Call Box.SetSide(BoxSide)
9        Write "Enter the height of the box:"
10       Input BoxHeight
11       Call Box.SetHeight(BoxHeight)
12       Call Box.ComputeVolume()
13       Write "The volume of the box is"+Box.GetVolume
14   End Program
```

程序如何运行以及各行伪代码的意义

当消息 Call Box.SetSide(BoxSide)被发送后，计算机将在类 SquareBox（对象 Box 的类）的定义中查找方法 SetSide()。由于该方法没有在 SquareBox 中定义，计算机将到它的父类 Cube 中继续查找该方法，并将它应用于对象 Box。BoxSide 的值等于用户输入的值。而子程序 SetHeight()被调用时，该方法在类 SquareBox 中进行了定义，并被调用。类似地，当消息 Call Box.ComputeVolume()被发送后，程序将按照 SquareBox 类中对于 ComputeVolume()方法的定义来使用它。那么按照公式，Volume=Side^2*Height，将在这里用于计算体积值，而 Cube 类的方法 ComputeVolume()将不会被访问。

在继续介绍面向对象程序设计的另一个特性之前，通过例 9.6 再次举例说明继承的用法。

例 9.6　使用 OOP 来解决停车难问题

在本例中，我们将创建一个父类及其两个子类，介绍继承的工作方式以及如何创建子类的构造函数，使它能够访问到父类的一部分成员——非全部成员。首先，我们创建一个 Person 类，然后创建它的两个子类 Faculty 和 Student，它们都将继承 Person 类的所有属性和方法，另外它们还都具有自己特定的属性和方法。本程序用来解决大多数高校都会遇到的问题——停车难问题。

如下伪代码是 Person 类及其子类 Faculty 和 Student 的定义。在我们虚构的大学 OOPU 中，教授和学生都是人，停车位是有限的，但是学生只能骑自行车上学，而教授可以开车上学。汽车可以停在车位 1 到 4，而自行车必须停到车位 5 到 8。在本例中，子类 Faculty 和 Student 将会用到 Person 类的某些属性和方法，但是衍生类中也有自己的属性以及指定停车位的方法。

如下伪代码给出了这些类的定义、如何创建对象 ProfOne 和对象 StuOne 以及每个对象的具体情况。请注意子类的构造函数将调用父类的构造函数。

```
1.   //创建父类 Person
2.   Class Person
3.       Declare Protected Name As String
4.       Declare Protected City As String
5.       Declare Protected Age As Float
6.       Declare Protected Vehicle As String
7.       //Person 类的构造函数
8.       Public Person()
9.           Set Name=""
10.          Set City=""
11.          Set Age=1.0
12.          Set Vehicle=""
13.      End Constructor
14.      Public Subprogram SetName(NewName)
15.          Set Name=NewName
16.      End Subprogram
17.      Public Subprogram SetCity(NewCity)
18.          Set City=NewCity
19.      End Subprogram
20.      Pubic Subprogram SetAge(SetAge)
21.          Set Age=NewAge
22.      End Subprogram
23.      Public Subprogram SetTravel(NewVehicle)
24.          Set Vehicle=NewVehicle
25.      End Subprogram
26.      Public Function GetName() As String
27.          Set GetName=Name
28.      End Function
29.      Public Function GetCity() As String
30.          Set GetCity=City
31.      End Function
32.      Public Function GetAge() As Float
33.          Set GetAge=Age
34.      End Function
35.      Public Function GetTravel() As String
36.          Set GetTravel = Vehicle
37.      End Function
38.  End Class
39.  //第一个子类 Faculty
40.  Class Faculty Extends Person
41.      Declare Private Subject As Integer
42.      Declare Private ParkingLot As Integer
43.      //Faculty 类的构造函数,注意,
44.      //由于 Faculty 对象用到了 Person 类的某些属性,
45.      //因此它将调用 Person 类的构造函数
46.      Public Faculty()
47.          Call Person()
48.          Set Subject=1
49.          Set ParkingLot=1
50.      End Constructor
```

```
51        Public Subprogram SetSubject(NewSubject)
52            Set Subject=NewSubject
53        End Subprogram
54        Public Function GetSubject() As Integer
55            Set GetSubject=Subject
56        End Function
57        Pubic Subprogram ComputeParkingLot(NewSubject)
58            Set ParkingLot=NewSubject
59        End Subprogram
60    End Class
61    //第二个子类 Student
62    Class Student Extends Person
63        Declare Subject As Integer
64        Declare ParkingLot As Integer
65        // Student 类的构造函数,注意,
66        //由于 Student 对象用到了 Person 类的某些属性,
67        //因此它将调用 Person 类的构造函数
68        Public Student()
69            Call Person()
70            Set Subject=1
71            Set ParkingLot=1
72        End Constructor
73        Public Subprogram SetSubject(NewSubject)
74            Set Subject=NewSubject
75        End Subprogram
76        Public Function GetSubject() As Integer
77            Set GetSubject=Subject
78        End Function
79        Public Subprogram ComputeParkingLot(NewSubject)
80            Set ParkingLot=NewSubject+5
81        End Subprogram
82    End Class
83    //Main 程序首先创建两个对象：ProfOne 和 StuOne
84    Main
85        Declare ProfOne As Faculty
86        //为了节省空间,一行语句声明多个变量
87        Declare ProLot, ProfSubject, StuLot, StuSubject As Integer
88        Declare ProfName, ProfCar, StuBike, StuName As String
89        Write "What is this professor's name?"
90        Input ProfName
91        Call ProfOne.SetName(ProfName)
92        Write "what type of car does this professor drive?"
93        Input ProfCar
94        Call ProfOne.SetTravel(ProfCar)
95        Write "What is the professor's general subject area?"
96        Write "Enter 1 for Liberal Arts"
97        Write "Enter 2 for Engineering & Computer Science"
98        Write "Enter 3 for Health & Medicine"
99        Write "Enter 4 for Business"
100       Write "Enter 5 for Education"
101       Input ProfSubject
```

```
102       Call ProfOne.SetSubject(ProfSubject)
103       Set ProfLot=ProfOne.ComputeParkingLot(ProfSubject)
104       Write "Professor"+ProfOne.GetName+":"
105       Write "You may park your"+ProfOne.GetTravel()
106       Write "in Parking lot"+ProfLot
107       Declare StuOne As Student
108       Write "What is this student's name? "
109       Input StuName
110       Call StuOne.SetName(StuName)
111       Write "What type of bike does this student have?"
112       Input StuBike
113       Call StuOne.SetTravel(StuBike)
114       Write "What is the student's major?"
115       Write "Enter 1 for Liberal Arts"
116       Write "Enter 2 for Engineering & Computer Science"
117       Write "Enter 3 for Health & Medicine"
118       Write "Enter 4 for Business"
119       Write "Enter 5 for Education"
120       Input StuSubject
121       Call StuOne.SetSubject(StuSubject)
122       Set StuLot=StuOne.ComputeParkingLot(StuSubject)
123       Write "Student"+StuOne.GetName+":"
124       Write "You may park your"+StuOne.GetTravel()
125       Write "in Parking Lot"+StuLot
126 End Program
```

程序如何运行以及各行伪代码的意义

假设英语教师 Crabbe 教授开了一辆保时捷，工程专业的学生 Sammy 骑了一辆山地车，上述程序段运行之后，将打印输出如下信息：

```
Professor Crabbe:
You may park your Porsche
In Parking Lot 1
Student Sammy:
You may park  your mountain bike
In Parking Lot 7
```

主程序依据用户输入的信息创建了两个对象。Faculty 对象（本例为 ProfOne）将使用到 Person 类的 Name 属性、SetName()方法、SetTravel()方法、GetName()方法和 GetTravel()方法，不过它不使用 Person 类的 City 和 Age 属性。另外，它还会用到自己的属性和方法：Subject 属性和 ParkingLot 属性以及 SetSubject()方法、GetSubject()方法和 ComputeParkingLot()方法。而 Student 对象（本例为 StuOne）的情况与上面一样。Faculty 和 Student 的构造函数将对上述用到的属性进行初始化操作，包括继承自 Person 类的属性以及自己定义的属性。

请注意 Person 类的某些成员在本程序中并没有用到。不过，这些成员可能在其他程序中会非常有用。这正体现了 OOP 的重要性，程序员编写的类可以用于多种用途。优秀的程序员能够预测到未来可能需要什么，现在可以预留什么。在第 9.4 节中，我们将基于对面向对象程序设计的理解，在更复杂的程序中再次探讨这些类。

多态

在类的层次结构中，经常会遇到某些方法是多个类共同需要的，但是不同的类对于该方法的细节定义又不一样。例如，在例 9.4 中，立方体基类 Cube 和底面为正方形的长方体衍生类 SquareBox 都使用了方法 ComputeVolume() 来计算体积值。一个模块可能会包含多个三维对象的定义，比如立方体、长方体、球体和圆柱体等，它们计算体积时所用的公式各不相同。如果程序员只需要使用同样的方法 ComputeVolume() 来计算它们的体积，将会是多么的方便，多态就提供了这种灵活性。

多态意为"多形态"。在程序设计中，多态允许一个方法有多个定义，它们可以应用于类层次结构中的不同对象上。虽然在不同的面向对象程序设计语言中，这个 OOP 特性的具体实现不太一样，不过例 9.7 给出了一个通用的实现方式。这里为了方便解释多态这个概念，我们用到了一个示例类，它能够计算多种形体的体积。无论程序是用来计算多种形体的体积还是用于计算一个大公司的各种类型人员的薪资问题（见下例 9.7 的是什么与为什么（What & Why）），多态的工作方式都是一样的。

另一个可以用到多态的例子是例 9.6，对于子类 Faculty 和 Student，它们都需要指定停车位的方法，但是它们的 ComputeParkingLot() 方法实现又是不一样的。这是多态的另一种情况，子类的父类 Person 中并没有 ComputeParkingLot() 方法。

例 9.7　多态的应用

如下伪代码说明了如何将一个具有多种形式的方法应用于不同的对象上。这里用到了例 9.4 中的类定义。

```
1   Main
2       Declare Box1 As New Cube
3       Declare Box2 As New SquareBox
4       Declare Side1 As Float
5       Declare Side2 As Float
6       Write "Enter the length of the side of a cube: "
7       Input Side1
8       Call Box1.SetSide(Side1)
9       Call Box1.ComputeVolume()
10      Write "The volume of this cube is "+ Box1.GetVolume()
11      Write "For a box with a square base and arbitrary height,"
12      Write "enter the length of the sides of its base:"
13      Input Side2
14      Call Box2.SetSide(Side2)
15      Write "Enter the height of the box:"
16      Input Height2
17      Call Box2.SetHeight(Height2)
18      Call Box2.ComputeVolume()
19      Write "The volume of this box is"+Box2.GetVolume()
20  End Program
```

程序如何运行以及各行伪代码的意义

第 2 行的声明语句创建了类 Cube 的一个实例对象 Box1。因此所有引用 Box1 的语句，都会引用到 Cube 类的定义。如同孩子继承了父母的棕色眼睛一样，Box1 继承了 Cube 类的属性和方法。特别注意第 9 行，当第一次向 ComputeVolume()方法发送消息时，将用到公式 Volume=Side^3。这是在 Cube 类中定义的计算体积的公式。

第 3 行的声明语句创建了类 SquareBox 的一个实例对象 Box2。因此所有引用 Box2 的语句，都会引用到 SquareBox 类的定义。由于，SquareBox 类是 Cube 类的子类，因此，当用到 SquareBox 类中没有定义的属性和方法时，程序将会使用 Cube 类中定义的属性和方法。

在第 18 行，第 2 次向 ComputeVolume()方法发送消息，这次是 Box2 对象。由于 Box2 是 Square 类型的，因此 SquareBox 中定义的 ComputeVolume()方法将在这里使用。SquareBox 中定义的计算体积的公式为：Volume=Side^2*Height。

SquareBox 类从它的父类 Cube 中继承了一些属性和方法，但是如何在子类中对这些属性和方法进行了重新定义，在使用的时候将按照就近原则进行调用。换句话说，即使 Cube 类中有可用的计算体积的方法，但是对于 Box2 来说，它是不可见的。Box2 会首先到 SquareBox 中去查找计算体积的方法，然后使用它。

两个类 Cube 和 SquareBox 都包含有名为 ComputeVolume()的方法。在过程式程序设计语言中，两个函数使用不同的公式和表达式却有相同的名字，这种情况是不允许的。但是由于类是自包含的，因此它允许多态。如例 9.7 中所示，虽然 SquareBox 可以访问 Cube 中的方法，但是如果在 Cube 和 SquareBox 中该方法的定义不一样，那么 SquareBox 的对象将会使用子类（SquareBox）中的方法，而父类（Cube）中的方法将会被忽略。这就是多态的本质。

是什么与为什么（What & Why）

例 9.7 使用了一个简单的示例说明了多态的用法。实际上，多态特性能够帮助程序处理比这个问题更为复杂的编程问题。例如，假设有一家公司需要一个程序来帮助其人事部门计算工资单。该程序包含有一个父类 Worker，该类的成员用于描述雇员的共有特性。另外，它还有几个子类包含有对于特定类型雇员的描述信息（比如卡车司机、书记员等等）。父类 Worker 中将有一个计算雇员总工资的方法。这个方法称为 ComputeGrossPay()，它将依据另外两个方法的结果来求出总工资。这两个方法分别为 ComputeRegular()和 ComputeOvertime()，ComputeRegular()用来计算日常工作工资，它将雇员的工作小时数（小于等于 40 个小时）乘以每小时工资额得出日常工作工资；ComputeOvertime()用来计算加班工资，它将雇员的额外工作小时数（超过 40 个小时的部分）乘以每小时工资额的 1.5 倍得出加班工资。因此，ComputeGrossPay()的计算公式如下：

```
Gross=ComputeRegular(RegHours)+ComputeOvertime(OverHours)
```

其中 RegHours 和 OverHours 需要提前确定。

不过，对于公司雇佣的学生工作者，公司计算薪水时使用了不同的计算公式。学生工作者的加班费将按照正常工时工资的 1.75 倍来支付。这个特殊的子类 StudentWorker 也会使用到 ComputeGrossPay()方法，但是它需要使用自己的方法来计算加班工资。这就遇到了问题，因为 ComputeGrossPay()方法将使用父类中已有的 ComputeOvertime()方法来计算总工资。我们需要告诉父类，在处理 StudentWorker 类的对象时，必须使用子类中的 ComputeOvertime()方法，而不要使用父类中的该方法。

多态正是来处理这个问题的。在某些 OOP 语言中，可以将 ComputeOvertime()方法在 Worker 类中声明为虚（virtual）方法来解决上述问题，该方法只有在特别指明的情况下才会被使用。该特性允许 StudentWorker 在使用 ComputeGrossPay()方法的时候使用自己定义的 ComputeOvertime()方法来替代父类中的该方法。使用虚方法只是解决上述问题的方式之一。不同的 OOP 语言可能会使用稍微不同的方式来处理这个问题，但是结果是一样的：多态正是解决这类问题的关键。

9.2 节　自测题

9.7　与面向对象程序设计相比，自顶向下的模块化程序设计称为_____。

9.8　请使用一个词来描述如下 OOP 的特性：

　　a. 将数据及其这些数据上的操作捆绑在一起，此时数据只能够通过上述操作才能被访问。

　　b. 基于已有类来创建新的能力，而且可以使用已有类的属性和方法。

　　c. 允许创建多个方法，它们能够实现一种通用功能，程序在使用的时候能够找到适合自身类的这种方法。

9.9　当我们创建已有类的子类的时候，这个新类称为_____类，原有类称为_____类。

9.10　假设有个父类 Shape，它包含了一个方法 ComputeArea()，能够计算几何图形的面积，它基于正方形来计算（面积等于边长乘以边长）。现在有三个子类 Rectangle、Circle 和 RightTriangle。

　　a. 如果要使用这些类来计算长方形（包括正方形）、圆形和三角形的面积，总共需要多少个方法？

　　b. 请编写这四个类的伪代码，包括在计算面积时需要用到的属性和方法。请回忆一下计算这些几何图形的面积公式：

　　　　正方形的面积等于边长的平方；

　　　　长方形的面积等于长乘以宽；

　　　　圆的面积等于 3.14 乘以半径的平方；

　　　　直角三角形的面积等于底乘以高的 1/2；

9.11　请给出基类与衍生类之间关于继承的定义。

9.3　面向对象程序设计与 UML

前面学习过，自顶向下模块化程序设计（过程式程序设计）着重于分析确定程序中需要的子程序（过程）。而面向对象程序设计着重于分析确定解决特定问题所需要的对象。事实上，大多数情况下，OOP 能够更好的解决特定问题（比如 GUI 编程），因为程序模块之间没有很好的层次性。

回顾程序开发周期——问题分析、程序设计、程序编码和程序测试——其中分析阶段是两种方法差异最大的地方。在开发 OOP 程序的时候，分析阶段涉及如下内容：

（1）决定程序中需要用到的类；

（2）确定类需要用到的属性；

（3）确定类需要用到的方法；

（4）确定类之间的关系。

实施这些步骤时所用的方法与自顶向下模块化程序设计方法中的用到的解决问题思路没有太多的不同。程序设计人员在考虑程序具体细节的时候，会设想程序将会遇到什么样的情况——它需要处理何种类型的问题——然后决定在这样的场景中需要何种类型的对象、属性和方法。

从程序开发周期中的问题分析阶段向程序设计阶段转换是非常自然的。如同自顶向下法一样，方法（子程序和函数）需要定义出来。虽然说起来容易，但是在实际的程序开发中可能会涉及数百个或者好几千个方法。通常情况下将这些方法封装到对象之中将会更加利于管理。最后，同过程式程序设计一样，此时需要进行程序编码和测试工作，不过 OOP 的优势正是在这个时候体现出来的。很可能前面工作中设计的类和对象会在新的程序中使用到。重用代码将会加快程序编码和测试阶段工作。例 9.8 举例说明了面向对象程序设计中的问题分析过程。

例 9.8　使用 OOP 进行程序设计：使用父类和子类来管理班级

Crabbe 教授想让你帮她编写一个程序，该程序能够帮助她管理两个班级的考试成绩。她教授的两门课程是程序设计逻辑学与网页制作，这两门课程的成绩计算方法不一样。程序设计逻辑学的成绩主要取决于考试分数，家庭作业成绩在最终的考试成绩中占的比例很小。而网页制作课的最终成绩主要取决于完成的家庭作业情况，因此在该课程的最终考试分数，家庭作业的评分要比考试成绩占的比重大。另外，Crabbe 教授使用了两种不同的评分范围，两门课程成绩的字母等级对应的分数范围区间不一样。她从不修改网页制作课程的评分范围，但有时会基于各种因素，使用一个特定的公式来修改程序设计逻辑课程的评分范围。Crabbe 教授需要这样一个程序，能够让她输入学生的姓名、学期考试平均分和家庭作业平均分；以此来计算出课程的最终数值式成绩；最后将这个数值式成绩转换成字母式成绩。

（1）随着问题分析的开始，我们打算使用三个类。一个基类（父类）和两个衍生类（子类）：

- 基类的名称为 Crabby，它的成员为学生、学期测试平均分、学期家庭作业平均分。
- 第一个衍生类的名称为 Logic，它的成员为课程的数值式成绩、课程的字母式成绩。
- 第二个衍生类的名称为 Webauth，它的成员为课程的数值式成绩、课程的字母式成绩。

（2）上述三个类的属性如下：

- Crabby 类：Name,ExamAvg,HomeworkAvg。
- Logic 类：SemAvg,LetterGrade。

- Webauth 类：SemAvg,LetterGrade。

（3）上述三个类的方法如下：

- Crabby 类：它的方法主要是能够访问类属性的一些方法，包括 SetName，GetName()，SetExamAvg()，GetExamAvg()，SetHomeworkAvg()，GetHomeworkAvg()。
- Logic 类：它的方法有用来访问基类 Crabby 属性的方法，以及两个用于计算成绩的方法 ComputeSemAvg()和 ComputeLetterGrade()。
  - 例如，ComputeSemAvg()方法可以看成是一个子程序，它按照一定的权重来计算最终的考试成绩，其中学期测试成绩占 70%，学期家庭作业占 30%：

    ```
    SemAvg=ExamAvg×0.7+HomeworkAvg×0.3
    ```

  - ComputeLetterGrade()方法可能会把所有学生的平均成绩这个值对应为字母式成绩 C，然后基于这个值，按照一定的计算公式来设定其余成绩对应的字母式成绩。
- Webauth 类：它的方法有用来访问基类 Crabby 属性的方法，以及两个用于计算成绩的方法 ComputeSemAvg()和 ComputeLetterGrade()。

例如，ComputeSemAvg()方法可以看成是一个子程序，它按照一定的权重来计算最终的考试成绩，其中学期测试成绩占 25%，学期家庭作业占 75%：

```
SemAvg=ExamAvg×0.25+HomeworkAvg×0.75
```

ComputeLetterGrade()方法使用了一种常用的评分标准，90～100 对应 A，80～89 对应 B，以此类推。

类 Logic 和 Webauth 与类 Crabby 是相关联的。每个衍生类都可以访问基类的属性和方法。即 Logic 类和 Webauth 类继承了 Crabby 类的属性和方法。不过，衍生类之间不能互相访问各自的属性和方法。

现在已经确定了解决问题所需要的类、属性和方法，接下来就可以进行程序设计、编码和测试工作了。在现实开发环境中，我们还可能加入一些其他的属性和方法，以处理一些特殊情况，比如，可能会有学生同时选修了 Crabby 教授的两门课程。不过本例主要举例说明基类作为共有数据的载体，而衍生类可以通过不同方式来使用这些数据的情况。

是什么与为什么（What & Why）

　　为 Crabby 教授编写成绩管理程序的程序员会不会利用例 9.6 中创建的 Person 类呢？Crabby 类包含了 Name 成员，它也是 Person 类的一部分。实际上，将 Crabby 类作为 Person 类的子类或者 Faculty 类的子类更好。此时，Crabby 教授只需要访问 Person 类的 Name 属性，不过将来有可能用到学生年龄和专业。这些信息在 Person 类或者它的衍生类 Student 中都是可用的。像这样的思考正是面向对象程序设计的关键问题。

9.3.1　建模语言

在前面的章节中，我们学习了如何使用流程图和层次结构图来协助程序设计工作。程序员在编写代码之前，利用这些工具来构建模型，这些模型能够帮助他们分析程序任务以及如何实现这些任务。随着程序越来越复杂、功能越来越多，相应的模型也变得越来越大、越来越复杂。通过使用对象和 OOP 程序设计法，程序员可以高效地实现代码复用。而软件开发人员也会使用建模语言来设计大型程序。对象建模语言由一组标准化的符号组成，可以使用这组符号构建模型以协助面向对象程序设计和系统设计工作。

建模语言是一种人工语言，按照一定的规则来构建能够表示信息、知识或系统的模型结构。这里的规则用以阐释模型中各个组件的含义。建模语言可以是文本式的，也可以使图形化的。图形化建模语言使用图形来建模，其中使用符号来表示一定的概念，符号之间由连线相连接，而连线来表示概念之间的关联关系。流程图就是一种图形化模型。文本式建模语言通常使用特定的关键词来表示概念或动作。此时，文本式建模语言类似于本书中一直使用的伪代码。

建模语言除了在计算机程序设计之中应用，也应用于其他许多领域之中，比如信息管理、业务处理、软件工程和系统工程。建模语言可以用来分析系统需要、系统结构和系统行为。使用建模语言对系统建模后，能够方便人们（例如，客户、设计人员、程序员和分析师）深入理解系统情况。越是成熟完善的建模语言表达的信息更加准确、一致性好而且可执行。非正式的图示技术可以利用图形工具描述出系统需求、系统结构和系统行为，但是仅此而已。而可执行的建模语言在特殊工具的支持下甚至可以仿真出系统输出结果并产生出程序代码来。从多个方面来看，基于图形环境的 RAPTOR（见附录 C、D）正是一种可执行的建模语言。实际上，工作在 OOP 模式的 RAPTOR 需要使用到本节将要介绍的 UML 来设计程序，作为实现的一部分。

可执行建模语言并不能够替代程序编码工作，但是它们是面向对象程序设计工作的重要组成部分。通过使用它们，程序员更容易解决遇到的疑难问题，团队成员之间也更容易弄清楚彼此之间的工作情况。

9.3.2　统一建模语言

统一建模语言（Unified Modeling Language，UML）是一种通用的、非专属的建模语言，它是描述软件系统的工业标准。最新版本的 UML 2.3，支持 13 类不同的图形技术，并包含有大量的设计工具。

UML 可以用来构建系统的抽象模型，有时我们称为 UML 模型。如何使用 UML 或构建 UML 模型已经超出了本书的介绍范围，但是你需要清楚在设计大型的、复杂度高的应用程序时，除了用到本书中介绍的工具之外，你肯定需要功能更为强大的设计工具才行。

统一建模语言是在三个人（Ivar Jacobson、James Rum baugh 和 Grady Booch）的共同努力之下产生的。他们起初都在独自地研究面向对象程序设计的建模方法。在 1995 年的时候，UML 联合之父（对这三个人的称谓），合作开发了非专属的统一建模语言。在他们的技术领导下，1996 年成立了一个国际组织称为 UML partners，该组织完成了 UML 详细规范的制定工作。这个详细规范提交给了对象管理组织（Object Management Group，OMG），它是最早致力于面向对象系统标准制定的一个组织，UML 详细规范于 1997 年 11 月被 OMG 所采纳。从 UML 诞生到现在，它有了很大的变化，现在 UML 2.3 已经成为了国际标准。

UML 模型

UML 图能够表示系统模型的三类视图。

- **功能需求视图**：着重于表示从用户角度来看，系统的功能需求。它以图形化的方式呈现系统要完成的工作，包含动作和目的以及它们之间的依赖关系。
- **静态结构视图**：着重于表示使用了对象、属性、操作和关联关系的系统的静态结构。静态特性主要关注于系统有哪些部分组成。静态结构视图包含有类、属性以及类之间的关系视图，它来帮助设计人员理解清楚程序的结构。另外还包含有类自身的结构视图以及在这种结构下可能的关联关系情况。
- **动态行为视图**：着重于通过描述出对象之间的协作情况以及对象内部状态的变化来展示出系统的动态行为。系统的动态特性指的是系统对特定动作或事件的行为反映。

UML 使用了不同种类的图形来描述系统的各个方面的情况。图 9.2 给出了 UML 2.3 中所用到的 13 类不同的视图。它们可以分成三大类：

（1）结构图：表示在系统模型中，哪些是必须有的。

（2）行为图：表示在系统模型中，将会发生什么。

（3）交互图：是行为图的子集；它表示系统模型中的发生的控制流以及数据流情况。

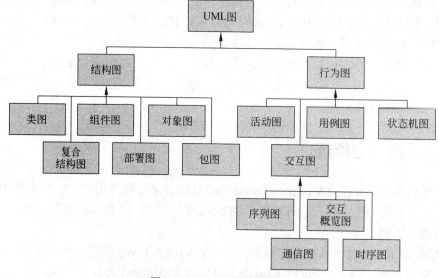

图 9.2　UML 图的分类情况

上述每一类中都有几种不同的视图。这样的灵活性方便设计人员对系统的某一部分进行建模。例如，如果设计人员只想看到系统中类可用的属性和方法，结构图就可以完成这个工作。而对类之间交互感兴趣的设计人员，可以使用行为图来帮助其了解系统的情况，而他不必去担心考虑模型中的其他所有类的结构情况。

为什么使用 UML

到目前为止，我们一直使用自顶向下过程式程序设计法进行程序设计。有时候，这种方法非常的直观。给你一个问题，你首先思考它的结果，然后思考得到这种结果的方法，最后实现这种方法和目标。而面向对象程序设计需要你以不同的方式来思考上述问题。你需要编写这样的代码，它能够解决不止一个问题，它需要能够解决与这个问题类似的问题。你需要编写这种能够应付多种不同情境问题的代码。你需要让编写出的类代码，程序员能够以多种方式来使用它。这就是为什么封装和多态如此之重要：程序中使用类来创建特定对象的方法是完全被封装起来的。类可以在程序中其他部分以完全不同的方式来使用，不必担心彼此有任何影响。

在设计良好的 OOP 程序中，类和子类可以被多次使用。编写软件时需要编写大量的程序代码。而且这些代码以不同的方式使用且重用到许多同样的类、子类和对象。UML 之所以重要是因为它帮助设计人员管理他们正在完成的工作以及正在进行的工作，并协助他们设计出更多的程序功能且不断地改进完善程序。

OOPU 使用 UML 模型的益处

我们来思考一下 Crabby 教授的程序需求，她需要一个程序以不同的评分系统来管理班级学生成绩。我们在前面的章节中已经编写过一个成绩管理程序了。她可以利用一下前面的程序。但是 Crabby 教授所在的大学 OOPU，还需要一个程序来解决教师和学生的停车问题。另外，Crabby 教授考虑了一个有趣的问题，她想把学生的专业与学生的成绩和课程关联起来。实际上，当学术顾问听到 Crabby 教授的想法之后，他们也想看看关联之后的结果，可能不止 Crabby 教授想看，所有专业所有课程的学生估计都可能希望看到关联后的结果。这些信息可能会对新学生的课程选择提供帮助和建议。而且，学校管理人员同时希望对这个程序进行扩展，让它也能用于解决学校的停车问题，包括学生停车和教员停车，也包括所有来到学校的人员——职员、管理人员和参观人员等。

不必重新编写新的程序来完成上述工作以及在 OOPU 人员看来非常有价值的、能用于解决他们所考虑的大多数问题的程序，面向对象程序设计人员可以通过设计能够实现重用的类和对象来完成上述工作。当程序员不断地把附加功能添加到起初仅仅用于解决教师和学生停车问题的程序中来——现在这个程序已经不仅仅用于解决停车位指派的问题，面向对象模型允许程序员能够看清楚对象正在发生何种变化，预测将来会发生什么以及设计出解决新问题的方法来。

9.3 节 自测题

9.12　请写出使用面向对象程序设计方法来分析问题的基本步骤。

9.13　请说出 OOP 与过程式程序设计相比的一个优势。

9.14　什么是建模语言？

9.15　UML 联合之父是谁？

9.16　UML 系统模型的三类视图是什么？

9.17　为什么程序员要使用 UML？

9.4 问题求解：使用 OOP 来开发停车程序

本节我们将使用面向对象程序设计方法对例 9.6 中开发的程序进行扩展。

问题描述

OOPU 的管理者对例 9.6 中的程序非常满意，这个程序能够为教师和学生分配停车位。不过，他们希望对这个程序进行扩展，使得它能够为学校里的非教师类的员工分配停车位。

另外，OOPU 的管理人员还希望解决学校的停车难问题。有人建议为学校开车上学上班的人们提供公共汽车服务。他们希望修改后的程序能够具有这样的功能——确定生活在学校周边一定范围内的教师和学生的人数。这样的信息将帮助他们决定如何安排公共汽车服务。

另外，一些学生反映骑自行车上下学有一定的负担，特别是书包装的书籍资料比较多的时候，以及遇到恶劣天气的时候。另一些学生反映离学校太远，骑车上下学很费时间；因此，多数学生都是开车上学，把车开到学校周边，然后步行或骑车到学校。基于此，学校的管理者决定为满足一定条件的学生在校园内提供汽车停车位。对于开车上学的学生在特定的停车位允许停车的条件是 GPA 成绩达到 3.0 及以上，或年龄大于等于 40 岁的学生。

那么程序应当允许输入每个 OOPU 人的数据信息，然后确定停车位，并将所有教师、学生或职员对象的数据信息存储到数据文件中。最后，程序要能够统计出距离学校一定范围的人数，以帮助管理人员确定公共汽车停车站的位置安排问题。

问题分析

首先，我们需要确定解决上述问题需要哪些类。前面我们已经创建了父类 Person、子类 Faculty 和 Student。现在我们需要创建第三个子类 Staff。

下一步，我们需要思考每个类可能要用到的成员。Person 类的属性和方法包括每个学生的姓名、居住城市、年龄以及交通工具。我们不打算再修改这个类了。

Faculty 类有一个属性 Subject，它的值为整数，用来表示该教师所教授的学科。另外，该类还具有 Get 和 Set 方法来存取教师的学科领域信息与停车位信息。对于每个教师（Faculty 类的每个对象）来说，我们需要为其指派停车位并打印输出该教师的居住城市。由于 Faculty 类可以访问 Person 类的所有成员，我们不需要为该类添加这些内容。

Student 类也有 Subject 这个属性，它存储整型数据，用于表示学生的专业。另外，该类具有与 Faculty 类一样的方法——设置并获取学生的专业信息，按照学校管理层制定的特定标准为学生分配停车位。对本程序来说，我们需要找到年龄大于等于 40 岁的学生。不过这不是什么难题，因为 Student 子类可以使用父类 Person 的方法。而 Person 类具有 Age 这个属性。另外，我们还需要找出每个学生的 GPA 成绩，因此我们需要添加 GPA 属性以及相应的 Get 和 Set 方法。另外，Student 类继承了 City 属性，因此可以获取每个学生的居住城市信息。

最后，我们需要构建一个新类 Staff。该类将具有与 Facutly 类同样的属性和方法用于分配停车位。不过这个类的 Subject 属性不是指职员的教学学科，也不是他们到研究领域。但是每个学科在校园里都有独立的教学楼，因此这里的 Subject 属性指的是职员 Staff 的工作场所。在分配停车位问题上，这里的 ComputeParkingLot()方法将使用与教师和学生们不一样的计算公式，但是由于我们使用了多态特性，为职员分配停车位的方法将采取同样的名字(ComputeParkingLot())，但是它使用了不一样的计算公式。另外 Staff 类也继承了 Person 类的 City 属性，因此它可以访问职员的居住城市信息。

本例中我们假设停车位 1～5 对应于例 9.6 中定义的 5 个学科；停车位 6～10 对应于 5 个专业；停车位 11～15 对应于 5 个教学楼，它由 5 个教学学科的办公地点而定；另外停车位 16 预留给开车的学生所用。因此，Staff 子类可以按照 Faculty 子类来创建，不需要为其特别增加属性和方法。

对于每个新的衍生类，依据需要为其创建新的构造函数，来处理附加信息。

我们让程序包含有菜单选项，以方便用户选择人员类别。菜单选择很容易设置，具体如下：

- Faculty
- Staff
- Student
- Exit

一旦用户选择了某个菜单项，接下来他就可以输入个人信息了。这些信息是如何被程序处理的呢？下面有简单的介绍。

每个人的信息数据将被存储到一个新的对象中。而每个对象的信息将被存储到三个数据文件的其中之一（一个文件存储 Faculty 对象，一个文件存储 Student 对象，一个文件存储 Staff 对象），这些对象信息将用于日后学校的管理工作。

对于教师、学生和职员来说，停车位的分配将按照 ComputeParkingLot()方法中相应的标准来进行。表 9.1 给出停车位的对应情况，对于教师和学生来说，对应关系非常直观。

表 9.1　OOPU 停车位分配对应关系表

学科/专业/办公区域	停车位编号		
	教师	学生	职员
文学	1	6	11
工程与计算机科学	2	7	12
保健与医药	3	8	13
经济	4	9	14
教育	5	10	15
年龄大于等于 40 岁的学生或 GPA 成绩大于等于 3.0 的学生	16		

对于学生来说，分配停车位的计算过程有点复杂。程序需要确定该学生是开车上学的还是骑自行车上学的，对于开车上学的学生将按照一定的标准为其分配预留汽车停车位，对于骑自行车上学的学生将为其分配自行车停车位。程序需要判断开车的学生其 GPA 成绩

是否大于等于 3.0，或者该学生的年龄是否大于等于 40 岁。程序将基于这里的判断信息为其分配相应的停车位。

最后，对于在学校工作或学习的所有人，程序将根据 Person 类中的 City 属性计算出他们中有多少人居住在哪些城市或城镇。这些信息将满足学校管理人员的需要。

程序设计

程序设计分为两个阶段。首先来编写所有的类，然后编写主程序（驱动程序），它将使用这些类来解决问题分析阶段中梳理出来的各个问题。

父类：Person

在本章前面部分已经创建了 Person 类，因此这里单单将前面的伪代码拷贝如下：

```
Class Person
    Declare Protected Name As String
    Declare Protected City As String
    Declare Protected Age As Float
    Declare Protected Vehicle As String
    //如下构造函数将把 Person 类的属性初始化为默认值
    Public Person()
        Set Name=" "
        Set City=" "
        Set Age=1.0
        Set Vehicle=" "
    End Constructor
    //本程序需要用到的第二个构造函数 2
    Public Person(NewName, NewCity)
        Set Name=NewName
        Set City=NewCity
        Set Age=1.0
        Set Vehicle=" "
    End Constructor
    Public Subprogram SetName(NewName)
        Set Name=NewName
    End Subprogram
    Public Subprogram SetCity(Newcity)
        Set city=NewCity
    End Subprogram
    Pubic Subprogram SetAge(NewAge)
        Set Age=NewAge
    End Subprogram
    Public Subprogram SetTravel(NewVehicle)
        Set Vehicle=NewVehicle
    End Subprogram
        Public Function GetName() As String
        Set GetName=Name
    End Function
```

```
        Public Function GetCity() As String
            Set GetCity=City
        End Function
        Public Function GetAge() As Float
            Set GetAge=Age
        End Function
        Public Function GetTravel() As String
            Set GetTravel=Vehicle
        End Function
    End Class
```

第一个子类：Faculty

在本章的前面部分已经创建了子类 Faculty，这里将重用大部分伪代码。不过，由于 Faculty 对象要用到 City 属性，因此我们重新设计下面的伪代码：

```
Class Faculty Extends Person
    Declare Private Subject As Integer
    Declare Private ParkingLot As Integer
    //Faculty 类的三个构造函数
    Public Faculty()
        Call Person()
        Set Subject=1
        Set ParkingLot=1
    End Constructor
    Public Faculty(Subj)
        Call Person()
        Set Subject=Subj
        Set ParkingLot=ComputeParkingLot()
    End Constructor
    Public Faculty(Name,City,Subj,ParkLot)
        Call Person(Name,City)
        Set Subject=1
        Set ParkingLot=1
    End Constructor
    Public Subprogram SetSubject(NewSubject)
        Set Subject=NewSubject
    End Subprogram
    Public Function GetSubject() As Integer
        Set GetSubject=Subject
    End Function
    Public Subprogram ComputeParkingLot()
        Set ParkingLot=Subject
    End Subprogram
End Class
```

第二个子类：Staff

Staff 子类与 Faculty 子类几乎一模一样，唯一的不同在于分配停车位的时候使用了不同的计算公式，详情如下：

```
Class Staff Extends Person
    Declare Private Subject As Integer
    Declare Private ParkingLot As Integer
    //Staff 类的三个构造函数
    Public Staff()
        Call Person()
        Set Subject=1
        Set ParkingLot=1
    End Constructor
    Public Staff(Subj)
        Call Person()
        Set Subject=Subj
        Set ParkingLot=ComputeParkingLot()
    End Constructor
    Public Staff(Name,City,Subj,ParkLot)
        Call Person(Name,City)
        Set Subject=1
        Set ParkingLot=1
    End Constructor
    Public Subprogram SetSubject(NewSubject)
        Set Subject=NewSubject
    End Subprogram
    Public Function GetSubject() As Integer
        Set GetSubject=Subject
    End Function
    Public Subprogram ComputeParkingLot()
        Set ParkingLot=Subject+10
    End Subprogram
End Class
```

第三个子类：Student

前面我们已经创建了 Student 子类。但是对于本程序来说，需要增加如下一些属性和方法：

- 我们需要访问 Person 类的 City 属性；
- 我们需要确定学生的年龄，因此我们需要访问 Person 类的 Age 属性；
- 我们需要增加 GPA 属性以及相应的 Get 和 Set 方法；
- 我们需要判断 GPA 成绩是否大于等于 3.0;
- 我们需要基于 GPA 和年龄标准来创建 ComputeParkingLot()方法。

重新设计之后的 Student 子类的伪代码如下：

```
Class Student Extends Person
    Declare Private Subject As Integer
    Declare Private ParkingLot As Integer
    Declare Private GPA As Float
    //Student 类的三个构造函数
    Public Student()
        Call Person()
```

```
            Set Subject=1
            Set ParkingLot=1
            Set GPA=1.0
        End Constructor
        Public Student(Subj)
            Call Person()
            Set Subject=Subj
            Set ParkingLot=ComputeParkingLot()
        End Constructor
        Public Student(Name, Age, City, Subj, ParkLot, GPA)
            Call Person(Name,City)
            Set Subject=1
            Set ParkingLot=1
            Set GPA=1.0
        End Constructor
        Public Subprogram SetSubject(NewSubjcet)
            Set Subject=NewSubject
        End Subprogram
        Public Subprogram SetGPA(NewGPA)
            Set GPA=NewGPA
        End Subprogram
        Public Function GetSubject() As Integer
            Set GetSubject=Subject
        End Function
        Public Function GetGPA() As Float
            Set GetGPA=GPA
        End Function
        Public Subprogram ComputeParkingLot()
            If(Age>=40)OR(GPA>=3.0)Then
                Set ParkingLot=16
            Else
                Set ParkingLot=Subject+5
            End If
        End Subprogram
    End Class
```

设计主程序（驱动程序）

主程序将为用户提供菜单选项，让用户选择要创建的对象（教师、学生或职员）。这些选择以菜单形式罗列出来。一旦用户做出了选择，三个模块其中之一将被调用，然后用户输入相应的教师或学生或职员的数据。

每个模块将创建相应类型的对象（教师、学生或职员），然后指派停车位。为了简单起见，假设我们已经创建了三个数据文件 facultydata、studentdata 和 staffdata。每当创建 Faculty、Student 或 Staff 的对象实例时，就将对象数据存储到相应的文件中。随后，管理层可以依据这些信息为每个人分配停车位了。

另外，主程序还将统计出每个城市有多少个人居住。同样为了简单起见，本程序只考虑四个可能的城市，如果有人不住在这四个城市中的任意一个，可以选择选项"其他"来代替。在我们虚构的世界中，OOPU 位于 Euphoria 州的小城市 Ooperville，它以北据 Northington 几里远，以南据 Southington 几里远，以西据 Westington 几里远，东临 Easterly River 河。用户输入完所有人员的数据之后，居住在每个城市的人数将被显示出来。

主模块

主模块将打印输出欢迎信息，并显示选项菜单让用户选择教师、学生或职员分类以及退出选项，当用户选择之后，将调用子程序来创建相应的对象。每个对象将包含分配停车位所需要的数据以及居住城市信息。每个对象的数据将被写到相应的数据文件中。我们将在主模块中使用 While 循环让用户输入每个人员的信息。相应的伪代码如下：

```
Main
    Display a welcome message
    Declare Exit As Character
    Set Exit="y"
    While Exit != "n"
    //声明 3 个变量,用于存储三个类的实例
      Declare OneProfessor As New Faculty
      Declare OneStudent As New Student
      Declare OneStaff As New Staff
    //声明并初始化 Main 中所需的其他变量
      Declare Choice As Integer
      Declare MemberCity As String
      Declare OoperCount, NorthCount, SouthCount, WestCount, OtherCount As
            Integer
      Set Choice=0
      Set MemberCity=" "
      Set OoperCount=0
      Set NorthCount =0
      Set SouthCount =0
      Set WestCount =0
      Set OtherCount =0
    //打印输出用户菜单选项
      Write "Enter 1 for a faculty member"
      Write "Enter 2 for a Staff member"
      Write "Enter 3 for a Student"
      Input Choice
      Select Case Of Choice
        Case 1:
            OneProfessor=Faculty_SetUp()
            Set MemberCity=OneProfessor.GetCity()
        Case 2:
            OneStaff=Staff_SetUp()
            Set MemberCity=OneStaff.GetCity()
        Case 3:
            OneStudent=Student_SetUp()
            Set MemberCity=OneStudent.GetCity()
      End Case
    //统计城市数量
```

```
        Select Case Of MemberCity
          Case "Ooperville":
              Set OoperCount=OoperCount+1
          Case "Northington":
              Set NorthCount=NorthCount+1
          Case "Southington":
              Set SouthCount=SouthCount+1
          Case "Westerly":
              Set WestCount=WestCount+1
          Case "Other":
              Set OtherCount=OtherCount+1
          End Case
          Write "Do you want to continue? Enter 'y' for yes or 'n' for no."
          Input Exit
      End While
      Call  City_Display(OoperCount,  NorthCount,  SouthCount,  WestCount,
OtherCount)
    End Main
```

创建必要的子模块

现在来编写三个子程序的伪代码，它们将实例化每个对象。

Faculty_Setup 模块

```
1 Faculty_Setup Module
2   Declare ProfOne As Faculty
3   Declare ProfLot, ProfSubject As Integer
4   Declare ProfCity, ProfName As String
5   Write "What is this professor's name?"
6   Input ProfName
7   Write "What is the professor's general subject area?"
8   Write "Enter 1 for Liberal Arts"
9   Write "Enter 2 for Engineering & Computer Science"
10  Write "Enter 3 for Health & Medicine"
11  Write "Enter 4 for Business"
12  Write "Enter 5 for Education"
13  Input ProfSubject
14  Write "What city does the professor live in?"
15  Write "Enter Ooperville, Northington, Southington, Westerly, or Other:"
16  Input ProfCity
17  Set ProfOne=New Faculty(ProfSubject)
18  Set ProfLot=Profone.ComputeParkingLot(ProfSubject)
19  Set ProfOne=New Faculty(ProfName, ProfCity, ProfSubject, ProfLot)
20  Open "FacultyData" for Input As FacultyDataFile
21  Write FacultyDataFile, ProfOne.GetName(), ProfOne.GetSubject(),
            ProfLot, ProfOne.GetCity()
22  Close FacultyDataFile
23 End Module
```

程序如何运行以及各行伪代码的意义

本伪代码的一部分需要特别解释一下。我们看一下如下三行伪代码（第 17 行、18 行和 19 行）：

- 第 17 行：Set ProfOne=New Faculty(ProfSubject)。
- 第 18 行：Set ProfLot=ProfOne.ComputeParkingLot(ProfSubject)。
- 第 19 行：Set ProfOne=New Faculty(ProfName, ProfSubject, ProfCity, ProfLot)。

Faculty 有三个构造函数。第一个构造函数将把所有的属性设置为默认值。第二个构造函数接收一个参数（Subject）来设置相应的属性值，并将其他属性设置为默认值，而且它会调用 Person 类的构造函数。第三个构造函数接收四个参数来设置继承于 Person 类的 Name 和 City 的属性值，以及 Faculty 类自己的 Subject 和 ParkingLot 的属性值。由于要计算 ParkingLot 的值，因此 ComputeParkingLot() 需要用到 Subject 的值。

第 17 行创建了一个 Faculty 类的对象实例（使用了关键词 New），并将这个对象存储到变量 ProOne 中。然后在第 18 行用到了 Subject 的值，ComputeParkingLot() 方法使用它来指定停车位。该函数的返回值存储到变量 ProfLot 中。最后，第 19 行将使用上述信息——包括指派好的停车位信息，来创建 Faculty 类的新的对象实例。上述伪代码将在衍生类 Staff 和 Student 中重复使用。

Staff_Setup 模块

```
Staff_Setup Module
    Declare StaffOne As Staff
    Declare StaffLot, StaffSubject As Integer
    Declare StaffName, StaffCity as String
    Write "What is this staff member's name?"
    Input StaffName
    Write "In what building does this person work?"
    Write "Enter 1 for Liberal Arts"
    Write "Enter 2 for Engineering & Computer Science"
    Write "Enter 3 for Health & Medicine"
    Write "Enter 4 for Business"
    Write "Enter 5 for Education"
    Input StaffSubject
    Write "What city does this person live in?"
    Write "Enter Ooperville, Northington, Southington, Westerly, or Other:"
    Input StaffCity
    Set StaffOne=New Staff(StaffSubject)
    Set StaffLot=StaffOne.ComputeParkingLot(StaffSubject)
    Set StaffOne=New Staff(StaffName, StaffCity, StaffSubject, StaffLot)
    Open "Staffdata" For Input As StaffDataFile
    Write StaffDataFile, StaffOne.GetName(), StaffOne.GetSubject(),
        StaffLot, StaffOne.GetCity()
    Close StaffDataFile
End Module
```

Student_Setup 模块

```
Student_setup Module
    Declare StuOne As Student
    Declare  StuLot, StuSubject As Integer
    Declare  StuName, StuCity As String
    Declare  StuAge, StuGPA  As Float
    Write " What is this student's name?"
    Input StuName
    Write "What is this student's major?"
    Write "Enter 1 for Liberal Arts"
    Write "Enter 2 for Engineering & Computer Science"
    Write "Enter 3 for Health & Medicine"
    Write "Enter 4 for Business"
    Write "Enter 5 for Education"
    Input StuSubject
    Write "What city does this student live in?"
    Write "Enter Ooperville, Northington, Southington, Westerly or Other:"
    Input StuCity
    Write "How old is this student?"
    Input StuAge
    Write "What is this student's GPA?"
    Input StuGPA
    Set StuOne = New Student(StuSubject)
    Set StuLot = StuOne.ComputeParkingLot(StuSubject)
    Set StuOne  = new Student(StuName, StuAge, StuCity, StuSubject,
                StuLot, StuGPA)
    Open "Studata" for Input As StudentDataFile
    Write StudentDataFile, StuOne.GetName(), StuOne.GetSubject(), StuLot,
          StuOne.GetCity(), StuAge.GetAge(), StuGPA.GetGPA()
    Close StudentDataFile
End Module
```

City_Display 模块

最后，我们需要一个模块能够打印输出每个城市的居住人数。当用户输入完所有数据之后，程序将调用该模块。本模块的伪代码如下：

```
City_Display(OOP As Integer, North As Integer, South As Integer,
        West As Interger, Other As Integer) Module
Write    "Ooperville:"+ OOP +"residents"
Write    "Northington:  "+ North +" residents"
Write    "Southington: "+  South  +" residents"
```

程序编码

程序代码的编写将依据程序设计为指导。由于本程序代码相对比较长，这里没有加入错误检查的部分。但是错误检查部分是非常重要的，因为如果用户输入的数值不符合特定的数据类型或者不在特定的数值范围内，这部分代码将避免程序直接崩溃。

虽然本程序不是过程式（自顶向下）程序，但是仍然需要程序文档，包括总注释与分步注释都是需要的。

本程序将所有教师、学生和职员的信息数据存储到了三个数据文件之中。这些数据都是可访问、可打印输出的。在程序设计时请注意，数据在三个文件中的存储顺序请保持一致。

程序测试

本程序的测试工作与过程式程序的测试工作非常类似。程序员需要虚拟出一些人，每一类型的人都要有，然后运行程序，输入数据。这里建议测试这种情况，当程序要求输入整数的时候，用户输入了字符串时，程序会出现什么情况；以及程序要求输入字符串的时候，而用户输入了数值数据时，程序会发生什么情况；以及输入其他非法数据时，程序的反应。

另外，程序员需要输入一组正确的数据以判断程序是否满足实际需求。因此，测试数据应当包含有每个学科的教师；在每一栋办公楼里工作的职员；以及每个专业的学生，而且学生的年龄应该有大于 40 岁的，也有小于 40 岁的，有 GPA 成绩大于 3.0 的，也由 GPA 成绩小于 3.0 的，以及同时满足两个条件的人员，还有什么条件也不满足的人员。

9.4 节 自测试

自测题 9.18～9.21 涉及本节开发的停车位程序。

9.18　请画出本程序中四个类的关系图。

9.19　如下类中有哪些属性是继承来的？

    a. Faculty 类

    b. Staff 类

    c. Student 类

9.20　如下类中有哪些方法是继承来的？

    a. Faculty 类

    b. Staff 类

    c. Student 类

9.21　假设你希望本程序能够包含每个人的 E-mail 地址，这样当程序计算出停车位的时候，可以通过邮件把这些信息发给他们。问题是在哪里添加 E-mail 属性以及 SetEmail() 方法和 GetEmail() 方法呢？

9.5　本章复习与练习

本章小结

本章我们讨论了如下主题。

1. 类与对象：
- 类是一种数据类型，它定义了一种由属性（数据）和方法（过程）组成的结构；在定义类的时候，我们以 Class 开头，以 End Class 结尾。
- 对象是类的实例；我们使用 Declare 语句来创建对象，使用 ClassName 来指定其类型。关键字 New 用于表明创建新的对象实例。实例化给定类型的新对象的伪代码为：Declare NewObject As New ClassType。
- 在类的层次结构中，子类（衍生类）可以使用父类（基类）的属性和方法。在声明子类的时候，我们称子类扩展了父类，语句为：ChildClass Extends ParentClass…End Class。
- 每个类至少有一个构造函数，用于初始化对象的属性以保证对象可用。

2. 面向对象程序设计语言的特性：
- 封装：指的是将数据与操作数据的方法打包在一起。
- 继承：指的是子类（衍生类）能够自动包含父类（基类）的属性和方法的能力。
- 多态：指的是不同的类对象可以使用同一个方法的多种变体的能力。

3. 面向对象程序设计（特指分析问题的过程）：
- 决定程序中需要用到的类；
- 确定类需要用到的属性；
- 确定类需要用到的方法；
- 确定类之间的关系。

4. 统一建模语言（UML Unified Modeling Language）已经成为一种工业标准，它能够帮助程序员开发出功能强大、复杂度高的软件。UML 系统模型有三种类型的视图：
- 功能需求视图。
- 静态结构视图。
- 动态行为视图。

5. UML 的 13 种图可以归到如下分类中：
- 结构图：表示在系统模型中，哪些是必须有的。
- 行为图：表示在系统模型中，将会发生什么。
- 交互图：是行为图的子集；它表示系统模型中的发生的控制流以及数据流情况。

复习题

填空题

1. _____是一种数据类型，它有属性和方法组成。
2. _____是类的实例。

   填空题 3~4 涉及例 9.1 中定义的 Cube 类。

3. 要想指明属性 Side 在类的外部不能被引用，在定义类的时候，需要把关键字_____放到 Side 声明的前面。
4. 要想指明方法 SetSide() 在类的外部不能被引用，在定义类的时候，需要把关键字_____放到 SetSide() 声明的前面。

5. 将数据与操作打包成一个单位，这种 OOP 的特性称为_____。

6. 允许基于已有类来创建新类的 OOP 特性称为_____。

7. 允许不同类的对象使用同一个方法的不同变体的能力，这种 OOP 的特性称为_____。

8. 当基于已有类创建子类的时候，已有类称为_____或_____，这个新类称为_____或_____。

9. _____初始化对象的属性，并在类中建立起不变的状态。

选择题

10. 如下哪一种是系统建模的工业标准？

a. Booch 法

b. 面向对象软件工程（OOSE Object-oriented software engineering）

c. UML

d. OMG

11. 下面哪一个不是 UML 联合之父？

a. Grady Booch

b. Bill Gates

c. James Rumbaugh

d. Ivar Jacobson

判断题

12. T F 对象的属性包含有它所属于的类的名字。

13. T F 对象的方法指的是能够作用于对象数据的操作。

14. T F 属性也就是子程序、过程或函数。

15. T F 方法也就是子程序或函数。

16. T F 与 OOP 相比，采用自顶向下模块化程序设计的这种方法我们称为过程式程序设计。

17. T F 在设计面向对象程序的时候，着重点在于过程，而不在于解决问题所需的对象。

18. T F 每个类只能有一个构造函数。

简答题

练习题 19～32 涉及如下伪代码，它定义了一个 Square 类以及它的子类 Rectangle。

```
Class Square
   Declare Protected Side As Float
   Declare Protected Area As Float
   Public Square()
       Set Side=1.0
       Set Area=1.0
   End Constructor
   Public Subprogram SetSide(NewSide)
       Set Side=NewSide
End Subprogram
Public Subprogram ComputeArea()
   Set Area=Side^2
End Subprogram
Public Function GetArea() As Float
   Set GetArea=Area
```

```
        End Function
    Public Function GetArea() As Float
        Set GetSide=Side
    End Function
End Class
Class Rectangle Extends Square
        Declare Private Height As Float
        Public Rectangle()
            Call Square()
            Set Height=1.0
        End Constructor
        Public Subprogram SetHeight(NewHeight)
            Set Height=NewHeight
        End Subprogram
        Public Funtion GetHeight() As Float
            Set GetHeight=Height
        End Function
        Public Subprogram ComputeArea()
            Set Area=Side*Height
        End Subprogram
    End Class
```

19. 请写出 Square 类的所有属性。

20. 请写出 Square 类的方法的名字。

21. 假设 Square1 是 Square 类的对象，主程序中有如下语句：

    ```
    Call Square1.ComputeArea()
    ```

    那么子程序 ComputeArea()将会使用哪个公式来计算面积值。

22. 假设 Rectangle1 是 Rectangle 类的对象，主程序中有如下语句：

    ```
    Call Rectangle1.ComputeArea()
    ```

    那么子程序 ComputeArea()将会使用哪个公式来计算面积值。

23. 请创建 Square 类的一个实例，用 MySquare 这个名字来引用它。

24. 请编写一条在主程序中使用的语句，它将把 MySquare 的边长设置为 20。

25. 请编写一条在主程序中使用的、用于计算 MySquare 面积的语句。

26. 请编写一条在主程序中使用的、用于打印输出 MySquare 面积的语句。

27. 请写出 Rectangle 类的对象的所有属性。

28. 请写出 Rectangle 类的对象的所有方法。

29. 请创建 Rectangle 类的一个实例，用 MyRectangle 这个名字来引用它。

30. 请编写在主程序中使用的语句，把 MyRectangle 的边长设置为 15，高设置为 25。

31. 请编写一条在主程序中使用的、用于计算 MyRectangle 面积的语句。

32. 请编写一条在主程序中使用的、用于打印输出 MyRectangle 面积的语句。

编程题

对于问题 1 和问题 2，请编写面向对象程序来解决给定问题，程序中应该包括类的定义和主程序（如 9.1 节和 9.2 节所示）。

1. 请编写一个程序，让用户输入雇员的工时数以及每小时的工资，然后输出雇员的总工资。程序要能够处理任意数量的雇员信息；当用户输入的雇员工时数与每小时工资都为 0 时，表示输入结束。请使用 Work 类，它包含：

   属性：Hours、Rate、Total

   方法：ComputeTotal()、以及每个属性值的存取方法（SetHours()、GetHours()、SetRate()、GetRate()、SetTotal()和 GetTotal()）

2. 请编写一个程序，当用户输入收入值的时候，根据下表 9.2 求出应缴纳的所得税。

表 9.2　税率表

计 税 收 入		税　　率
起	止	
0	50 000	$0 + 超过$0 的部分的 5%
50 000	100 000	$2500 + 超过$50 000 的部分的 7%
100 000	...	$6000 + 超过$100 000 的部分的 9%

   程序要允许用户输入一组收入值，当用户输入 0 的时候结束。请使用类 Tax，它包含属性 Income 和 TaxDue，以及方法 ComputeTax()和存取属性的方法（SetIncome()、GetIncome()、SetTaxDue()和 GetTaxDue()）。

3. 请重写 9.4 节中停车位程序的四个类，要在 Person 类中包含 E-mail 属性和相应的存取方法（SetEmail()和 GetEmail()），并且在三个衍生类 Faculty、Staff 和 Student 中它们是可用的。

4. OOPU 的所有人都有一个学校邮箱。邮箱的账号是按照一个简单的规则创建的。邮箱的用户名是由每个人的名和姓中间加个点组成，然后是@符号接着 OOPU 的域名。OOPU 的域名是 oopu.edu。请重写第 3 题中的类，要求它包含一个方法，这个方法能够根据 Name 属性的值再连接上字符串 "@oopu.edu" 来自动创建 E-mail 地址，而不必要求用户输入这个地址。

   - 需要增加的属性是 EmailAddress。
   - 需要增加的方法是 CreateEmail()。

   下面是几个 OOPU 邮箱地址的示例：

   - Elizabeth.Drake@oopu.edu
   - Stewart.Venit@oopu.edu
   - Hermione.Crabbe@oopu.edu

附录 **A**

十进制、二进制和十六进制的表示

A.1 底数和幂

在十进制系统中，基数（底数）为 10。这是我们在日常数学运算中最常用的一种计数系统，不过它只是无数种可能的计数系统的一种而已。在进一步说明之前，需要先理解两个概念——底数和幂。

底数是我们基于它而进行运算的数，幂（通常写做上角表形式）表示我们要对该底数做多少次运算。例如表达式 3^5，其中 3 是底数，5 是幂数。例 A.1 给出底数和幂数的例子。

例 A.1 底数和幂数

任何数的平方等于该数乘以它自己一次。下面的例子中，10 是底数，2 是幂数：

$$10^2=10*10=100$$

一个数的立方等于三个该数相乘的结果。例如 10 是底数，3 是幂数：

$$10^3=10*10*10=1000$$

当求一个数的正整数次方时，等于该数字自己乘以自己这么多次。例如，底数为 5，幂数为 6 时：

$$5^6=5*5*5*5*5*5=15\ 625$$

如下，当底数为 8，幂数为 1 时：

$$8^1=8$$

注意：对于一个任意的、非零的数求它的零次方时，结果为 1。从下例可以看出，底数不同，但是幂数都为 0 的情况：

● $5345^0=1$

● $4^0=1$

● $(-31)^0=1$

● 0^0 无意义

注意：求一个数的次方数时，可以写成这样的格式，X^a，其中 X 为底数，a 幂数。不过，在计算机编程中，表示为 X^a，其中 X 为底数，a 为幂数。

前面所讲的这些内容主要是关于十进制系统的。后面将介绍这些概念如何应用于二进制和十六进制系统。例如一个数 4257，我们可以说它有 4 个 1000，2 个 100，5 个 10 和 7

个 1 组成。换句话说，我们可以将这个数表示成个位、十位、百位和千位的形式。每一位都是有一定规则的，即每一位都是以底数为 10 的一定次方的值。个位表示了 10 的 0 次方的个数，十位表示了 10 的 1 次方的个数，百位表示了 10 的 2 次方的个数，千位表示了 10 的 3 次方的个数，等等。表 A.1 给出了十进制系统中前 8 位的情况。

表 A.1　十进制系统中前 8 位的情况

十进制系统中的低 8 位							
10^7	10^6	10^5	10^4	10^3	10^2	10^1	10^0
10 000 000	1 000 000	100 000	10 000	1 000	100	10	1
千万位	百万位	十万位	万位	千位	百位	十位	个位

扩展记数法（expanded notation）

在十进制系统中使用的 10 个数字是 0、1、2、3、4、5、6、7、8 和 9，这是因为该系统的底数为 10。十进制系统中的任何数都可以写成该数相应位上的数乘以该位的值。这称为扩展记数法。例 A.2 给出了扩展记数法的示例：

例 A.2　使用扩展记数法

十进制系统中的 23 使用扩展记数法如下：

$$
\begin{aligned}
3*10^0=3*1= &\quad 3\\
+\quad 2*10^1=2*10= &\quad 20\\
\hline
&\quad 23
\end{aligned}
$$

因此 23 可以表示成：$2*10^1+3*10^0$。

十进制系统中的 6825 使用扩展记数法如下：

$$
\begin{aligned}
5*10^0=5*1= &\quad 5\\
+\quad 2*10^1=2*10= &\quad 20\\
+\quad 8*10^2=8*100= &\quad 800\\
+\quad 6*10^3=6*1000= &\quad 6000\\
\hline
&\quad 6825
\end{aligned}
$$

因此 6825 可以表示成：$6*10^3+8*10^2+2*10^1+5*10^0$。

在十进制系统中，想要把一个数用扩展记数法来表示，可以将每个位上的数字乘以相应位次的 10 的次方数。十进制数 78 902 用扩展记数法可以表示成：

$$(7*10^4) + (8*10^3) + (9*10^2) + (0*10^1) + (2*10^0)$$

A.2　二进制系统

二进制系统遵从十进制系统的规则。它们的差异性在于，十进制系统使用 10 为底数，包含 10 个数字（0 到 9），而二进制系统使用 2 为底数，包含 2 个数字（0 和 1）。在二进制系统中最右边的位是个位（2^0）。该位只能是 0 或 1。1 后面的数值是 2，但是在二进制中，

2 只能在二进制的第 2 个位次（2^1）用 1 来表示，这正如在十进制中的 10，在十位上面用个 1 来表示一样。十进制中的 100，在百位（10^2）使用 1 来表示，而在二进制中，在第三个位次上使用 1 表示的是 4。

下面通过实例来介绍如何将十进制数转换为二进制数以及如何将二进制数转换为十进制数。在开始之前，我们首先需要确定的问题是一个数字到底是十进制还是二进制。例如，数 10，从十进制看是数值 10，但是从二进制来看是 2。我们可以使用下脚标来表示一个数到底是十进制的还是二进制的。这是 10_{10} 就表示的是 10，其底数为 10；而 10_2 就表示的是 2，其底数为 2。

将十进制数转换为二进制数的最简单方式就是构造一个如表 A.2 那样的对照表，然后在运算过程中，逐步填充了下面的空格即可。

表 A.2 二进制系统中的低八位情况

二进制系统中的低 8 位							
2 的次方	2^7	2^6	2^5	2^4	2^3	2^2	2^1	2^0
十进制值	128	64	32	16	8	4	2	1
二进制表示								

注意看给出的十进制值，然后从表中找出小于等于该值的最大的十进制值。然后在该十进制的下面空格中填入一个 1。例如，假设给定的十进制值是 11，从表中可以发现小于等于 11 的最大的值是 8，也就是 2^3，此时在该列的空格处填上 1。然后，用给定的值 11 减去这个最大值 8。本例为 11-8=3。此时再重复上面的过程，找出小于等于该差值 3 的最大值。这里找到了 2，因此将 1 填入到 2 相应的列下面的空格中。然后再用 3-2=1，此时找到了对应的列 2^0，将 1 填入到该列的空格处，最后得到了二进制结果为 1011_2。

例 A.3 将十进制数 7_{10} 转换为二进制数

● 7 小于 8 但是大于 4，因此将 1 填入 4 这一列下面（2^2）
● 7-4=3
● 3 小于 4 但是大于 2，因此将 1 填入 2 这一列下面（2^1）
● 3-2=1
● 此时剩下了 1，因此将 1 填入 1 这一列下面（2^0）

2 的次方	2^5	2^4	2^3	2^2	2^1	2^0
十进制值	32	16	8	4	2	1
二进制表示	0	0	0	1	1	1

● 因此 $7_{10}=111_2$。

例 A.4 将十进制数 29_{10} 转换为二进制数

● 29 小于 32 但是大于 16，因此将 1 填入 16 这一列下面（2^4）。
● 29-16=13。
● 13 小于 16 但是大于 8，因此将 1 填入 8 这一列下面（2^3）。
● 13-8=5。
● 5 小于 8 但是大于 4，因此将 1 填入 4 这一列下面（2^2）。

- 5–4=1。
- 1 小于 2，因此 2 这一列什么也没有（2^1）。
- 填一个 0 到 2 这一列。
- 此时剩下了 1，因此将 1 填入 1 这一列下面（2^0）。

2 的次方	2^5	2^4	2^3	2^2	2^1	2^0
十进制值	32	16	8	4	2	1
二进制表示	0	1	1	1	0	1

- 因此 $29_{10}=11101_2$。

例 A.5　将十进制数 172_{10} 转换为二进制数

- 128 小于 172，因此将 1 填入 128 这一列下面（2^7）。
- 172–128=44。
- 44 小于 64，因此将 0 填入 64 这一列下面（2^6）。
- 44 小于 64，但是大于 32，因此将 1 填入 32 这一列下面（2^5）。
- 44–32=12。
- 12 小于 16 但是大于 8，因此将 0 填入 16 这一列下面（2^4）且将 1 填入 8 这一列下面（2^3）。
- 12–8=4。
- 将 1 填入到个 4 这一列下面（2^2）。
- 4–4=0。
- 将 0 填入到最后两列下面。

2 的次方	2^7	2^6	2^5	2^4	2^3	2^2	2^1	2^0
十进制值	128	64	32	16	8	4	2	1
二进制表示	1	0	1	0	1	1	0	0

- 因此 $172_{10}=10101100_2$。

二进制转换为十进制

要想将二进制数转换回十进制数，只需要把二进制数的每位所代表的十进制值相加即可。二进制数 10_2，1 的位上是 0，2 的位上是 1，因此它表示的值是 $0+2=2_{10}$。例 A.6 和例 A.7 给出了具体的计算方法。

例 A.6　将二进制数 1011_2 转换为十进制数

- 在 1 的位上有个 1，因此该位的值为 1。
- 在 2 的位上有个 1，因此该位的值为 2。
- 在 4 的位上有个 0，因此该位的值为 0。
- 在 8 的位上有个 1，因此该位的值为 8。
- 1+2+0+8=11。
- 因此，$1011_2=11_{10}$。

例 A.7 将二进制数 10101010_2 转换为十进制数

- 在 1 的位上有个 0,因此该位的值为 0。
- 在 2 的位上有个 1,因此该位的值为 2。
- 在 4 的位上有个 0,因此该位的值为 0。
- 在 8 的位上有个 1,因此该位的值为 8。
- 在 16 的位上有个 0,因此该位的值为 0。
- 在 32 的位上有个 1,因此该位的值为 32。
- 在 64 的位上有个 0,因此该位的值为 0。
- 在 128 的位上有个 1,因此该位的值为 128。
- 0+2+0+8+0+32+0+128=170。
- 因此,10101010_2=170_{10}。

A.3 十六进制系统

计算机在运行其收到的指令之前,它需要首先将这些指令转换为它自己可以理解的语言。而计算机只能够理解二进制系统。但是对人类来说,我们读写二进制代码非常的困难。想想一下要编写一个都是 0 和 1 组成的数百行代码,而且要审查这些 0 和 1 的代码是多么的困难。因此读写代码更容易的一种方式就是将二进制进行简写,这就是为什么要使用十六进制系统。

十六进制系统使用的底数是 16。即 1 的位是 16^0,16 的位是 16^1,256 的位是 16^2,4096 的位是 16^3,65 536 的位是 16^4,等等。我们很少处理大于 16^4 这样的数据。表 A.3 给出了十六进制系统低位的值与十进制的对应关系。

表 A.3 十六进制系统的低 5 位与十进制值的对应情况

十六进制系统的低 5 位情况				
16^4	16^3	16^2	16^1	16^0
16*16*16*16	16*16*16	16*16	16	1
65 536	4096	256	16	1

十六进制数字

在十进制系统中每一位上有 10 个数字(0 到 9),因为它的底数为 10。在二进制系统中每一位上有 2 个数字(0 和 1),因为它的底数为 2。在十六进制系统中每一位上有 16 个数字,因为它的底数为 16。不过,在 1 的位上写上 10 来表示 10 是不行的,因为它无法区分"十"(写成 10)和"十六"(同样写成 10 -> 在 16 的位上写 1,在 1 的位上写 0)。因此在十六进制系统中,我们需要书写数字 10 的其他方式。我们使用大写字母来表示数字 10 到 15。因此十六进制的数字式从 0 到 9 及 A 到 F。

在十六进制系统中：

- 10_{10} 被表示为 A_{16}。
- 11_{10} 被表示为 B_{16}。
- 12_{10} 被表示为 C_{16}。
- 13_{10} 被表示为 D_{16}。
- 14_{10} 被表示为 E_{16}。
- 15_{10} 被表示为 F_{16}。

注意：为了避免疑惑，除了十进制之外，其他系统需要按位来读。例如，十进制数 283 读成"二百八十三"，但是二进制数 1011 读成"一零一一"，而十六进制数 28A 读成"二八 A"。

十进制数转换为十六进制数

可以使用前面小节部分介绍的将十进制数转换为二进制数的方法将十进制数转换为十六进制数。读者可以使用表 A.4 中十六进制与十进制的对应表进行转换。例 A.8 和例 A.9 给出具体的示例。

表 A.4　十六进制值与十进制值的对应简表

十	十六	十	十六	十	十六		十	十六	十	十六
0	0	16	10	32	20	…	160	A0	256	100
1	1	17	11	33	21	…	161	A1	257	101
2	2	18	12	34	22	…	162	A2	258	102
3	3	19	13	35	23	…	163	A3	259	103
4	4	20	14	36	24	…	164	A4	260	104
5	5	21	15	37	25	…	165	A5	261	105
6	6	22	16	38	26	…	166	A6	262	106
7	7	23	17	39	27	…	167	A7	263	107
8	8	24	18	40	28	…	168	A8	264	108
9	9	25	19	41	29	…	169	A9	265	109
10	A	26	1A	42	2A	…	170	AA	266	10A
11	B	27	1B	43	2B	…	171	AB	267	10B
12	C	28	1C	44	2C	…	172	AC	268	10C
13	D	29	1D	45	2D	…	173	AD	269	10D
14	E	30	1E	46	2E	…	174	AE	270	10E
15	F	31	1F	47	2F	…	175	AF	271	10F

例 A.8　十进制数字转换为十六进制

（a）将 9_{10} 转换为十六进制表示：

- $9_{10}=9_{16}$ 因为在十六进制中 1 的位可以表示的数字到 15。

（b）将 23_{10} 转换为十六进制表示：

- 参照表 A.3 中的十六进制与十进制对应情况。

- 由于 23_{10} 中有一个 16，因此在 16 的位上放一个 1。
- 23–16=7，因此在 1 的位上放个 7。
- 最终，23_{10}=17_{16}。

（c）将 875_{10} 转换为十六进制表示：

- 参照表 A.3 中的十六进制与十进制对应情况。
- 因为 875 小于 4096，但是大于 256，所以在 4096（16^3）的位上应该放个 0。
- 用 875 除以 256，看看 875 包含多少个 256。
- 875/256=3 余 107。
- 在 256 的位上放个 3。
- 107/16=6 余 11。
- 在 16 的位上放个 6。
- 十进制的 11 在十六进制中表示为 B。
- 在 1 的位上放个 B。
- 最终，875_{10}=$36B_{16}$。

注意：你可以使用扩展记数法来验证刚才的转换是否正确。

将 $36B_{16}$ 用扩展记数法表示如下：

$$（3*256）+（6*16）+（11*1）=768+96+11=875$$

十六进制数字转换为十进制

要想把十六进制数字转换为十进制数字，只需将十六进制数字每一位上的值转换为十进制数值然后相加即可。

例 A.9 十六进制数字转换为十进制

- 将 $A2_{16}$ 转换为十进制。
  - 使用扩展记数法，这个十六进制数可以表示成 A*16+2*1。
  - 十六进制中数字 A 在十进制中表示数字 10。因为 A 这个数字在十六进制中位于 16 的位。
  - A*16=10*16=160。
  - 2*1=2。
  - 将这两个十进制数值相加：160+2=162。
  - 因此，$A2_{16}$=162_{10}。
- 将 $123D_{16}$ 转换为十进制。
  - 使用扩展记数法，这个十六进制数可以表示成：（1*4096）+（2*256）+（3*16）+（D*1）。
  - 十六进制中数字 D 在十进制中表示数字 13，因此，4096+512+48+13=4669。
  - 因此，$123D_{16}$=4669_{10}。

使用十六进制表示法

计算机处理二进制表示法的时候没有任何问题。它可以非常容易地处理巨大的、由 0 和 1（二进制表示法）组成的数据。但是，除非你是一个超人，否则你很难完成如下计算：

0101110010011101+1111111110010101+1000000101011001+0001111100101010

想想一下处理数百行这样的数字时候情景！不过计算机将二进制数字分组存储。每个二进制数字称为 1 个比特，一组比特称为一个字节。字节通常有 16 个比特组成，当然也可以是 4 个比特或者 64 个比特长。无论字节的大小是多少，所有的字节都是 4 的倍数。

包含 4 个比特的字节可以表示的十进制数从 0 到 15。此时使用十六进制表示法来简化二进制数字的表示就是个自然的选择。表示从 0 到 15 的每个十六进制数字都可以用二进制表示。例如，$3_{10}=3_{16}=0011_2$，$14_{10}=E_{16}=1110_2$。表 A.5 给出了十进制数字从 0 到 15 的十六进制表示和二进制表示对应关系。

表 A.5　十进制、十六进制和二进制对应关系

十进制	十六进制	二进制	十进制	十六进制	二进制
0	0	0000	8	8	1000
1	1	0001	9	9	1001
2	2	0010	10	A	1010
3	3	0011	11	B	1011
4	4	0100	12	C	1100
5	5	0101	13	D	1101
6	6	0110	14	E	1110
7	7	0111	15	F	1111

二进制数据经常被写成十六进制的形式。例如，当创建网站的颜色时，颜色值通常被表示成十六进制的形式。每一个十六进制数值表示了一种颜色，例如白色表示为 FFFFFF，黑色表示为 000000，红色表示为 FF0000，蓝色表示为 0000FF，绿色表示为 00FF00。

二进制数字转换为十六进制

我们通常情况下会将比较长的二进制数字转换为十六进制表示。例 A.10 给出了具体示例。

例 A.10　二进制数字转换为十六进制

- 将下面的二进制数字转换为十六进制数：10010011_2。
  - 首先，将二进制数字拆分成四个比特为一组：1001 0011。
  - 如果需要，请参照表 A.5 进行转换。
  - $1001_2=9_{16}$，$0011_2=3_{16}$。
  - 最终，$10010011_2=93_{16}$。
- 将下面的二进制数字转换为十六进制数：100011110111_2。

- ■ 首先，将二进制数字拆分成四个比特为一组：1000 1111 0111。
- ■ 如果需要，请参照表 A.5 进行转换。
- ■ $1000_2=8_{16}$，$1111_2=F_{16}$，$0111_2=7_{16}$。
- ■ 最终，$100011110111_2=8F7_{16}$。
- ● 将下面的二进制数字转换为十六进制数：1110101000001111_2。
  - ■ 首先，将二进制数字拆分成四个比特为一组：1110 1010 0000 1111。
  - ■ 如果需要，请参照表 A.5 进行转换。
  - ■ $1110_2=E_{16}$，$1010_2=A_{16}$，$0000_2=0_{16}$，$1111_2=F_{16}$。
  - ■ 最终，$1110101000001111_2=EA0F_{16}$。

附录 B

整数表示法

计算机处理数值的方式依赖于数值的类型。存储和处理整数与实数的方式是完全不一样的。而且即使在整数和实数范围之内，也有很多差异性。整数可以被存储为无符号数值（所有正整数），也可以存储为带符号整数（正整数和负整数）。实数也有很多种变体。附录 B 将介绍计算机存储和处理整数的几种常见方式。附录 C 将介绍实数的存储和处理。

B.1 无符号整数表示法

在附录 A 中，我们介绍了如何将十进制数值转换为二进制形式。十进制数值 2_{10} 用二进制格式表示为 10_2，二进制数值 101101_2 用十进制格式表示为 45_{10}。注意 10_2 使用了两个二进制数字，而 101101_2 使用了六个二进制数字，但是计算机在存储器中存储信息的时候，通常使用 16 位到 64 位比特位的长度。当计算机在存储 10_2 和 101101_2 的时候，这两个数字在存储器中占用的比特位长度是一样的。当数值本身的长度不够时，我们可以在它的左边填充多个 0 以将其长度补满。这种方式称为整数的无符号形式表示。当十进制数字被转换成无符号二进制数字的时候，二进制形式的数字整数值将会进行计算，它的长度必须满足计算机存储器分配给它的比特位数。因此，当把数值转换成二进制形式的时候，如果转换结果的位数少于计算机分配给整数存储的位数时，需要在结果二进制数字的左边添加多个 0，以将它的位数补全。下面是一些示例。

- 将十进制数 6_{10} 存储到 4 个比特位的存储器中：
    - 将 6_{10} 转换为二进制形式：110_2。
    - 在它左边加一个 0，以补全 4 位：0110_2。
- 将十进制数 5_{10} 存储到 8 个比特位的存储器中：
    - 将 5_{10} 转换为二进制形式：101_2。
    - 在它左边加五个 0，以补全 8 位：00000101_2。
- 将十进制数 928_{10} 存储到 16 个比特位的存储器中：
    - 将 928_{10} 转换为二进制形式：1110100000_2。
    - 在它左边加六个 0，以补全 16 位：0000001110100000_2。

溢出

如果你试图存储的无符号二进制数值的长度大于计算机分配的用于存储无符号整数的最大值时，就会遇到溢出的情况。这种情况在编程时会经常遇到，读者需要多加留意。如果你的程序出现了溢出的情况，请改写相应出错部分的代码。下面是一些溢出的示例。

- 将十进制数 23_{10} 存储到 4 个比特位的存储器中：
  - 4 个比特位的存储器能够存储的整数范围是从 0_{10} 到 15_{10}，因此，当试图将 23_{10} 存储到 4 个比特位的存储中时，将出现溢出的情况。
- 将十进制数 $65\ 537_{10}$ 存储到 16 个比特位的存储器中：
  - 16 个比特位的存储器能够存储的整数范围是从 0_{10} 到 $65\ 535_{10}$，因此，当试图将这个数存储到 16 个比特位的存储中时，将出现溢出的情况。

十进制数字最容易转换成无符号整数表示，同时占用的计算机存储空间也最小。不过，这种方式的灵活性相对来说比较弱，因为这种方式受限于表示数字的范围。对于一个给定的表示方法和给定的存储比特位数来说，能够表示的存储数字范围是从其最小的数值到最大的数值这个范围。表 B.1 给出了无符号整数的一些示例。

表 B.1　无符号整数的表示范围示例

比 特 位 数	表 示 范 围
8	0～255
16	0～65 535
32	0～4 294 967 295
64	0～18 446 740 000 000 000 000（大约）

B.2　符号数值表示法

上面介绍的一种简单的无符号整数表示法可以很好地将十进制的正整数和零转换为二进制。但是，在实际计算中，我们也需要把负整数表示出来。符号数值表示法就可以完成这项工作。在符号数值表示法中，最左边的一个比特位用来表示符号，其余的比特位用来表示数值大小（绝对值）。表 B.2 给出了符号数值表示法的一些表示范围。

表 B.2　符号数值表示法的表示范围

比 特 位 数	表 示 范 围
8	−128～−0　+0～+127
16	−32 768～−0　+0～+32 767
32	−2 147 483 648～−0　+0～2 147 483 647

绝对值（absolute value）指的是一个数字的值本身，不带符号的部分。数值（magnitude）指的就是数字的绝对值。例如−3 的绝对值是 3，5 的绝对值是 5，0 的绝对值是 0。

使用符号数值表示法表示整数

在这种表示法中，如果最左边的 1 个比特位是 0，表示这个数字是正数；如果最左边的 1 个比特位是 1，表示这个数字是负数。剩下的比特位表示这个数字的数值大小，同无符号整数表示法一样。因此$+7_{10}$可以用符号数值表示法表示为0111_2，-7_{10}可以用符号数值表示法表示 1111_2。将十进制数字转换为符号数值表示法时，既需要知道该数字的符号正负，也需要知道分配的用于存储整数的比特位的多少。当使用 N 个比特位来存储整数的时候，其中 N–1 个比特位用来存储数字的数值大小，第 N 个比特位用来存储该数字的符号正负。例 B.1 和例 B.2 给出了具体的示例。

例 B.1　将十进制数数字转换为符号数值表示的格式

- 使用符号数值表示法将十进制数$+23_{10}$存储到 8 个比特位的存储器中：
  - 将23_{10}转换为二进制表示：10111_2。
  - 因为要存储到 8 个比特位的存储器中，因此有 7 个比特位用于存储数字的数值大小。
  - 因为10111_2只用了 5 个比特位，因此在它的左边补充 2 个 0，以达到 7 个比特位：0010111_2。
  - 最后，注意符号，该数字是正数，因此在最左边的一个比特位放个 0 来表示正数。
  - 因此，数字23_{10}使用符号数值表示法在 8 个比特位的存储器中表示为00010111_2。
- 使用符号数值表示法将十进制数-19_{10}存储到 8 个比特位的存储器中：
  - 将19_{10}转换为二进制表示：10011_2。
  - 因为要存储到 8 个比特位的存储器中，因此有 7 个比特位用于存储数字的数值大小。
  - 因为10011_2只用了 5 个比特位，因此在它的左边补充 2 个 0，以达到 7 个比特位：0010011_2。
  - 最后，注意符号，该数字是负数，因此在最左边的一个比特位放个 1 来表示负数。
  - 因此，数字-19_{10}使用符号数值表示法在 8 个比特位的存储器中表示为10010011_2。

例 B.2　将使用符号数值表示法表示的二进制数转换为十进制表示

- 已知00110111_2是使用符号数值表示法表示的 8 位二进制整数，那么与它等价的十进制数是什么？
  - 首先将最右边的 7 个比特位转换为十进制数得到55_{10}。
  - 注意最左边的 1 个比特位为 0，它表示这个数字是正数。
  - 因此，00110111_2表示的十进制数为$+55_{10}$。
- 已知10001110_2是使用符号数值表示法表示的 8 位二进制整数，那么与它等价的十进制数是什么？
  - 首先将最右边的 7 个比特位转换为十进制数得到14_{10}。
  - 注意最左边的 1 个比特位为 1，它表示这个数字是负数。

- 因此，10001110_2 表示的十进制数为 -14_{10}。

零的表示

程序员需要严肃面对的一个问题是如何用二进制来表示零。你将在下面的例子中看到，符号数值表示法有两种方式来表示零：

- 使用符号数值表示法将十进制数 0_{10} 存储到 8 个比特位的存储器中：
  - 将 0_{10} 转换为二进制表示：0_2。
  - 因为要存储到 8 个比特位的存储器中，因此有 7 个比特位用于存储数字的数值大小。
  - 因为 0_2 只用了 1 个比特位，因此在它的左边补充 6 个 0，以达到 7 个比特位：0000000_2。
  - 最后，注意符号，因为零可以认为是非负数，因此在最左边的一个比特位放个 0 来表示它为非负数。因此，数字 0_{10} 使用符号数值表示法在 8 个比特位的存储器中表示为 00000000_2。
- 但是，已知 10000000_2 是使用符号数值表示法表示的 8 位二进制整数，那么与它等价的十进制数是什么？
  - 首先将最右边的 7 个比特位转换为十进制数得到 0_{10}。
  - 注意最左边的 1 个比特位为 1，它表示这个数字是负数。
  - 因此，10000000_2 表示的十进制数为 -0_{10}。

B.3　1 的补码表示法

由于使用符号数值表示法表示零的时候会有两种不同的表示形式，这就是为什么计算机需要使用其他方法来表示整数的主要原因之一。另外还有两种方法来表示带符号的整数。1 的补码表示法并不是常用的方法，之所以在这里介绍它，是因为它有助于理解最常用的表示法：2 的补码表示法。

在符号数值表示法中，使用 4 个比特位来表示数字时，数字 $+6_{10}$ 可以写成 0110_2。最左边的一个比特位用来存储数字的符号。因此最左边的一个比特位上的 0 表示了它是正数。而数字 -6_{10} 可以写成 1110_2，最左边的一个比特位上的 1 表示了它是负数。而 1 的补码表示法同符号数值表示法有所不同。

二进制数字的补码就是将它的 1 变成 0，0 变成 1。在 1 的补码表示法中，正整数的表示同使用符号数值表示法来表示是一样的。最左边的一个比特位仍旧用来表示数字的符号。因此，数字 $+6_{10}$ 在一个用四个比特位存储数字的系统中表示为 0110_2。但是在 1 的补码表示法中，数字 -6_{10} 用 $+6_{10}$ 的补码来表示，因此 -6_{10} 表示为 1001_2。也就是说，1 的补码表示法的数字表示范围同符号数值表示法的数字表示范围是一样的。这也预示着，在 1 的补码表示法中也会出现数字 0 的两种表示。下面给出了 1 的补码表示法的一些示例，介绍如何将十进制整数转换成带符号的二进制整数。

- 使用 1 的补码表示法将十进制数+78$_{10}$存储到 8 个比特位的存储器中：
    - 将 78$_{10}$转换为二进制表示：1001110$_2$。
    - 因为要存储到 8 个比特位的存储器中，因此有 7 个比特位用于存储数字的数值大小。
    - 而数字 1001110$_2$用满了 7 个比特位。
    - 最后，注意符号，该数字是正数，因此在最左边的一个比特位放个 0 来表示正数。
    - 因此，数字+78$_{10}$使用 1 的补码表示法在 8 个比特位的存储器中表示为 01001110$_2$。
- 使用 1 的补码表示法将十进制数−37$_{10}$存储到 8 个比特位的存储器中：
    - 将 37$_{10}$转换为二进制表示：100101$_2$。
    - 因为要存储到 8 个比特位的存储器中，因此该存储器有 7 个比特位用于存储数字的数值大小。
    - 数 100101$_2$使用了 6 个比特位，因此需要在它的左边增加一个 0 以补全 7 个比特位。
    - 最后，注意符号，该数字是负数。
    - 因此将 1 变成 0，0 变成 1 求出该数字的补码。
    - 因为该数字是负数，在最左边的一个比特位放个 1 来表示负数。
    - 因此，数字−37$_{10}$使用 1 的补码表示法在 8 个比特位的存储器中表示为 11011010$_2$。
- 使用 1 的补码表示法将十进制数+139$_{10}$存储到 8 个比特位的存储器中：
    - 将 139$_{10}$转换为二进制表示：10001011$_2$。
    - 因为要存储到 8 个比特位的存储器中，因此该存储器有 7 个比特位用于存储数字的数值大小。
    - 该数字的数值部分需要 8 个比特位。
    - 因此，数字+139$_{10}$不能使用 1 的补码表示法在 8 个比特位的存储器中表示。

要将 1 的补码表示法表示的数字转换回十进制数字，首先要看一下最左边的一个比特位以此来确定数字的符号。如果最左边的一个比特位是 0，该数字是正数，可以立即转换回十进制数字。如果最左边的一个比特位是 1，表示该数字是负数，需要对数值部分的二进制值进行去补码的操作（将所有 0 变成 1，将所有 1 变成 0），最后就得到了十进制值。当显示结果的时候，注意将负号表示出来。

零的表示

不幸的是，1 的补码表示法仍然没有解决数字零有两种表示的问题。如下所示，使用 1 的补码表示法时，零的两种表示：

- 使用 1 的补码表示法将十进制数 0$_{10}$存储到 8 个比特位的存储器中：
    - 将 0$_{10}$转换为二进制表示：0$_2$。
    - 因为要存储到 8 个比特位的存储器中，因此有 7 个比特位用于存储数字的数值大小。
    - 因为 0$_2$只用了 1 个比特位，因此在它的左边补充 6 个 0，以达到 7 个比特位：0000000$_2$。

- 现在，注意符号，因为零可以认为是非负数，因此在最左边的一个比特位放个 0 来表示它为非负数。
- 因此，数字 0_{10} 使用符号数值表示法在 8 个比特位的存储器中表示为 00000000_2。
- 但是，已知 11111111_2 是使用 1 的补码表示法表示的 8 位二进制整数，那么与它等价的十进制数是什么？
  - 首先，看到最左边的一个比特位为 1，因此该数字为负数。
  - 由于最左边的一个比特位为 1，可知其余比特位上的值是原值的补码值，现在需要对这个值进行去补码的操作以得到原值。
  - 对 1111111_2 去补码后得到 0000000_2。
  - 因此，11111111_2 表示的十进制数为 -0_{10}。

你可能想知道为什么零的表示会有这么多麻烦呢。为什么不直接把零定义为 0000_2（或 00000000_2 或 0000000000000000_2，依据于所使用的存储器比特位数来决定 0 的多少），然后按照这个值使用即可。但是，在 4 个比特位的存储器中，仍然存在 1111_2 这种情况。计算机在进行数值计算的时候，这个值很有可能是一个结果值。除非计算机自己知道该如何处理它，否则程序肯定会报错的。严重的情况会导致程序不工作。这里有一种可能的场景：如果使用 1 的补码表示法进行数值计算得到的结果为 1111_2，计算机将认为它是 -0（见上面的部分 b）。如果此时试图对它加 1，会得到什么结果呢？在 4 个比特位的存储器中，1111_2 的下一个值是 0000_2。（后面将介绍如何进行二进制的加法运算）因此，这就表明了，在使用 1 的补码表示法的时候，$-0+1=+0$，这个结果显然不符合常理的。

为了避免由于零的两种表示引起的复杂问题，程序员通常使用稍微更复杂一些的、但可以更加准确表示整数的 2 的补码表示法。

B.4　2 的补码表示法

在 1 的补码表示法中，正整数的表示与使用符号数值表示法进行表示是一样的。最左边的一个比特位用来表示数字的符号。而负整数用的正整数的补码来表示的，最左边的一个比特位用 1 来表示该数字为负数。前面已经了解了 1 的补码表示法会引起的问题，特别是零的表示问题。2 的补码表示法可以解决零的表示问题。

如下是如何找出 X 个比特位数字的 2 的补码表示。

（1）如果该数字是正数，只需要把十进制整数转换成二进制就可以了。

（2）如果该数字是负数，将该数字转换成二进制，然后求出该数字的 1 的补码表示。

（3）对求出的 1 的补码表示进行二进制加 1 操作。

（4）如果最终结果所占的比特位超过了 X 个比特位，丢弃最左边多余的比特位，只留下 X 个比特位。

要进行第 3 步的加法操作，我们需要学习一下二进制的加法操作。二进制算数运算操作比我们这里介绍的内容要稍微复杂一些，但是这里的简单介绍对于求出数字的 2 的补码表示来说已经够用了。

- 在二进制中，把 1 和 0 相加结果为 1，把 0 和 1 相加结果仍然为 1（同我们预期的一样）。

- 在十进制系统中，如果计算 9 加 1，那么要把 1 的位上面放一个 0，10 的位上面放一个 1。在二进制系统中，所做的操作基本是一样的。如果计算 1 加 1，此时需要把 0 放到 1 的位上面，把 1 放到下一个位上面。这是因为在二进制中 1+1 的结果为二进制中的 2，但是在二进制中没有数字"2"，此时，需要在下一个位上面表示出 2。

- 为了计算 2 的补码表示，读者需要记住表 B.3 所示的二进制的两种加法规则。例 B.3～例 B.5 给出了示例。

表 B.3　二进制加法的两种规则

规 则	1+0=1	1+1=10
例 1	1 0 + 1 1 1	1 + 1 1 0
例 2	1 0 1 + 1 0 1 1 1	1 1 + 1 1 0 0
例 3	1 0 0 + 1 1 0 1	1 0 1 + 1 1 1 0

例 B.3　求出长度为 4 个比特位的二进制整数的 2 的补码表示

- 请求出 $+2_{10}$ 使用 4 个比特位的 2 的补码表示：
  - 将 2_{10} 转换为二进制数：10_2。
  - 在二进制的左边补充 2 个 0 以补满 4 个比特位：0010。
  - 因为这个数是正数，上述结果就是该数字的 2 的补码表示。

- 请求出 -2_{10} 用 4 个比特位的 2 的补码表示：
  - 将 2_{10} 转换为二进制数：10_2。
  - 在二进制的左边补充 2 个 0 以补满 4 个比特位：0010。
  - 因为这个数是负数，求出它的 1 的补码表示：1101。
  - 现在对上述结果加 1：

$$1101$$
$$+ \quad 1$$
$$1110$$

  - 因此，-2_{10} 用 4 个比特位的 2 的补码表示为 1110。

例 B.4　求出长度为 8 个比特位的二进制整数的 2 的补码表示

- 请求出 $+43_{10}$ 使用 8 个比特位的 2 的补码表示：
  - 将 43_{10} 转换为二进制数：101011_2。
  - 在二进制的左边补充 2 个 0 以补满 8 个比特位：00101011。
  - 因为这个数是正数，上述结果就是该数字的 2 的补码表示。

- 请求出 -43_{10} 用 8 个比特位的 2 的补码表示：
  - 将 43_{10} 转换为二进制数：101011_2。

- 在二进制的左边补充 2 个 0 以补满 8 个比特位：00101011。
- 因为这个数是负数，求出它的 1 的补码表示：11010100。
- 现在对上述结果加 1：

$$
\begin{array}{r}
11010100 \\
+\underline{\qquad\quad 1} \\
11010101
\end{array}
$$

- 因此，-43_{10} 用 8 个比特位的 2 的补码表示为 11010101。

例 B.5　多个进位加 1

- 请求出 -24_{10} 用 8 个比特位的 2 的补码表示：
  - 将 24_{10} 转换为二进制数：11000_2。
  - 在二进制的左边补充 3 个 0 以补满 8 个比特位：00011000。
  - 因为这个数是负数，求出它的 1 的补码表示：11100111。
  - 现在对上述结果加 1：

$$
\begin{array}{r}
11100111 \\
+\underline{\qquad\quad 1} \\
11101000
\end{array}
$$

  - 因此，-24_{10} 用 8 个比特位的 2 的补码表示为 11101000。

请多加留意例 B.5 中的二进制加法运算。从最右边的一个比特位开始加 1，由于 1+1 得到 0 和 1 个进位值 1，然后在 2 的位上进行 1+1 得到 0 和 1 个进位制 1，继续在 4 个位上进行 1+1 得到 0 和 1 个进位制 1。最后在 8 的位上进行 0+1 得到 1，没有进位值。但是什么时候不能求出一个数字的 2 的补码表示呢？见例 B.6 所示。

例 B.6　什么时候求不出数字的 2 的补码表示呢

- 请求出 -159_{10} 使用 8 个比特位的 2 的补码表示：
  - 将 159_{10} 转换为二进制数：10011111_2。
  - 因为 10011111 已经占满了 8 个比特位，因此左边没有能够表示符号的比特位了。
  - 因此 -159_{10} 不能够使用 8 个比特位来表示出它的 2 的补码表示。

这里不再介绍将数字的 2 的补码表示转换回二进制表示的过程，这部分内容留给高阶课程来介绍。

使用 2 的补码表示法来表示零

回想一下前面的介绍，在符号数值表示法和 1 的补码表示法中，零都有两种表示。这个问题可以使用 2 的补码表示法解决掉。例 B.7 将看到 2 的补码表示法如何表示 +0 和 -0。

例 B.7　解决零的两种不同表示问题

- 请求出 $+0_{10}$ 使用 8 个比特位的 2 的补码表示：
  - 将 0_{10} 转换为二进制数：00000000_2。
  - 因为这个数是正数，上述结果就是该数字的 2 的补码表示。
  - 因此，$+0_{10}$ 使用 8 个比特位的 2 的补码表示为 00000000。
- 请求出 -0_{10} 用 8 个比特位的 2 的补码表示：

- 将 0_{10} 转换为二进制数：00000000_2。
- 因为这个数是负数，求出它的 1 的补码表示：11111111。
- 现在对上述结果加 1：

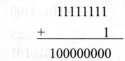

$$\begin{array}{r} 11111111 \\ + \qquad\quad 1 \\ \hline 100000000 \end{array}$$

- 回想前面介绍过的求出 2 的补码表示时的第 4 个步骤，在完成了加 1 操作之后，将超过指定位数的（这里是 8 个比特位）、最左边的数字丢弃掉。
- 丢弃掉最左边的 1。
- 因此，-0_{10} 用 8 个比特位的 2 的补码表示为 00000000，同 $+0_{10}$ 的表示完全一样。

2 的补码表示法将前面出现的零的多种不同表示问题解决掉了！

为什么 2 的补码表示法奏效呢

我们前面已经介绍过，使用 1 的补码表示法如何实现正整数到负整数的转换。而 2 的补码表示法看起来更不好理解。怎么会这样运算，把二进制数字取补后再加 1 就变成了该正整数对应的负整数了呢？但是这种方法确实具有数学意义，特别从计算机角度来思考的话。也就是从二进制的角度来思考。

我们以四个比特位的存储器为例，这样便于理解。$2^4=16$。我们假设最大的可能值是 16，那么任何 0 到 16 之间正整数的二进制"翻转"（取补后的值）值都是 16 减去该数字本身。例如，4 的"翻转"值是 $16-4=12$。在 2 的补码表示中，一个数字的负值代表了它的正值的"翻转"值。这样，在使用 2 的补码表示时，-3_{10} 代表了 $+3_{10}$ 的"翻转"值。在四个比特位的存储器中，这个值就是 $16-3=13$。在八个比特位的存储器中，这个值为 $256-3=253$，因为 $2^8=256$。

用数学术语可以表述如下：假设使用 X 个比特位的存储器来存储数字，对于一个数字 N 来说，它的 2 的补码值为 2^X-N。

下面示例给出了如何使用上述公式计算 -37_{10} 存储在 8 个比特位的存储器中的二进制值。

例 B.8 使用公式求数字的 2 的补码表示

- 按照上述公式，计算如下：
  - $-37=(2^8-37)=256-37=219$。
  - 219_{10}，转换为二进制为：11011011_2。
- 使用前面介绍的第一种方法核对一下：
  - 将 37_{10} 转换为 8 位二进制数：00100101_2。
  - 因为这个数字是负数，求它的补，得到 11011010。
  - 将上面得到的值加 1 为：11011011。
  - $11011011_2=219_{10}$。

浮点数的表示

C.1　浮点数的二进制转换

浮点数不同于整数，因为浮点数包括整数部分和小数部分。为了将浮点数表示成二进制形式，首先需要将浮点数分成两个部分：整数部分和小数部分。

我们先将一个简单的小数部分转换成二进制浮点数表示。然后再学习如何将复杂小数转换为二进制浮点数表示的方法——规范化。学习它之前，需要一些额外的知识，包括科学记数法、指数表示法和 Excess_127 系统。

浮点数之整数部分

浮点数包含三个部分：符号、整数部分和小数部分。有一个预留的比特位来表示浮点数的正负号，因此这里暂不需要考虑符号部分了。把整数部分转换为二进制表示使用的方法同前面介绍的把整数转换为二进制的方法是一样的（见附录 A）。

浮点数之小数部分

同十进制数一样，浮点二进制数的整数部分和小数部分也是分开的。二进制数字的整数部分和小数部分之间的小圆点（分隔）现在称为点（Point）。这个点实际上是二进制点，意义同十进制中实数里的小圆点是一样的。本小节，我们将介绍如何将数字的小数部分转换成二进制形式。同整数部分转换相比，小数部分的转换稍微有点复杂。

我们知道二进制数的整数部分中的每个位都是 2 的一定幂值。第一位是 1 的位为 2^0，第二位是 2 的位为 2^1，第三位是 4 的位为 2^2，等等以此类推。我们可以认为小数部分也是类似的。小数 0.1 表示了 1/10，小数 0.01 表示了 1/100，小数 0.001 表示了 1/1000。从小数部分第一位开始向右，按照十进制的记法，为 $1/10^1$，下一位为 $1/10^2$，再下一位为 $1/10^3$，等等以此类推。

注意：按照指数的规则，分母部分的指数等价于负指数。用数学术语来表示就是：$1 \div X^a = X^{-a}$ 或 $1/X^a = X^{-a}$。

表 C.1 按照指数形式，给出了十进制数的小数部分的前六位的相应值。

表 C.1 十进制系统中的小数部分的前六位情况（以 10 为底）

十进制系统中一个数值的小数部分的前六位情况					
0.1	**0.01**	**0.001**	**0.0001**	**0.00001**	**0.000001**
$\dfrac{1}{10^1} = 10^{-1}$	$\dfrac{1}{10^2} = 10^{-2}$	$\dfrac{1}{10^3} = 10^{-3}$	$\dfrac{1}{10^4} = 10^{-4}$	$\dfrac{1}{10^5} = 10^{-5}$	$\dfrac{1}{10^6} = 10^{-6}$
十分位	百分位	千分位	万分位	十万分位	百万分位

我们使用同样的方法来定义二进制中的小数列。不过，我们用 2 代替了 10，表 C.2 给出了二进制数的小数部分的前六位的情况。

表 C.2 二进制系统中的小数部分的前六位情况（以 2 为底）

二进制系统中一个数值的小数部分的前六位情况					
0.1	**0.01**	**0.001**	**0.0001**	**0.00001**	**0.000001**
$\dfrac{1}{2^1} = 2^{-1}$	$\dfrac{1}{2^2} = 2^{-2}$	$\dfrac{1}{2^3} = 2^{-3}$	$\dfrac{1}{2^4} = 2^{-4}$	$\dfrac{1}{2^5} = 2^{-5}$	$\dfrac{1}{2^6} = 2^{-6}$
二分之一	四分之一	八分之一	十六分之一	三十二分之一	六十四分之一

要想将十进制数转换成 8 个比特位的二进制数，我们需要先看该数字是否包含 128，然后余下部分是否包含 64，然后再看余下部分是否包含 32，这样持续直到余下部分是否包含 1。当我们将小数部分转换成二进制时，所进行的操作同上述过程类似。首先，我们看一下小数部分是否包含 1/2，然后看余下的部分是否包含 1/4，然后再看余下的部分是否包含 1/8，以此类推下去。

例 C.1 给出了上述转换过程。

例 C.1 将小数 0.5 和 0.75 转换成二进制形式

（a）很容易看出 $0.5_{10}=1/2$，因此转换成二进制形式为 0.1_2。

（b）$0.75_{10}=3/4=1/2+1/4$。

● 这表明在 1/2 的位上有个 1，在 1/4 的位上也有个 1。

● 因此十进制数 0.75_{10} 表示成二进制为 0.11_2。

但是如何将更复杂的小数转换成二进制呢，比如 0.98213_{10}，或 0.8887_{10}？通过猜测和心算只能处理比较简单的小数部分。对于所有的小数部分我们需要一种必要的规程来完成转换工作。

将小数部分转换成二进制

（1）首先，需要知道我们能够使用多少个比特位来存储该小数部分。有些小数部分转换起来非常容易，如例 C.1，但是大多数都不太容易转换。比如在例 C.1 中，$0.5_{10}=0.1_2$，如果将该小数存储到 4 个比特位的存储器中，转换结果为 $0.5_{10}=0.1000_2$。通常情况下，十进制小数部分转换成相等价的二进制值需要更多的存储空间，而且有些小数无法转换成等价的二进制数（例如，1/3 永远都不能够转换成完成精确的十进制值）。当把一个十进制小数转换成二进制的时候，转换工作要么结束于最末位为 0，要么结束于转换结果已经占满了所有的比特位。

（2）接下来，构建一个简单的十进制小数与二进制小数的对照表

二进制	2^{-1}	2^{-2}	2^{-3}	2^{-4}	2^{-5}	2^{-6}
十进制	0.5	0.25	0.125	0.0625	0.03125	0.015625
转换结果						

（3）然后请把上表的第三行填充完整。

（4）如果小数大于或等于 0.5，就在 2^{-1} 这一列的空白处填个 1，然后用该小数减去 0.5，如果结果为 0，转换过程结束。

（5）如果第 4 步的减法结果等于或大于 0.25，在 2^{-2} 这一列的空白处填个 1，然后把第 4 步的减法结果再减去 0.25；如果结果为 0，转换过程结束。

（6）如果第 4 步的减法结果小于 0.25，在 2^{-2} 这一列的空白处填个 0。看一下下面一列，如果第 4 步的减法结果小于 0.125，在 2^{-3} 这一列的空白处填个 0。

（7）重复第 6 步的操作，直到减法结果为 0，或者已经填充满所需比特位数为止。在每一列放个 0，直到达到比十进制小数大的一个比特位位置（然后在这个比特位放个 1）；或者达到所需比特位为止。

例 C.2 给出了十进制小数到二进制的转换过程。

例 C.2　将十进制小数 0.875 转换为二进制

- 该小数大于 0.5，因此在 2^{-1} 这个位放个 1。
- 减法操作：0.875−0.5=0.375。
- 0.375 大于下一位 0.25，因此在 2^{-2} 这个位放个 1。
- 减法操作：0.375−0.25=0.125。
- 0.125 等于 2^{-3} 这个位的值，因此在该列放个 1。
- 0.125−0.125=0，操作完成：

二进制	2^{-1}	2^{-2}	2^{-3}	2^{-4}	2^{-5}	2^{-6}
十进制	0.5	0.25	0.125	0.0625	0.03125	0.015625
转换结果	1	1	1			

- 因此，十进制数 0.875 的二进制表示为 0.111。

对某些十进制小数来说，当转换了一些比特位之后，减法结果为 0，转换过程结束。但是，还有很多小数在减法结果为 0 之前，已经占满了所有比特位。当然，还有一些循环十进制小数（比如 2/3=0.66666），这些小数不能转换成完全等价的二进制数。基于此，你需要知道转换后的二进制数能够使用多少个比特位。例 C.3 给出了如何把十进制小数转换为 6 个比特位的二进制。虽然最终的转换结果不完全等价于十进制小数，但是误差是可以接受的。

例 C.3　将十进制数 0.4 转换成 6 个比特位的二进制数

- 该小数小于 0.5，因此在 2^{-1} 这个位放个 0。
- 该小数大于 0.25，因此在 2^{-2} 这个位放个 1。
- 减法操作：0.4−0.25=0.15。
- 0.15 大于下一位 0.125，因此在 2^{-3} 这个位放个 1。

- 减法操作：0.15-0.125=0.025。
- 0.025 小于下一位 0.0625，因此在 2^{-4} 这个位放个 0。
- 0.025 小于下一位 0.03125，因此在 2^{-5} 这个位放个 0。
- 0.025 大于下一位 0.015625，因此在 2^{-6} 这个位放个 1。
- 当减法操作完成之后 0.025-0.015625=0.009375 还有个余数，由于已经占满了 6 个比特位，因此不需要再进行任何操作。

二进制	2^{-1}	2^{-2}	2^{-3}	2^{-4}	2^{-5}	2^{-6}
十进制	0.5	0.25	0.125	0.0625	0.03125	0.015625
转换结果	0	1	1	0	0	1

- 因此，十进制数 0.4 使用 6 个比特位的二进制表示为 0.011001。

例 C.4 是一个非常有趣的十进制小数转换的例子，转换后几乎不使用任何比特位。

例 C.4　将十进制数 0.009 分别转换成 6 个比特位的二进制数和 8 个比特位的二进制数

- 该小数小于 0.5，因此在 2^{-1} 这个位放个 0。
- 该小数小于 0.25，因此在 2^{-2} 这个位放个 0。
- 实际上，该数小于所有如下的六个数，因此需要有 6 个 0。

二进制	2^{-1}	2^{-2}	2^{-3}	2^{-4}	2^{-5}	2^{-6}
十进制	0.5	0.25	0.125	0.0625	0.03125	0.015625
转换结果	0	0	0	0	0	0

- 因此，将十进制数 0.009 分别转换成 6 个比特位的二进制数为 0.000000。
- 现在，我们将十进制数 0.009 分别转换成 8 个比特位的二进制数表示。现在已经知道了 6 个比特位都为 0。
- 不过，该数字大于 2^{-7}（0.0078125 四舍五入得到 0.007813），因此在 2^{-7} 这个位放个 1。
- 减法操作：0.009-0.007813=0.001188。
- 由于 0.001188 小于下一位的 0.003906，因此在 2^{-8} 这个位放个 0。
- 由于已经占满了 8 个比特位，因此不需要再进行任何操作。

二进制	2^{-1}	2^{-2}	2^{-3}	2^{-4}	2^{-5}	2^{-6}	2^{-7}	2^{-8}
十进制	0.5	0.25	0.125	0.0625	0.03125	0.015625	0.007813	0.003906
转换结果	0	0	0	0	0	0		

- 因此，十进制数 0.009 使用 6 个比特位的二进制表示为 0.000000，使用 8 个比特位的二进制表示为 0.00000010。

从例 C.4 可以注意到，某些数字当他们的值比较大时，它们并不像看到的那样近似为 0。数字 0.009 看起来比较小，但是实际情况要取决于它所表示的数值来定。例如，0.009 厘米等于 9/100 000 米，但是 0.009 千米是 9 米。如果将 9 米当做 0 米，将会得到严重的错误，当然如果它表示的单位比较小，当做 0 也是没关系的。如果计算机程序用来计算太阳和地球之间的距离，这里的 9 米就可以忽略不计，但是如果是用来计算房间的宽度时的 9 米，那就不能忽略不计了。

C.2 将上述两部分合并起来

要想表示整个浮点数，只需将整数部分和小数部分中间加个点合并即可。在例 C.5 中，我们将两部分合并起来。

例 C.5 将十进制浮点数 75.804 转换成二进制数

● 使用 4 个比特位将 75.804 中的小数部分转换为二进制数。

● 将 75 转换成二进制数为：1001011。

● 将 0.804 转换为二进制数为：

■ 在 2^{-1} 这个位放个 1，减法操作：0.804－0.5＝0.304。

■ 在 2^{-2} 这个位放个 1，减法操作：0.304－0.25＝0.054。

■ 在 2^{-3} 这个位放个 0。

■ 在 2^{-4} 这个位放个 0。

■ 由于已经占满了 4 个比特位，因此不需要再进行任何操作。

二进制	2^{-1}	2^{-2}	2^{-3}	2^{-4}	2^{-5}	2^{-6}
十进制	0.5	0.25	0.125	0.0625	0.03125	0.015625
转换结果	1	1	0	0		

● 因此，十进制数 75.804 使用二进制表示为 1001011.1100。

C.3 科学记数法与指数记数法

在介绍如何将浮点数在计算机中表示之前，我们需要了解几个概念。如今，很少有程序员需要将十进制数字转换为浮点数。不过，在编写程序的时候，理解这些转换过程对实际工作是很有帮助的。因此，本节介绍一些这方面的详细内容。

科学记数法

计算机经常会用于科学计算工作，而这些应用中会用到非常大的数值或非常小的数值。例如，挨着地球最近的比邻星——不是太阳，但是它离我们有 4.2 光年的距离。一光年指的是光在一年时间内行走的距离：5 880 500 000 000 英里。因此，我们离比邻星的距离是 24 698 100 000 000 英里。如果把这个距离用二进制来表示的话，即使小数位我们只保留 4 个比特，我们仍然需要 49 个比特位才能表示它。49 个比特位的二进制数字如下所示：

1111000111010011100000000110111110100111000011.0000

另外，计算机也会处理非常小的数值。例如，原子是物质的基本单元。一个原子比人类一根最细的头发要小 100 万倍。原子的直径范围从 0.1 纳米到 0.5 纳米之间。因此，原子的平均直径（假如有这种平均直径的原子）是 0.25 纳米或者 0.000000025 米。用二进制来表示它的话，小数点的右边至少需要 30 个比特位，甚至更多，多少取决于精确度的要求，上面的直径二进制表示如下：

$$0.000000000000000000000000000000001011$$

很显然需要一种表示浮点数更好的方法以便于程序员使用。

科学记数法正是这样一种表示非常大的数值和非常小的数值的一种方法，它便于阅读而且相对容易使用。在科学记数法中，一个给定的数值可以表示成一个 1 到 10 之间的数乘以一个 10 的相应次方。数值 200 等于 2*100，而 100 等于 10*10 或 10^2。因此，我们将 200 表示为 $2*10^2$。对于非常非常大的数值，方法类似。下面是一些例子：

- 680 000=6.8×10^5。
- 1 502 000 000=1.502×10^9。
- 8 938 000 000 000=8.938×10^{12}。

当我们表示小于 1 的数值时，同样可以使用这种表示法。我们将该数值表示为 1 到 10 之间的数乘以 10 的相应次方。注意十分之一等于 10^{-1}，数值 0.2 等于 2.0*1/10 或者 $2.0*10^{-1}$。因此，我们将 0.2 表示为 $2.0*10^{-1}$。对于非常非常小的数值，我们可以使用同样的表示法，例如，0.000002 等价于 2.0*1/1 000 000，可以表示为 $2.0*10^{-6}$。下面是一些例子：

- 0.068=6.8×10^{-2}。
- 0.00001502=1.502×10^{-5}。
- 0.000000000008938=8.938×10^{-12}。

注意当使用科学记数法表示小于 1 的数值时，10 的次方值总是一个负数。

指数记数法

在计算机中，同科学记数法等价的是指数记数法。在编写程序的时候，我们不写成 10 次方，我们使用 E 后面跟上次方数来表示。因此，2 000 000 的科学记数法表示为 $2*10^6$，而使用指数记数法的表示为 2.0E+6。类似的，0.000002 使用科学记数法表示为 $2.0*10^{-6}$，而使用指数记数法的表示为 2.0E-6。下面是一些非常大的数值和非常小的数值使用指数记数法表示的示例：

- 680 000=6.8E+5
- 1 502 000 000=1.502E+9
- 8 938 000 000 000=8.938E+12
- 0.068=6.8E-2
- 0.00001502=1.502E-5
- 0.000000000008938=8.938E-12

对于一个使用指数记数法表示的数值，如果想使用一般记数法来表示它，只需要根据 E 后面的整数值调整小数点的位置即可。如果 E 后面的整数是正数，将小数点向右移动，将得到一个比 1 到的数。如果 E 后面的整数是负数，将小数点向左移动，将得到一个小于 1 的数。下面是如何将指数记数法进行转换的示例：

- 例如 1.67E-4，我们先写下 1.67，然后将小数点向左移动 4 位，在 1 的左边补充 3 个 0，最后得到 0.000167。

- 例如 4.2E+6，我们将小数点向右移动 6 位，在 2 的右边补充 5 个 0，最后得到 4 200 000，或者写成 4 200 000。

对于一个既包含整数值又包含小数值的数值，如果想把它转换为指数记数法来表示，如何操作？是否能够将 689 000.45 使用指数记数法表示？如果使用 100 000 乘以 6.8900045，我们就可以得到 689 000.45。因此，可以将 689 000.45 写成 6.8900045E+5。

对于一个负数，如果想把它使用指数记数法表示的话，如何操作？答案是：可以使用上面一样的方法。例如，–2 000 等于 –2*1000，因此 –2000=–2E+3；–689 000.45=–6.8900045E+5。注意数值本身的符号仍然保留且在 E 的左侧。而 E 右侧的符号表示的是一个数值是 0 到 1 之间的数值（表示了该数值是小数）还是大于 1 的数值。

C.4 基数为 10 的范化

我们现在已经知道可以用很多种方式表示一个数字。例如，数字 28 可以表示为 28_{10} 或 11100_2，或 $1C_{16}$ 或者其他非常多的方式。数量 28 的意义可以有很多种，但是对于一个人来说，他有 28 美元要想买 35 美元的东西时，意义只有一种：他的钱不够。而对于计算机来说，无论使用何种表示方式，意义都是一样的。本质上来说，这些数值都是一种范化形式。我们首先讨论如何将一个数字范化为十进制形式，然后再考虑二进制形式（基数为2），然后再考虑十六进制范化（基数为 16）。

范化类似于科学记数法。每个范化后的数字有两部分组成。第一部分称为数量部分，第二部分称为指数部分。在科学记数法中，小数点位于第一个非零数字的右边。在范化法中，小数点位于第一个非零数字的左边。当然，数值肯定要保留的。在范化一个十进制数字时，移动完成小数点的位置之后，需要乘以 10 的一定次方数，使其等于原值。表 C.3 给出了一些十进制范化的例子。

表 C.3 十进制范化（基数为 10）

数　值	数　量　部　分	指　数　部　分	范　化　结　果
371.2	0.3712	10^3	0.3712×10^3
40.0	0.4	10^2	0.4×10^2
0.000038754	0.38754	10^{-4}	0.38754×10^{-4}
–52389.37	–0.5238937	10^5	-0.5238937×10^5

C.5 二进制浮点数的范化

IEEE 标准是应用最广泛的浮点数值表示法，它用于范化二进制数值。范化后的二进制数值有三部分组成：符号部分、指数部分、尾数部分。尾数等价于前面介绍的数量部分，只不过它是二进制的。在介绍如何范化二进制数字之前，我们先来学习一下 Excess_127 系统，它用于表示范化二进制数的指数部分。

Excess_127 系统

乍一看 Excess_127 系统，感觉它像一个戏法。它用于存储范化二进制数字的指数值。有两种表示法 Excess_127 和 Excess_128，但是我们这里只介绍更常用的 Excess_127。由于 Excess_127 系统只用于存储数字的指数部分，因此要用到的 8 个比特位。它的表示范围为 -127 到 $+127$，在一般情况下，计算机几乎不会去处理比 2^{127} 大的数或者比 2^{-127} 小的数。

在 Excess_127 系统中，要表示 8 个比特位的数字，需要：

- 将该数字加上 127；
- 将上述结果转换为二进制；
- 在左边添加 0 以补全 8 位。

下面是如何使用 Excess_127 进行二进制数值表示的例子：

（a）将 $+9_{10}$ 用 Excess_127 表示，$9+127=136$

- 将 136 转换为二进制：10001000。
- 因此，$+9_{10}$ 使用 Excess_127 表示为 10001000。

（b）-13_{10} 用 Excess_127 表示，$-13+127=114$

- 将 114 转换为二进制：01110010。
- 因此，-13_{10} 使用 Excess_127 表示为 01110010。

基数为 2 的范化

对二进制数值的范化过程类似于十进制数的范化过程。范化十进制的时候，将小数点移动到第一个非零数字的右边。因此，在范化二进制的时候，过程类似，使用科学记数法来表示二进制数值。当我们需要十进制表示时，只需要将二进制数乘以 2 的相应次方即可。不必考虑符号问题，因为范化之后，符号已经包含了。例 C.6～例 C.8 给出了详细的示例。

例 C.6　范化二进制数 +10110

- 小数点向左移动四位，得到：1.0110；
- 由于小数点向左移动了四位，要想得到原来的数值需要将它乘以 2^4；
- 因此，$+10110$ 范化后的形式为 $2^4 \times 1.0110$。

例 C.7　范化二进制数 -101101.01010

- 小数点向左移动五位，得到：1.0110101010；
- 由于小数点向左移动了五位，要想得到原来的数值需要将它乘以 2^5；
- 因此，-101101.01010 范化后的形式为 $-2^5 \times 1.0110101010$。

例 C.8　范化二进制数 +0.11110011

- 小数点向右移动 1 位，得到：1.1110011；
- 由于小数点向右移动了 1 位，要想得到原来的数值需要将它乘以 2^{-1}；
- 因此，$+0.11110011$ 范化后的形式为 $2^{-1} \times 1.1110011$。

在范化过程中有一些要点需要注意：

- 符号先不被考虑。在转换后的结果前面加上原值的符号。
- 如果原值大于1，那么幂值的符号为正。
- 如果原值大于1，小数点向左移动。
- 如果原值小于1，那么幂值的符号为负。
- 如果原值小于1，小数点向右移动。

单精度浮点数

现在我们将把前面的知识融合到一起，来看一下如何将浮点数在计算机中表示。IEEE 定义了在计算机中存储浮点数的三种标准。这里将用这些标准来表示单精度浮点数。在单精度形式中，范化后的浮点数有三部分组成。符号占用1个比特位，指数占用8个比特位，尾数用剩余的比特位来表示。将浮点数转换为这种表示形式需要一定的步骤。也许你根本不会手工进行这些转换操作，但是下面的讲解和示例将帮助你理解程序中的浮点数是如何被计算机使用的。

将浮点数转换为单精度浮点数的过程如下：

（1）符号：如果一个数值是正数，最左边的1个比特位为0；如果数值为负数，最左边的1个比特位为1。

（2）将数值转换为二进制。如果数值既包含有整数部分也包含有小数部分，使用前面学到的知识，将它们整个转换为二进制表示。

（3）范化这个二进制数，移动小数点到第一个非零数字的右边。

（4）计算小数点移动的位数，该值就是指数值。

（5）如果小数点向右移动，那么指数值为负值；如果小数点向左移动，那么指数值为正数。

（6）指数部分：使用 Excess_127 法，将指数值转换为二进制表示。将这个数使用8个比特位表示并放到符号位的右边。

（7）尾数：在第3步中转换的数值即为尾数。但是这里有个"戏法"，当存储范化后的数值时，丢到小数点左边的1（是的，不要这一位！）。此时，小数点右边的数称为尾数。

例 C.9～例 C.12 介绍了如何使用 IEEE 标准将数值转换为单精度浮点数。

例 C.9 将范化后的数值+2^5×1.1101001101 使用单精度浮点数来表示

- 因为该数值符号位为正，因此最左边1个比特位为0；
- 指数值为5。使用前面介绍的 Excess_127 法对其进行转换：
  - 加法：（+5）+127=132；
  - 将132转换为二进制数，得到10000100；
  - 将这个二进制数存储到符号位的右边。
- 剩下的部分为1.1101001101；
- 丢弃左边的1（小数点左边的1），将余下的部分存储到剩下的23个比特位中；
- 注意：原数占了10个比特位，但是在用单精度浮点数表示时，尾数需要占23个比特位。因此需要再后面添加13个0以补足23个比特位；

- 因此，$+2^5 \times 1.1101001101$ 表示成单精度浮点数形式为：

0	10000100	11010011010000000000000
符号	指数	尾数

例 C.10　将范化后的数值 $-2^{-9} \times 1.00001011$ 使用单精度浮点数来表示

- 因为该数值符号位为负，因此最左边 1 个比特位为 1；
- 指数值为 -9。使用前面介绍的 Excess_127 法对其进行转换：
  - 加法：$(-9)+127=118$；
  - 将 118 转换为二进制数，得到 01110110；
  - 将这个二进制数存储到符号位的右边。
- 剩下的部分为 1.00001011；
- 丢弃左边的 1（小数点左边的 1），将余下的部分存储到剩下的 23 个比特位中；
- 注意：原数占了 8 个比特位，但是在用单精度浮点数表示时，尾数需要占 23 个比特位。因此需要再后面添加 15 个 0 以补足 23 个比特位；
- 因此，$-2^{-9} \times 1.00001011$ 表示成单精度浮点数形式为：

1	01110110	00001011000000000000000
符号	指数	尾数

　　下面的两个例子将把实数转化为单精度浮点数，不过这里不再对每一步进行详细解释。如果需要，请参考前面部分的内容。

例 C.11　将实数 -2651.578125 使用单精度浮点数来表示

- 因为该数值符号位为负，因此最左边 1 个比特位为 1；
- 转换成二进制，得到 101001011011.100101；
- 范化：$1.01001011011100101 \times 2^{11}$；
- 使用 Excess_127 法表示指数为：10001010；
- 将该实数存储为单精度浮点数；
- 因此，-2651.578125 表示成单精度浮点数形式为：

1	10001010	01001011011100101000000
符号	指数	尾数

例 C.12　将实数 $+0.046875$ 使用单精度浮点数来表示

- 因为该数值符号位为正，因此最左边 1 个比特位为 0；
- 转换成二进制，得到 0.000011；
- 范化：1.1×2^{-5}；
- 使用 Excess_127 法表示指数为：01111010；
- 将该实数存储为单精度浮点数；
- 因此，$+0.046875$ 表示成单精度浮点数形式为：

0	01111010	10000000000000000000000
符号	指数	尾数

　　你可能会问为什么时候 23 个比特位来存储尾数呢？这是因为，符号位占了 1 位，指数位占了 8 位，那么对于总数固定的 32 位来说，就剩下了 23 位，即 1+8+23=32。这是一个大型机的一个存储单元的大小或者对于 16 位计算机来说，它是 2 个存储单元的大小。单精

度浮点数可以很容易地存储到大多数计算机的单个或两个存储单元中。

当然还有双精度浮点数。它和单精度浮点数有什么差别呢？双精度浮点数可以表示更大的数值范围。在双精度浮点数中，符号位占用 1 个比特位，指数部分占用 11 个比特位，而尾数部分使用 52 个比特位。11 个比特位的指数部分，使用 Excess_1023 法可以表示的指数值达到 ± 1023。想象一下一个数乘以 2^{1023} 后是多大的一个数！由于符号位占用 1 个比特位，指数部分占用 11 个比特位，而尾数部分使用 52 个比特位，因此一个实数存储成双精度浮点数时需要 64 个比特位。对人类大脑来说处理 64 个比特位的数字简直太恐怖了，但是对计算机来说就是小菜一碟了。双精度浮点数要比单精度浮点数精确得多，不过，记住没有什么东西是 100% 精确的。总之，我们把这个表示问题留给了计算机。

C.6　十六进制表示

我们知道阅读一个十六进制数要比阅读一长串的 0 和 1 要强的多。将二进制数转换为十六进制数要容易得多，这就是为什么单精度数有时会转换为十六进制表示。很简单，只需要将二进制数分为 4 个比特位一组，将每一组转换为一个十六进制数即可，同附录 A 中将二进制数转换为十六进制数的方法一样。下面的例子给出了如何将例 C.9～例 C.12 中的单精度浮点数转换为十六进制数。

例 C.9 的浮点数 0　10000100　11010011010000000000000 的十六进制表示为：$4269A000_{16}$

例 C.10 的浮点数 1　01110110　00001011000000000000000 的十六进制表示为：$BB058000_{16}$

例 C.11 的浮点数 1　10001010　01001011011100101000000 的十六进制表示为：$C525B940_{16}$

例 C.12 的浮点数 0　01111010　10000000000000000000000 的十六进制表示为：$3D400000_{16}$

附录 D

RAPTOR介绍

D.1　什么是 RAPTOR

RAPTOR 是一个基于流程图的可视化编程环境，可以用它来解决具体的编程问题。通常情况下，程序员在使用具体的编程语言如 C++或 Java 编写代码之前，会使用流程图来设计程序，或程序的一部分。RAPTOR 让流程图这一步的工作更加深化，允许程序员测试（运行）程序设计来确认程序设计的逻辑部分是否正确，从而解决设计问题。

在编程逻辑课程中，RAPTOR 是非常有用的，原因有这么几点。同其他编程语言相比，RAPTOR 语言的语法很少，对使用者来说，处理语法错误的可能性就会小很多。使用者可以把精力集中于最重要的编程问题上：开发好的逻辑和设计。另外，RAPTOR 是可视化的，它使用流程图来操作，让使用者能够看到程序语句的控制流程。

RAPTOR 非常易学，也非常易用。我们建议读者在阅读本附录之前，最好完整的读完了第 1 章和第 2 章的流程图部分的内容。进一步来说，当读者阅读了本书其他相关主题后，对于本附录后面的内容，如关系运算、子表和数组就会更容易理解。你可能花不了 1 个小时，就能学会使用本软件绘制第一个流程图，运行你的第一个程序。你可能会遇到错误的情况，但都会很容易解决掉。

编程逻辑课程的目的就是教育学生进行程序设计并运行算法来解决问题，最后使用基于计算机的问题解决工具来实现这些算法。如果你学会了这些，你会发现在使用具体编程语言如 C++和 Java 完成后面的转换工作时会相对简单得多。

D.2　入　　门

当前有多个版本的 RAPTOR 可用。本附录介绍的是 2010 年春季版本，该版软件可以 RAPTOR 网站上获取，http://raptor.martincarlisle.com/。

下载并安装完 RAPTOR 之后，在计算机中找到 RAPTOR 图标，打开该软件。你将看到两个窗口：RAPTOR 窗口（图 D.1 左侧）和主控制台窗口（图 D.1 右侧）。当你第一次打开 RAPTOR 软件时，主控制台窗口可能是隐藏的，或者处于主窗口后面，此时你可能需要将它展开。另外，你也可以随意调整 RAPTOR 窗口的大小，将这两个窗口并排放在一起更方便查看。

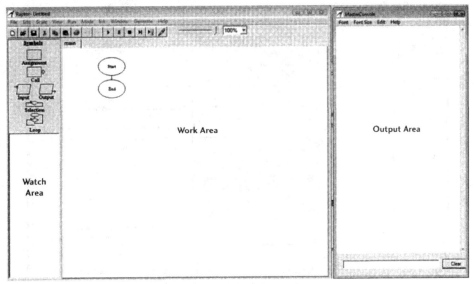

图 D.1 RAPTOR 窗口

当运行 RAPTOR 程序的时候，程序从开始（Start）符号处开始，然后由箭头指向结束（End）符号。最短的 RAPTOR 程序（没有任何功能）如左图所示。我们可以在开始符号和结束符号之间填充语句来创建更有意义的 RAPTOR 程序。

在创建 RAPTOR 程序的时候，从左侧把流程图符号实例拖拽到屏幕中间的区域，如图 D.2 所示。

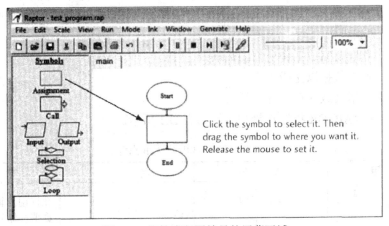

图 D.2 拖拽流程图符号的屏幕区域

一旦拖拽了一个符号到该区域，RAPTOR 程序将提示你保存文件。然后就可以开始创建程序了。如果想在符号中添加内容，可以双击该符号。此时会弹出一个对话框（小窗口），要求你输入该符号的信息。如图 D.2 所示的一个赋值（Assignment）方框，双击该方框之后，将打开如图 D.3 所示的对话框。赋值（Assignment）方框要求你输入该变量的信息。下面将简要地介绍一下变量。

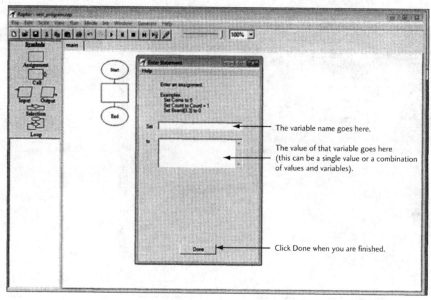

图 D.3　在对话框中输入信息

D.3　RAPTOR 符号和变量的介绍

　　RAPTOR 有六种基本符号。每一种符号表示了一种特定类型的指令。我们首先介绍赋值（Assignment）符号、输入（Input）符号和输出（Output）符号。然后，介绍其他几个符号，调用（Call）符号、选择（Selection）符号和循环（Loop）符号。一个典型的计算机程序有三个基本组件：

- 输入：获取要完成工作所需的数据；
- 处理：操作数据以完成工作；
- 输出：显示（或保存）计算结果。

这些组件和 RAPTOR 指令直接相关，如表 D.1 所示。

表 D.1　RAPTOR 符号和指令

作　　用	符　　号	名　　称	指　　令
输入		输入	允许用户输入数据。数据值存储到变量中
处理		赋值	更改变量的值
输出		输出	显示（或存储到文件）变量的值

　　注：在 RAPTOR 符号的描述信息中，对变量（Variable）这个词进行了强调。将信息存储到变量之中是所有编程逻辑的中心内容，RAPTOR 也不例外。

变量

变量（Variable）是一个内存位置，在这个位置中存储了相应的值。任何时刻，一个变量只能存储一个特定类型的值。当然，在程序运行的过程中，变量当中的值是可以改变的。在本书中，语句 X=32 表示将值 32 存储到变量 X 中。在 RAPTOR 中，向左的箭头（←）符号将其右边的值指派给箭头左边的变量。因此，X←32 表示将值 32 存储到变量 X 中。

见图 D.4，开始（Start）符号下面的方框 X←32 表示将值 32 存储到变量 X 中。下一个语句 X←X+1 表示"将 X 的值加 1 之后，存储到变量 X 中"。因此，这个语句执行完成之后，X 的值变成了 33。

接下来的语句 X←X*2 表示"将变量 X 乘以 2 得到的值赋给变量 X"。在本例中，X 的原值为 33，语句执行之后，变量 X 的值变为 66。

RAPTOR 变量不需要在程序的不同部分进行声明，只需要在第一次使用的时候同时声明即可。不过，在大多数编程语言中，变量都需要在使用之前进行声明，因此强烈建议你在使用 RAPTOR 时，

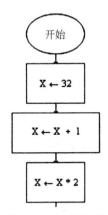

图 D.4　赋值到变量

也这么做。这是一个好的编程习惯，将为你使用其他语言编写程序做好准备工作。

RAPTOR 的变量只能是数值（Number）类型的，或者是字符串（String）类型的。数值变量要么是整数，要么是浮点数。RAPTOR 并不区分这两种类型。字符串类型是文本值，像"Hello, friend"或"pony"或单个字符"e"或"W"，再或者一个数，只是这个数不能用于任何计算。例如，电话号码"352-381-3829"就是一个字符串。

变量可以通过如下三种方式设置或改变其值：

● 变量的值可以由 Input 语句输入获得；
● 变量的值可以由赋值语句（Assignment）指派；
● 变量的值可以由程序调用（Call）返回获得。

在本书中，如同其他大多数编程语言一样，一个新的变量需要涉及几件事情。它需要一个名字，一种数据类型，通常还需要一个初始值。

声明变量[1]：当 RAPTOR 程序开始运行的时候，没有任何变量存在。当 RAPTOR 首次遇到一个新的变量名时，它会自动地从内存中找到一个空闲存储空间，将该变量名与该存储空间进行关联。因此，在 RAPTOR 中，不需要像本书中介绍的声明语句（Declare）那样去直接声明变量。该变量将从程序执行到它这一刻生效，到程序结束时消失。

初始化变量：当 RAPTOR 创建一个新的变量时，必须对它进行初始化。这里同其他编程语言的情况稍微有所不同，其他编程语言很可能在声明这个变量的时候不需要给它初始值。在 RAPTOR 中，变量的初始值决定了该变量的类型。如果该值是数值型的，那么该变量就是数值型变量（type Number）。如果初始值是文本，该变量就是字符串类型（type String）。注意任何包含在双引号中的初始值被当做文本：

● 如果变量 myNum 被设置为 34，它将被存储为数值类型。
● 如果变量 myWord 被设置为"34"，它将被存储为字符串类型。

- 程序执行过程中，变量的类型是不能更改的。

常见变量错误：

错误1：变量_____没有任何值。

出现这种错误有两种情况：

没有给变量赋值。

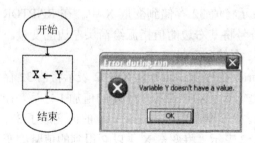

变量名拼写错误。

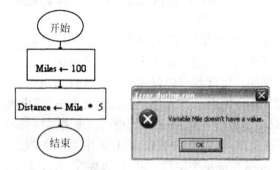

[1]RAPTOR 并不对变量名中字符的大小写进行区分。如果你的变量名为 MyNum，那么 RAPTOR 认为它同变量 mynum 是一样的。因此，你可以使用字符大小写的任意组合来使用变量 MyNum（如 MYNUM，mynum，MyNum，mYnUm 等等，它们都被认为是同一个变量）。

错误2： 找不到变量_____。

这个错误表明，你正在使用一个没有声明的变量或者没有进行初始化的变量。

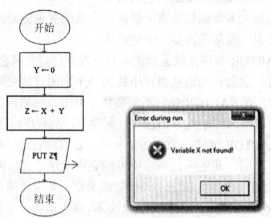

错误3：不能为数值型变量_____指派字符串类型的值。

不能为字符串类型变量_____指派数值类型的值。

这个错误会在试图更改数据类型的时候出现。

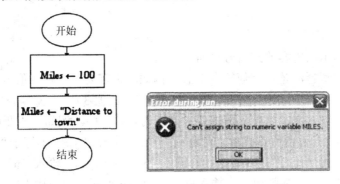

D.4 RAPTOR 符号

本节将详细介绍基本符号：输入符号（Input）、赋值符号（Assignment）和输出符号（Output）。其他符号将在后面部分介绍。

输入符号

所有的编程语言都有这样的语句，能够使得程序从用户获取信息，用户通过键盘和鼠标来输入信息，并显示在计算机屏幕上。通过这些语句，用户可以向程序发出指令或者为程序运行提供所需的信息。

在 RAPTOR 中，当输入符号（Input）运行时，将出现提示信息（提示用户输入一定的值），用户输入的值将存储到某一变量中。当把输入符号（Input）拖拽到流程图区域后，将弹出如图 D.5 所示的对话框 Enter Input。在窗口顶部的输入提示处（Enter Prompt Here）可以输入想要提示用户的信息。输入到这个方框中的信息将在程序运行的时候显示出来，请描述清楚需要用户输入何种类型的信息。请确保这里的提示信息简单明了。在 Enter Variable Here 框中输入打算存储用户输入内容的变量名称。

用户输入的信息将存储到这个变量中，并在程序的后面使用。例如，如果你要计算购买小工具的花费，当用户输入一个小工具的价格$1.50 美元，这个值将存储到字符串变量 Price 中；由于带有美元符号（$），因此这个输入信息不能作为数值存储。如果直接用 Price 变量进行算术运算，程序将出现错误。由于变量 Price 需要表示数值，美元符号不应该是用户输入内容的一部分。因此请确保提示用户在输入信息的时候不需要输入单位符号。例如，可以这样提示用户，"请输入小工具的价格，不需输入美元

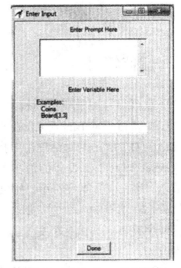

图 D.5 "Enter Input" 对话框

符号$（例如小工具的价格为$1.50 美元，请输入 1.50)"。

请注意：

将所有需要提示的内容放到引号里面。

请确保向用户解释清楚该如何输入信息。例如，你需要一个百分值，请指明是需要小数值（例如 3%的小数值 0.03），还是"分子"值（3%的值 3）。

如果要求用户输入文本内容，请把要求描述的具体一些。例如，想要用户输入 yes 或 no，必须准确告诉用户输入什么内容，因为，对计算机来说，"yes"不等于"y"或者"YES"。因此这里最好提示用户："你是否要继续？输入 'y' 表示 yes，输入 'n' 表示 no"。程序运行到输入语句的时候，将弹出一个输入框，如图 D.6 所示。用户输入完之后，单击确认，该值将存储到输入语句指定的变量中。

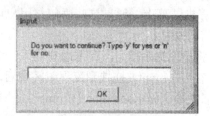

图 D.6　输入提示框　　　　　图 D.7　输入语句对话框

赋值符号

赋值符号用于变量的初始化工作或计算工作，最后将结果值存储到变量之中。存储到变量中的值可以在程序其他部分提取和使用。

图 D.7 所示的对话框用于指定变量的名字和值。变量的名字在小文本框处输入：Set _____。变量的值在大一点的文本框处输入：to_____。这个值可以是数值、字符或文本字符串。如果这个变量是第一次被使用，它的类型由赋予它的值所决定。如果你在这里输入数值，那么这个变量的类型就为数值型。如果你在这里输入带引号的字符或字符串，那么这个变量的类型就为字符串类型。从这个角度来说，变量的类型是不能更改的。

计算式也可以作为变量的值，即计算式的计算结果将赋予变量，如图 D.8 所示。

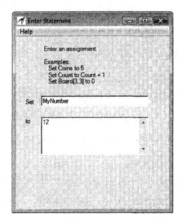 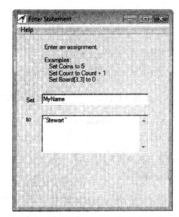

(a) 赋值语句将变量MyNumber的值设置为12　(b) 赋值语句将变量MyName的值设置为Stewart

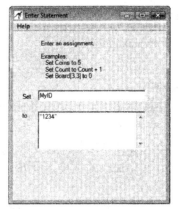 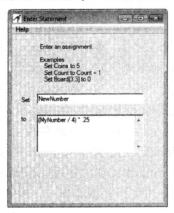

(c) 赋值语句将变量MyID的值设置为1234　　(d) 赋值语句将变量NewNumber的值设置为0.75
　　注意"1234"，它是一个字符串，不能参　　　注意运算式首先计算MyNumber(它的值为12)除
　　与算术运算，这个数字作为文本来存储　　　以4的值，然后将运算结果乘以0.25，最终的结
　　　　　　　　　　　　　　　　　　　　　　果为0.75，将其存储到变量NewNumber中

图 D.8　赋值语句

在 RAPTOR 中，使用如下语法来表示赋值语句：

变量←表达式

赋值语句可以更改变量的值，即改变箭头左边的变量的值。但是赋值语句不能更改箭头（例如表达式）右边变量的值。

如下为赋值语句的示例：

Cost　　　　　　　　←　　　　　　　(Tax_Rate*Non_Food_Total)+Food_Total
↑　　　　　　　　　　↑　　　　　　　　　　　　　↑
被赋值变量　　　　　赋值符号　　　　　　表达式，在运行时进行赋值操作

如下为 RAPTOR 如何处理赋值语句：

首先，计算赋值操作符右边的表达式。

然后，将计算结果值赋予变量，无论该变量之前存储的是何种数据，都将其替换为新的值。

表达式

赋值语句的表达式（或计算式）可以是任意简单的或复杂的等式，经过运算之后得到一个值。表达式可以是一些值（也可以是常量或变量）与一些运算符的组合。计算机一次只能完成一种操作。RAPTOR 按照第 1 章介绍的运算优先级顺序进行计算。

运算符和函数告诉计算机该进行何种运算操作。运算符需要放在两个数据之间来（例如 X+3），函数使用括号将其操作的数据包括起来（例如 sqrt(4.7)）。当程序执行时，运算符和函数完成相应的运算操作后，返回结果。

赋值语句中表达式计算的结果只能是一个数值或一个文本字符串。大多数表达式用于计算数值，当然也有表达式使用加号（+）将多个字符串连接成一个字符串。也可以将数字和字符串连接成为新的字符串。如下赋值语句举例说明了字符串操作：

```
Full_name ← "Joe "+"Alexander "+"Smith"
```

该赋值语句运行后，变量 Full_name 的值变成 Joe Alexander Smith。

（a）赋值语句将变量 MyNumber 的值设置为 12。

（b）赋值语句将变量 MyName 的值设置为 Stewart。

（c）赋值语句将变量 MyID 的值设置为 1234。注意"1234"，它是一个字符串，不能参与算术运算，这个数字作为文本来存储。

（d）赋值语句将变量 NewNumber 的值设置为 0.75。注意运算式首先计算 MyNumber（它的值为 12）除以 4 的值，然后将运算结果乘以 0.25，最终的结果为 0.75，将其存储到变量 NewNumber 中。

输出符号

在 RAPTOR 中，当输出语句运行的时候，它将数据打印输出到主控制台窗口上。在声明输出语句时，将会弹出设置输出内容 Enter Output 对话框（如图 D.9 所示），要求你指定需要显示的文本或表达式以及输出完成后是否另起一行。如果你勾选了 End current line 方框，后面的内容输出将从新的一行开始。

输出的内容可以是文本、变量的值或者任意文本和变量的组合。

教师在上课的时候经常会提到"将结果显示的更加人性化一点"。也就是在显示信息的时候，应该多一些注释，以方便用户明白其意义。换句话说，如果用户不知道上下文，单单给出一个 40，它肯定不会知道这个数字表示的是购买 8 个 5 元的小工具的总花费。

在图 D.10 这个示例中，假设变量前面已经声明，且被赋值了：

图 D.9　设置输出内容对话框

MyName 是一个字符串变量，其值为 Maurice Jones。

Price 是一个数值型变量，其值为 5。

Number 是一个数值型变量，其值为 8。

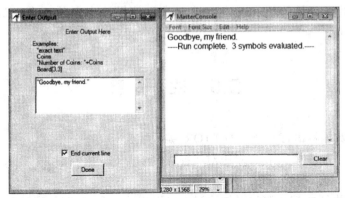

(a) 输出内容为纯文本，用引号括起来。结果显示的时候不带引号

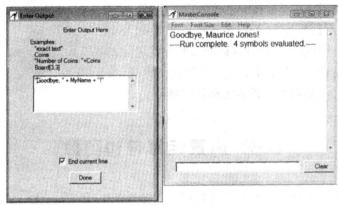

(b) 本例中，变量MyName在前面被赋值为"Maurice Jones"，因此输出
　　结果为三个字符串"Goodbye, "、变量MyName值和"！"连接后的结
　　果。结果显示的时候不带引号

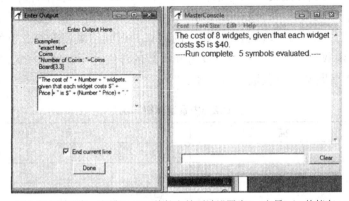

(c) 这个例子中，变量Number的值在前面被设置为8，变量Price的值在
　　前面被设置为5。输出结果将变量的值和文本连接起来。结果输出
　　之前，会先进行算术运算，Number*Price=40

图 D.10　输出示例

（a）输出内容为纯文本，用引号括起来。结果显示的时候不带引号。

（b）本例中，变量 MyName 在前面被赋值为"Maurice Jones"，因此输出结果为三个字符串"Goodbye,"、变量 MyName 值和"!"连接后的结果。结果显示的时候不带引号。

（c）这个例子中，变量 Number 的值在前面被设置为 8，变量 Price 的值在前面被设置为 5。输出结果将变量的值和文本连接起来。结果输出之前，会先进行算术运算，Number*Price=40。

D.5 注 释

同其他大多数编程语言一样，RAPTOR 编程环境中允许为程序添加注释。第 2 章中对注释进行了详细介绍。

如果要为流程图中某个符号添加注释，可以用右键点击该语句符号，在释放按键之前请选择注释。然后在输入注释对话框中输入程序注释即可，如图 D.11 所示。注释内容可以通过鼠标拖拽的方式进行位置移动，不过通常情况下不必更改其默认位置。

通常情况下，不必对每一条语句都加注释。

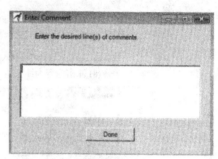

图 D.11　添加注释对话框

D.6 内置运算符和函数

运算符和函数告诉计算机对数据进行相应的计算工作。

运算符放在两个数据之间。例如，X/3 表示 X 除以 3，Y+7 表示 7 加上 Y 的值。

函数使用括号将其作用的数据包括在里面。例如，sqrt(4.7)表示计算 4.7 的平方根。类似地，abs(−15)表示求出−15 的绝对值。对于函数的更详细内容请见第 7 章。

当程序运行时，运算符和函数完成相应的运算并返回结果。表 D.2 中列出了 RAPTOR 内置的运算符和函数。本书中有部分运算符和函数的详细介绍（见索引）。另外一些函数可以查阅 RAPTOR 帮助文档以获取更多信息。

表 D.2　内置运算符和函数

运　算　符	描　述	示　例
+	加	3+4=7
−	减	3−4=−1
−	负	−(3)=−3
*	乘	3*4=12
/	除	3/4=0.75
^, **	指数	$3\verb|^|4$ is $3×3×3×3=81$ 3**4 is 81

续表

运 算 符	描 述	示 例
rem, mod	求余	10 rem 3=1 10 mod 4=2
sqrt	平方根	sqrt(4)=2
abs	绝对值	abs(−9)=9
ceiling	最小整数	ceiling(3.14159)=4
floor	最大整数	floor (9.82)=9
random	随机数	random * 10 is some value between 0 and 9.9999…
Length_Of	求字符串长度	X ← "Sell now" Length_Of(X)=8

内置常量

常量是预定义的变量，它们的值不能改变。RAPTOR 有如下内置常量：

- Pi 定义为 3.14159274101257；
- E 定义为 2.71828174591064；
- True 和 Yes 定义为 1；
- False 和 No 定义为 0。

常量 True、False、Yes 和 No 主要被 RAPTOR 系统用于条件判断的结果。

关系运算符

在 RAPTOR 中，关系运算符和逻辑运算符主要用于决策/选择结构中以构造选择和循环语句。本书全篇都用到了这些语句。关系运算符返回一个布尔值，True 或 False。例如，$X<Y$，当变量 X 的值小于变量 Y 的值时，表达式的结果为 True；反之结果为 False。表 D.3 给出了所有的关系运算符。

表 D.3 关系运算符

运算符（符号）	描 述	示例：假设 X=5，且 Y=8
== or =	等于	X == Y 为假
!= or /=	不等于	X != Y 为真
<	少于	X < Y 为真 Y < X 为假
>	大于	X > Y 为假 Y > X 为真
>=	大于等于	X >= Y 为假 Y >= X 为真
<=	小于等于	X <= Y 为真 Y <= X 为假

布尔（逻辑）运算符

布尔表达式可以使用 AND、OR、XOR、NOT 布尔运算符组合出复杂的逻辑判断条件。

除了 XOR 之外，其他布尔运算符在 RAPTOR 中都是比较常用的。在 RAPTOR 中使用这些运算符时可以使用小写形式。第 3 章中介绍过逻辑运算符。

如下符号在 RAPTOR 中都是可用的：

- AND 可以写成 AND、and 或&&；
- OR 可以写成 OR、or 或||；
- NOT 可以写成 NOT、not 或!。

D.7　做决策：选择符号

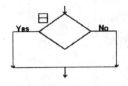

选择符号（Selection Symbol）代表了 If-Then 和 If-Then-Else 这类语句。当你把选择符号拖拽到编辑区域并双击菱形符号时，会弹出输入选择条件（Enter Selection Condition）对话框，

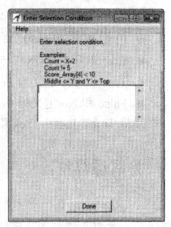

如图 D.12 所示。我们可以在这里输入决策条件以确定程序分支的流向问题。

这里可以使用本书中学习过的任何类型的选择条件，包括使用逻辑运算符组成的复合条件。不过这里有一点不太一样。

本书中，我们介绍了赋值运算符单等号（=）与比较运算符双等号（==）的差异。在 RAPTOR 中，不进行这种区分，它不使用双等号。例如，你打算判断"变量 Count 的值是否等于 5？"，可以在输入选择条件对话框中这样输入：Count=5。

图 D.12　输入选择条件对话框

注意：选择符号（Selection）包含 Yes 分支和 No 分支。当编写判断条件和输入结果时，请考虑清楚。例如，你希望 Count 的值大于 5 时，程序结束，见图 D.13。

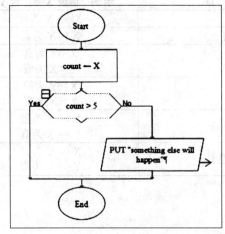
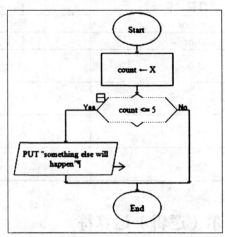

图 D.13　编写选择语句的选择项

　　另外，可以使用选择符号创建嵌套决策，你可以在循环中嵌套选择语句。图 D.14 举例说明了如何使用 If-Then-Else 结构。在这个例子中，如果 Count 的值大于 5，程序结束，如果 Count 的值介于 1 到 5 之间，程序打印出"开心"信息，然后结束，如果 Count 的值为 0或更小的值，程序打印出"悲伤"信息。

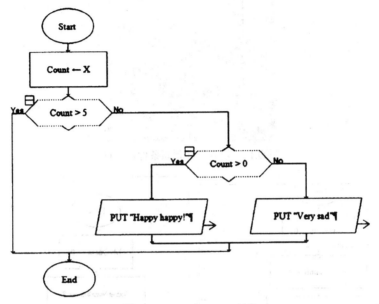

图 D.14　If-Then-Else 结构

D.8　重复：循环符号

　　循环符号用来表示循环语句。当你把循环符号拖拽到编辑区域并双击菱形符号时，会弹出输入循环条件（Enter Loop Condition）对话框，如图 D.15 所示。我们可以在这里输入判断条件以决定循环是否继续或退出。

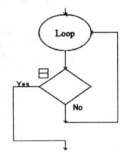

　　这里可以使用本书中学习过的任何类型的选择条件，包括使用逻辑运算符组成的复合条件。注意这里使用单等号（=）代替双等号（==）作为比较运算符。

　　使用循环符号的时候，有几个问题需要着重考虑。首先，你不能随意更改程序的 Yes 和 No 分支。在 RAPTOR 初级或中级模式中，测试条件的答案为"Yes"时，循环退出。因此，请记住编写测试条件，这样当测试条件的结果为"Yes"时，循环结束。

　　第二个要考虑的问题是，需要前置检测循环还是后置检测循环。图 D.16 说明了这两种结构的差异。

　　可以将循环与其他结构组合起来使用，比如选择结构，另外，也可以将循环嵌入到其他结构中。

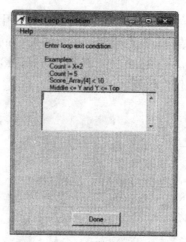

图 D.15　输入循环判断条件对话框

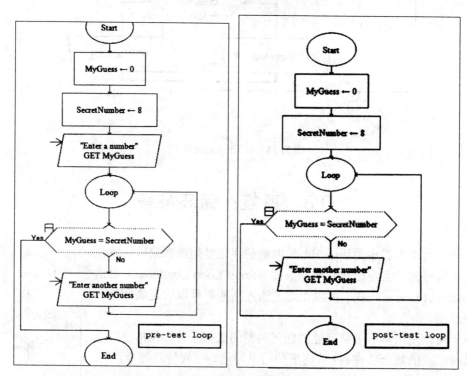

图 D.16　前置检测循环与后置检测循环的用法

最后需要考虑的是第 4 章学习的 For 循环。For 循环是循环结构的一种简写形式，它可以将三行代码写成一行。不过，在使用流程图来设计程序的时候，无法使用这种简写形式，当然也不能使用 RAPTOR 来实现 For 循环。

For 循环示例
```
For(count=1;count<5;count++)
```

相应的代码
```
Set count=1
While count<5
    完成相应工作
    Set count=count+1
End While
```

在使用 RAPTOR 来创建 For 循环时，请留意把所有必要的步骤都包含进来。特别是不能遗漏了递增或递减的赋值语句，它主要用来更改判断条件的；如果遗漏了，程序很可能进入无限循环。

D.9　调用符号和子图

调用符号（Call）用于在主程序中调用子模块（也称为子程序）、自定义函数或 RAPTOR 过程；在 RAPTOR 中，我们将子程序称为子图。它们非常容易创建和使用，类似于 RAPTOR 中的过程。子图可以将 RAPTOR 程序分解成逻辑块，由主程序来调用它们，这样可以简化程序设计工作，便于流程图的管理，减少错误的发生。第 7 章深入讨论了子模块的用法。

打开 RAPTOR 程序后，在屏幕的左上角有一个主标签页（main）。如果要创建子图，只需右键点击主标签页（main），然后选择添加子图（Add Subchart），如图 D.17 所示。为子图命名后，将出现一个新的编辑窗口。它就是你刚刚创建的子图编辑窗口。图 D.18 显示了子图 Calculations。

现在你可以编辑子图了。

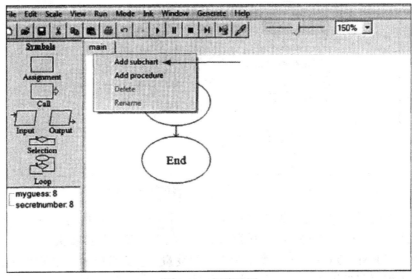

图 D.17　创建子图

创建程序的时候，如果需要调用子图，只需要把调用符号（Call）插入到相应的位置，输入需要调用的子图名称即可。图 D.19 给出了一个示例，使用调用语句来访问子图，完成计算工作。子图可以被主程序调用，也可以被其他子图调用，当然也可以被子图自身调用，不过要当心这种情况。这样很容易进入无限循环。RAPTOR 中的子图与本书中介绍的子模块和函数最大的差别在于不能给子图传递参数，子图也不会返回任何值。

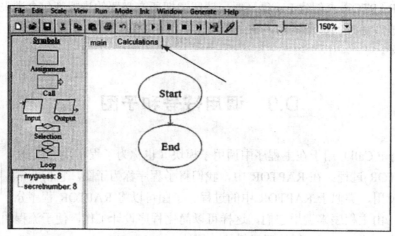

图 D.18　子图 Calculations

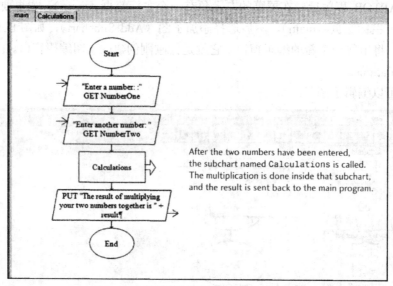

图 D.19　在程序中使用调用符号（Call）

　　程序运行的时候，如果遇到调用符号（Call），程序控制权转移到子图。当子图所有的步骤执行完成之后，程序控制自动返回到调用语句的下一条语句接着执行。

　　请当心！在 RAPTOR 中，所有变量都是全局变量，也就是说如果在子图中使用了与主程序或其他子程序同名的变量，那么这些变量的值会随着子图的执行而改变。

D.10　数　　组

　　在 RAPTOR 中，我们创建数组的方式与本书中介绍的方式有所不同。本书中，我们讲过数组的第一个元素的下标为 0。即，数组 Items[] 的第一个元素为 Items[0]，第二个元素为 Items[1]，以此类推。大多数编程语言中，数组的运行方式都是这样的（比如 C++ 和 Java）。

但是，在 PAPTOR 中，数组第一个元素的下标值为 1。因此，数组 RaptorItems[]第一个元素为 RaptorItems[1]，第二个元素为 RaptorItems[2]等等。在 RAPTOR 程序中，将数值 2、4、8、16 和 32 存储到数组 RaptorItems[]中相应的伪代码如下：

```
Set K=1
While K<=5
    Set RaptorItems[K]=2^K
    Set K=K+1
End While
```

作为练习，请编写一段伪代码将数值 2、4、8、16 和 32 存储到数组 Items[]中，第 1 个元素下标为 0，作为一个小锻炼。

由于本书中与 RAPTOR 中关于数组的使用有一点差异，因此对于本书中的伪代码需要稍微进行修改才能在 RAPTOR 中正常使用。特别注意，将伪代码转换到 RAPTOR 时，一定要把数组的下标值从 1 开始。

图 D.20 举例说明了使用 RAPTOR 程序如何将数值 2、4、8、16 和 32 存储到数组 RaptorItems[]中。结果输出见主控制台。

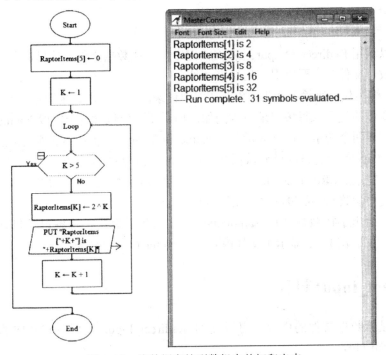

图 D.20　将数据存储到数组中并打印出来

D.11　创建并显示数据文件

RAPTOR 处理数据文件的方式与“实际”编程语言的处理方式是不一样的。我们可以创建数据文件并从数据文件中读取内容。但是，如果对文件中的数据记录进行排序和插入操作或者合并两个数据文件，则需要一些额外的技能，这些内容已经超出本书介绍的范围。如果对此有兴趣，可以找学习资料挑战一下。

Redirect_Output 过程

如果要创建一个数据文件，可以调用 Redirect_Output 过程。RAPTOR 提供两个版本的 Redirect_Output 过程。

文件名作为 Redirect_Output 过程的参数，如下例所示：

```
Redirect_Output("sample.txt")
Redirect_Output("C:\MyDocuments\John.Doe\sample")
```

注意第一个例子里只有文件名。这种情况下，会在 RAPTOR 程序目录下创建指定的文件。第二个例子中，给出了文件的完整路径。但是，在第二个例子中没有给出文件的扩展名。这种情况下，将创建不带扩展名的文件 sample。

也可以使用参数 yes/true 或 no/false 来开启或关闭 Redirect_Output 过程，如下：

```
Redirect_Output(True) 或 Redirect_Output(yes)
Redirect_Output(False) 或 Redirect_Output(no)
```

现在可以调用 Redirect_Output 过程将输出定位到该数据文件。这里需要将数据文件的名字作为参数，文件名需要用引号括起来（见上例）。

接下来，编写代码来输入数据。数据文件中记录的每个字段需要对应一个变量。Output 框将把这些变量的值写入每条记录中。例如，如果要创建包含两个字段 Name 和 Salary 的记录文件，需要两个变量（可能变量名为 Name 和 Salary）。随着不同雇员信息的录入，每个 Name 和 Salary 值对将被存储到数据文件中，一个值对对应一行。

数据输入完成后，Redirect_Output 过程将被关闭。此时需要再一次调用 Redirect_Output 过程，可以使用参数 no 或 false 来关闭该过程。

图 D.21 给出了往数据文件 sample.txt 中写入两个记录、每条记录包含两个字段的 RAPTOR 流程图。图 D.22 显示了文件内容（由 Notepad 程序浏览）。

Redirect_Input 过程

如果想显示数据文件的内容，可以使用 Redirect_Input 过程。它完成的工作类似于 Redirect_Output 过程。

调用 Redirect_Input 过程的时候，要将待读文件名作为参数：

```
Redirect_Input("sample.txt")
```

数据记录将使用循环体读出。由 GET 语句来完成这项工作，Input 框来获取每条记录（本例中，记录由姓名和薪水组成）。这里不需要任何提示信息。Output 框用于输出数据记录。输出内容将显示在主控制台中。

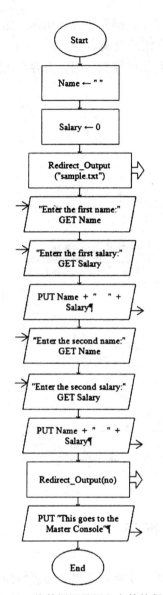

图 D.21　将数据记录写入文件的程序

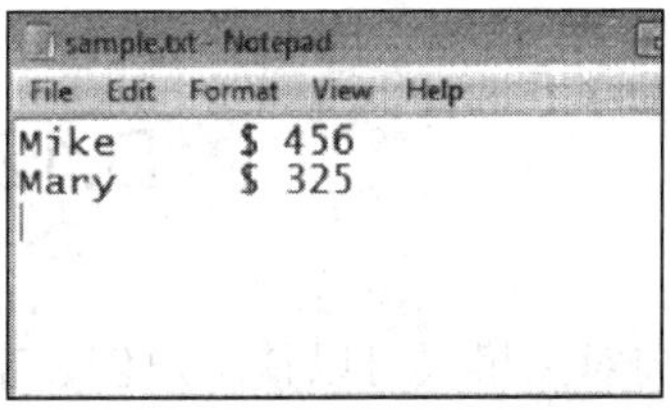

图 D.22　已创建数据文件的内容

End_Of_Input 函数

RAPTOR 内置函数 End_Of_Input 可以用作循环体的判断条件。当需要从数据文件读取数据记录时，可以使用该函数作为循环体的判断条件，当所有记录读取完毕后，RAPTOR会结束循环。

当所有数据记录都读取完毕并写入到主控制台后，可以使用参数 False 或 no 来调用Redirect_Input 过程，以关闭该过程。

但是，Redirect_Input 过程不会自动地将每条记录的字段分隔开来。每条记录将作为一行字符串输出。每个 Input 行读取一条记录的所有字段（或数据文件中一整行数据）。因此，记录将被输出到主控制台，但是不能对每个字段进行排序、插入和合并操作。如果需要进行这些操作，需要额外的知识，这些内容超出了本书介绍的范围。

图 D.23 给出了从数据文件 sample.txt 读取数据记录的样例代码，内容在主控制台中显示。

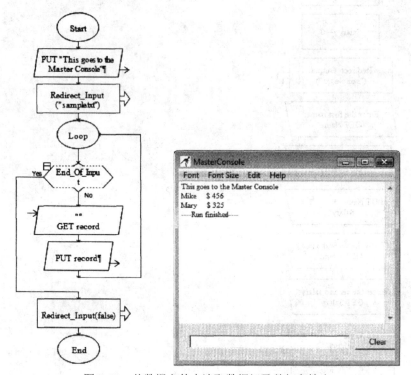

图 D.23　从数据文件中读取数据记录并打印输出

D.12　面向对象模式

面向对象模式可以使用户创建带有属性和方法的类、实例对象以及实验面向对象程序设计（Object-Oriented Programming，OOP）。

如果想在 RAPTOR 中使用 OOP，需要选择面向对象模式，如图 D.24 所示。

此时，你将看到两个标签页：UML 和 main。参照第 9 章介绍的统一建模语言（Unified Modeling Language，UML）。RAPTOR 使用 UML 来创建面向对象程序的框架。在 UML 页面上创建类。因此，点击 UML 标签页，如图 D.25 所示将看到添加新类的按钮。注意这里将出现新的返回（Return）符号。

创建类

当你点击创建新类的按钮后，将添加一个新的类，此时将出现命名框 Name。输入类的名字，如图 D.26 所示。

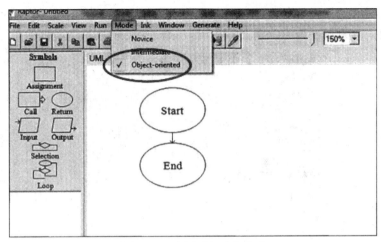

图 D.24　选择面向对象模式

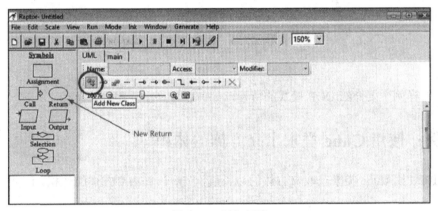

图 D.25　添加新类

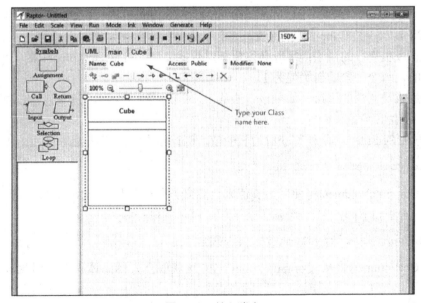

图 D.26　输入类名

在图 D.26 中，输入了类名 Cube。双击该类可以为其添加成员（成员方法和成员属性）。在 RAPTOR 中，注意属性称为字段。此时会弹出新的窗口让你输入类的成员（见图 D.27）。

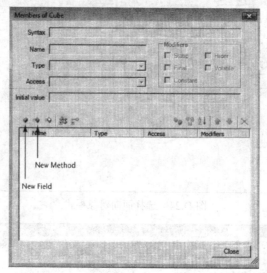

图 D.27　添加类成员

当前的样例主要介绍 OOP 模式的特性，如何在程序中使用它。

示例：使用 Cube 类求出立方体的体积

我们将使用 Cube 类来获取立方体的边长值，然后计算出立方体的体积。该类需要如下成员：

属性：Side（数值）和 Volume（数值）

方法：SetSide(), GetSide(), ComputeVolume()和 GetVolume()

图 D.28 显示了类 Cube 及其成员。

● 注意成员字段的语法：字段必须要指定数据类型。Side 和 Volume 的类型都是 Int 型的，每个字段的初始值为 1。

● 注意成员方法的语法。如果该方法从 main 获取到一个值，那么它就必须要带有形参。例如：

成员方法 SetSide()将从外部获取边长的值，因此该方法的语法为：

```
public void SetSide(int NewSide)
```

方法 ComputeVolume()将使用边长值来计算立方体的体积，因此它也需要形参，整型变量 Side。语法如下：

```
Public void ComputeVolume(int Side)
```

方法 GetVolume()将从 ComputeVolume()方法获取立方体的体积值，因此该方法的语法为：

```
public void GetVolume(int Volume)
```

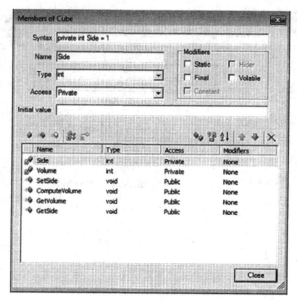

图 D.28 Cube 类及其成员

方法 GetSide()不需要形参，因此它的语法为：

```
public void GetSide()
```

一旦类创建完成，新的标签页将被自动创建，名字为该类名（见图 D.29）。现在需要创建类所有方法的代码。点击 Cube 标签页将看到四个新的标签页——每个方法一个标签页，如图 D.30 所示。

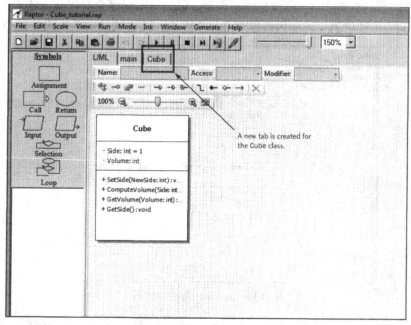

图 D.29 类 Cube 的标签

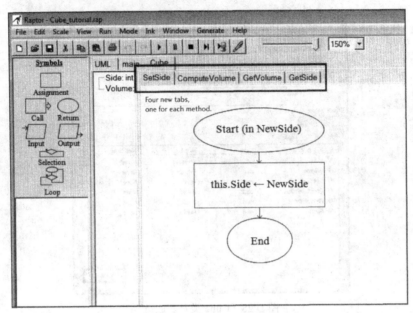

图 D.30　类成员方法的标签

为成员方法编码

本程序的方法如下：SetSide(NewSide)，ComputeVolume(Side)，GetVolume(Volume)和 GetSide()。

SetSide()方法：SetSide()方法只负责一件事。它把从主程序获取的立方体边长值传递给变量 NewSide。该赋值语句将使用关键词 this 来完成。该方法的实现代码见图 D.31 所示。

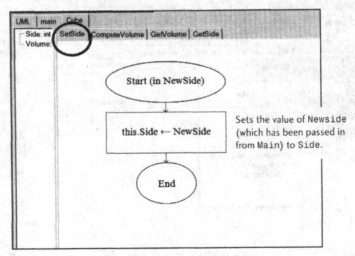

图 D.31　SetSide()方法的代码

ComputeVolume(Side)方法：ComputeVolume(Side)方法计算立方体的体积。首先，它需要获取计算体积所需的边长值。然后，按照该值来计算体积。最后，在收到请求时，将该值（体积值）传递出去。本方法的代码见图 D.32。

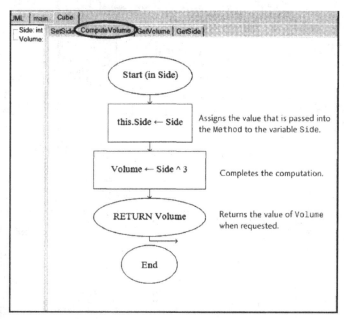

图 D.32 ComputeVolume()方法的代码

GetVolume(Volume)方法：当该方法被调用时，它将去获取体积值 Volume，然后将该值返回给调用它的程序，如图 D.33 所示。

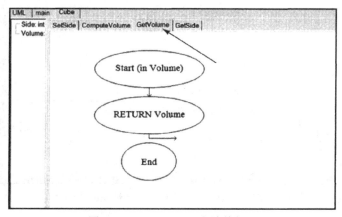

图 D.33 GetVolume()方法的代码

GetSide()方法： 当该方法被调用时，它将获取立方体的边长值 Side，见图 D.34 所示。

主程序（Main）

现在可以创建主程序了。本程序非常简单，它要求用户输入一个立方体的边长值，然后计算该立方体的体积，最后输出结果。本程序将实例化 Cube 类的对象，该对象称为 CubeOne，然后使用类 Cube 的方法和属性来完成上述工作。图 D.35 给出了 RAPTOR OOP 如何完成上述工作。

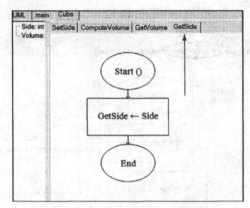

图 D.34　GetSide()方法的代码

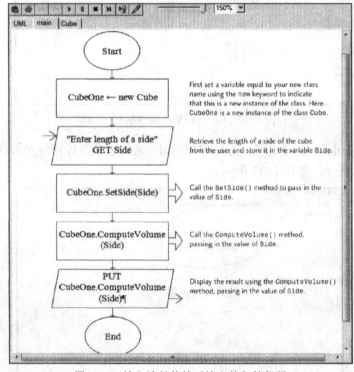

图 D.35　输入边长值然后输出体积的代码

继承与多态

　　学会了基础知识：创建类、字段、方法以及点操作符之后，你就可以使用 RAPTOR 中 OOP 模式来创建并运行更为复杂的程序了。

　　可以在 UML 页面上通过继承父类的方式来创建子类。图 D.36 给出了父类 Animal 和它的两个子类 Frog 及 Snake 的关联关系。使用新建关联关系（New Association）按钮来设置父类和子类之间的关联关系，见图 D.36 所示。

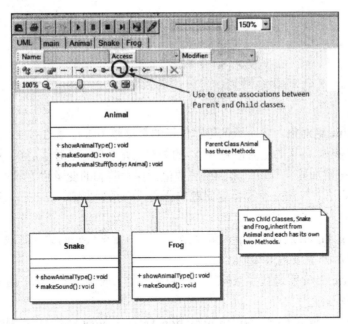

图 D.36　子类继承自父类

在本例中，子类 Frog 和 Snake 从父类 Animal 中继承了 showAnimalStuff()方法，不过每个子类也有自己的方法 makeSound()和 showAnimalType()。本例中介绍的多态和继承都是 OOP 的特性。

将本书中学到的面向对象程序设计知识与 RAPTOR 的 OOP 模式特性相结合就可以编写出更有意思、更复杂的程序了。

术 语 表

absolute value 绝对值　一个数的绝对值指的是该数不带符号的部分。这个数的数量就是它的绝对值。例如，–4 的绝对值是 4，5 的绝对值是 5,0 的绝对值是 0。

accumulator 累加器　程序中累加所有数值并保存其和的变量称为累加器。

algorithm 算法　算法是解决特定问题的公式或一系列步骤。算法必须明确，并且有明显的结束点。

alpha testing Alpha 测试　Alpha 测试是软件公司测试代码的第一阶段。整个软件在各种各样的计算机和外围设备上接通运行。

alphanumeric data 字母数字数据　字母数字数据（或字符串数据）由文本文件中常见的单词和符号组成。

American Standard Code for Information Interchange(ASCII) 美国信息交换标准码　美国信息交换标准码（American Standard Code for Information Interchange，ASCII）是计算机和因特网上文本文件最常用的格式。在 ASCII，文件中，每个字母、数字或特殊字符表示为一个 7 位的数字（7 个 0 或 1 的串），标准码定义了 128 个可能的字符。

analyze(a problem) 分析（问题）　解决程序设计问题的一个步骤——可能是最重要的步骤，就是分析问题。这一步骤明确期望的结果（输出），确定哪些信息（输入）是产生输出所必需的，弄清楚从已知数据到期望输出应进行哪些处理。

annotate 注解　注解程序的输出是很重要的。程序应在输出中添加解释性文本，使用户理解输出的含义。例如，你的程序计算两个数的和，输出应包含文本说明结果数值是一个和数。

application 应用程序　应用程序是用来提高生产效率、解决问题、提供信息或娱乐的程序。常见的应用程序有文字处理软件（如 Word）、数学软件（如 MATLAB，以及游戏如 Solitaire）。许多应用程序与计算机捆绑销售，另一些可以单独购买。

argument 实参　实参（或实际参数）是传递给子程序或函数的值，实参可以是常量、变量或更一般的表达式。例如表达式 Call MyStuff(MyAge,MyName)中，MyAge 和 MyName 的值就是传递给子程序 MyStuff 的实参。

arithmetic operators 算术运算符　几乎所有程序设计语言都使用至少 4 种基本的算术运算符——加(+)、减（–）、乘(*)、除(/)。一些语言包含其他算术运算符，例如求幂和取模。求幂通常用符号^来表示（例如 $5\textasciicircum 2=5^2=25$）。取模通常用符号%来表示（例如 21%4=1，因为 21 被 4 除等于 5，余数是 1）。

array 数组　数组是一系列相同类型的相关数据。数组表示为一个变量名，通过下标来区分各项数据。每项数据都有数据类型，但是它们的取值可以不同。

assembly language 汇编语言　汇编语言是机器语言的一种符号化表示。虽然每条汇编语言指令通常可翻译成一条机器语言指令，但是汇编语言用更容易辨识的代码代替了 0 和

1 的编码。

assignment operator 赋值运算符　当一个变量的值被赋为其他值时,使用等于符号(=)。这时,等于符号作为赋值运算符使用。例如 MyAge 是一个变量名,语句 MyAge=21 用赋值运算符将值 21 赋给变量 MyAge。

assignment statement 赋值语句　赋值语句将等号右边表达式(数值、文本串或变量)的值赋给左边变量值的语句。右边表达式的值不改变。

attribute 属性　在面向对象程序设计中,类表示了特定类型的对象,它通过属性(成员变量)来封装对象的状态和方法(定义了该对象能够完成的工作)。

base 基数　基数指的是操作时的底数,幂数告诉读者该如何对底数进行操作。例如,表达式 3^5,其中 3 是底数,5 是幂数。

base class 基类　子类是依据已有的类进行创建的,这些已有的类称为父类或基类,子类称为孩子类或衍生类。在创建子类的过程中,基类的属性和方法将自动地由子类来继承,当然子类仍然会包含自己特定的属性和方法。

batch processing 批处理　程序运行的时候,由用户进行的输入称为交互式输入。从数据文件来的输入称为批处理。使用数据文件的批处理方式有如下优势:数据文件适用于大规模数据输入;它可以避免重复数据输入;可以被多程序重用;可以将程序输出存储起来以方便未来检查或用于其他程序输入。

beta testing Beta 测试　一旦已开发的软件相当可靠,它会进入 beta 测试阶段。用户向软件公司提交问题报告,公司对代码进行必要的修改。

binary digit 二进制数字　二进制数字指的是 0 或 1。在十进制系统中(最常用的记数系统),有 10 个数字:0、1、2、3、4、5、6、7、8 和 9。在二进制系统中,只有两个数字 0 和 1。

binary file 二进制文件　非文本类的文件通常被称为二进制文件,除了标准字符以外,还可以包含其他符号和编码。目前由应用程序生成的许多操作系统文件、程序文件和数据文件都是二进制文件。

binary notation 二进制记数法　二进制记数法指的是在二进制系统中用来表示数字的方式——以字符串 0 和 1 来表示。

binary number system 二进制数字系统　二进制数字系统使用 2 作为基数,十进制数字系统使用 10 作为基数。大多数底层计算机语言——机器语言都是由二进制数字系统编写的。

binary point 二进制小数点　二进制数字的整数部分和小数部分的点称为二进制小数点,它的作用同十进制中的小数点是一样的。

binary search 二分搜索法　二分搜索法是一种在大规模数据中查找特定数据项的高效方法。这个数据项称为搜索关键词。虽然二分搜索法比串行搜索基数要高效的多,但是二分搜索法需要表关键字(数组中可被搜索的数据元素)预先按照字母或数值方式排好序。

bit 位　计算机内存的基本单位称为位。1 位只能存储两个值 0 或 1。

bubble sort 冒泡排序　冒泡排序算法是将程序中一组数据进行排序的一种非常快速且简单的方法(只要待 排序的数据量相对较小)。

built-in functions 内置函数　内置函数是编程语言自带的函数。大多数编程语言都自带有这样的函数，如 Int(X)函数和 Sqrt(X)函数。

byte 字节 1 字节包含 8 位，是用于存储一个字符信息的内存大小（1024 字节等于 1 千字节）。

C++ programming language C++程序设计语言 C++程序设计语言是贝尔实验室的 Bjarne Stroustrup 开发的高级程序设计语言。C++在它前身 C 语言的基础上添加了面向对象的特性。C++是开发图形应用程序（例如在 Windows 和 Macintosh 环境下运行的程序）最常用的程序设计语言之一。

calculator 计算器 计算器用于提高数值计算的速度和精确度。到 19 世纪末期，出现了各式各样的计算器。

call（a module）调用（模块） 为了执行一个特定的程序子模块，在父模块中设置一条调用语句来调用子模块。

call statement 调用语句 调用语句用于调用特定的子模块来执行。

case（Switch）statement Case（Switch）语 Case（Switch）语句是一种多选结构的代码方式。在 case 结构中有一个测试条件，通过匹配它在程序运行时的值与 case 列表中的值，确定哪一个代码块被执行。

CD CD 是廉价的光学存储设备，可在一小块表面上存储大量的数字信息（大约 750MB）。有些 CD 只允许用户读取文件，另一些既允许读取也允许写入。

ceiling() function ceiling()函数 Ceiling()函数可以返回比括号中的数值、变量或数学表达式的值大的最小整数值。例如，Ceiling(22.34)返回 23，Ceiling(4+2.6)返回 7。

central processing unit（CPU）中央处理器 中央处理器（central processing unit，CPU）是计算机的大脑，它接收程序指令，执行算术和逻辑运算，控制其他计算机组件。

character 字符 字符是可由键盘输入的任何符号，例如字母表中的字母（大写和小写）、数字、标点符号、空格，以及一些特殊的键盘字符如管道键、方括号和其他一些特殊字符。

character string data 字符串数据 字符串数据（字母数字数据）包含文本文件中常见的单词和符号。

child class 孩子类 当子类依据于已有的类来创建时，这个已有的类称为父类或基类，而这个子类称为孩子类或衍生类。在创建子类的时候，父类的属性和方法将被子类所继承，当然子类也可以定义自己的属性或方法。

class(of objects)（对象的）类 类是一种数据类型，允许以此来创建对象。它表示了一个对象的集合，该类对象将包含某种属性（数据）或方法（操作）。

closing a file 关闭文件 关闭文件将在文件末尾放置一个特殊符号（文件结束符）。

code 代码 解决已知问题的程序设计好以后，设计就要转变为程序代码，需要用特定程序设计代码语言（如 Visual Basic、C++或 Java）的代码来书写语句（指令），将设计变为可用的形式。

comment 注释 注释是插入在程序中用来解释的文本，但在程序运行时被计算机忽略。程序的用户看不到注释，它们只是为了阅读代码。

comparison operator 比较运算符 比较运算符用于比较两个值。使用比较运算符的语句会问：左边的值等于右边的值吗？这与赋值运算符将表达式右边的值赋给左边的值是不同的。大多数程序设计语言使用不同的符号来区分这两种运算符，通常比较运算符为两个等号（==）。例如，名为 MyAge 的变量值为 21，语句 MyAge==58 的结果为值 false，因为 MyAge 不等于 58。比较运算符的结果为真或假。

compiler 编译器　编译器（或解释器）是将计算机程序翻译为机器语言的软件。

complement（a binary digit）补（二进制数字）　对二进制数字求补，就是将数字 1 变成 0，将 0 变成 1。

compound conditions 复合条件　复合条件是指使用基本的逻辑运算符 OR、AND 和 NOT，从已知的简单条件构建的复杂条件。

computer 计算机　计算机是一种机械或电子的设备，能够高效快速和精确地存储、检索和操纵大量信息。

concatenation 串连接　串连接是一个字符串运算符，将两个字符串连接生成一个结果串。有时使用加号(+)来连接两个串。

constant（in a program）（程序中的）常数　程序中不可改变的数称为常数。

constructor 构造函数　类中的构造函数是用于创建该类对象的特殊方法。构造函数在对象（类的实例）创建时被自动调用。构造函数通常采用与所关联对象的类相同的名称以区别于普通的函数。构造函数只被调用一次。

control break（processing）控制中断（处理）　当程序碰到控制中断时，处理会暂停，使得某个动作能被执行。然后处理过程会恢复执行，直到另一个控制中断发生，再次引发一个动作。

control structure 控制结构　构建程序或算法需要三种基本的控制结构（或模式）：顺序结构、选择结构和循环结构。

control variable 控制变量　在使用控制中断处理的程序中，数据文件的处理一直进行到控制变量的值改变了或者到达了某一预定标准。

counter 计数器　计数器控制循环包含一个称为计数器的变量，跟踪循环执行的次数。当计数器到达预设值时，循环退出。

counter-controlled loop 计数器控制循环　执行特定次数的循环，次数在第一次进入循环前已知，称为计数器控制循环。

cyclic process 周期过程　在写程序的时候，所进行的解决问题的过程是一个周期过程，因为程序员在获得一个令人满意的解答前，必须经常回到开头或者重做先前的工作。

data 数据　数据指的是由程序操作的数字、文字或任何更一般的符号集。

data files 数据文件　被程序使用且含有数据的文件称为数据文件。

data flow diagram 数据流图　数据流图用于描述子模块之间数据传递的情况。程序员使用数据流图作为程序开发周期的一部分。

data hiding 数据隐藏　数据隐藏是面向对象程序设计的一个特性。由于对象只能与预定义类中的数据相关联，因此对象只了解其需要的数据。数据隐藏主要用于避免出现误操作或误用错误数据情况的发生。此时对象不需要的数据对其都是隐藏的。

data types 数据类型　计算机语言使用两种基本数据类型：数值数据和字符串（字母数字）数据。

data validation 数据验证　数据验证用于确保只有当用户输入的数据合法时循环才能

继续执行。

debug 调试　调试程序是指定位并清除错误。

debugger 调试器　调试器帮助程序员找到计算机程序中的错误。

decimal system 十进制系统　十进制系统是以 10 为基数来表示数字的方法。它的所有数位都是 10 的一定次方。

decision structure 决策结构　在决策结构（或选择结构）中，有一段程序分支指向前面某一点，可导致跳过一部分程序。因此，根据在分支点的已知条件，某个语句块被执行，另一个被跳过。

declare (variables) 声明（变量）　当你声明变量时，你创建并设定它具体的数据类型。

decrement 递减　在计数器控制循环中，把计数器设置为较大的数，然后倒计数至特定的较小的数。这种方式称为递减计数器的值。

default value 默认值　默认值是一个预定义或预设值的值，是终端用户没有指定且计算机又需要用到的一种值。

defensive programming 防御性编程　在防御性编程中，程序员在程序中嵌入语句来检查运行时的错误数据。例如写一个程序计算 7 个数的平均值，防御性编程将确保不会计算 0 个数的平均值，因为除以 0 会导致错误。设计程序意味着创建程序的详细描述。通常程序员会使用相对一般性的语言或特定设计（程序）的图。

derived class 衍生类　子类是依据已有的类进行创建的，这些已有的类称为父类或基类，子类称为孩子类或衍生类。在创建子类的过程中，基类的属性和方法将自动地由子类进行继承，当然子类也会包含自己特定的属性和方法。

design（a program）设计（程序）　设计一个程序指的是写出一个该程序的详细描述。通常程序员会使用自然语言、伪代码或特殊的图来完成这项工作。

design documentation 设计文档　在设计文档中，程序员会解释程序背后的基本原理，为什么以特定的方式来组织某设计文档数据，为什么使用某个方法。文档会解释为什么一个模块以特定的方式构建，可能会建议新加入的程序员在哪些方面改进软件。

desk-checking 手工检查　手工检查发生在程序设计阶段。编程人员通过手工运算来模拟代码的运行情况，使用简单的输入来判断程序运行是否正确。

direct access files 直接访问文件　直接访问文件有时称为随机访问文件。在这类文件中，每一记录可以独立访问。在直接访问文件中定位一项数据类似于在 CD 中查找某一道。

Do…While loop Do…While 循环　Do…While 循环是一种后置检测循环，类似于 Repeat…Until 循环。Do…While 循环以 Do 语句开始，以 While 语句结束。在 Do…While 循环中，只有当特定条件满足时，循环才会继续。这里不同于 Repeat…Until 循环，它是只有当特定条件不满足时，循环继续执行。

document (a program)（为程序）写文档　为程序写文档指用明晰的英语提供额外的说明，使得其他人更容易理解程序代码。

dot notation 点运算符　点运算符用来指定对象所属的属性和方法。在类名和属性之间放置一个点来表示引用关系。例如 dog.tail 表示类 dog 的 tail 属性。

double precision 双精度　双精度表示法在表示浮点数的时候，比单精度表示法表示的数字范围要大得多。在双精度表示法中，符号占用 1 个比特位，指数占用 11 个比特位，尾数占用 52 个比特位。

driver program 驱动程序　在面向程序设计中，主程序通常称为驱动程序。

dual-alternative structure 双选结构　双选结构包括两个语句块。如果满足特定测试条件，第一个块被执行，程序跳过第二个块；如果测试条件不满足，第一个语句块被跳过，第二个块被执行。

DVD-ROM drive DVD-ROM 驱动　DVD-ROM 驱动器是一类使用数字通用盘（DVD）的光学存储设备，存储容量是 CD 的 7 倍多。

dynamic behavior view 动态行为视图　动态行为视图用 UML 模型来表示。它通过图示化对象之间的协同以及对象的状态改变来强调系统的动态行为。系统的动态特性是系统对于特定事件或动作的一种行为方式。

element（of an array）（数组）元素　由于数组在单个变量名下存储许多数据值，每一元素是数组中的一项，并且有它自己的取值。为了指明特定的元素，程序设计语言在数组名后面跟一个用圆括号或方括号围着的下标。

Else clause Else 子句　在选择（或决策）结构中，执行或跳过的语句块分别称为 Then 子句和 Else 子句。

e-mail　E-mail 是电子邮件的简称，它使得任何访问因特网的人都能用计算机与世界上任何其他地方的因特网用户几乎即时地交换信息。

encapsulation 封装　封装指的是将数据及其操作打包成在一起，这样数据就只能通过这些操作来控制，这个思想是类和对象的基础。

end users 终端用户　终端用户在工作和生活中使用软件。

end-of-data marker 数据结束标志　强制停止循环的一种方法是让用户输入一个特定的值（称为哨兵值）作为输入结束的信号。这一值也称为数据结束标志，可以从不会被误认为实际输入数据的值中选定。例如在输入一个名称列表时，程序员可以要求用户在列表结束时输入一个特殊的符号，例如星号(*)，星号就是数据结束标志。

end-of-file（EOF）文件结束（EOF）　为了中止输入过程并让循环退出，大多数程序设计语言都包含一个文件结束（EOF）函数。

（EOF）function EOF 函数　EOF 函数的值或者为真或者为假。

end-of-file marker 文件结束标志　在顺序文件中，当文件关闭时，一个称为文件结束标志的特殊符号被放在文件的末尾。

end-of-record marker 记录结束标志　记录结束标志是一个特殊的符号，用来分隔一个记录的数据项和下一记录的数据项。

error trap 错误捕捉器　在执行过程中检查错误数据，捕捉并报告错误的程序语句称为错误捕捉器。例如一段要求用户输入整数的代码，错误捕捉器将用来确保用户没有输入其他类型的数据。

Excess_127 system Excess_127 系统　Excess_127 系统用来表示范化后的二进制数字的指数值。

expanded notation 扩展记数法　十进制系统中的任意数值都可以表示成该数值每一位上的数字乘以该位对应的次方值的总和。这种表示法称为扩展记数法。

exponent 幂数　基数指的是要被操作的数，幂数告诉读者该如何对基数进行操作。例如，表达式 3^5，其中 3 是基数，5 是幂数。

exponential notation 指数记数法　与科学记数法对应的计算机表示称为指数记数法。这是表示超大数或非常小的数的一种简便方法。

exponential portion（of a normalized number）指数部分（范化数值的）　每个范化后的数值有两部分组成：数量部分和指数部分。

exported data 返回数据　如果子程序处理的数据项需要在主程序中使用，那么这个数据项称为返回数据或导出数据。

extends 扩展　在声明一个子类时，我们称它扩展了子类。

external documentation 外部文档　文档是用明晰的英语提供的对程序功能的额外说明。外部文档在用户手册或维护手册中提供，而内部文档以注释方式包含在程序代码中。

external name 外部文件名　当创建一个顺序文件时，程序员必须给文件一个外部文件名，文件用该名称保存到磁盘上。

field（in file record）（文件记录中的）域　文本由记录组成，记录由域组成。记录中的数据项称为域。例如，一家公司有一个记录客户信息的文件，包括名字、地址和电话号码。单个客户的所有信息称为一条域记录，每一项信息称为一个域。在这个例子中有 3 个域：名字、地址和电话号码。

file 文件　计算机文件是命名的信息集合，与创建它的程序分别存储。文件可以包含程序，称为程序文件，也可以包含供程序使用的数据，称为数据文件。

file mode 文件模式　当程序员创建顺序文件时，必须指定文件模式，说明所创建文件的目的。大多数情况下都用 Output 模式将数据写入文件，或用 Input 模式从已有的文件中读取内容。

file pointer 文件指针　当打开一个文件用来输出数据时，文件指针用来指向当前的数据项，首先指向文件中第一条记录的位置。如果文件没有包含任何记录，文件指针指向文件结束标记。

flag 标志　标志是一个变量，有一个或两个取值，通常是 0 和 1。标志用于表示某个动作是否已经发生。通常取值为 0 表示动作还未发生，取值为 1 表示已经发生。

flash memory 闪存　闪存是一种固态存储，能够插入计算机的 USB 接口中。有各种大小的闪存驱动器，外形小巧易携带。

floating point number 浮点数　浮点数是有小数部分或可写成小数的数。例如，5.67 和 7.0 是浮点数，7 不是。

floor() function Floor()函数　Floor()函数可以将一个数值、数值型变量或表达式的值转换成比自身小的最大整数值。例如，Floor(28.79)=28，Floor(5+8.4)=13。

flowchart 流图　流图是一种常用的程序设计工具。它使用特定的符号来图示化程序或模块的运行流程。

for loop For 循环　For 循环是一种计数器控制循环，有一个短小的初始化计数器的方法，告诉计算机每一次循环将计数器增加或减少多少，以及什么时候退出循环。

function 函数　函数是一种特殊类型的子程序，它能够返回一个值。有两种类型的函数：内置函数和自定义函数。

functional requirement view 功能需求视图　UML 模型的功能需求视图用来描述从用

户角度来看，系统的功能需求是什么。它以图形化的方式来说明系统完成何种工作，包括动作和目的，以及它们之间的依赖关系。

gigabyte（GB）千兆字节（GB） 千兆字节（GB）是一个存储空间单位（1 千兆字节等于 1024 兆字节）。

global variable 全局变量 全局变量在主程序中声明，它的作用域为整个程序范围。

hard disk drive 硬盘驱动器 硬盘驱动器是大部分 PC 上大容量存储设备的主要类型。

hardware 硬件 组成计算机系统的物理设备称为硬件。一般的原则是，如果你能触摸到就是硬件，反之就是软件。例如鼠标、键盘、显示器和硬盘是硬件。

header (of subprogram) 头部（子程序的） 子程序声明时的第一行语句称为头部。

hexadecimal digits 十六进制数字 十六进制系统以 16 为基数，因此每个位次都可以使用 16 个数字的一种来表示。十六进制系统中的每个数字称为十六进制数字。在十六进制系统中我们用 A、B、C、D、E 和 F 来表示 10、11、12、13、14 和 15。

hexadecimal notation 十六进制表示法 当把一个十进制数字或二进制数字转换成十六进制数字时，我们它为十六进制表示法。例如，二进制数 10001011 的十六进制表示为 8B。

hexadecimal system 十六进制系统 十六进制系统是一种使用 16 为基数的表示二进制数字或十进制数字的方法。它的 1 的位为 16^0，16 的位为 16^1，256 的位为 16^2，4096 的位为 16^3，65 536 的位为 16^4 等等。

hierarchy chart 层次结构图 层次结构图描述了程序中模块和子模块之间的关系，就像组织结构图中确定公司内谁对谁负责一样。

hierarchy of operations 运算优先级 运算优先级是决定算术运算执行顺序的规则。

high-level language 高级语言 高级语言是使用易于程序员阅读和理解的代码的程序设计语言。

IEEE Standard IEEE 标准 IEEE 标准是最常用的表示浮点数的方法。IEEE 是全世界范围内关注技术领域发展的领军组织机构。

If-Then structure If-Then 结构 If-Then 结构（或单选结构）只包含一个语句块。当测试条件满足时，执行语句；当测试条件不满足时，语句被跳过。

If-Then-Else structure If-Then-Else 结构 If-Then-Else 结构包含两个语句块。当测试条件满足时，第一个块被执行，程序跳过第二个块；当测试条件不满足时，第一个语句块被跳过，第二个块被执行。

imported data 引入数据 如果主程序中的数据项需要在子程序中引用到，这个数据项需要传递给或引入到子程序中。

increment 增加 在计数器控制循环中，可以设置计数器为较小的数，向上计数至特定的较大的数。当循环控制是这种方式时，我们称为增加计数器的值。

index number 下标 下标是数组中用来区分元素的数。通常下标放在方括号中，跟在数组名称后。大多数程序设计语言使用下标 0 表示数组的第一个元素。例如包含 3 个元素的数组 Prices，它的元素可表示为 Prices[0]、Prices[l]和 Prices[2]。

infinite loop 无限循环 当循环的控制条件永远不会满足时，循环就会永远进行下去。这类循环称为无限循环，应坚决避免这种情况发生。

inherit 继承　当一个对象是另一个的特例时，我们称该对象继承另一个对象的属性。例如，卡车继承对象是车辆对象的特例，有许多车辆的共同属性。但是卡车有其特有的属性，而轿车就没有。

inheritance 继承性　继承性指的是基于已有类来创建新类的一种特性。已有类的属性和方法将被新类继承，而新类可以含有自己的属性和方法。

initialize 初始化　通常在变量声明的同时被赋予初始值，称为初始化变量。

inner loop 内层循环　在嵌套循环中，外层循环内的循环称为内层循环。

input devices 输入设备　计算机使用输入设备从外界接收数据。有很多种不同的输入设备，例如鼠标、键盘、因特网连接或数码相机。

Input mode Input 模式　顺序文件以 Input 或 Output 模式创建。Input 模式用于读取或访问文件的内容。

input（to program）（程序）输入　任何进入计算机的内容都是输入。输入有多种形式，从键盘输入的命令和从其他计算机或设备输入的数据都是输入。

instance 实例　对象是类的实例，它包含了实际的值。例如，类 Vehicle 可能包含属性 NumberCylinders、Color 和 Model，而类 Vehicle 的实例为 4-cylinder red sedan。

instantiation 实例化　实例化指的是创建属于类的对象的过程。即在主程序中通过声明语句来进行对象的实例化操作。例如，语句 Declare Collie，Poodle As Dog 将实例化两个对象 Collie 和 Poodle，它们属于类 Dog 的对象。

int() function Int()函数　Int()函数在圆括号中接收一个变量、数值或表达式，将值转换为整数，例如 Int(43.5)=43。

integer 整数　任何整的数，正的、负的和零（例如 98、-238 和 0），都是整数（7 是整数，7.0 不是）。

integrated circuits 集成电路　集成电路是体积小效率高的晶体管块，在 20 世纪 60 年代用来搭建微机。

interactive input 交互式输入　在程序运行时，用户通过键盘、鼠标或其他输入设备输入的数据称为交互式输入。

internal documentation 内部文档　内部文档是在程序代码中添加的注释，说明程序中哪些部分是做什么的。这些注释只会被阅读代码的人看到，最终用户看不到。

internal memory 内存　计算机用户使用内存来存储 CPU 处理的命令和数据。有两类内存：只读存储器（ROM）和随机访问存储器（RAM）。

internal name 内部文件名　当程序员创建顺序文件时，文件必须有外部文件名和内部文件名。内部文件名是程序代码使用的文件名称。

internet 因特网　计算机网络包含两台或以上的计算机，相互连接并共享资源。因特网是最大的计算机网络。

interpreter 解释器　解释器（或编译器）是将计算机程序翻译为机器语言的软件。

irrational number 无理数　无理数不能表示成小数形式，因为它的小数部分是无限的，且无循环。循环又称为周期，无理数的小数部分是无限的且无周期的。

iteration 迭代　执行一次循环称为一次循环迭代。一个循环执行了三次，就是执行了三次迭代。

Java Java 语言由 Sun 微系统公司（现在被 Oracle 公司收购）的 James Gosling 所开发。该语言在 1995 年发布，它是 Sun 微系统公司 Java 平台的核心组件。

keyboard 键盘 键盘是连接计算机的输入设备。计算机键盘包含字母字符、数字和标点符号键，不同的计算机有不同的特殊键用于执行特殊的任务。

kilobyte（KB）千字节（KB） 计算机的存储器用千字节（KB）或兆字节（MB）来表示（1 千字节等于 1024 字节）。

Length_Of() function Length_Of()函数 Length_Of()函数用于确定用字符数组赋值的字符串的长度。程序中任何可用数值常量的地方可以使用该函数。

library（of function）库（函数的） 编程语言通常都有一些内置的函数，我们称为库。这些函数的代码分布在不同的模块中，在使用的时候不需要把它们的代码写到自己的程序中。

local variable 局部变量 子程序中声明的变量称为局部变量。当子程序中局部变量的值发生变化的时候，子程序外部与其同名的变量不发送变化。当程序其他地方的变量发生变化时，子程序中与其同名的局部变量的值不会随着发生变化。

logic error 逻辑错误 逻辑错误是由于没能使用正确的语句组合来完成特定任务引起的，产生原因可能是分析错误、设计错误或程序编码错误。

logical operator 逻辑运算符 逻辑运算符用来从已知的简单条件构建复合条件。最重要的逻辑运算符是 OR、AND 和 NOT，使用逻辑运算符的语句结果只能是真或假。

loop 循环 循环是程序设计三类基本控制结构中的一种。在一个循环结构中，程序问一个问题，如果回答是请求一个动作，程序就执行并再次提问原先的问题，直到答案不再请求循环动作为止。

loop body 循环体 循环体是循环中包含的语句，会一直重复执行，直到满足测试条件。

loop structure 循环结构 循环结构（重复结构）包含一个进入程序模块前面语句的分支，因此一个语句块能够被执行多次。

machine language 机器语言 机器语言的程序由一系列 0 和 1 的位组成。0 和 1 的每一种组合都是一条计算机指令。机器语言是计算机唯一可以直接理解的语言。

magnetic storage 磁存储 当今最常见和最持久的大容量存储技术仍是磁存储，硬盘是系统内部的磁存储设备，写本书的时候，磁盘的容量已经可以达到几个 TB 了。

magnitude 数值 数字的数值指的是该数字不带符号（正号或负号）的部分。

main module 主模块 每个程序都有一个特殊的模块，称为主模块，它是程序执行正常启动和结束的地方。主模块是唯一的不是其他模块子模块的程序模块，是程序最高层子模块的父主模块模块。

mainframe 大型机 大型机是非常巨大的计算机，能够高速处理大量数据。政府、大公司和大的教育机构使用大型机。

maintenance manual 维护手册 维护手册是一种外部文档，包含软件相关的几个不同主题，对程序设计专家很有用。

mantissa 尾数 尾数是范化数字的数量部分的二进制表示。它是不带指数部分的余下数值部分。例如，十进制数 456^7，456 就是尾数，7 是指数部分。

mass storage 大容量存储器 大容量存储器是几乎永久存储程序和数据的存储器形式。

大容量存储驱动器中存储的数据一直在驱动器中，直到用户决定清除或删除它。

mathematical algorithm 数学算法 随机数就是由数学算法产生的，它是一个公式（程序中的），告诉计算机如何从一定数值范围内找出一些数字。

maximum unsigned integer 最大无符号整数 能够表示成无符号整数的最小数是 0，能够表示的最大数称为最大无符号整数。

media（in computer storage）（计算机存储）介质 介质是存储信息的（例如软盘、CD 和闪存）。

megabyte（MB）兆字节（MB） 计算机的存储器用千字节（KB）或兆字节（MB）来表示（1 兆字节等于 1024 千字节）。例如 128MB RAM 的 PC 一次可以存储 134217728 个字符信息。

menu-driven 菜单驱动（程序） 为了创建容易使用但又提供很多选项的程序，程序员会编写菜单驱动式程序。这类程序设计方法允许程序员用菜单列出选项，而不是要求用户记住命令。

merged files 合并的文件 合并的文件将两个含有相同类型记录的文件的数据组合到一个文件中，使记录保持适当的顺序。

message（to a method）消息（对于方法的） 在面向对象编程语言中，每一个方法的调用被称作一个相应实例的消息。

method 方法 在面向对象程序设计中，方法是当对象接收消息时执行的过程。在面向对象程序设计中方法总是与类相关联，除此以外方法与过程式程序设计语言中的过程和函数一样。类中对于数据的操作就是该类的方法。

microchip 微芯片 微芯片是一块邮票大小的硅，组合了千万个电子元件。微芯片导致了 1974 年世界上第 台个人计算机的诞生。

microprocessor 微处理器 微处理器（或 CPU）是所有 PC 的核心。它控制几乎所有数字设备的逻辑。

minicomputer 微机 微机是一台中型计算机，装有多重处理系统，能够同时支持 4 至 200 个用户。

modular programming 模块化程序设计 在程序设计中划分任务和各个子任务，称为模块化程序设计。

monitor 显示器 显示器是计算机上最常见的输出设备。显示器在显示屏上显示图像（文本和图形）。

motherboard 主板 计算机的主要电路板称为主板。

mouse 鼠标 鼠标是计算机的一种标准输入设备，是一个手持设备，有一个、两个或三个按键。

multiple-alternative structure 多选结构 多选结构包括两个以上语句块。程序设计为：当测试条件满足时，条件相对应的语句块被执行，其他所有块都被跳过。

named constant 命名常量 一个已赋值的变量，在整个程序中都不会改变，则称为命名常量。

negative exponent 负指数 负指数是用来表示小数部分的一种指数。例如，按照数学术语，$1 \div X^a = X^{-a}$ 或 $1/X^a = X^{-a}$。

nested loops 嵌套循环　在程序中，一个循环完全在另一个循环之中，则称它们是嵌套循环。较大的循环称为外层循环，里面的循环称为内层循环。

network 网络　网络由两台或多台互相连接的计算机组成，它们通过电缆或电话线连接起来，用以共享数据和资源。

newline indicator（NL）换行符号　换行符号告诉编译器下一次输出时，将结果输出到新的一行。在大多数编程语言中，遇到换行符号之前，程序结果都输出到同一行。

normalization 范化　范化是一种表示浮点数的统一方法，它使得计算机在完成工作时更方便。范化后的二进制数由三部分组成：符号部分、指数部分和尾数部分。

normalized form 范化表示法　范化表示法类似于科学记数法。每一个范化数字有两部分组成：数量部分和指数部分。在科学记数法中，十进制的小数点移动到第一个非零数字的后面。在范化表示法中，小数点移动到第一个非零数字的左边。

null string 空字符串　当字符或字符串变量不含数据时称为空字符串。

numeric data 数值数据　数值数据是包含数值的数据。

object 对象　可被单独选中和操作的项称为对象，包括在显示屏上出现的形状和图片，也包括触摸不到的软件。在面向对象程序设计中，对象是一个自包含的实体，拥有数据和操纵数据的过程。

object modeling language 对象建模语言　对象建模语言使用一组标准化的符号，通过这些符号对面相对象软件设计工作和系统设计工作进行建模。

object-oriented programming（OOP）面向对象程序设计　在面向对象程序设计（OOP）中，程序员不仅要定义数据结构的数据类型，还要定义可应用在该数据结构上的操作类型（称为函数或方法）。因此，数据结构变成包含数据和函数的对象。程序员可以创建对象和对象之间的关系。

one-dimensional array 一维数组　一维数组是一系列相同类型的相关数据，用单个变量名和下标来区分每个数据。一维数组在某些程序设计语言中也称为矢量。

one's complement 1 的补码表示法　1 的补码表示法是计算机存储整数数据的一种方法，另外还有 2 的补码表示法和符号数量表示法。

opening a file 打开文件　在创建顺序文件的时候，打开文件意味着创建它并为其录入信息。

operating system（OS）操作系统　操作系统是计算机中最重要的系统软件，是计算机的主控程序，是计算机用户与应用软件的界面。

optical storage 光存储　光存储是一种存储数据的方法。最常见的光存储设备是 CD 和 DVD。

outer loop 外层循环　嵌套循环的较大循环称为外层循环。

output（of a program）（程序）输出　输出包括任何计算机给出的内容，可以是有意义的信息，也可以是无意义的内容，可以以多种方式显示出来（例如二进制数、字符、图片、声音和打印页）。

output device 输出设备　计算机使用输出设备向用户或外界显示数据。有许多不同类型的输出设备，包括显示器、扬声器或因特网连接。

Output mode Output 模式　顺序文件以 Input 或 Output 模式创建。Output 模式用于写

入或创建文件的内容。

overflow 溢出   溢出发生于试图将一个比计算机所能存储的最大整数还要大的数存储于计算机时。

parallel arrays 平行数组   平行数组是大小相等的数组，相同下标的元素是相关的。

parameters 形参   形参是那些出现在子程序头部中的变量。实参可以是常量、变量或更一般的表达式，而形参只能是变量。如果 MyStuff（TheAge,TheName）是一个子程序，那么 TheAge 和 TheName 就是子程序 MyStuff 的形参。

parent class 父类   当子类依据已有的类进行创建的，这些已有的类称为父类或基类，子类称为孩子类或衍生类。在创建子类的过程中，父类的属性和方法将自动地由子类来继承，当然子类仍然会包含自己特定的属性和方法。

pass a value 传递值   当我们通过变量、常量或表达式的形式来向子程序传递值时，我们称为向子程序传递变量值。子程序可能也可能不会向调用程序返回值。

pass by reference 引用传递   当变量通过引用来传递时，子模块接收到的是该变量在内存中的存储位置信息。因此，如果子模块对该变量的值进行了更改，那么主模块中的相应变量值将一起随着更改。

pass by value 值传递   当变量通过值来传递时，子模块收到的是该变量在内存中的一份拷贝值。此处该值存储在内存中的两个不同位置。子模块对变量的更改操作只发生在拷贝位置，原变量不会有随着更改。

peripherals 外围设备   被计算机使用但是在系统单元外部的组件称为外围设备（例如数码相机、打印机和麦克风）。

personal computer（PC）个人计算机   个人计算机（PC）是为个人用户设计的小型的相对便宜的计算机。

point 小数点   整数部分和小数部分的点称为小数点或二进制小数点。

polymorphism 多态   多态这个术语来源于希腊语，意思是有多种形态，是能够在不同上下文中赋予不同含义或用途的特性。特别的，程序员可允许一个实体，例如变量、函数或对象具有一种以上的形态。

post-test loop 后置检测循环   在后置检测循环中，测试条件出现在循环体执行后。

preprocessor directive 预处理指令   在 C++ 中，需要用预处理指令来指明程序需要的 C++ 函数库（或其他信息）。

pre-test loop 前置检测循环   在前置检测循环中，测试条件出现在循环体执行前。

primitive data type 基本数据类型   基本数据类型是程序设计语言预定义好的类型，它们的名称都是保留字。例如 Integer、Float 和 Character 都是基本数据类型。

print statement 打印语句   本书中使用伪代码关键字 Print 来表示向屏幕打印输出结果，同 Write 语句是一样的。不过，Print 语句只有遇到 NL 符号时才会换行输出，否则它将所有结果都输出到同一行；而 Write 语句在打印输出的时候，直接在新的一行进行输出。

printer 打印机   打印机是连接计算机的最常见的输出设备，能让用户打印文件和数据的纸质拷贝。

private（member）Private（成员）   可以显示的声明类的成员是公有的还是私有的。当一个类的成员声明为 private 时，该类的属性或方法不能在该类外面被引用。

procedural programming 过程编程 不同于面相对象程序设计，采用自顶向下的模块化程序设计法称为面向过程程序设计。大多数早起的编程语言如 FORTRAN 和 BASIC 都不支持类和对象的使用，这些编程语言称为面相过程的编程语言。

processing 处理 组成程序的基本组件是输入、处理和输出。处理指计算机操作输入产生用户或程序员需要的输出。

processor 处理器 中央处理器（CPU）也称为处理器。CPU 是计算机的大脑，它接收程序指令，执行算术和逻辑运算，控制其他计算机组件。

program 程序 程序是经过组织的一系列指令，在执行时使得计算机按预定的方式运行。没有程序，计算机毫无用处。

program code 程序代码 程序代码是经过组织的一系列指令，在执行时使得计算机按预定的方式运行。

program development cycle 程序开发周期 程序开发周期的核心是分析、设计、编码和测试的过程。

program file 程序文件 包含程序的文件称为程序文件。

program module 程序模块 程序员在设计程序时，必须弄清楚程序要完成的主要任务。每一个任务都成为一个程序模块。

programmer 程序员 程序员是编写计算机程序的人。

programming language 程序设计语言 程序设计语言是用于指挥计算机执行特定任务的一份词汇表和一套语法规则集。该术语通常指高级语言，例如 Visual Basic、C++、COBOL、Java 和 Pascal。每种语言都有不同的关键字集合，以及组成程序指令的特定语法。

programming style 程序设计风格 影响程序可读性和易用性的因素称为程序设计风格。程序设计风格的某些方面归因于程序员的喜好，另一些则被普遍接受并被所有程序员采用。

prompt 提示符 提示符是显示屏上的一个符号，表明计算机正在等待输入。当计算机显示提示符时，它就等着用户输入信息。

protected（member）Protected（成员） 属性可以声明为 protected 类型的，它对自己的衍生类是公有的、开放的，而对于其他类来说是私有的，不开放的。

pseudocode 伪代码 伪代码是程序的概要，以一种易于转化为实际程序设计语句的形式写成。

pseudorandom number 伪随机数 由随机数算法产生的一些数字作为种子来产生下一个随机数，这样的数字称为伪随机数。在实际应用中，它们与实际的随机数一样有用。

public（member）Public（成员） 可以显示的声明类的成员是公有的还是私有的。当一个类的成员声明为 public 时，该类的属性或方法可以被其他类所引用。

random-access file 随机访问文件 在随机访问文件（或直接访问文件中），每一记录的访问都独立于其他记录。在直接访问文件中定位一项数据类似于在 CD 中查找某一道。

random-access memory 随机访问存储器（RAM） 随机访问存储器（Random access memory，RAM）是一类可随机访问的计算机存储器。RAM 可以读和写，在计算机运行时用于存放程序指令和数据。当用户关闭计算机时，RAM 中的所有（RAM）信息都会消失。

random function 随机函数 大多数编程语言中都包含有随机函数，它能够产生随机数。本书中随机函数的形式如下：Random(N)，其中 N 表示一个正整数值，该函数能够产生从 1 到 N 之间的一个随机数。例如 Random(4)，可以从 1、2、3 和 4 之间产生一个随机数，每个数字被选中的概率是一样的。

random number 随机数　随机数的产生必须满足两个条件：（1）这些数值全部产生于预定义的数值区间或集合中；（2）从已有的数值不能推算出下面要产生的数值来。随机数在统计分析和概率论中非常重要。

range 范围　特定比特位所能够表示的数值类型的范围是有限的。例如，8 个比特位可以表示正整数和负整数，范围为–127 到+127。16 个比特位能够表示的数值范围更大。

rational number 有理数　在数学中，有理数指的是可以表示成有限的或无限循环的形式。在程序设计中，无理数同浮点数是一样的，指的是含有小数部分的数或能够写成小数形式的数。

read-only memory（ROM）只读存储器　只读存储器（ROM）包含一个不可更改的指令集，用于计算机启动和其他一些基本（ROM）的操作。

records（in a file）（文件）记录　文本由记录组成，记录由域组成。一组相关的数据称为记录。例如，一家公司有一个记录客户信息的文件，包括名字、地址和电话号码。单个客户的所有信息称为一条记录。

recursion 递归　子程序调用自身的过程称为递归，该子程序称为可递归的。一些编程语言支持递归，另一些不支持递归。某些情况下，递归可以快速并简单的解决复杂问题。

recursive algorithms 递归算法　递归算法指的是使用递归子程序的算法。

reference parameters 引用形参　引用形参可以称为变化形参。引用形参值的变化将会导致调用它的实参的变化。可以用它向子程序中导入数据或从子程序中导出数据。

relational operator 关系运算符　关系运算符会问：左边表达式的值大于、小于、等于或不等于右边表达式的值吗？有 6 个关系运算符，涵盖了程序语句两边可能的关系。含有关系运算符的语句结果是真或假。

repeat…Until loop Repeat…Until 循环　Repeat…Until 循环是后置测试循环，循环重复执行直到满足某个条件。条件放在循环的末尾。它类似于后置检测循环 Do…While，但是与其不同，Do…While 循环只有当 While 满足特定条件时，循环才会继续。

repetition structure 重复结构　重复结构（或循环结构）包含一个进入程序模块前面语句的分支，因此一个语句块能够被执行多次。

return a value 返回值　当以变量、常量和表达式的形式返回一个值给调用程序时，我们称为有个返回值。

run（a program）运行（程序）　程序运行就是执行。每当启动计算机上一个游戏或应用程序，就是运行一个程序。

scaled portion（of a normalized number）数量部分（范化数值）　每个范化后的数值有两部分组成：数量部分和指数部分。在科学记数法中，小数点移动到第一个非零数字的右边。在范化表示法中，小数点移动到第一个非零数字的左边。

scientific notation 科学计数法　科学计数法以一个易读的方式表示非常大和非常小的数。在科学计数法中，数表示为一个小数，小数点左边只有 1 个数字，有一个指数跟在字母 E 后面。例如 256 830 用科学计数法表示为 2.5683E+5。

scope（of a variable）作用域（变量）　变量的作用域指的是该变量能够被引用的程序范围。

scratch file 草稿文件　为了修改顺序文件的内容，程序员用另一个文件——草稿文件，来临时存放文件内容。

search（an array）查找（数组）　在程序中经常要在一维数组（表）中查找特定项。有许多算法可用来实现查找（例如串行查找和二分查找）。

search key 查找关键字　在表或数组中进行查找时，表或数组中被查找的特定值称为查找关键字。

seed value 种子值　随机数通常由数学算法来产生，它告诉计算机从一定数值范围内挑选出一些数字来。该算法需要一些初始值以开始产生随机数，这些初始值称为种子值。

selection sort 选择排序　选择排序过程是比冒泡排序技术更高效地将数组数据排序的方法。在第一次遍历数组时，找到最小的数组元素并与第一个数组元素交换。在第二次时，找到第二小的元素并与第二个数组元素交换。排序一直这样进行下去直到完成排序。如果数组包含 N 个元素，则最多 N–1 次遍历后完成排序。

selection structure 选择结构　在选择结构（或决策结构）中，有一个分支指向前面某一点，会导致跳过一部分程序。因此，根据在分支点的已知条件，某个语句块被执行，另一个被跳过。

sentinel-controlled loop 哨兵控制器循环　使用哨兵值（或数据结束标志）的循环称为哨兵控制器循环。

sentinel value 哨兵值　一种结束循环的方法是让用户输入特定值，即哨兵值，作为输入结束的信号。这个值也称为数据结束标志。

sequential files 顺序文件　顺序文件包含一些记录，必须按创建的顺序来处理，数据的访问就像卡式磁带的音轨那样是线性的。例如，为了打印顺序文件中的第 50 条记录，用户必须先读取（或扫描）前面的 49 条记录。

sequential structure 顺序结构　顺序结构包含一系列连续的语句，按出现的顺序来执行。计算机根据程序顺序结构地一条语句接一条语句地执行，直到遇到决策结构、循环结构或调用另一个子模块。当决策结构、循环或子模块指令结束后，下一条语句接着执行。

serial search 串行查找　串行查找是一种查找算法。在串行查找中，查找关键字按数据项的顺序与表中的每一项比较。串行查找通常不是最高效的查找算法。

sign 符号　一个数字的符号表示该数字是正数或者负数。

sign bit 符号位　符号位是二进制数字的最左边一个比特位，它用来表示该数字是正数或者负数。

sign-and-magnitude 符号数量表示法　符号数量表示法是一种表示正负的方法，它很少用于表示需要进行算术运算操作的数字。

sign-exponent-mantissa form 符号指数尾数表示法　范化二进制数使用符号指数尾数表示法时有三部分组成：符号部分、指数部分和尾数部分。符号部分告诉计算机该数字是正数还是负数，尾数表示数值（但不是该数字的实际值），指数部分告诉计算机小数点放在什么位置可以还原出该数字的值。

single-alternative structure 单选结构　单选结构（或 If-Then 结构）只包含一个语句块。

当测试条件满足时，执行语句；当测试条件不满足时，语句被跳过。

single precision 单精度　它是 IEEE 用于表示存储浮点数的三种标准之一。在单精度表示法中，经过范化的浮点数由三部分组成。符号占用 1 个比特位，指数占用 8 个比特位，尾数存储在剩下的比特位中。

software 软件　软件是计算机以电子方式存储的任何内容。软件是组织起来的计算机数据和指令的统称。

solid-state storage 固态存储　固态存储是一类计算机存储<例如闪存驱动器）。固态存储器非常可靠，因为它没有活动的部分。

sort（an array）（数组）排序　在程序中经常需要将一维数组（或表）按特定顺序排列，有许多排序的算法（例如冒泡排序和选择排序）可用。

statement（in a program）（程序）语句　语句是用高级语言写的指令。语句告诉计算机执行一个特定的动作。

static structural view 静态结构视图　在 UML 模型中静态结构视图揭示了系统所用到的对象、属性、操作及其它们之间关系的静态结构。静态特性说明了系统由哪些部分组成。

string（of characters）（字符）串　串是一个字符序列，它以成组的方式被操作。

structured programming 结构化程序设计　结构化程序设计是以系统的有组织的方法来设计和编写程序。结构化程序设计的原则包括按照程序开发周期的各步骤实施，以自顶向下模块化的方式进行程序设计，并且在程序中使用注释。

submodule 子模块　程序员在设计程序时，必须弄清楚程序要完成的主要任务。每一个任务都成为一个程序模块。每个模块都要完成一项特定的任务，称为子程序。有些子程序有自己的子程序。

subprogram 子程序　子程序指的是程序的一部分，它完成一个特定的任务。程序由多个模块来组成，每个模块由一个或多个子程序组成。子程序这个术语同例程、过程、函数或子例程是同义的。具体使用哪个术语决定于具体编程语言或程序员的偏好。

subscript 下标　下标是一个符号或数字，用于指定数组中的一个元素。通常下标放在方括号中，跟在数组名称后面。

supercomputers 超级计算机　超级计算机是大型的价格昂贵的计算机，向用户提供极强的处理信息能力。超级计算机比大型机功能更强大，每秒能够处理十亿条指令。

swap routine 交换例程　两个变量值的互相交换方法称为交换例程。

syntax 语法　语法是计算机语言的使用规则。

syntax error 语法错误　语法错误违背了程序设计语言构成合法语句的规则，例如因为拼写关键字错误或者漏掉了需要的标点符号。语法错误通常可被编程软件检测到。

system software 系统软件　系统软件包括计算机控制和操作硬件的程序，以及与用户交互的程序。最重要的系统软件是操作系统。

system unit 系统单元　系统单元是 PC 的主要部分，包括底架、微处理器、主存、总线和端口，不包括键盘、显示器或任何外围设备。

table keys 表格关键字　在串行查找时，查找关键字与表中每一项表格关键字进行比较。

target 目标　在进行二分搜索时，首先我们将搜索关键字（也称为目标）与给定数组的中间表格关键字进行比较。然后判断这个表格关键字是否为目标，如果不是再到数组的前半部分或后半部分再次进行查找。此时，再次将目标与缩小范围后的数组的中间表格关键字进行比较，以此类推，直到结束。

technical writer 技术文员　大多数给外行人看的文档都是技术文员写的，他们必须有计算机方面的经验，能够清楚、准确、浅显地说明操作步骤。技术文员与程序设计团员紧密合作，确保软件的复杂之处能够被很好地解释说明。

terabyte（TB）太字节（TB）　在计算机中，存储单位可以是千字节（KB），兆字节（MB），千兆字节（GB）和太字节（TB）。1太字节等于万亿或1000GB。

terminal 终端　小型机可以被许多用户同时使用，这些用户通过终端来使用小型机。终端只有键盘和显示屏组成。

test（a program）测试（程序）　测试程序以确保它没有错误，能够解决已知的问题。用许多数据集（有效的和无效的）来测试程序非常重要，设计的程序能够应付处理输入错误或无效的数据也是很重要的特性。

test condition 测试条件　在选择结构中，测试条件决定特定程序段执行哪一分支。如果条件满足，一个程序分支被执行，另一分支被跳过。

test data 测试数据　当程序代码完成后，用来运行程序的简单数据称为测试数据。如果运行顺利，输出会与手工计算的结果相比较。如果一致，就尝试其他测试数据集并比较其结果。

text editor 文本编辑器　文本编辑器让用户向计算机输入可保存的文本。所有程序设计软件包都含有一个文本编辑器。

text files 文本文件　文本文件只包含可由键盘输入的标准字符。一些文本文件的例子如：某些操作系统文件，简单文字处理的文件，某些程序文件，以及某些应用程序产生的特定文件。

Then clause Then 子句　在选择（或决策）结构中，执行或跳过的语句块分别称为Then子句和Else子句。

Three Amigo UML 联合之父（Three Amigos）　统一建模语言（Unified Modeling Language，UML）是在三位技术专家（Ivar Jacobson, James Rumbaugh 和 Grady Booch）的共同努力之下，于1995年开发出来的一种非专有的、统一建模语言。他们三个人被称为UML联合之父。

ToLower() function ToLower()函数　ToLower()函数可以将括号内的字符串或变量中的字符全部转换小写形式。

ToUpper() function ToUpper()函数　ToUpper()函数可以将括号内的字符串或变量中的字符全部转换大写形式。

top-down design 自顶向下设计　将问题分解为越来越简单的子问题的过程称为自顶向下设计。

trade study documentation 方案研究文档　方案研究文档关注系统的特定方面，并给出可能的解决方案。它可能简述问题背景，描述候选方案，并从正反两方面分析各个方案。方案研究试图找到最佳解决方案，而不是提出一种观点。

transistor 晶体管　晶体管是由半导体材料组成的设备，能够放大信息或打开关闭电路。晶体管是 1947 年由贝尔实验室发明的，是包括计算机在内的所有数字电路的关键组成部分。现在的微处理器包含几千万个微小的晶体管。

truncate 截断 在计算机程序设计中，截断是指将浮点数取整的一种方法。例如，在某些程序设计语言中，如果两个整数变量相除结果不是整数，计算机将截断结果的小数部分只留下整数部分。

truth tables 真值表 逻辑运算符 OR、AND 和 NOT 的用法可以总结成真值表来使用。

two-dimensional array 二维数组 二维数据（矩阵）是在内存中连续存储的类型相同的数据集合，所有数据都用同一个变量名后跟两个下标来表示。

two's complement 2 的补码 将带符号整数存储为二进制格式有多种方法，2 的补码表示法是最常用的方法。

UML model UML 模型 当今最流行的建模语言是统一建模语言（Unified Modeling Language，UML）。使用 UML 创建的模型称为 UML 模型。

Unified Modeling Language（UML）统一建模语言 统一建模语言 UML 是对真实世界对象进行建模时所用的一种标准符号系统，建模是面向对象程序设计模式的第一步工作。

unsigned integer 无符号整数 无符号整数指的是不带符号（正号+或负号−）的整数。

user-defined function 自定义函数 自定义函数指的是由编程人员自行编写的程序模块。

user's guide 使用手册 使用手册是一种外部文档，通常在程序开发周期进展良好时写成。由于这份文档是给外行人看的，它必须以清晰且非技术性的风格来写。

vacuum tubes 真空管 最早的计算机使用真空管作为内部交换元器件来完成计算工作。

validate 验证 编写程序的时候应当包含验证代码（check），以确保用户输入的内容属于合法的变量值范围，或者与变量的类型要求一致。

value of a variable 变量的值 程序变量指的是计算机内存中的存储位置；变量的值指的是该存储位置中的内容。

value parameter 值参数 值参数有如下特点：子程序中它们值的变化不会影响到调用模块中相应变量值的改变。这些变量主要用于向子程序中引入数据。

variable（in a program）变量（程序中的） 变量是一个符号或者名字，用来表示一个值。例如，表达式 X+Y，其中 X 和 Y 就是变量。变量可以表示数值、字符、字符串，或内存地址。

While loop While 循环 While 循环是一种前置循环。只要循环条件满足，循环体将重复执行。循环检测条件放置在循环体的开始位置。

World Wide Web(Web) 万维网 万维网起源于 1989 年，是由互联网用户创建的链接文档（网页）的超巨大集合，这些内容存储在数以万计互相连接的计算机上。